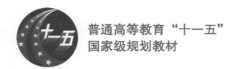

普通高等教育"十一五"
国家级规划教材

北京市精品教材

21世纪高等院校信息与通信工程规划教材
21st Century University Planned Textbooks of Information and Communication Engineering

桂海源 张碧玲 编著

# 现代交换原理（第4版）

U0277918

# Modern Switch Principle (4th Edition)

人民邮电出版社

北京

精品系列

**图书在版编目（ＣＩＰ）数据**

现代交换原理 / 桂海源，张碧玲编著. -- 4版. --
北京 : 人民邮电出版社，2013.1（2023.8重印）
21世纪高等院校信息与通信工程规划教材
ISBN 978-7-115-29346-6

Ⅰ．①现… Ⅱ．①桂… ②张… Ⅲ．①通信交换－高
等学校－教材 Ⅳ．①TN91

中国版本图书馆CIP数据核字(2012)第237397号

## 内 容 提 要

本书较全面地讨论了语音通信相关的交换技术。其内容包括：电话机的基本组成和工作原理，我国电话
网的结构，No.7 信令系统的结构和功能；程控数字交换系统的硬件和软件结构，数字交换原理，程控数字
交换机的终端和接口，交换软件的基本特点，交换机运行软件的结构，呼叫处理程序的基本原理；移动通信
系统的结构及信令，移动通信呼叫处理的过程和主要的信令过程，固定智能网和移动智能网的基本概念和结
构，我国固定电话网的智能化改造方案。几种主要的分组交换技术（ATM，IP）的协议结构和工作原理，重
点介绍了与 IP 网络有关的交换技术；以软交换为中心的下一代网络结构，固定电话网向下一代网络发展的
演进步骤和软交换技术在移动电话网的应用；多媒体信息在 IP 网络中的传输有关的技术，包括 IP 网络中传
输媒体信息的协议栈，IP 承载网的服务质量，多协议标签交换（MPLS）网络的结构和工作原理。

本书是高等院校教学用书，也可作为通信工程技术人员的技术参考书。

21 世纪高等院校信息与通信工程规划教材

**现代交换原理（第 4 版）**

◆ 编　　著　桂海源　张碧玲
　　责任编辑　滑　玉

◆ 人民邮电出版社出版发行　　北京市丰台区成寿寺路 11 号
　　邮编　100164　　电子邮件　315@ptpress.com.cn
　　网址　http://www.ptpress.com.cn
　　北京七彩京通数码快印有限公司印刷

◆ 开本：787×1092　1/16
　　印张：20.25　　　　　　　　　2013 年 1 月第 4 版
　　字数：496 千字　　　　　　　2023 年 8 月北京第 19 次印刷

ISBN 978-7-115-29346-6

定价：42.00 元

读者服务热线：**(010) 81055256**　印装质量热线：**(010) 81055316**
反盗版热线：**(010) 81055315**

本教材主要介绍与语音通信相关的交换技术。由于所讲述的是交换技术的基本原理，所以修订时，在第 4 版中保留了第 3 版中最主要的内容；同时，为了反映交换技术的发展状况，第 4 版教材增加了很多新的内容，更加适应交换技术教学的要求。第 4 版主要修改是：删除了一些陈旧的内容（如中国 1 号信令，X.25 网和帧中继网），压缩了传统的程控交换机的内容，将原第 3 章和第 4 章合并为第 3 章；由于以太网已成为 IP 网络中最重要的传输网络，所以增加了以太网交换技术的介绍；由于 IP 电话的迅速发展，所以增加了第 8 章多媒体信息在 IP 网络中的交换技术的介绍；对原第 7 章下一代网络的内容予以修改，详细介绍了下一代网络的体系结构及软交换技术在固定电话网和移动电话网的应用。

第 1 章简单介绍了电话网、电话机和交换机的基本组成及各部分的工作过程，使读者对电话交换的基本原理有了初步认识，并简单说明了电路交换方式和分组交换方式。

第 2 章详细地介绍了信令系统、特别是 No.7 信令系统的基本组成和工作原理，引导读者运用已学过的计算机通信系统的知识来作为分析 No.7 信令系统的工具，用 No.7 信令系统来作为学习计算机通信系统的示例，以便加深对计算机通信系统中一些比较抽象的概念的理解。

第 3 章介绍了程控数字交换机的三种主要结构，说明了数字交换的基本原理，对国内几种主要的交换网络的结构和工作原理都予以说明，对各部分硬件的功能、相互关系和与软件之间的接口都详细介绍，使读者能建立系统的概念，并为学习交换软件打下基础。程控交换机的软件是一个庞大的系统，如何说明程控软件的原理历来是该课程的一个难点。在本章中首先介绍了交换软件的特点，数据驱动程序的结构和有限状态机的概念，开发交换软件的几种语言，交换软件的基本组成和各部分功能，交换机中作业处理的一般流程，呼叫处理程序的结构和功能，并用程序流程图和状态迁移图描述了主要程序的功能，局数据和用户数据是交换软件的重要组成，交换机的高、中级技术维护管理人员的一个主要任务就是维护交换机的局数据，根据本局的设备安装情况和业务要求定义局数据，教材中描述了交换机中主要的数据关系，说明了呼叫处理程序与局数据和用户数据的关系，为读者在交换软件的开发和维护上奠定了一定的理论基础。

由于移动通信技术的迅速发展及移动电话对固定电话的替代作用越来越明显，在第 4 章中详细地介绍了移动交换技术。移动通信技术是一项综合性很强的技术，涉及无线通信和交换技术，在已出版的移动通信的教材中主要介绍的是移动通信的无线技术，而本教材的第 4 章是从交换的角度来介绍移动通信系统，主要说明了移动通信系统的结构，移动交换系统的各种编码，移动通信的信令，移动通信呼叫处理的过程，支持移动用户漫游的原理，移动用户位置登记与更新、切换和短消息业务的信令流程。

第 5 章在第 3、4 章的基础上，首先说明了新业务的传统实现方法，介绍了得到广泛应用的虚拟用户交换机的实现原理，同时也分析了传统实现方法的局限性，由此引入智能网的概念，介绍了智能网的概念模型，典型智能业务的含义和特性，固定智能网和移动智能网的网络结构及各个功能实体的基本功能，固定电话网的智能化改造。最后详细说明了彩铃、预付费、移机不改号等得到广泛应用的智能业务。

由于下一代网络的传输网采用分组交换技术，在第 6 章分组交换技术中介绍了分组交换的基本原理，两种主要的分组交换方式（虚电路方式和数据报方式）。比较详细地说明了 ATM 技术、IP 交换技术的基本原理。

在第 7 章（下一代网络）中说明了推动电信网向下一代网络发展的主要因素，介绍了下一代网络的特点和分层结构，下一代网络采用的信令，软交换技术在固网智能化改造中的应用，利用 AG 完成端局的软交换改造和采用 EPON 构建软交换端局的方案。并介绍了移动电话网向下一代网的演进方式。介绍了第三代移动通信系统的结构（基于 R4 的核心网的结构）。说明了软交换技术在中国移动长途网和移动本地网的应用方案。

由于本教材主要介绍的是与语音通信有关的交换技术，增加了第 8 章多媒体信息在 IP 网络中的传输，介绍了在 IP 网络中传输媒体信息的相关协议（IP、UDP、RTP），说明了多媒体数据在 IP 网络中传送时所占的带宽计算方法；说明了影响 IP 电话服务质量的主要因素，IP 网络为提高 IP 电话服务质量采用的主要措施，并详细地介绍了多媒体数据在 IP 网络中传送时采用的多协议标签交换（MPLS）和 MPLS VPN 的基本原理。

本书在编写过程中参考了参考文献中所列的相关书籍和资料，在此向这些书籍和资料的编写者表示衷心的感谢。

桂海源

2012 年 12 月

# 目　　录

# 第 **1** 章 电信交换基础

本章介绍电话交换的基本原理，电话交换机的类型及发展，几种主要的交换方式以及我国电话通信网的结构和编号计划。

## 1.1 电话交换的基本原理

### 1.1.1 电话通信网的基本组成及功能

电话通信网的基本组成设备包括终端设备、传输设备和交换设备。

最简单的终端设备是电话机。电话机的基本功能是将人的话音信号转换为交变的语音电流信号，并完成简单的信令接收与发送。

传输设备的功能是将电话机和交换机、交换机与交换机连接起来。常用的传输介质有电缆、光纤等。

交换设备的基本功能是完成交换，即将不同的用户连接起来，以便完成通话。

当用户数很少时，可以采用各个相连的方法，再加上必要的控制开关可完成通话。当用户数很多时，这种方法显然不能实现，于是引入了交换机。每个用户都连接到交换机上，由交换机完成任意用户间的接续。

当电话用户分布的区域较广时，就要设置多个交换机，交换机之间用中继线连接。当交换的区域更广时，多个交换机之间要做到各个相连就很繁琐了，这时就要引入汇接交换机，形成多级交换网络。这样，用户只要接入到一个交换机，就能与世界上的任一用户通话了。

### 1.1.2 电话机的基本组成及工作原理

#### 1. 电话机的基本组成及功能

电话机的基本组成部分有通话设备、信令设备和转换设备。

**通话设备**：包括送话器、受话器以及必要的接口电路。其主要功能是完成声电转换和电声转换。

**信令设备**：包括发号的号盘和接收呼叫指示的振铃装置。其主要功能是完成信令的发送和接收。

**转换设备**：如叉簧，其主要功能是在通话设备与振铃设备之间转换，接通或断开用户直流环路。

### 2．电话机的基本工作原理

按照发出信号的方式，电话机可分为拨号脉冲电话机和双音多频（DTMF）电话机。

（1）拨号脉冲电话机的工作原理

拨号脉冲电话机的工作原理图如图 1-1 所示。图中，拨号接点 D 是常闭接点，短路接点 M 是常开接点。下面简要说明拨号脉冲电话机在各种工作状态下与交换机的配合。

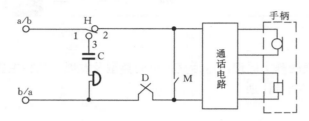

图 1-1　拨号脉冲电话机的工作原理图

① 挂机状态。在挂机状态下，叉簧 H 的 1，3 接点闭合，1，2 接点断开，用户线的直流环路中串有隔直流电容 C，用户线直流环路断开。交换机通过检查用户线的状态，能检测到用户话机处于挂机状态。

② 振铃状态。在振铃状态下，电话机的连接情况与挂机状态相同，不同的是交换机的振铃发生器这时接入用户直流环路。由于振铃发生器发出的是 25Hz 的交流信号，该信号能通过隔直流电容，使电话机中的振铃装置发出振铃声。

③ 摘机状态。在摘机状态下，叉簧 H 的 1，3 接点断开，1，2 接点闭合，用户线的直流环路闭合，向交换机发出摘机信号。

④ 拨号状态。采用直流脉冲拨号时，电话机的短路接点 M 闭合，拨号接点 D 根据用户拨号的数字，有规律地断开若干次，例如，如果用户拨的数字是 5，则拨号接点 D 断开 5 次，向交换机发出 5 个脉冲，代表各个拨号数字的脉冲串之间由位间隔分开。位间隔指分隔各个脉冲的一段较长的闭合时间。

（2）双音多频（DTMF）电话机的工作原理

DTMF 电话机简化的原理图如图 1-2 所示。DTMF 电话机与拨号脉冲电话机的工作原理基本相同，其主要区别是拨号方式。DTMF 信号用高、低两个不同的频率代表一个拨号数字。DTMF 电话机号盘频率编码如表 1-1 所示。

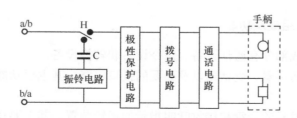

图 1-2　DTMF 电话机简化的原理图

| 表 1-1 | DTMF 电话机号盘频率编码 | | | |
|---|---|---|---|---|
| | 1 209Hz | 1 336Hz | 1 477Hz | 1 633Hz |
| 697Hz | 1 | 2 | 3 | A |
| 770Hz | 4 | 5 | 6 | B |
| 852Hz | 7 | 8 | 9 | C |
| 941Hz | * | 0 | # | D |

DTMF 信号的频带范围在话音频带的范围内，所以能通过交换机的数字交换网络和局间数字中继线在局间正确传输。

### 1.1.3 交换机的基本组成及工作原理

**1. 交换机的基本组成及功能**

交换机的硬件系统基本组成如图 1-3 所示，它是由用户电路、中继器、交换网络、信令设备和控制系统这几部分组成的，其功能如下。

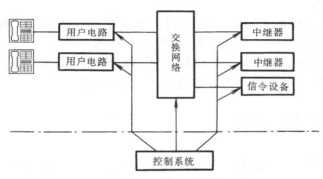

图 1-3 交换机的基本组成

① 用户电路：交换机与用户电话机的接口。
② 中继器：交换机与交换机之间的接口。
③ 交换网络：用来完成任意两个用户之间，任意一个用户与任意一个中继器之间，任意两个中继器之间的连接。
④ 信令设备：用来接收和发送信令信息。
⑤ 控制系统：是交换机的指挥中心，接收各个话路设备发来的状态信息，确定各个设备应执行的动作，向各个设备发出驱动命令，协调各设备共同完成呼叫处理和维护管理任务。

**2. 呼叫处理的基本过程**

下面以本局呼叫为例，简要说明呼叫处理的基本过程。
（1）用户呼出阶段
在用户呼出阶段，交换机按照一定的周期检查每一条用户线的状态。当发现用户摘机时，交换机就根据用户线在交换机上的安装位置找到该用户的用户数据，并对其进行分析。如该用户有权发起呼叫，交换机就寻找一个空闲的收号器并通过交换网络将该用户电路与收号器连接，向用户送拨号音，进入收号状态。

（2）数字接收及分析阶段

该阶段是处理任务最繁重的一个阶段。在此阶段，交换机接收用户拨号。对于直流拨号脉冲方式，每次收到的是一个脉冲，并由信令接收程序将收到的多个脉冲装配为拨号数字；而对于 DTMF 信号，每次收到的是一个数字。当交换机收到一定位数的号码后将进行数字分析，从而确定呼叫的类型、路由等。当数字分析的结果是本局呼叫时，就通知信令接收程序继续接收剩余号码。

（3）通话建立阶段

当被叫号码收齐后，交换机根据被叫号码查询被叫的用户数据。若被叫空闲且未登记与被叫有关的新业务（如呼叫前转），交换机就在交换网络中寻找一条能将主叫用户和被叫用户连接的通路，并预先占用该通路，同时向被叫用户送振铃信号，向主叫用户送回铃音。

（4）通话阶段

当被叫用户摘机应答后，交换机停止向被叫用户送振铃信号，停止向主叫用户送回铃音，将交换网络中连接主、被叫用户的链路接通，同时启动计费，呼叫处理进入通话阶段。

（5）呼叫释放阶段

在通话阶段，交换机如果发现一方挂机时，就给另一方送忙音。当双方都挂机时，交换机就收回此次呼叫占用的资源，停止计费，呼叫处理结束。

从以上呼叫处理的过程看出，可将呼叫的全过程分为若干稳定状态，交换机每次对呼叫的处理，总是使呼叫由一个稳定状态转移到另一个稳定状态。

## 1.2 电话交换机的类型及发展

自从 1876 年贝尔发明电话以来，为适应多个用户之间电话交换的要求，出现了多种类型的交换机：人工电话交换机、机电制交换机、程控交换机，现在又出现了软交换机和 IP 电话。

### 1. 机电制电话交换机

机电制电话交换机主要有步进制交换机和纵横制交换机。步进制交换机的基本特点是由用户话机发出的拨号脉冲直接控制交换机的步进选择器动作，从而完成电话的自动接续。纵横制交换机的出现，是电话交换技术进入自动化以后具有重要意义的转折点。纵横制的技术进步主要体现在两个方面：一是采用了比较先进的纵横接线器，杂音小、通话质量高、不易磨损、寿命长、维护工作量少；二是采用公共控制方式，将控制功能和话路设备分开，使控制部分可以独立设计，功能加强，灵活性提高，接续速度快，便于汇接和选择迂回路由，实现长途自动化。公共控制方式的实现孕育着计算机程序控制方式的出现。

### 2. 程控交换机

1965 年，美国开通了世界上第一台程控交换机，在电话交换机中引入了计算机控制技术，这是交换技术发展中具有重大意义的转折点。程控交换机可分为模拟程控交换机和数字程控交换机。模拟程控交换机的控制部分采用计算机控制，而话路部分传送和交换的仍然是模拟的话音信号。20 世纪 70 年代开始出现了数字程控交换机，数字程控交换机是数字通信技术、计算机与大规模集成电路相结合的产物。与模拟程控交换机不同，数字程控交换机在话路部分交换的是经过脉冲编码调制（Pulse Code Modulation，PCM）后的数字化的话音信号，数字交换机的交换网络是数字交换网络，用户话机发出的模拟话音信号在数字交换机的用户电路上要转换为 PCM 信号。

我国的公用网是从 1982 年开始引进数字程控交换机的，由于我国交换机的程控化开展得比较晚，所以在我国公用网上运行的都是数字程控交换机。

数字程控交换机是数字通信技术、计算机技术与大规模集成电路相结合的产物。

### 3. 软交换

传统的电路交换机将传送交换硬件、呼叫控制和交换以及业务和应用功能结合进单个昂贵的交换机设备内，是一种垂直集成的、封闭和单厂家专用的系统结构，新业务的开发也是以专用设备和专用软件为载体，导致开发成本高、时间长、无法适应今天快速变化的市场环境和多样化的用户需求。而软交换打破了传统的封闭交换结构，采用完全不同的横向组合的模式，将传输、呼叫控制和业务控制三大功能之间接口打开，采用开放的接口和通用的协议，构成一个开放的、分布的和多厂家应用的系统结构，可以使业务提供者灵活选择最佳和最经济的组合来构建网络，加速新业务和新应用的开发、生成和部署，快速实现低成本广域业务覆盖，推进话音和数据的融合。

软交换的关键特点是采用开放式体系结构，实现分布式通信和管理，具有良好的结构扩展性。软交换应用层和呼叫控制层已经与媒体层硬件分离并纳入开放的标准的计算环境，允许充分利用商用的标准计算平台、操作系统和开发环境。其次，采用软交换后，实现了多个业务网的融合，简化了网络层次和结构以及跨越不同网络（电路交换网、分组网、固定网和移动网等）的业务配置，避免了建设维护多个分离业务网所带来的高成本和运行维护的复杂性。另外，采用分组交换技术后，提高了网络资源利用率，减少了交换机互连的复杂性和业务网的承载成本。由于软交换的价格可以遵循软件许可证方式，投资大小随用户数量而增长，有利于新的电信运营商或传统运营商开发新市场。最后，软交换设备占地很小，不仅明显提高了机房空间利用率，而且也便于节点的灵活部署。

目前，电信网正在向以软交换为核心的下一代网络演进。

## 1.3 主要的交换方式

现代通信网中采用的交换方式主要有电路交换和分组交换方式，传统的电话网主要采用电路交换方式，而 ATM、帧中继和 IP 网络采用的都是分组交换方式。

### 1.3.1 电路交换

电路交换是最早出现的一种交换方式。传统的电话交换一般采用电路交换方式。电路交换方式是指两个用户在相互通信时使用一条实际的物理链路，在通信过程中自始至终使用该条链路进行信息传输，同时不允许其他用户终端设备共享该链路的通信方式。

电路交换属于电路资源预分配系统，即在一次接续中，电路资源预先分配给一对用户固定使用，不管电路上是否有其他信息传输，电路一直被占用着，直到通信双方要求拆除电路连接为止。

电路交换的特点如下。

① 在通信开始时首先要建立连接，在通信结束时要释放连接。

② 一个连接在通信期间始终占用该电路，即使该连接在某个时刻没有信息传送，该电路也不能被其他连接使用，电路利用率低。

③ 交换机对传输的信息不作处理，对交换机的处理要求简单，但对传输中出现的错误不能纠正。

④ 一旦连接建立以后，信息在系统中的传输时延基本上是一个恒定值。

综上所述，电路交换是固定分配带宽，连接建立以后，即使无信息传输也要占用电路，电路利用率低；要预先建立连接，有一定的连接建立时延，通路建立后可实时传送信息，传输时延一般可以不计；无差错控制措施，对数据传输的可靠性没有分组交换高；一旦通信建立，在数据传输过程中，一般不需要交换机进行处理，交换节点的处理负担轻。电路交换适合传输信息量较大且传输速率恒定的业务，如电话通信业务，但不适合突发性强和对差错敏感的数据业务。

### 1.3.2　分组交换

分组交换（Packet Switching）原来是为完成数据通信业务发展起来的一种交换方式，由于分组交换技术的迅速发展，利用分组交换技术不仅可以用来完成数据通信业务，也可以用来完成话音和视频通信。分组交换利用存储—转发的方式进行交换。在分组交换方式中，首先将需传送的信息划分为一定长度的分组，并以分组为单位进行传输和交换。在每个分组中都有一个 3～10 字节的分组头，在分组头中包含有分组的地址和控制信息，以控制分组信息的传输和交换。

分组交换采用统计复用方式，电路的利用率较高。但统计复用的缺点是有产生附加的随机时延和丢失数据的可能。这是因为用户传送数据的时间是随机的，若多个用户同时发送分组数据，则必然有一部分分组需要在缓冲区中等待一段时间才能占用电路传送，若等待的分组超过了缓冲区的容量，就可能发生部分分组的丢失。

另外，在传统的分组交换中普遍采用逐段反馈重发措施，以保证数据传送是无差错的。所谓逐段反馈重发，是指数据分组经过的每个节点都对数据分组进行检错，在发现错误后要求对方重新发送。

分组交换有两种方式：虚电路（面向连接）方式和数据报（无连接）方式。

### 1. 虚电路方式

虚电路是指两个用户在进行通信之前要通过网络建立逻辑上的连接。建立连接时，主叫用户发送"呼叫请求"分组，该分组包括被叫用户的地址及为该呼叫在出通路上分配的虚电路标识，网络中的每一个节点都根据被叫地址选择出通路，为该呼叫在出通路上分配虚电路标识，并在节点中建立入通路上的虚电路标识与出通路上的虚电路标识之间的对应关系，向下一节点发送"呼叫请求"分组。被叫用户如果同意建立虚电路，可发送"呼叫连接"分组到主叫用户。当主叫用户收到该分组时，表示主叫用户和被叫用户之间的虚电路已建立，可进入数据传输阶段。

在数据传输阶段，主、被叫之间可通过数据分组相互通信，在数据分组中不再包括主、被叫地址，而是用虚电路标识表示该分组所属的虚电路，网络中各节点根据虚电路标识将该分组送到呼叫建立时选择的下一通路，直到将数据传送到对方。同一报文的不同分组沿着同一路径到达终点。

数据传送完毕后，每一方都可以释放呼叫，网络释放该呼叫占用的资源。

虚电路不是电路交换中的物理连接，而是逻辑连接。虚电路并不独占电路，在一条物理线路上可以同时建立多个虚电路，以达到资源共享。

虚电路方式在一次通信过程中分为呼叫建立、数据传输和释放呼叫 3 个阶段，有一定的处理开销。一旦虚电路建立，数据分组按已建立的路径通过网络，分组按发送顺序到达终点。虚电路在每个中间节点不需进行复杂的选路，对数据量较大的通信有较高效率，但对故障较为敏感，当传输链路或交换节点发生故障时可能引起虚电路的中断。

ATM 和帧中继采用虚电路方式。

**2．数据报方式**

数据报方式是独立地传送每一个数据分组。每一个数据分组都包含终点地址的信息，每一个节点都要为每一个分组独立地选择路由，因此，一份报文包含的不同分组可能沿着不同的路径到达终点。

数据报方式在用户通信时不需有呼叫建立和释放阶段，对短报文传输效率比较高，对网络故障的适应能力较强，但属于同一报文的多个分组独立选路，故接收端收到的分组可能失去顺序。

IP 网络中交换采用的是数据报方式。

## 1.4 我国电话通信网的结构和编号计划

我国的电话通信网采用分级网结构，包括长途电话网和本地电话网两大部分。我国的电话通信网过去长期采用五级网的结构，其中长途电话网长期采用四级网络结构。随着通信技术的进步、长途骨干光缆的铺设和本地电话网的建设，我国长途电话网的等级结构已由四级逐步演变为两级，整个电话通信网相应地由五级网向三级网过渡，即两级的长途交换中心和一级的本地交换中心。而且，将来的长途电话网将进一步演变为动态无级网结构，整个电话通信网也将由 3 个层面组成，即长途电话网层面、本地电话网层面和用户接入网层面。在这种结构中，长途网将采用动态路由选择，本地网也可以采用动态路由选择，用户接入网将实现光纤化和宽带化。

### 1.4.1 长途电话网

我国长途电话通信网过去采用四级辐射汇接制的等级结构，近年采用两级网结构。

根据长途交换中心在网路中的地位和所汇接的话务类型不同，长途电话二级网将国内长途交换中心分为两个等级：汇接全省转接（含终端）长途话务的交换中心为省级交换中心，用 DC1 表示；汇接本地网长途终端话务的交换中心用 DC2 表示。

长途电话二级网的等级结构及网路组织示意图如图 1-4 所示。

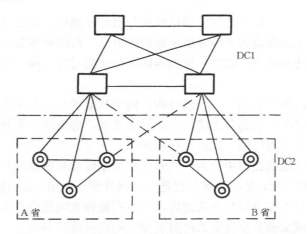

图 1-4　长途电话二级网等级结构及网路组织示意图

（1）一级交换中心

一级交换中心（DC1）为省（自治区、直辖市）长途交换中心，其功能主要是汇接所在省（自治区、直辖市）的省际长途来、去话务和所在本地网的长途终端话务。

DC1 之间以基干路由网状相连。

DC1 设置在省会（自治区、直辖市）城市，在高话务量要求的前提下，可以在同一城市设置两个甚至多个 DC1。地（市）本地网的 DC2 与本省（自治区）所属的 DC1 均以基于路由相连。

（2）二级交换中心

二级交换中心（DC2）是本地网的长途交换中心，其主要职能为汇接所在本地网的长途终端话务。

DC2 与本省的 DC1 之间设直达电路，根据话务流量流向，二级交换中心也可与非从属一级交换中心建立直达电路群，如图 1-4 中虚线所示。同一省的 DC2 之间以不完全网状连接。话务量较大时，相邻省的 DC2 之间也可设置直达电路。

DC2 一般设置在地（市）本地网的中心城市。长途话务量较大的省会城市也可设置 DC2。有高话务量要求时，同一城市可以设置两个以上的 DC2。

长途网中较高等级的交换中心可以具有较低等级的交换中心职能，如在两级长途网中，DC1 也可以包含 DC2 的职能。

由于两级长途电话网简化了网络的等级结构，也就使长途路由选择得到了简化，但仍然应遵循尽量减少路由转接次数和少占用长途电路的原则，即优先选择直达路由，后选择迂回路由，最后选择由基干路由构成的最终路由。

### 1.4.2　本地电话网

本地电话网指由同一个长途编号区范围内的所有交换设备、传输设备和用户终端设备组成的电话网络。

本地网的交换局主要是端局，也可以包括汇接局。所谓端局就是通过用户线路直接连接用户的交换局，仅有本局交换功能和来、去话功能，端局直接与用户连接。根据组网需要，端局以下还可接远端用户模块、用户集线器和用户交换机（PABX）等用户装置。

除了端局外，本地网中可根据需要设置汇接局，用以汇接本汇接区内的本地或长途业务。

由于本地网属于同一个长途编号区，因此，本地网内部的电话呼叫不需拨打长途区号。在同一个长途编号区服务范围内可根据需要设置一个或多个长途交换中心，但长途交换中心及它们之间的长途电路不属于本地网。

我国本地电话网一般采用二级网结构，典型结构如图1-5所示。图中，LS是端局。MS是汇接局（业务交换点），用来汇接各端局之间用户的话务。SSP是智能网的业务交换点，是公用电话网（PSTN）以及综合业务数字网（ISDN）与智能网的连接点，它可检测智能业务呼叫，当检测到智能业务时向业务控制点SCP报告，并根据SCP的命令完成对智能业务的处理。SCP是智能网的业务控制点，是智能网的核心。SCP接收从SSP发来的对智能业务的触发请求，运行相应的业务逻辑程序，查询相关的业务数据和用户数据，向SSP发送相应的呼叫控制命令，控制完成有关的智能业务。SDB是集中的用户数据库，用来存储PSTN网络用户的电话号码及用户增值业务签约信息等数据。GW是关口局，用来疏通到其他运营商的来、去话务。TS是本地网的长途交换中心，其功能主要是汇接所在本地网用户的长途终端话务。

在二级网结构中，在一个本地电话网中设置一对或多对汇接局，各汇接局之间设置低呼损直达中继电路群。各端局到一对汇接局之间设置低呼损中继电路群，端局到两个汇接局的中继电路群采用负荷分担方式工作。

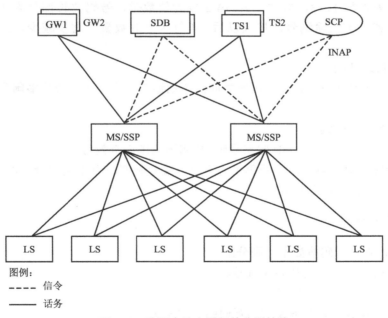

图1-5 我国本地电话网的典型结构

## 1.4.3 编号计划

### 1. 编号方式

（1）本地电话号码

同一本地网范围内的用户之间相互呼叫时拨打的号码，号码结构为局号+局内用户号。

如呼叫固定电话用户，以 7 位号码为例，应拨打 PQRABCD，其中 PQR 为局号，ABCD 为局内用户号；如呼叫移动用户，则拨打移动网的接入码+移动网用户号码。

不同地区的本地网号码长度可以不相等，视各地电话网容量和发展情况而定。目前，大部分地区的本地网选用 7 位号长，一些特大型地区，如北京、上海、广州等，本地网采用 8 位号长。号码结构为 4 位局号+4 位局内号码。

（2）国内长途呼叫

国内长途呼叫指发生在不同本地网电话用户之间的呼叫。如果呼叫的是异地固定电话网用户，则需在对方电话号码前加拨国内长途字冠 0 和长途区号，号码方案为

$$0+长途区号+对方电话号码$$

如果呼叫的是异地移动网用户，则应在移动电话号码前加拨 0，即号码为

$$0+移动网的接入码+移动网的用户号码$$

长途区号采用不等位编号制度，可采用 2 位、3 位和 4 位三种位长的长途区号。分配原则如下。

① 首位号码为 1 的长途区号号码长度为两位，如北京的长途区号为 10；

② 首位为 2 的长途区号号码长度为两位，记为 $2X$；

③ 首位为 3~9 的长途区号长度为 3 位或 4 位，其中第 2 位为奇数时号码位长为 3 位，如 $3X_1$ $X$，$X_1$ 为奇数 1，3，5，7，9；第 2 位为偶数时，号码位长部分为 3 位，部分为 4 位。随着一些省、市长途编号区扩大以后，4 位区号的数量将逐步减少，3 位区号的数量逐步增加。

（3）国际长途呼叫

国际长途呼叫是指发生在不同国家之间的电话通信，需要两个或更多国家的通信网配合完成。

国际自动拨号程序为

$$00+国家号码+被叫国的国内有效号码$$

其中，00 为国际长途字冠；国家号码采用不等位编号制度，由 1~3 位组成。如美国的国家号码为 1，我国的国家号码为 86。

### 2. 首位号码分配

我国规定，首位号码按如下原则分配。

① 0 为国内长途全自动呼叫字冠号。

② 00 为国际长途全自动字冠号。

③ 1 为特种业务、新业务及网间互通的首位号码。

④ 2~9 为本地电话首位号码，其中 200，300，400，500，600，700，800 为新业务（智能业务）号码。

### 3. 移动电话网的编号计划

（1）移动用户的 ISDN 号码（MSISDN）

此号码是指主叫用户为呼叫数字公用陆地蜂窝移动用户时所需拨的号码。

号码的结构为

国家码（CC）+移动网号（NDC）+识别号（HLR）$H_0H_1H_2H_3$+用户号（SN）

我国的国家号（CC）=86

移动网号（NDC）用来识别不同的移动网，中国移动的网号为 139，138，137，136 和 135；联合通信公司的移动网号为 130，133。

$H_0H_1H_2H_3$ 为归属位置寄存器的识别号，用来识别用户注册登记的 HLR。

SN 为用户号码。

NDC+$H_0H_1H_2H_3$+SN 为国内有效移动用户 ISDN 号码，是一个 11 位数字的等长号码。

（2）国际移动用户识别码（IMSI）

在数字公用陆地蜂窝移动通信网中，唯一地识别一个移动用户的号码，为一个 15 位数字的号码，结构为

移动国家号码（MCC）+移动网号（MNC）+移动用户识别码（MSIN）

移动国家号码（MCC），由 3 位数字组成，唯一地表示移动用户所属的国家。中国为 460。

移动网号（MNC），由两位数字组成，用于识别移动用户所归属的移动网。中国移动 GSM 网为 00，"中国联通公司" GSM 网为 01。

移动用户识别码（MSIN），唯一地识别国内的 900MHz TDMA 数字移动通信网中的移动用户。

IMSI 编号计划已由前 CCITT E.212 建议规定，以适应国际漫游的需要。移动用户在首次进入某 VLR 管辖的区域时以此号码进行位置登记，移动网据此查询用户数据。

（3）移动用户漫游号码（MSRN）

当呼叫一个移动用户时，为使网络进行路由再选择，VLR 临时分配给移动用户的一个号码，其编号为 139 后第一位为零的 MSISDN 号码即 1 390$M_1M_2M_3$ABC，其中 $M_1M_2M_3$ 为移动用户漫游所在的 MSC 号码。

注意，MSRN 是在一次接续中临时分配给漫游用户的，供入口 MSC 选择路由用，一旦接续完毕即释放该号码，以便分配给其他的呼叫使用。该号码对用户是透明的。

（4）临时移动用户识别码（TMSI）

为了对 IMSI 保密，VLR 可给来访移动用户分配一个唯一的 TMSI 号码，它仅在本地使用，为一个 4 字节的 BCD 编码，由各个 VLR 自行分配。

# 小　　结

电话通信网的基本组成设备是终端设备、传输设备和交换设备。

最简单的终端设备是电话机，电话机的基本功能是将人的话音信号转换为交变的话音电流信号，并完成简单的信令接收与发送。

传输设备的功能是将电话机和交换机、交换机与交换机连接起来，常用的传输介质有电缆、光纤等。

交换机的基本功能是完成交换，即将不同的用户连接起来，以便完成通话。

电话机的基本组成部分有通话设备、信令设备和转换设备。

按发出信号的方式，电话机可分为拨号脉冲电话机和双音多频（DTMF）电话机。

交换机的硬件系统由用户电路、中继器、交换网络、信令设备和控制系统几部分组成。

交换机的基本类型主要有人工电话交换机、机电制电话交换机、程控交换机。程控交换机可分为模拟程控交换机和数字程控交换机。

现代通信网中采用的交换方式主要有电路交换、分组交换、ATM 交换和 IP 交换。

电路交换是最早出现的一种交换方式，电话交换一般采用电路交换方式。电路交换方式是指两个用户在相互通信时使用一条实际的物理链路，在通信过程中自始至终使用该条链路进行信息传输，并且不允许其他计算机或终端同时共享该链路的通信方式。

分组交换原来是为完成数据通信业务发展起来的一种交换方式，由于分组交换技术的迅速发展，现在利用分组交换技术不仅可以完成数据通信业务，也可以完成话音和视频通信。分组交换利用存储—转发的方式进行交换。在分组交换方式中，首先将需传送的数据报文划分为一定长度的分组，并以分组为单位进行传输和交换。在每个分组中都有一个 3～10 字节的分组头，在分组头中包含有分组的地址和控制信息，以控制分组信息的传输和交换。

我国的电话通信网采用分级网结构，主要包括长途电话网和本地电话网两大部分。

长途电话网将国内长途交换中心分为省级交换中心（DC1）和本地网长途交换中心（DC2）两个等级。DC1 的职能主要是汇接所在省（自治区、直辖市）的省际长途来去话务和所在本地网的长途终端话务，DC2 的职能主要是汇接所在本地网的长途终端话务。

本地电话网指在同一个长途编号区范围以内的，由所有交换设备、传输设备和用户终端设备组成的电话网络。

# 思考题与练习题

1. 简要说明电话网的基本组成设备。
2. 简要说明电话机的基本组成。
3. 简要说明拨号脉冲电话机的基本工作原理。
4. 简要说明 DTMF 电话机的基本工作原理。
5. 简述交换机的基本组成和各部分的功能。
6. 简要说明本局呼叫的基本过程。
7. 电话交换机主要有哪几种类型？
8. 现代通信网中采用的交换方式主要有哪几种？
9. 简要说明电路交换方式的基本特点。
10. 简要说明虚电路方式和数据报方式。
11. 简要说明我国电话网的结构。
12. 简要说明我国电话长途区号的编码规律。
13. 简要说明移动电话网 ISDN 编号 MSISDN 的编码结构。
14. 说明 MSISDN, IMSI, MSRN 的作用。

# 第 2 章　信令系统

信令系统是通信网的重要组成部分。本章介绍信令的基本概念和分类，用户线信令，重点介绍 No.7 信令系统的结构和基本工作原理。

## 2.1　信令的基本概念和分类

### 2.1.1　信令的基本概念

信令系统是通信网的重要组成部分。建立通信网的目的是为用户传递各种信息，为此，必须使通信网中的各种设备协调动作，故设备之间必须相互传送有关的控制信息，以说明各自的运行情况，提出对相关设备的接续要求，从而使各设备协调运行。这些控制信息就是信令。

图 2-1 所示的是市话网中两分局用户电话接续示例。

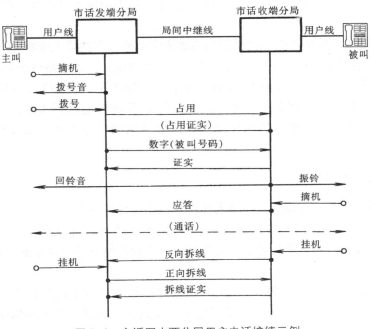

图 2-1　市话网中两分局用户电话接续示例

为了使网络中各设备协调动作，必须在设备间传送相关信令。为使不同厂家生产的交换机能配合工作，在不同交换机之间传送信令必须遵循一定的协议。遵循不同协议的信令构成了不同的信令系统。

通信协议的基本内容如下。

① 语法：规定在收发双方之间相互交换信息的表现形式。

② 语义：说明需要发出何种控制信息，完成何种动作及作出何种应答。

③ 同步：事件完成顺序的详细说明。

电话网的信令与交换机的控制技术有关，随着交换机技术的发展，信令技术也在不断地更新和发展。

### 2.1.2 信令的分类

信令的分类方法很多，常用的分类有以下几种。

#### 1. 按信令的传送区域划分

按信令的传送区域划分，可将信令分为用户线信令和局间信令。

① 用户线信令是用户话机和交换机之间传送的信令。

② 局间信令是交换机之间，或交换机与网管中心、数据库之间传送的信令。

#### 2. 按信令信道与语音信道的关系划分

按信令信道与语音信道之间的关系来划分，信令可分为随路信令和公共信道信令两大类。

① 随路信令指用传送话路的通路传送与该话路有关的各种信令，或指传送信令的通路与话路之间有固定的关系。我国国标规定的随路信令，称为中国 1 号信令，现在中国 1 号信令已很少使用。

② 公共信道信令指传送信令的通道和传送语音的通道在逻辑上或物理上是完全分开的，有单独传送信令的通道，在一条双向信令通道上，可传送上千条电路信令消息。

No.7 信令是公共信道信令系统。No.7 信令系统传送速度快，信号容量大，可靠性高，不仅可以传送与电路接续有关的信号，还可以传送各种与电路无关的信令信息。特别适用于程控数字交换局组成的通信网使用。我国电话网的信令系统主要使用 No.7 信令方式。

#### 3. 按信令的功能划分

按信令的功能来分，随路信令可分为线路信令和记发器信令两大类。

① 线路信令又称为监视信令，用来检测或改变中继线的呼叫状态和条件，以控制接续的进行。由于中继线的占用和释放等是随机发生的，因此在整个呼叫接续期间都要对随路信令进行处理。

② 记发器信令又称为选择信令，主要用来传送被叫（或主叫）的电话号码，供交换机选择路由、选择被叫用户。由于记发器信令仅在通话前传送，记发器信令可在语音通路上传送。

### 4．按信令的传送方向划分

根据信令的传送方向，信令可分为前向信令和后向信令两种。

① 前向信令指信令沿着从主叫到被叫的方向传送。

② 后向信令指信令沿着从被叫到主叫的方向传送。

## 2.2　用户线信令

用户线信令是用户和交换机之间的信令，在用户线上传送。

### 2.2.1　用户话机发出的信令

#### 1．监视信令

监视信令主要反映用户话机的摘、挂机状态。用户话机的摘、挂机状态通过用户线直流环路的通、断来表示。

#### 2．选择信令

选择信令是用户话机向交换机送出的被叫号码。选择信令又可分为直流拨号脉冲信号和双音多频（DTMF）信号。

直流拨号脉冲是由用户直流环路的通断次数来代表一个拨号数字的信号。直流拨号脉冲有以下 3 个参数。

① 脉冲速度：表示每秒允许传送的脉冲的数目。我国规定的脉冲速度为 8～14 个脉冲/s。

② 断续比：断开时间与闭合时间的比值。我国规定脉冲断续比为（1.3～2.5）∶ 1。

③ 最短位间隔：位间隔是指将两个脉冲串分隔开的一段闭合时间。我国规定最短的位间隔时间大于 350ms。

DTMF 信号是用高、低两个不同的频率代表一位拨号数字，是带内信令，能通过数字交换网络正确传输。

### 2.2.2　交换机发出的信令

#### 1．铃流

铃流信号是交换机发送给被叫用户的信号，可提醒用户有呼叫到达。

铃流信号为（25±3）Hz 正弦波，输出电压有效值为（75±15）V，振铃采用 5s 断续，即 1s 送，4s 断。

#### 2．信号音

信号音是交换机发送给用户的信号，用来说明有关的接续状态，如忙音、拨号音、回铃音等。信号音的信号源为（450±25）Hz 和（950±50）Hz 正弦波，通过控制信号音不同的断续时间可得到不同的信号音。表 2-1 为部分信号音的含义和种类。

表 2-1　　　　　　　　　　　　　　信号音的含义和种类

| 信号音频率 | 信号音名称 | 含义 | 时间结构（"重复周期"或"连续"） | 电平（dBm0） | | |
|---|---|---|---|---|---|---|
| | | | | $-10\pm3$ | $-20\pm3$ | $0\sim+25$ |
| 450Hz | 拨号音 | 通知主叫用户开始拨号 | | √ | | |
| | 特种拨号音 | 对用户起提示作用的拨号音（例如，提醒用户撤销原来登记的转移呼叫） | 400　40　440ms | √ | | |
| | 忙音 | 表示被叫用户忙 | 0.35　0.35　0.7s | √ | | |
| | 拥塞音 | 表示机线拥塞 | 0.7　0.7　1.4s | √ | | |
| | 回铃音 | 表示被叫用户在振铃状态 | 1.0　4.0　5s | √ | | |
| | 空号音 | 表示所拨叫号码为空号 | 0.1 0.1　0.4　0.4　1.4s | √ | | |
| | 长途通知音 | 用于话务员长途叫市忙的被叫用户时的自动插入通知音 | 0.2 0.2 0.2　0.6　1.2s | | √ | |
| | 排队等待音 | 用于具有排队性能的接续，以通知主叫用户等待应答 | 可用回铃音代替或采用录音通知 | √ | | |

## 2.3　No.7 信令系统概述

### 2.3.1　No.7 信令系统的特点和功能

**1．No.7 信令系统的基本特点**

No.7 信令系统是一种国际性的标准化通用公共信道信令系统，其基本特点如下。

① 最适合由数字程控交换机和数字传输设备所组成的综合数字网。

② 能满足现在及将来传送呼叫控制、遥控、维护管理信令及处理机之间事务处理信息的要求。

③ 提供了可靠的方法，使信令按正确的顺序传送又不致丢失或重复。

**2．No.7 信令系统的基本功能**

No.7 信令系统能满足多种通信业务的要求，当前主要应用有以下几方面。

① 传送电话网的局间信令。

② 传送电路交换数据网的局间信令。

③ 传送综合业务数字网的局间信令。

④ 在各种运行、管理和维护中心传递有关信息。

⑤ 在业务交换点和业务控制点之间传送各种控制信息，支持各种类型的智能业务。

⑥ 传送移动通信网中与用户移动有关的各种控制信息。

No.7 信令系统能够支持如此广泛的业务，主要原因是 No.7 信令系统采用了功能模块化结构。No.7 信令系统由一个公共的消息传递部分和各种应用部分组成。在这个公共的消息传递部分上可以叠加各种各样的应用。

### 2.3.2　No.7 信令系统的结构

随着程控交换系统的出现，在交换机之间呼叫接续控制信令的传送，实际上已成为各交换机内处理机之间的通信。No.7 信令系统实质上是一个专用的计算机通信系统，用来在通信网中的各控制设备之间传送各种与电路有关或无关的控制信息。

实现计算机之间的相互通信，需要解决很多复杂的问题。在计算机通信系统的设计中，普遍采用了分层通信体系结构思想。分层通信体系结构的基本概念如下。

① 将通信功能划分为若干层次，每一个层次完成一部分功能，各个层次相互配合共同完成通信的功能。

② 每一层只和直接相邻的两层打交道，它利用下一层所提供的功能（并不需要知道它的下一层是如何实现的，仅需该层通过层间接口所提供的功能），向高一层提供本层所能完成的服务。

③ 每一层是独立的，各层都可以采用最适合的技术来实现，每一个层次可以单独进行开发和测试。当某层由于技术的进步发生变化时，只要接口关系保持不变，则其他各层不受影响。

No.7 信令系统是在通信网的控制系统（计算机）之间传送有关通信网控制信息的数据通信系统，其实质是一个专用的计算机通信系统。No.7 信令系统从一开始就是按分层结构思想设计的，但 No.7 信令系统开始发展时，主要考虑在数字电话网和采用电路交换方式的数据通信网中传送各种与电路有关的控制信息，所以 CCITT（现为 ITU-T）在 1980 年提出的有关 No.7 信令系统技术规范的黄皮书建议中对 No.7 信令系统的分层方法没有和 OSI（开放系统互连）\*七层模型取得一致，对 No.7 信令系统只提出了 4 个功能级的要求。但随着移动通信网和智能网的发展，不仅需要传送与电路接续有关的消息，而且需要传送与电路接续无关的端到端的信息，原来的四级结构已不能满足要求，在 1984 年和 1988 年的红皮书和蓝皮书建议中，CCITT 做了大量的工作，使 No.7 信令系统的分层结构尽量向 OSI 的七层模型靠近。在蓝皮书中对 No.7 信令系统提出了双重要求，一方面是对原来的 4 个功能级的要求，另一方面是对 OSI 七层的要求。CCITT 在 1992 年的白皮书中又进一步完善了这些新功能和程序。

#### 1. No.7 信令系统的四级结构

No.7 信令系统的四级结构如图 2-2 所示。在 No.7 信令系统的四级结构中，将 No.7 信令系统分为消息传递部分（Message Transfer Part，MTP）和用户部分（User Part，UP）。

---

\*由于计算机网络技术的发展，ISO（国际标准化组织）提出了计算机通信的 OSI（开放系统互连）七层参考模型，用于在不同的处理机上运行的应用进程之间进行的通信，从而成为开放系统。

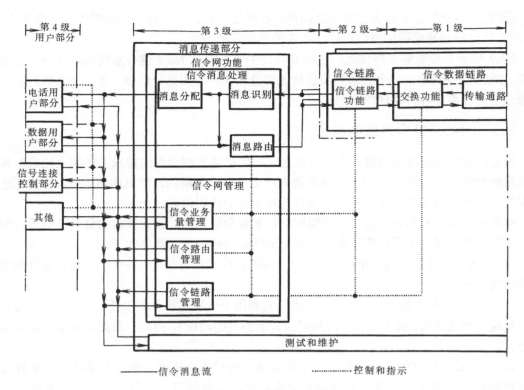

图 2-2　No.7 信令系统的四级结构

UP 构成 No.7 信令系统的第 4 级，其功能是处理信令消息。根据不同的应用，可以有不同的用户部分。例如，电话用户部分（Telephone User Part，TUP）处理电话网中的呼叫控制信令消息；综合业务数字网用户部分（ISDN User Part）处理 ISDN 中的呼叫控制信令消息。

MTP 的功能是在用户部分之间传输可靠的信令信息。该部分分为三级：信令数据链路功能级、信令链路功能级和信令网功能级。

第 1 级为信令数据链路功能级，它对应于 OSI 模型的物理层，并规定了信令链路的物理电气特性及接入方法，提供全双工的双向传输通道。此通道由一对传输速率相同、传输方向相反的数据通道组成，可完成二进制比特流的透明传递。在采用数字传输信道时，每个方向的传输速率为 64kbit/s。

第 2 级为信令链路功能级，对应于 OSI 模型的数据链路层。第 2 级的基本功能是将第 1 级中透明传输的比特流划分为不同长度的信令单元（Signal Unit），并通过差错检测及重发校正保证信令单元的正确传输。

第 3 级为信令网功能级，对应于 OSI 模型的网络层的部分功能。第 3 级又分为信令消息处理和信令网管理两部分。信令消息处理的功能是根据消息信令单元中的地址信息，将信令单元送至用户指定信令点的相应用户部分。信令网管理的功能是对每一个信令路由及信令链路的工作情况进行监视，当信令链路和信令路由出现故障时，信令网管理在已知信令网状态数据和信息的基础上，控制消息路由和信令网的结构，完成信令网的重新组合，从而恢复正常消息传递能力。

### 2. 与 OSI 模型对应的 No.7 信令系统结构

MTP 并没有提供 OSI 模型中 1～3 层的全部功能，它的寻址能力有一定欠缺，当需要传送与电路无关的端到端信息时，MTP 已不能满足要求。为了使 No.7 信令系统的结构向 OSI 模型靠拢，原 CCITT 在 1984 年和 1988 年对 No.7 信令系统进行了补充，在不修改 MTP 的前提下，通过增加信令连接控制部分（Signalling Connection Control Part，SCCP）来增强 MTP 的功能，并增加了事务处理能力（Transaction Capabilities，TC）部分来完成传送节点至节点的消息的能力。No.7 信令系统较完整的功能结构如图 2-3 所示。下面简要说明各部分的功能。

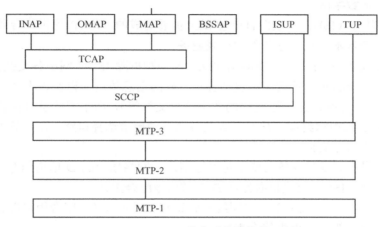

图 2-3 No.7 信令系统的结构

（1）消息传递部分

消息传递部分（MTP）的功能是在信令网中提供可靠的信令消息传递，将用户发送的消息传送到用户指定的目的地信令点的指定用户部分，在系统或信令网出现故障时，采取必要措施以恢复信令消息的正常传送。

（2）电话用户部分

电话用户部分（TUP）是 No.7 信令方式的第 4 功能级中最先得到应用的用户部分。TUP 主要规定了有关电话呼叫的建立和释放的信令程序及实现这些程序的消息和消息编码，并能支持部分用户补充业务。

（3）信令连接控制部分

为了满足新的用户部分（如智能网应用和移动通信应用）对消息传递的进一步要求，原 CCITT 补充了信令连接控制部分（SCCP）来弥补 MTP 在网络层功能的不足。SCCP 提供的较强的路由和寻址功能，叠加在 MTP 上，与 MTP 中的第 3 级共同完成 OSI 的网络层的功能。至于那些满足于 MTP 服务的用户部分（例如 TUP），则可以不经 SCCP 直接与 MTP 第 3 级联络（参见图 2-3）。SCCP 通过提供全局码翻译增强了 MTP 的寻址选路功能，从而使 No.7 信令系统能在全球范围内传送与电路无关的端到端消息；同时 SCCP 还使 No.7 信令系统增加了面向连接的消息传送方式。SCCP 与原来的第 3 级相结合，提供了 OSI 模型中的网络层功能。

（4）事务处理能力应用部分

事务处理能力（TC）是指通信网中分散的一系列应用在相互通信时采用的一组规约和功能。这是目前通信网提供智能网业务和支持移动通信网中的与移动台游动有关的业务的基础。事务处理能力应用部分（TCAP）是在无连接环境下提供的一种方法，以供智能网应用（INAP）、移动应用部分（MAP）和操作维护应用部分（OMAP）在一个节点调用另一个节点的程序，执行该程序并将执行结果返回调用节点。

TCAP 包括执行远端操作的规约和业务。TCAP 本身又分为两个子层：成分子层和事务处理子层。成分子层完成 TC 用户之间对远端操作的请求及响应数据的传送，事务处理子层用来处理包括成分在内的消息交换，为事务处理子层用户之间提供端到端的连接。

（5）综合业务数字网用户

ISDN 用户部分（ISUP）是在 TUP 基础上扩展而成的。ISUP 提供综合业务数字网中的信令功能，以支持基本承载业务和附加承载业务。

对于基本承载业务，ISUP 的功能是建立、监视和拆除 ISDN 网中各交换机之间 64kbit/s 的电路连接。由于 ISDN 的承载业务包括各种各样的信息传送（语音、不受限的数字信息、3.1kHz 音频、7kHz 音频、语音/不受限的数字信息交替等），而不同信息对传输通路的要求不同，因此，ISUP 必须根据终端用户对承载业务的不同要求选择电路，在业务类型交替时，更换电路类型，提供信令支持。

由于 ISDN 用户对承载业务的要求是通过用户—网络接口的 D 信道信令（Q.931 建议）送到网络的，因此，ISDN 交换机必须和 D 信道信令配合工作。

ISUP 还必须对附加承载业务（主叫线号码识别、呼叫前转、闭合用户群、直接拨入、用户—用户信令）功能的实现提供信令支持。

当 ISUP 传送与电路相关的信息时，只需得到 MTP 的支持；而在传送端到端的信令信息时，可依靠 SCCP 支持，这种传送可以采用面向连接的协议，也可采用无连接协议。

（6）智能网应用部分

智能网应用部分用来在智能网各功能实体间传送有关信息流，以便各功能实体协同完成智能业务。原邮电部制定的《智能网应用规程》（暂行规定）主要规定了业务交换点（SSP）和业务控制点（SCP）之间、SCP 和智能外设（IP）之间的接口规范。在 INAP 中，将各功能实体间交换的信息流抽象为操作或对操作的响应。在原邮电部颁布的 INAP 规程中，根据开放业务的需要，共定义了 35 种操作。

（7）移动应用部分

移动应用部分的主要功能是在全球移动通信系统（GSM）中的移动交换中心（MSC），归属位置登记器（HLR），拜访位置登记器（VLR）等功能实体之间交换与电路无关的数据和指令，从而支持移动用户漫游、频道切换和用户鉴权等网络功能。

（8）基站子系统应用部分

基站子系统应用部分（BSSAP）是基站控制器（BSC）与移动交换中心（MSC）之间的信令。基站控制器 BSC 与移动交换中心 MSC 之间的信令接口采用 No.7 信令作为消息传送协议。包括物理层（信令数据链路 MTP-1）、链路层（信令链路 MTP-2）、网络层（MTP-3+SCCP）和应用层，在信令连接控制部分 SCCP 中采用了面向连接传送功能（服务类别 2）。基站子系统应用部分（BSSAP）包括 BSS 操作维护应用部分（BSSOM MAP）、直接传送应用部分（DTAP）

和（BSS）管理应用部分（BSS MAP）。

BSSOM MAP 部分用于网络操作维护中心（OMC）之间交换维护管理信息。

DTAP 部分用于透明传送 MS 与 MSC 之间的消息。

BSS MAP 主要用于传送无线资源管理消息，对 BSS 的资源使用、调配和负荷进行控制和监视，以保证呼叫的正常建立和进行。

### 2.3.3 信令单元的格式

在 No.7 信令系统中，所有的消息都是以可变长度的信令单元的形式发送的。信令单元是一个数据块，类似于分组交换中的分组。

No.7 信令消息由许多字段组成，各功能层负责组装和处理相关字段。在发送节点，应用层生成信息本体，经下面各层依次加上各层的控制信息后发送。在目的地节点，各层依次取出相应控制信息进行处理，最后将无差错的信息本体送交给对等的应用层。

在 No.7 信令中共有 3 种信令单元：消息信令单元（MSU）、链路状态信令单元（LSSU）和填充信令单元（FISU），其格式如图 2-4 所示。

其中，消息信令单元用来传送第 3 级以上的各层发送的信息；链路状态信令单元用来传送信令链路状态；填充信令单元是在信令链路上没有消息要传送时，向对端发送的空信号，它用来维持信令链路的通信状态，同时可证实对端发来的信令单元。LSSU 和 FISU 都由信令链路功能级生成并由其处理。

信令单元各字段的意义如下。

① 标志码（F）：标志码（F）用于信令单元的定界，由码组 01111110 组成。任一信令单元的开始和结尾都是标志码。No.7 信令系统采用比特填充的方法防止其他字段中出现伪标志码。

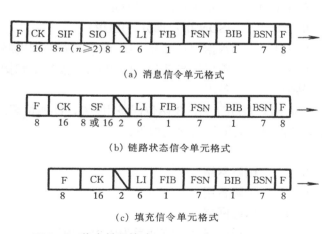

F:标志码
SF:状态字段
BSN:后向序号
FSN:前向序号
FIB:前向表示语比特
BIB:后向表示语比特
SIO:业务信息八位码组
SIF:信令信息字段
CK:校验码
LI:长度表示语

（a）消息信令单元格式

（b）链路状态信令单元格式

（c）填充信令单元格式

图 2-4　信令单元格式

② 前向序号（FSN）、后向序号（BSN）、后向表示语比特（BIB）、前向表示语比特（FIB）：FSN 表示正在发送的信令单元的序号；BSN 表示已正确接收的对端发来的信令单元的序号，用于肯定或否定证实；BIB 占一个比特，当其翻转时（0→1 或 1→0），表示要求对端重发；FIB 也占一个比特，当其翻转时表示正在开始重发。以上 4 个部分用于差错校正。

③ 长度表示语（LI）：用来表示 LI 与校验码之间的字段的字节数。由于不同类型的信令单元有不同的长度，LI 又可看成是信令单元类型的指示。当 LI=0 时表示 FIFU，当 LI=1～2 时表示 LSSU，当 LI=3～63 时表示 MSU。

④ 校验码（CK）：CK 用于差错校验。No.7 信令系统采用的差错校验方式是循环冗余校验，用来检查信令单元传输中的错误。CK 由发送端根据一定的算法对信令单元中 F 之后及 CK 之前的数据进行运算产生，并与数据一起传送至接收端，供接收端检查传输错误。

以上 4 个部分都是第 2 级的控制信息，由发送端的第 2 功能级生成，由接收端的第 2 功能级处理。

⑤ 业务信息八位码组（SIO）：用于指示消息的业务类别及信令网类别，第 3 级据此将消息分配给不同的用户部分。

SIO 分为业务表示语（SI）和子业务字段（SSF）。SI 和 SSF 各占 4bit，如图 2-5 所示。

| DCBA | DCBA |
|---|---|
| 子业务字段（SSF） | 业务表示语（SI） |

图 2-5　SIO 字段格式

业务表示语的编码及含义如下。

DCBA
0 0 0 0　　信令网管理消息
0 0 0 1　　信令网测试和维护消息
0 0 1 1　　信令连接控制部分（SCCP）
0 1 0 0　　电话用户部分（TUP）
0 1 0 1　　ISDN 用户部分（ISUP）
0 1 1 0　　数据用户部分（DUP）（与呼叫和电路有关的消息）
0 1 1 1　　数据用户部分（DUP）（性能登记和撤销消息）
其他　　　备用

在子业务字段（SSF）A，B 两位码备用，C，D 两位码规定为网络指示语，用于区分国内和国际业务消息。其编码及含义如下。

DC
0 0　　国际网络
0 1　　国际备用
1 0　　国内网络
1 1　　市话网络（过渡期后为国内备用）

⑥ 信令信息字段（SIF）：SIF 包含了用户需要由 MTP 传送的信令消息。由于 MTP 采用数据报方式来传送消息，消息在信令网中传送时全靠自身所带的地址来寻找路由。为此，在信令信息字段中带有一个路由标记。路由标记由目的地信令点编码（DPC）、发源地信令点编码（OPC）和信令链路选择码（SLS）组成。OPC 和 DPC 分别表示消息的发源地信令点和目的地信令点，SLS 用来选择信令链路。SIF 的格式如图 2-6 所示。

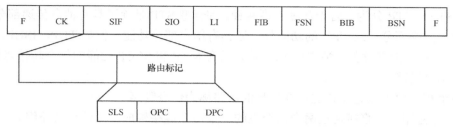

图 2-6　信令信息字段 SIF 的格式

我国定义了支持 2Mbit/s 速率的高速数字数据链路，高速信令链路的消息信令单元格式如图 2-7 所示。它与基本信令单元的格式基本相同，不同的是其 FSN 和 BSN 的长度增加为 12bit，取值范围为 0～4 095；长度表示语（LI）的比特数增加为 9bit，取值范围为 0～273。

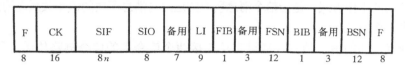

图 2-7　高速信令链路的消息信令单元格式

⑦ 状态字段（SF）：链路状态信令单元（LSSU）中包含的信息是链路状态字段（SF），用来指示指定链路的定位状态和异常状态。该信息由第 2 功能级生成和处理。SF 的格式如图 2-8 所示。在 8bit 的状态字段中，5bit 备用，3bit 作为状态指示，编码及含义如下。

C B A

0 0 0　　失去定位（SIO）

0 0 1　　正常定位（SIN）

0 1 0　　紧急定位（SIE）

0 1 1　　业务中断（SIOS）

1 0 0　　处理机故障（SIPO）

1 0 1　　链路忙（SIB）

| HGFED | CBA |
|-------|-----|
| 备用 | 状态指示 |

图 2-8　链路状态格式

### 2.3.4　我国 No.7 信令网的结构

#### 1．信令网的基本组成部件

No.7 信令网的基本组成部件为信令点（SP）、信令转接点（STP）和信令链路。

（1）信令点（SP）

SP 是处理控制消息的节点，产生消息的信令点为该消息的起源点，消息到达的信令点为该消息的目的地节点。任意两个信令点，如果它们的对应用户之间（例如电话用户）有直接通信，就称这两个信令点之间存在信令关系。

（2）信令转接点（STP）

具有信令转发功能，将信令消息从一条信令链路转发到另一条信令链路的节点称为信令转接点（STP）。STP 分为综合型和独立型两种。综合型 STP 是除了具有消息传递部分（MTP）和信令连接控制部分（SCCP）的功能外，还具有用户部分功能（例如 TUP，ISUP，TCAP，INAP）的信令转接点设备；独立型 STP 是只具有 MTP 和 SCCP 功能的信令转接点设备。

（3）信令链路

在两个相邻信令点之间传送信令消息的链路称为信令链路。

① 信令链路组：直接连接两个信令点的一束信令链路构成一个信令链路组。

② 信令路由：承载指定业务到某特定目的地信令点的链路组。

③ 信令路由组：载送业务到某特定目的地信令点的全部信令路由。

### 2. 工作方式

No.7 信令网的工作方式，是指信令消息所取的通路与消息所属的信令关系之间的对应关系。

（1）直连工作方式

两个信令点之间的信令消息，通过直接连接两个信令点的信令链路传递，称为直连工作方式。

（2）准直连工作方式

属于某个信令关系的消息，经过两个或多个串接的信令链路传送，中间要经过一个或几个信令转接点，但传送消息的通路在一定时间内是预先确定和固定的，称为准直连工作方式。

### 3. 我国 No.7 信令网的结构

我国 No.7 信令网由高级信令转接点（HSTP）、低级信令转接点（LSTP）和信令点（SP）三级组成。图 2-9 示出了我国三级信令网的结构。其中，第 1 级 HSTP 采用 A，B 两个平面，在每个平面内，各个 HSTP 以网状相连；在 A 平面和 B 平面间，成对的 HSTP 相连。第 2 级 LSTP 至少要连至 A，B 平面内成对的 HSTP，每个 SP 至少要连至两个 STP。

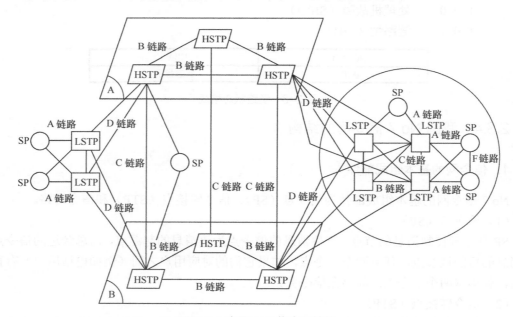

图 2-9　我国 No.7 信令网结构

HSTP 负责转接它所汇接的 LSTP 和 SP 的信令消息。HSTP 应采用独立型信令转接点设备，且必须具有 No.7 信令系统中消息传送部分（MTP）的功能，以完成电话网和 ISDN 的电路接续有关信令消息的传送。同时，如果在电话网、ISDN 中开放智能网业务、移动通信业务，并传递各种信令网管理消息，则信令转接点还应具有信令连接控制部分（SCCP）的功能，以传送各种与电路无关的信令信息。若该信令点要执行信令网运行、维护管理程序，那么，还应具有事务处理能力应用部分（TCAP）和操作维护应用部分（OMAP）的功能。

LSTP 负责转接它所汇接的 SP 的信令消息。LSTP 可采用独立型的信令转接设备，也可采用与交换局 SP 合设在一起的综合式的信令转接点设备。采用独立型信令转接点设备时的要求同 HSTP；采用综合型信令转接点设备时，除了必须满足独立式信令转接点设备的功能外，还应满足用户部分的有关功能。

第 3 级 SP 是信令网中传送各种信令消息的源点和目的地点，应满足部分 MTP 功能及相应的用户部分功能。

**4．我国三级信令网的双备份可靠性措施**

为了保证信令网的可靠性，提高信令网的可用性，我国的三级信令网采用了双备份可靠性措施。

① 第 1 级 HSTP 采用两个平行的 A，B 平面，在每个平面内的各个 HSTP 网状相连，A 平面和 B 平面中成对的 HSTP 对应相连。

② 每个 LSTP 分别连接 A，B 平面内成对的 HSTP。LSTP 至 A，B 平面内两个 HSTP 的信令链组之间采用负荷分担方式工作。

③ 每个 SP 至少连接两个 STP（LSTP 或 HSTP）。若连接 HSTP 时，应分别连至 A，B 平面内成对的 HSTP。SP 至两个 STP 的信令链路组间采用负荷分担工作方式工作。

④ 直连方式的信令链路组中至少包括两条信令链，准直连方式中，SP 至 STP 的 A 链路组，LSTP 至 HSTP 的 D 链路组可以只设置一条信令链，但一对 HSTP 之间的 C 链路组和一对 HSTP 和另一对 HSTP 之间的 B 链路组应至少包括两条信令链。

⑤ SP 至 STP 的 A 链路，一对 STP 之间的 C 链路应尽可能分配在完全分开的两条物理路由上，一对 STP 至另一对 STP 之间的 B 链路和 D 链路不管是网状网相连或 A，B 平面连接，应尽可能分配在完全分开的 3 条物理路由上。例如，两条不同实体路由的光缆，或者采用不同的传输手段，如一条为光缆，另一条为数字微波。

⑥ 两个信令点间的话路群足够大时，设置直达信令链，采用直联方式。

⑦ 信令链路应优先采用地面电路，必要时也可采用卫星电路。

**5．信令点的编号计划**

为了便于信令网的管理，国际信令网和各国的信令网是独立的，并采用分开的信令点编码方案。

（1）国际信令网的编号计划

国际信令网的信令点编码的位长为 14 位二进制数，采用三级的编码结构，其格式如图 2-10 所示。

| NML | KJIHGFED | CBA |
|---|---|---|
| 大区识别 | 区域网识别 | 信令点识别 |
| 信令区域网编码（SANC） | | |
| 国际信令点编码（ISPC） | | |

图 2-10　国际信令点编码格式

在图 2-10 所示的结构中，NML3 位码用于识别世界编号大区，K～D 8 位码识别世界编号大区内的区域网，CBA3 位码识别区域网内的信令点。NML 和 K～D 两部分合起来称为信令区域网络代码（SANC），每个国家应至少占用一个 SANC。我国的 SANC 编码为 4～120，即分配在第 4 位号大区，区域网编码为 120。

（2）我国国内网的信令点编码

我国国内信令网采用 24 位二进制数的全国统一的编码计划。每个信令点编码由主信令区编码、分信令区编码及信令点编码 3 部分组成，每个部分各占 8 位二进制数，其格式如图 2-11 所示。

图 2-11　我国国内信令点编码格式

## 2.4　消息传递部分

消息传递部分（MTP）的主要功能是在信令网中提供可靠的信令消息传递，将源信令点的用户发出的信令单元正确无误地传递到目的地信令点的指定用户，并在信令网发生故障时采取必要的措施以恢复信令消息的正确传递。

### 2.4.1　信令数据链路

信令数据链路提供了传送信令消息的物理通道，它由一对传送速率相同、工作方向相反的数据通路组成，完成二进制比特流的透明传输。

信令数据链路有数字信令数据链路和模拟信令数据链路两种传输通道。数字信令数据链路是传输速率为 64kbit/s 和 2Mbit/s 的高速信令链路，模拟信令数据链路的传输速率为 4.8kbit/s。

采用数字信令链路时接入方式有两种类型。

① 数字传输链路通过数字选择级的半永久连接接到信令终端，如图 2-12 所示。

② 数字传输通路通过时隙接入设备接入信令终端，如图 2-13 所示。

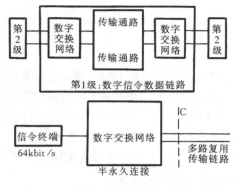

图 2-12 数字传输通路通过数字选择级
的半永久连接接至信令终端

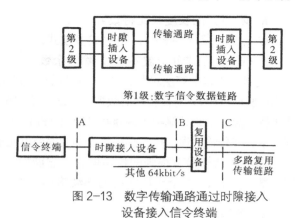

图 2-13 数字传输通路通过时隙接入
设备接入信令终端

### 2.4.2 信令链路功能

信令链路功能在No.7信令系统功能结构中处于第2级。信令链路与信令数据链路相配合，为信令点之间提供一条可靠的传送通路。信令链路的功能包括：信令单元定界，信令单元定位，差错检测，差错校正，初始定位，信令链路差错率监视，第2级流量控制，处理机故障控制。

#### 1. 信令单元定界和定位

信令单元定界的主要功能是将在第1级上连续传送的比特流划分为信令单元。

由图2-9所示的信令单元格式可见，信令单元的开始和结束都是由标志码（F）来标识的，信令单元定界功能就是根据标志码（F）来将第1级上连续传送的比特流划分为信令单元的。标志码采用特殊的编码01111110。为防止在消息内容中出现伪标志码，信令消息的发送端要对需传送的消息内容进行"插0"操作，即在消息中发现连续的5个"1"时就在其后插入一个"0"，从而保证在消息内容中不会出现伪标志码。在接收端则进行"删0"操作，即将消息内容中连续5个"1"后的"0"删掉，从而使消息内容恢复原样。

信令单元定位功能主要是检测失步及失步后如何进行处理。当检测到以下异常情况时，就认为失去定位：收到了不允许出现的码型（6个以上连1），信令单元内容太短（少于5个八位位组），信令单元内容太长（大于273+5个八位位组），两个F之间的比特数不是8的整倍数。

在失去定位的情况下，进入8位位组计数方式，即每收到16个8位位组就报告一次出错，直至收到一个正确的信令单元才结束八位位组计数方式。

#### 2. 差错检测

No.7信令系统第2级采用的差错检测方法是循环冗余校验（CRC）。算法如下

$$\frac{x^{16}M(x)+x^k(x^{15}+x^{14}+\cdots+x+1)}{G(x)}=Q(x)+\frac{R(x)}{G(x)}$$

其中：$M(x)$=发送端发送的数据；

$K=M\ (x)$ 的长度（比特数）；

$G\ (x)=x^{16}+x^{12}+x^5+1$，是生成多项式；

$R\ (x)$ 是左式分子被 $G\ (x)$ 除的余数。

发送端按以上算法对发送内容进行计算，得到的余数 $R\ (x)$ 的长度是 16bit，将其逐位取反后作为校验码（CK）与需传送的数据一起送到接收端。接收端对接收到的数据和 CK 值按同样的算法进行计算。如果计算结果为 0001 1101 0000 1111，说明没有传输错误；如果计算结果为其他值，则表示存在传输错误，接收端将接收到的信令单元丢弃，在适当的时刻请求对端重新发送。

循环冗余校验有很强的检错能力。它能检测出任何位置上的 3 个比特以内的错误、所有的奇数个错误、16 个比特之内的连续错误，以及大部分的大量突发错误。

**3．差错校正**

No.7 信令系统提供两种差错校正方法：基本差错校正方法和预防循环重发校正方法。基本差错校正方法用于传输时延小于 15ms 的陆上信令链路。预防循环重发校正方法用于传输时延较大的卫星信令链路。

（1）基本差错校正方法

基本差错校正方法是一种非互控、正/负证实的重发纠错方法。正证实指示信令单元的正确接收，负证实指示接收的信令单元发生错误并要求重发。消息信令单元的正、负证实及重发请求等是通过信令单元内的前向序号（FSN）、后向序号（BSN）、前向表示语比特（FIB）和后向表示语比特（BIB）相互配合完成的。

在每个信令终端内都配有重发缓冲器（RTB），已发送出去但还未得到证实的消息信令单元需暂存在 RTB 中，直到收到对端发来的对这些信令单元的肯定证实。

在基本差错校正方法中用到的差错校正字段包括 FSN，BSN，FIB 和 BIB。FSN 表示当前正在发送的信令单元的序号；BSN 表示已正确接收的对端发来的信令单元的序号，作为肯定证实。

为完成差错校正，还需要 FIB 和 BIB 配合，差错校正过程在双向链路的两个方向独立进行，即一个方向的 FSN 与 FIB 与另一个方向的 BSN 和 BIB 一起负责控制这个方向上的消息信令单元的差错校正。

当收到的信令单元的 BIB 与上一次发送的信令单元的 FIB 同相时，表示收到了肯定证实，其中收到的 BSN 为对端已正确接收的信令单元的序号，本端根据此 BSN 释放暂存在 RTB 中相应的信令单元。

当收到的信令单元的 BIB 与上一次发送的信令单元的 FIB 反相时，表示收到了否定证实，其中收到的 BSN 为对端已正确接收的信令单元的序号，本端应根据此 BSN 依次重发暂存在 RTB 中的所有未经证实的信令单元，并将 FIB 字段翻转与收到的 BIB 同相。

图 2-14 所示为双向信令链路上某个方向的基本差错校正方法过程示例。

（2）预防循环重发校正方法

预防循环重发校正方法是一种非互控的前向纠错方法。它只采用肯定证实，不采用否定证实，前向指示语比特和后向指示语比特不再使用。

在每个信令终端都配有重发缓冲器（RTB），所有已发出的、未得到肯定证实的消息信令单元都暂存在 RTB 内，直到收到肯定证实才释放相应的存储单元。

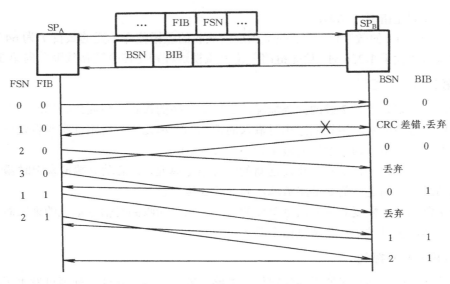

图 2-14 基本重发校正过程示意图

预防循环重发纠错过程由发送端自动控制，当无新的 MSU 待发时，将自动地取出 RTB 中未得到证实的 MSU 依次重发；在重发过程中，若有新的 MSU 请求发送，需中断重发过程，优先发送新的 MSU。

为使 PCR 更完善，还采用强制重发过程，保证在高差错率和高信令负荷的情况下进行有效的纠错。为此设置了两个门限值，以判定信令链路的负荷情况。

$N_1$：重发缓冲器内未被证实的消息信令单元数。

$N_2$：重发缓冲器内准备重发的 MSU 的 8 位位组数。

如果两个参数中的一个或全部达到门限值，就停止发送新的 MSU，而开始强制重发过程，优先重发所有未被证实的 MSU，直到 $N_1$ 和 $N_2$ 均低于门限值后停止，才恢复到正常的预防循环重发纠错过程。

### 4．初始定位

初始定位是信令链路从不工作状态（包括空闲状态和故障后退出服务状态）进入工作状态时执行的信令过程。只有当信令链路初始定位成功后，才能进入工作状态，传递消息信令单元。初始定位过程的作用是与信令链路的对端节点交换握手信号，协调一致地将此链路投入运行，同时检验该链路的传输质量。只有在信令链路的两端都能按照规定的协议发送链路状态信令单元，且该链路的信令单元差错率低于规定值时，才认为定位成功，可以投入使用。

### 5．信令链路差错率监视

为保证信令链路的性能，满足信令业务的要求，必须对信令链路的差错率进行监视。当信令链路差错率超过门限值时，应判定信令链路故障。

信令链路差错率监视过程有两种：信令单元差错率监视过程和定位差错率监视过程，分别用来监视信令链路处于工作状态和处于初始定位时的信令单元差错率。

确定信令链路差错率监视过程的参数主要有两个：连续接收的差错信令单元数（$T$）和

信令链路的长期差错率（1/D）。

在采用 64kbit/s 的数字信令链路时，当连续接收的差错信令单元的数目 T 为 64 或信令单元的长期差错率大于 1/256 时，信令链路差错率监视过程判定信令链路故障并向第 3 级报告。

### 6. 第 2 级流量控制

流量控制用来处理第 2 级的拥塞情况。当信令链路的接收端检测到拥塞时，启动流量控制过程。检出链路拥塞的接收端停止对输入的消息信令单元进行肯定证实和否定证实，周期地向对端发送状态指示为"忙"的链路状态信号（SIB）。

对端信令点收到 SIB 后将停止发送新的消息信令单元，并启动远端拥塞定时器（$T_6$）。如果定时器超时，则判定该信令链路故障，并向第 3 级报告。

当拥塞取消时，恢复对输入信令单元的证实。当对端收到对信令单元的证实时，取消远端拥塞定时器，恢复发送新的消息信令单元。

### 7. 处理机故障控制

由于第 2 级以上功能级的原因使得信令链路不能使用时，就认为处理机发生了故障。处理机故障是指信号消息不能传送到第 3 级或第 4 级。故障原因很多，有可能是中央处理机故障，也可能是由于人工阻断一条信令链路。

当第 2 级收到了第 3 级发来的指示或识别到第 3 级故障时，则判定为本地处理机故障并开始向对端发状态指示（SIPO）的链路状态信令单元，并将其后所收到的消息信令单元舍弃。如果对端的第 2 级处于正常工作状态，收到 SIPO 后将通知第 3 级停发消息信令单元，并连续发送插入信令单元（FISU）。

当处理机故障恢复后将停发 SIPO，改发 FISU 或 MSU，信令链路进入正常工作状态。

## 2.4.3　信令网功能

信令网功能是 No.7 信令系统的第 3 功能级，它定义了在信令点之间传递消息的功能和过程。信令网功能包括信令消息处理和信令网管理两部分。

### 1. 信令消息处理

信令消息处理的功能是保证源信令点的用户部分发出的消息准确地传送到用户指定的目的地信令点的同类用户部分。信令消息处理又可分为消息识别、消息分配和消息路由 3 个子功能，结构如图 2-15 所示。

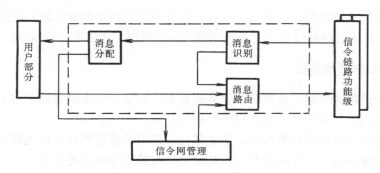

图 2-15　信令消息处理功能结构

（1）消息识别功能

消息识别功能是将收到的 MSU 中的目的地信令点编码（DPC）与本节点的编码进行比较，如果该消息路由标记中的 DPC 与本节点的信令点编码相同，说明该消息是送到本节点的，则将该消息送给消息分配功能；如不相同，则将该消息送给消息路由功能。

（2）消息分配功能

发送到消息分配功能的消息，都是由消息识别功能鉴别其目的地是本节点的消息，消息分配功能检查该消息的业务信息 8 位位组（SIO）中的业务表示语（SI），将消息分配给不同的用户部分。SIO 格式如图 2-5 所示。

（3）消息路由功能

消息路由功能是为需要发送到其他节点的消息选择发送路由。这些消息可能是消息识别部分送来的，也可能是本节点的第 4 级用户或第 3 级的信令网管理功能送来的。消息路由功能是根据 MSU 中路由标记中的目的地信令点编码（DPC）和链路选择码（SLS），以及业务信息八位位组（SIO）检索路由表，选择合适的信令链路传递信令消息。

一般来说，选择一条合适的信令链路需要进行以下 3 步工作。

① 信令路由的确定：根据 SIO 的内容判断是哪类用户产生的消息，同时据此选择相应的路由表，并根据 SIO 中子业务字段（SSF）的值进一步选择不同的路由表，如国际呼叫选择国际路由表，国内呼叫选择国内路由表。

② 信令链路组的确定：根据目的地信令点编码（DPC）和链路选择码（SLS），依据负荷分担的原则确定相应的信令链路组。

③ 信令链路的确定：根据信令链路选择码（SLS），在某一确定的信令链组内选择一条信令链路，并将消息交给该信令链路发送出去。

对于到达同一目的地信令点且 SLS 相同的多条消息，消息路由功能总是将其安排在同一条信令链路上发送，以保证这些消息能按源信令点发送的顺序到达目的地信令点。

**2．信令网管理**

No.7 信令网是通信网的神经系统，在 No.7 信令网上传递的是通信网的控制信息，故信令网的任何故障都会大幅度地影响它所控制的信息传输网工作，造成通信中断。为提高信令网的可靠性，除了在信令网中配备足够的冗余链路及设备外，有效地监督管理和动态地路由控制也是十分必要的。

信令网管理的主要功能就是为了在信令链路或信令点发生故障时采取适当的行动以维持和恢复正常的信令业务。信令网管理功能监视每一条信令链路及每一个信令路由的状态，当信令链路或信令路由发生故障时确定替换的信令链路或信令路由，将出故障的信令链路或信令路由所承担的信令业务转换到替换的信令链路或信令路由上，从而恢复正常的信令消息传递，并通知受到影响的其他节点。

信令网管理功能由信令业务管理、信令路由管理和信令链路管理 3 部分组成。

## 2.5　TUP 和 ISUP

TUP 和 ISUP 主要用来在固定电话网和移动电话网中传送与局间中继电路有关的信令，

早期采用电话用户部分 TUP，现在使用得最广泛的是综合业务数字网用户部分 ISUP。

### 2.5.1 电话用户部分

电话用户部分（TUP）是 No.7 信令系统的第 4 功能级，曾经是应用最广泛的用户部分。TUP 定义了用于电话接续所需的各类局间信令，它不仅可以支持基本的电话业务，还可以支持部分用户补充业务。

**1. 电话用户消息的格式**

（1）电话用户消息的一般格式

电话用户消息的格式如图 2-16 所示。与其他用户部分的消息一样，电话用户消息的内容在消息信令单元（MSU）中的信令信息字段（SIF）中传送，SIF 由标记、标题码和信令信息 3 部分组成。

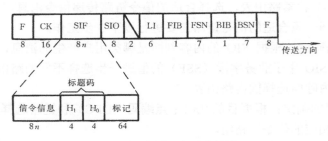

图 2-16  电话用户消息格式

① 电话标记。标记是一个信息术语，每一个信令消息都含有标记部分。消息传递部分根据标记选择信令路由。电话用户部分利用标记识别该信令消息与哪条中继电路有关。

电话用户消息的标记（简称电话标记）由目的地信令点编码（DPC）、发源地源信令点编码（OPC）及电路编码（CIC）3 部分组成，格式如图 2-17 所示。

图 2-17  电话标记格式

电话标记长度为 64bit，DPC 和 OPC 各占 24bit，CIC 占 12bit，另有 4bit 备用。

电话标记说明该电话用户消息传送的是由 DPC 及 OPC 所说明的信令点之间的由 CIC 所指定的中继电路的信令消息。

对 2 048kbit/s 的数字通路，CIC 的低 5 位是话路时隙编码，高 7 位表示 DPC 与 OPC 信令点之间 PCM 系统的编码。

对 8 448kbit/s 的数字通路，CIC 的低 7 位是话路时隙编码，高 5 位表示 DPC 与 OPC 信令点之间的 PCM 系统的编码。

对 34 368kbit/s 的数字通路，CIC 的低 9 位是话路时隙编码，高 3 位表示 DPC 与 OPC 信令点之间的 PCM 系统编码。

② 标题码。标题码用来指明消息的类型。标题码由消息组编码 $H_0$ 和消息编码 $H_1$ 组成。

③ 信令信息。信令信息部分用来传送消息所需的参数。信令信息字段的格式由消息类型

决定。有的消息的信令信息部分有复杂的格式，如初始地址消息（IAM）；而有的消息用标题码已足以说明该消息的作用，这时没有信令信息部分，如前向拆线消息（CLF）。

（2）电话信令消息格式示例

初始地址消息（IAM）和带有附加信息的初始地址消息（IAI）是为建立呼叫由去话局发出的第一条信令消息，它包含下一交换局为建立呼叫、确定路由所需的信息。初始地址消息 IAM 的格式如图 2-18 所示。

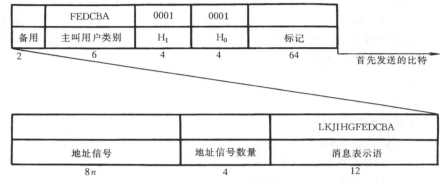

图 2-18 初始地址消息格式

主叫用户类别用于指示主叫用户的特性，由 6bit 组成，其编码及含义如下。

FEDCBA

| FEDCBA | 含义 |
|---|---|
| 000000 | 来源未知 |
| 000001 | 话务员，法语 |
| 000010 | 话务员，英语 |
| 000011 | 话务员，德语 |
| 000100 | 话务员，俄语 |
| 000101 | 话务员，西班牙语 |
| 000110 | 双方协商采用的语言（汉语） |
| 000111 | 双方协商采用的语言 |
| 001000 | 双方协商采用的语言（日语） |
| 001001 | 国内话务员（具有插入性能） |
| 001010 | 普通用户，在长（国际）—长，长（国际）—市话局间使用 |
| 001011 | 优先用户，在长（国际）—长，长（国际）—市，市—市局间使用 |
| 001100 | 数据呼叫 |
| 001101 | 测试呼叫 |
| 010000 | 普通、免费 |
| 010001 | 普通、定期 |
| 010010 | 普通、用户表、立即 |
| 010011 | 普通、打印机、立即 |
| 010100 | 优先、免费 |
| 010101 | 优先、定期 |

011000　　普通用户，在市—市局间使用

消息表示语共有 12bit，其编码及含义如下。

| | |
|---|---|
| B A: | 地址性质指示码 |
| 0 0 | 市话用户号码 |
| 0 1 | 国内备用 |
| 1 0 | 国内（有效）号码 |
| 1 1 | 国际号码 |
| D C: | 电路性质指示码 |
| 0 0 | 接续中无卫星电路 |
| 0 1 | 接续中有卫星电路 |
| 1 0 | 备用 |
| 1 1 | 备用 |
| F E: | 导通检验指示码 |
| 0 0 | 不需要导通检验 |
| 0 1 | 该段电路需要导通检验 |
| 1 0 | 在前段电路进行了导通检验 |
| 1 1 | 备用 |
| G: | 回声抑制器指示码 |
| 0 | 未包括去话半回声抑制器 |
| 1 | 包括去话半回声抑制器 |
| H: | 国际来话呼叫指示码 |
| 0 | 不是国际来话呼叫 |
| 1 | 是国际来话呼叫 |
| I: | 改发呼叫指示码 |
| 0 | 非改发呼叫 |
| 1 | 改发呼叫 |
| J: | 需要全部数字通路指示码 |
| 0 | 普通呼叫 |
| 1 | 需要全数字通路 |
| K: | 信号通道指示码 |
| 0 | 任何通道 |
| 1 | 全部是 No.7 信令系统通道 |
| L: | 备用 |

地址信号数量占 4bit，用来说明在初始地址消息中包含的被叫地址的位数。

地址信号字段是一个可变长度字段，其长度由"地址信号数量"来表示。地址信号部分由整数个八位位组组成，用来传送被叫号码。每位号码占 4bit，当地址信号数为奇数时，要在最后一个地址信号后补 4 个 0。

初始地址消息包括 IAM 和带有附加信息的初始地址消息（IAI）。IAI 消息格式如图 2-19 所示。

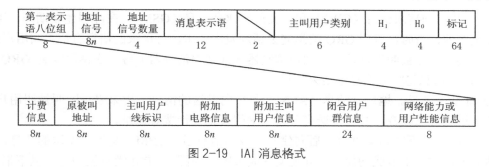

图 2-19 IAI 消息格式

IAI 消息带有丰富的信息,当需要发送如主叫用户线标识等额外信令信息时,则使用 IAI 消息。由于国内电话网中越来越多地开放了包含此类信息的业务,因此一般都使用 IAI 消息。在移动网中,MSC 到其他 MSC 或汇接局时都使用 IAI 消息,向本地端局可能发送 IAM 消息。实际上,IAI 消息格式中,第一表示语八位组以前就是 IAM 消息。

第一表示语八位位组的各位用来表示是否携带某种附加信息。

当比特 E 为 1 时表示消息包含主叫用户线标识。

主叫用户线标识说明主叫用户的电话号码,可以由网络读取或被叫用户读取。可以用于追查恶意呼叫,或被叫用户需要判别主叫用户时使用。

**2. 常用电话用户消息的功能**

(1)国际网、国内网通用的消息

① 初始地址消息。初始地址消息是为建立呼叫而发出的第一个消息,它含有下一个交换局为建立呼叫、确定路由所需的有关信息。初始地址消息蕴含了占用电路的功能。初始地址消息分为 IAM 和带有附加信息的初始地址消息(IAI)。IAM 所携带的内容前已说明;而 IAI 除了可携带 IAM 所包含的全部内容外,现阶段还可包含主叫用户的电话号码和原被叫号码。

② 后续地址消息 SAM 和 SAO。后续地址消息是在初始地址消息后发送的地址消息,用来传送剩余的被叫电话号码。SAM 一次可传送多位号码,而 SAO 一次只能传送一位电话号码。

③ 成组发送方式和重叠发送方式。成组发送方式指在 IAM(或 IAI)中一次将被叫用户号码全部发送。

重叠发送方式指在 IAM(IAI)中发送被叫的部分电话号码,剩余的号码由 SAM 或 SAO 消息传送。采用重叠发送方式主要为了提高接续的速度,减少用户拨号后的等待时间。采用重叠发送方式时,在 IAM(IAI)中必须包含下一交换局选择路由所需的全部数字。在初始地址消息中包含几位号码一般可通过交换局的局数据来确定。在发端市话局至发端长途局接续时,一般包含区号及区号后三位。

采用重叠发送时,IAM(IAI)、SAM 消息中所包含的被叫号码位数应满足以下要求:

- IAM(IAI)中的号码位数=选定路由所需位数;
- SAM 中的号码位数=最小位数-IAM/IAI 中号码位数;
- 余下的被叫号码由 SAO 消息一位一位地发送。

我国有关技术规范中规定,在发端市话局至发端长话局之间、长话局至长话局之间的全自动接续中采用重叠发送方式,在其他接续中采用成组发送方式。

④ 一般后向请求消息（GRQ）和一般前向建立消息（GSM）。在呼叫建立期间，当来话局需要更多的信息时，可用 GRQ 消息向去话局发出请求。可请求的信息有：主叫用户地址、主叫用户类别、原被叫地址及请求回声抑制器（或回声消除器）等。去话局收到 GRQ 消息后，用 GSM 消息将响应信息送给来话局。

⑤ 地址全消息。地址全消息（ACM）是后向发送的消息，用来表示呼叫被叫用户所需的全部地址信息已收齐，并可传送有关被叫空闲及是否计费等信息。

⑥ 后向建立不成功消息组。后向建立不成功消息组（UBM）是后向发送的消息，用来向去话局表示呼叫不能成功建立，并说明呼叫失败的原因。UBM 消息组中包含以下消息：

- 交换设备拥塞信号（SEC）；
- 电路群拥塞信号（CGC）；
- 国内网拥塞信号（NNC）；
- 地址不全信号（ADI）；
- 呼叫故障信号（CFI）；
- 用户忙信号（SSB）；
- 空号（UNN）；
- 线路不工作信号（LOS）；
- 发送专用信号音信号（SST）；
- 接入拒绝信号（ACB）；
- 不提供数字通路信号（DPN）。

⑦ 应答消息。应答消息是后向发送的信号，表示被叫用户已摘机应答。应答信号包括应答计费消息（ANC）和应答免费消息（ANN）。去话交换局在收到应答消息后应将前向话路接通，执行计费的交换局在收到 ANC 消息时开始执行计费程序。

⑧ 后向拆线信号。后向拆线信号（CBK）是后向发送的信号，表示被叫用户已挂机。

⑨ 前向拆线信号。前向拆线信号（CLF）是前向发送的信号。CLF 是最优先执行的信号，所有交换局在呼叫进行的任意时刻，甚至在电路处于空闲状态时，收到 CLF 信号都必须释放电路并发出释放监护信号（RLG），以对 CLF 信号作出响应。

⑩ 主叫挂机信号。主叫挂机信号（CCL）是前向发送的信号，表示主叫用户已挂机。采用被叫控制释放方式时，若主叫用户挂机，去话局不能发送前向拆线信号（CLF），而发送 CCL 信号，通知来话局主叫用户已挂机；只有收到来话局发出的后向拆线信号（CBK）后，去话局才能发送 CLF 信号并释放电路。

⑪ 释放监护信号。释放监护信号（RLG）是后向发送的信号。当来话局收到 CLF 信号时，应立即发送 RLG 信号作出响应并释放电路。

（2）国内网专用消息

前面所讲的消息都是国际网和国内网通用的消息。下面再介绍几条国内网专用消息。

① 计次脉冲消息。计次脉冲消息（MPM）是发端长话局发往发端市话局的后向信号。当主叫用户类别编码为 010010（普通，用户表，立即计费）时，发端长话局在收到应答计费消息（ANC）后，每分钟向发端市话局发送一个 MPM 信号，将本次接续单位时间的计费脉冲数通知发端市话局。

② 用户市忙信号和用户长忙信号。在国内网中一般用用户市忙信号（SLB）或用户长忙

信号（STB）来代替用户忙信号（SSB），以便进一步说明用户是"长忙"还是"市忙"。在长途半自动呼叫时，如果收到市忙信号（SLB），交换局应接通话路，实现话务员插入性能。

### 3. 信令程序

下面介绍一些典型的信令传送程序，以说明在各种类型的呼叫接续中，电话信令消息的传送顺序。

（1）分局至分局/汇接局的直达接续

① 叫遇被叫用户空闲。呼叫遇被叫用户空闲信令程序如图 2-20 所示。这是市话分局至分局的呼叫，采用成组发送方式。主叫所在分局用初始地址消息（IAI），将主叫用户类别、说明地址性质等信息的消息表示语、被叫用户的全部号码和主叫电话号码送到被叫所在局。被叫所在分局经分析是终接呼叫，且被叫用户空闲，就发送地址全消息（ACM），同时在话路上发送回铃音。当被叫用户摘机应答后，被叫所在局发送应答计费消息（ANC），主叫局接通话路同时启动计费，呼叫进入通话阶段。

如果主叫用户先挂机，主叫所在局发送前向拆线信号（CLF）。被叫局收到 CLF 后释放电路，用释放监护信号（RLG）对 CLF 进行响应，该中继话路重新进入空闲状态。

如果被叫用户先挂机，则来话局发送后向拆线信号（CBK）至去话局。去话局发送 CLF 信号，来话局回送 RLG 信号，中继电路重新进入空闲状态。

② 呼叫至被叫用户忙等情况。呼叫至被叫用户忙等情况的信令程序如图 2-21 所示。来话局收到初始地址消息（IAI）后进行分析，如果由于被叫用户忙等原因呼叫不能成功建立，就发送后向建立不成功消息组（UBM）中的某一消息（如 SLB，STB，LOS，UNN 等），说明呼叫不能成功建立的原因。去话局收到 UBM 消息后，发送前向拆线消息（CLF），来话局用 RLG 信号响应，中继话路重新变为空闲。

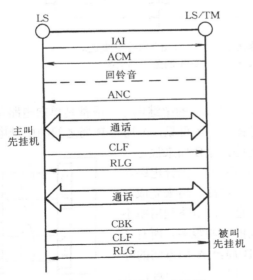

图 2-20　呼叫遇被叫用户空闲

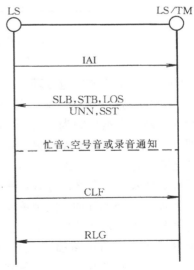

图 2-21　呼叫至被叫用户忙等情况

（2）发市—发长—终长—终市的全自动接续

图 2-22 给出了发市—发长—终长—终市接续全程为 No.7 信令时全自动接续的信令发

送程序。由图可见，发市—发长—终长之间采用重叠发送方式，在初始地址消息中包含下一交换局选择路由所需的被叫号码。剩余号码由后续地址消息（SAM 或 SAO）发送。而终长—终市采用成组发送方式。另外，发市—发长发送带有附加信息的初始地址消息（IAI），在 IAI 中除包含 IAM 消息的全部内容外，还包含主叫用户号码。另外，在被叫用户应答后，如果主叫用户类别编码为 010010（普通，用户表，立即计费），则发端长话局收到 ANC 消息后，每隔 1min 要给发端市话局发送计次脉冲消息（MPM），将本次接续单位时间的计费脉冲数通知发端市话局，以便对主叫用户立即计费。

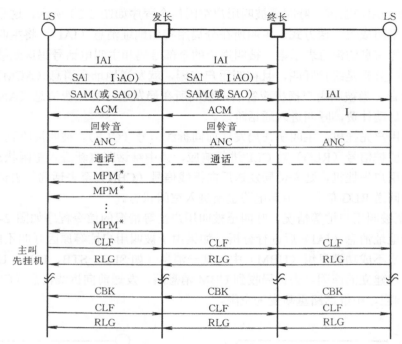

注：该消息仅在主叫用户类别为"立即计费"类型时发送。

图 2-22 发市—发长—终长—终市的全自动接续

（3）双向电路的同抢处理

① 双向同抢的概念。采用随路信令时，交换局间的中继电路一般都是单向电路。图 2-23 所示的是两个交换局间为单向电路时的示意图。由图可见，A 局与 B 局之间的中继电路分为两部分：一部分电路对 A 局来说是出中继电路，对 B 局来说是入中继电路，用来完成由 A 局至 B 局方向的呼叫；另一部分电路对 A 局来说是入中继电路，对 B 局来说是出中继电路，用来完成从 B 局至 A 局方向的呼叫。采用单向电路有时会出现电路利用率不高的情况，如在某个时刻，A 局至 B 局方向的呼叫很多，所有 A 局至 B 局的出中继电路都已占用，而这时 B 局至 A 局方向的呼叫较少，这群电路中仍有若干条空闲的中继电路，当又出现由 A 局至 B 局方向的呼叫时，A 局无法占用这些电路来完成此呼叫，因为随路信令不支持双向电路。

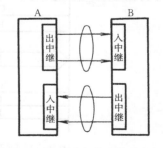

图 2-23 单向电路示意图

采用 No.7 信令时，可将两个交换局之间的中继电路定义为双向电路，即任意交换局都可占用这部分电路来完成至对端局的呼叫，这样大大提高了电路的利用率。但由于信令传输的延迟时间较长，可能会发生双向同抢现象，即两端都试图占用同一条电路来完成至对端的呼叫。采用 No.7 信令方式的交换局采用双向电路时，应采取措施减少双向同抢的发生；在发生同抢时应能及时检测，并能对其进行处理。

② 减少双向同抢的防卫措施。以下两种方法可减少双向同抢的可能性。

方法 1：每个终端交换局对双向电路群采用反顺序的选择方法。信令点编码大的交换局采用从大到小的顺序选择电路，信令点编码小的交换局按照从小到大的顺序选择电路。

方法 2：双向电路群的每个交换局可优先接入由它主控的电路群，并选择这一群电路中释放时间最长的电路（先进先出）；另外，可无优先权地选择不是其主控的电路群，在这群电路中选择释放时间最短的电路（后进先出）。

③ 双向同抢的检测及处理。

- 双向同抢的检测。根据以下情况来检测双向同抢的发生：在发出某一条电路的初始地址消息后，又收到了同一条电路的初始地址消息。

- 对同抢的处理。信令点编码大的交换局主控所有的偶数电路（即 CIC 编码的最低比特为 0 的电路），信令点编码小的交换局主控所有的奇数电路。在检出同抢占用时，对由主控局发起的呼叫将完成接续，对非主控局发出的初始地址消息不进行处理，非主控局放弃占用该电路，在同一路由或迂回路由上另选电路重复试呼。

图 2-24 给出了市话分局的直达接续遇双向同抢占用时的自动重复试呼的信令程序。在图中，设信令点 $SP_A$ 是电路 X 的主控局，信令点 $SP_B$ 是电路 X 的非主控局，在检测出对电路 X 发生同抢占用后，$SP_A$ 发出的呼叫照常处理，完成接续。$SP_B$ 放弃对电路 X 的占用，另选电路 Y 重复试呼。

图 2-24　市话分局的直达接续遇双向同抢占用时自动重复试呼的信令程序

### 2.5.2　综合业务数字网用户部分

现在，无论在固定电话网和移动电话网中，交换机之间的信令采用得最广泛的部分是

No.7 信令系统的综合业务数字网用户部分（ISUP）。

### 1. ISUP 的功能

ISUP 是在电话用户部分 TUP 的基础上扩展而成的。ISUP 除了能够完成 TUP 的全部功能外，还具有以下功能。

（1）对不同承载业务选择电路提供信令支持

对于基本的承载业务，ISUP 的主要功能是为建立、监视和拆除发端交换机和终端交换机之间 64kbit/s 的电路连接提供信令支持。由于 ISDN 的承载业务包括多种类型的信息传送（语音、不受限的数字信息、3.1kHz 音频、语音/不受限数字信息交替等），而不同的信息传送对传输电路的要求是不同的。ISDN 交换机必须根据终端用户对承载业务的要求来选择电路，在业务类型转换时还必须控制电路的转换，例如，在电路从语音通路变为 64kbit/s 数据的透明通路时，去掉电路中的数/模变换器、回声抑制器及语音插空设备。ISUP 必须用信令来支持这些功能的实现。

（2）与用户—网络接口的 D 信道信令配合工作

由于 ISDN 用户对承载业务的要求是通过用户—网络接口的 D 信道信令（Q.931 建议）送到网络的，因此 ISUP 必须和 D 信道信令配合工作。ISUP 必须根据接收到的 D 信道信令消息，组装和发送 ISUP 消息，控制网络中的电路连接。同时，将 D 信道信令中的部分内容透明地穿过网络，送到另一端的用户—网络接口，以完成用户到用户的信令传送。

（3）支持端到端信令

ISUP 的一部分信令需要在网络中逐段链路传送，以便控制沿途各个交换机的接续动作。还有一部分信令可以跳过所有的转接交换机，直接在发端交换机和终端交换机之间传送，这部分信令叫做端到端信令。

端到端信令支持在信令终点间直接传送信令信息的能力，向用户提供基本业务和补充业务。端到端信令的传送可由以下两种方法支持。

① SCCP 方法。依靠信令连接控制部分 SCCP 来完成端到端的信令传送，这种传送可以采用面向连接的服务，也可采用无连接服务。

② 传递方法。当要传递的信息与现有呼叫有关时可采用此种方法。在建立两个终端局之间与该呼叫有关的电路连接时，同时建立两个终端局之间的信令通道，端到端信令在这个信令通道上传送。

（4）ISUP 必须为补充业务的实现提供信令支持

对于上一节提到的补充业务，ISUP 的信令过程必须支持这些补充业务的实现。

### 2. ISUP 消息的结构

ISUP 是消息传送部分 MTP 的用户，ISUP 消息是在消息信令单元 MSU 中的 SIF 字段中传送的。

ISUP 消息的格式与 SCCP 消息的格式类似，是以八位位组的堆栈形式出现的，ISUP 消息的格式如图 2-25 所示。

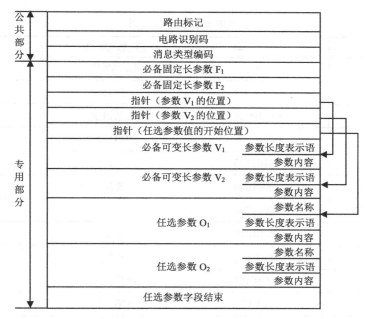

图 2-25 ISUP 消息的格式

（1）ISUP 消息的结构

ISUP 消息由路由标记、电路识别码、消息类型编码、必备固定部分、必备可变部分和任选部分组成。前 3 个部分是公共部分，其格式适用于所有的消息；后 3 个部分是消息的参数，它的内容和格式随消息而变。

① 路由标记。路由标记由目的地信令点编码（DPC）、发源地信令点编码（OPC）和信令链路选择码（SLS）组成。路由标记供 MTP 的第 3 级选择信令路由和信令链路。

② 电路识别码。电路识别码（CIC）用来识别与该消息有关的呼叫所使用的电路。电路识别码（CIC）的编码规则与 TUP 消息中 CIC 的编码规则相同。

③ 消息类型编码。消息类型编码用来识别不同的消息。消息类型编码统一规定了各种 ISDN 用户部分消息的功能和格式。

消息类型及编码参如表 2-2 所示。

④ 必备固定长部分（F）。对于一个指定的消息类型，必备且有固定长度的参数包括在必备固定部分。这些参数的名称、长度和出现次序统一由消息类型规定，因此在该部分中不包括参数的名称及长度指示，只给出参数的内容。

⑤ 必备可变长部分（V）。必备可变长部分也包括消息必须具有的参数，但这些参数的长度是可以变化的。对于特定的消息，这部分参数的名称和次序是事先确定的，因而消息的名称不必出现，只需由一组指针来指明各参数的起始位置，然后，用每个参数的第一个八位位组来说明该参数的长度（字节数），在长度指示之后是参数的内容。

⑥ 任选部分（O）。任选部分包含一些任选的参数。这些参数出现与否、出现的顺序都是可变的。因此，任选部分的每个参数都由参数名称、参数长度指示和参数内容 3 部分组成。整个任选部分的开始位置由必备可变部分的最后一个指针来指明。任选部分的末尾是一个结

束标志，编码是全"0"。

表 2-2           ISUP 消息类型及编码

| 消息类型 | 编码 | 消息类型 | 编码 |
|---|---|---|---|
| 地址全 | 00000110 | 识别响应 | 00110111 |
| 应答 | 00001001 | 信息 | 00000100 |
| 闭塞 | 00010011 | 信息请求 | 00000011 |
| 闭塞证实 | 00010101 | 初始地址 | 00000001 |
| 呼叫进展 | 00101100 | 环回证实 | 00100100 |
| 电路群闭塞 | 00011000 | 网络资源管理 | 00110010 |
| 电路群闭塞证实 | 00011010 | 过负荷 | 00110000 |
| 电路群询问 | 00101010 | 传递 | 00101000 |
| 电路群询问响应 | 00101011 | 释放 | 00001100 |
| 电路群复原 | 00010111 | 释放完成 | 00010000 |
| 电路群复原证实 | 00011001 | 电路复原 | 00010010 |
| 电路群解除闭塞 | 00011001 | 恢复 | 00001110 |
| 电路群解除闭塞证实 | 00011011 | 分段 | 00111000 |
| 计费信息 | 00110001 | 后续地址 | 00000010 |
| 混乱 | 00101111 | 暂停 | 00001101 |
| 连接 | 00000111 | 解除闭塞 | 00010100 |
| 导通 | 00000101 | 解除闭塞证实 | 00010110 |
| 导通检验请求 | 00010001 | 未分配的 CIC | 00101110 |
| 性能 | 00110011 | 用户部分可用 | 00110101 |
| 性能接受 | 00100000 | 用户部分测试 | 00110100 |
| 性能拒绝 | 00100001 | 用户—用户信息 | 00101101 |
| 性能请求 | 00011111 | 话务员信号 | 111111111 |
| 前向转移 | 00001000 | 计次脉冲信息 | 111111110 |
| 识别请求 | 00110110 | | |

（2）消息示例

ISUP 消息中携带的信息量非常丰富。下面以呼叫建立时发送的第一个消息——初始地址消息 IAM 为例来说明。

IAM 消息是 ISUP 中内容最丰富、包括参数最多的消息。IAM 消息原则上包括选路到目的地交换局并把呼叫连接到被叫用户所需的全部信息。IAM 的必备参数及任选参数可参见表 2-3。从表中可见，IAM 消息中共有 5 个必备参数和 28 个可选参数。下面简要介绍一些参数的意义。

| 表 2-3 | | | IAM 消息的参数表 | | |
|---|---|---|---|---|---|
| 参 数 | 类 型 | 长度（八位位组） | 参 数 | 类 型 | 长度（八位位组） |
| 消息类型 | F | 1 | 用户—用户表示语 | 0 | 3 |
| 连接性质表示语 | F | 1 | 通用号码 | 0 | 5～13 |
| 前向呼叫表示语 | F | 2 | 传播时延计数器 | 0 | 4 |
| 主叫用户类别 | F | 1 | 用户业务信息 | 0 | 4～13 |
| 传输介质请求 | F | 1 | 网络专用性能 | 0 | 4～? |
| 被叫用户号码 | V | 4～11 | 通用数字 | 0 | ? |
| 转接网选择 | 0 | 4～? | 始发 ISC 点编码 | 0 | 4 |
| 呼叫参考 | 0 | 8 | 用户终端业务信息 | 0 | 7 |
| 主叫用户号码 | V | 4～12 | 远端操作 | 0 | ? |
| 任选前向呼叫表示语 | 0 | 3 | 参数兼容性信息 | 0 | 4～? |
| 改发的号码 | 0 | 4～12 | 通用通知（注） | 0 | 3 |
| 改发信息 | 0 | 3～4 | 业务激活 | 0 | 3～? |
| 闭合用户群连锁编码 | 0 | 6 | 通用参考 | 0 | 5～? |
| 连接请示 | 0 | 7～9 | MLPP 优先 | 0 | 8 |
| 原被叫号码 | 0 | 4～12 | 传输介质要求 | 0 | 3 |
| 用户—用户消息 | 0 | 3～131 | 位置号码 | 0 | 5～12 |
| 接入转送 | 0 | 3～? | 任选参数结束 | 0 | 1 |
| 用户业务信息 | 0 | 4～13 | | 0 | |

注：表中的问号"？"表示参数长度可变。

① 必备参数。IAM 消息中有消息类型、连接性质表示语、前向呼叫表示语、主叫用户类别、传输介质请求和被叫号码 5 个必备参数。

a．连接性质表示语。连接性质表示语中包括卫星表示语、导通检验表示语和回声抑制表示语，用来说明该次接续中是否已接有卫星电路、是否需要导通检验以及是否已包括去话回声抑制器。

b．前向呼叫表示语。前向呼叫表示语中包括以下信息：

- 呼叫性质：指示是国际呼叫还是国内呼叫；
- 端到端方式：指示是否传送端到端信令以及传送端到端信令的方式（传递方式、SCCP方式）；
- 信令互通：指示接续中是否全程需要 No.7 信令；
- ISUP 请求：指示是否需要全程都使用 ISUP 信令或优选 ISUP 信令；
- ISUP 接入：指示始发用户是否是 ISDN 接入。

c．主叫用户类别。说明主叫用户的类别。

　　d. 传输介质要求。传输介质要求说明在该连接中所要求的传输介质的类型（例如 64kbit/s 不受限、语音、64kbit/s 不受限/语音交替等）。

　　e. 被叫用户号码。被叫号码包括地址性质表示语、内部网（INN）表示语、编号计划及被叫号码。

　　被叫号码参数的格式如图 2-26 所示。

　　② 任选参数。IAM 消息中的任选参数包含的内容非常丰富，下面简要介绍几个任选参数。

　　a. 主叫号码。主叫号码参数中包括地址性质表示语、编号计划表示语、提供表示语及主叫号码。提供表示语用来说明是否允许将主叫号码提供给被叫用户。

　　主叫号码参数的格式如图 2-27 所示。

| | 8 | 7 | 6 | 5 | 4 | 3 | 2 | 1 |
|---|---|---|---|---|---|---|---|---|
| 1 | 奇/偶 | 地址性质表示语 | | | | | | |
| 2 | INN 表示语 | 编号计划 | | | 备　用 | | | |
| 3 | 第 2 个地址信号 | | | | 第 1 个地址信号 | | | |
| ⋮ | | | | | | | | |
| n | 填充码（如果需要） | | | | 第 n 个地址信号 | | | |

图 2-26　被叫号码参数的格式

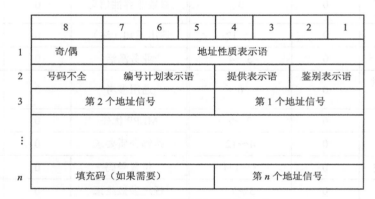

| | 8 | 7 | 6 | 5 | 4 | 3 | 2 | 1 |
|---|---|---|---|---|---|---|---|---|
| 1 | 奇/偶 | 地址性质表示语 | | | | | | |
| 2 | 号码不全 | 编号计划表示语 | | 提供表示语 | | 鉴别表示语 | | |
| 3 | 第 2 个地址信号 | | | | 第 1 个地址信号 | | | |
| ⋮ | | | | | | | | |
| n | 填充码（如果需要） | | | | 第 n 个地址信号 | | | |

图 2-27　主叫号码参数的格式

　　b. 用户业务信息。该参数用来表示主叫用户请求的附加承载能力（包括编码标准、信息传递能力、传递方式、传递速率及 1～3 层使用的协议）。

　　c. 传播时延计数器。用来记录呼叫建立期间累计的传播时延。

　　图 2-28 给出了在简单电话呼叫时测试到的 IAM 消息的格式。

### 3. 常用 ISUP 消息功能简介

　　（1）初始地址消息

　　初始地址消息（IAM）原则上包括选路到目的地交换局并把呼叫接续到被叫用户所需的全部信息。如果 IAM 消息的长度超过 272 个八位位组，则应使用分段消息 SGM 来传送该超长消息的附加分段。

　　主叫用户号码总是包括在 IAM 消息中。

　　（2）后续地址消息

　　后续地址消息（SAM）是在 IAM 消息后前向传送的消息，用来传送剩余的被叫用户号码信息。

| 85 | 业务信息八位位组 |
|---|---|
| 501605 | 目的地信令点编码 |
| 601605 | 源信令点编码 |
| 00 | 链路选择码 |
| 9001 | 电路选择码 |
| 01 | 消息类型编码(IAM) |
| 00 | 连接性质表示语（长度固定必备） |
| 2001 | 前向呼叫表示语（长度固定必备） |
| 0A | 主叫用户类别　普通用户（长度固定必备） |
| 00 | 传输介质请求（长度固定必备） |
| 02 | 被叫号码指针 |
| 06 | 任选参数指针 |
| 04 | 被叫号码长度 |
| 8190　6109 | 被叫号码 |
| 0A | 主叫号码名 |
| 08 | 主叫号码长度 |
| 8313 | 74 23302403 0F　主叫号码 473-2034230 |
| 31 | 传播时延计数器参数名 |
| 02 | 长度 |
| 00 00 | 传播时延计数器值 |
| 03 | 接入转送参数名 |
| 04 | 长度 |
| 7D 02 91 81 | 接入转送参数值 |
| 1D | 用户业务信息参数名 |
| 03 | 长度 |
| 80 90 A3 | 用户业务信息参数值 |
| 39 | 参数兼容性信息名 |
| 02 | 长度 |
| 31 C0 | 参数兼容性信息值 |
| 00 | 任选参数结束 |

图 2-28　IAM 消息格式示例

（3）信息请求消息

信息请求消息（INR）是交换局为请求与呼叫有关的信息而发送的消息。该消息的必备参数是信息请求表示语有主叫用户地址请求表示语、保持表示语、主叫用户类别请求表示语、计费信息请求表示语及恶意呼叫识别请求表示语。

（4）信息消息

信息消息（INF）消息是对 INR 的应答，用来传送在 INR 消息中请求传送的有关信息。

（5）地址全消息

地址全消息（ACM）是后向发送的消息，表明已收到为呼叫选路到被叫用户所需的所有地址信息。

该消息的必备字段是后向呼叫表示语，包括计费表示语、被叫用户状态表示语、被叫用户类别表示语、端到端方式表示语、互通表示语、ISDN 用户部分表示语、ISDN 接入表示语、回声控制装置表示语及 SCCP 方式表示语。

（6）呼叫进展消息

呼叫进展消息（CPG）是在呼叫建立阶段或激活阶段，任一方向发送的消息，表明某一具有意义的事件已出现，应将其转送给始发接入用户或终端用户。

CPG 消息的必备参数是事件信息参数，用不同的编码来表示是否出现了遇忙呼叫转移、无应答呼叫转移、无条件呼叫转移等事件。

（7）应答消息

应答消息（ANM）是后向发送的消息，表明呼叫已应答。

（8）连接消息

连接消息（CON）是后向发送的消息，表明已收到将呼叫选路到被叫用户所需的全部地址信息且被叫用户已应答。

（9）释放消息

释放消息（REL）是在任一方向发送的消息，表明由于某种原因要求释放电路。

该消息的必备参数是原因表示语，用来说明要求释放电路的原因。释放原因分为一般事件类、资源不可用类、业务任选未实现类、承接能力未实现类、无效的消息类、协议错误类、互通类共包括约 50 多种不同的释放原因。该消息传送的信息覆盖了 TUP 消息中 CLF，CBK 和 UBM 消息组中所有消息传送的信息。

（10）释放完成消息

释放完成消息（RLC）是在任一方向发送的消息，该消息是对 REL 消息的响应。

### 4．基本的呼叫控制过程

图2-29示出了一次成功的电路交换呼叫控制过程在 ISDN 交换局之间的信令传送过程。

当发端局收到主叫用户发出的呼叫建立请求消息 SETUP 后，根据被叫号码，所要求的接续类型和网络信令能力选择路由及电路，生成初始地址消息 IAM 发往被叫局。在初始地址消息中包含选路到目的地交换局的有关信息（连接性质表示语、前向呼叫表示语、主叫用户类别、被叫用户号码、传输介质请求、主叫用户号码），也可包括其他的可选参数（例如：呼叫参考、SCCP 连接请求参数、表示主叫用户请求的附加承载能力的用户业务信息参数、接入转送参数等）。

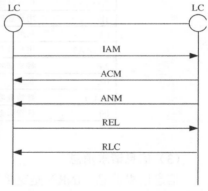

图 2-29　ISUP 基本的呼叫控制过程示例

被叫局收到 IAM 后分析被叫用户号码，以便确定呼叫应连接到哪一个用户，同时还检查被叫用户线的情况以及核实是否允许连接。如果允许连接，被叫局向被叫用户发送呼叫建立消息 SETUP，这个消息包括了发端发来的全部信息（包括承载业务能力，终端的低层特性、高层特性、端到端信息等）及终端交换机选择的用户信息通道（B 信道）。

被叫局收到被叫用户发来的 ALERT 消息时，向发端局转发 ACM 消息。

当被叫用户应答时，被叫终端设备向被叫局发送 CONN（连接）消息，被叫局连接传输通道，向用户终端回送 CONNACK（连接认可）消息，向发端局发送 ANM 消息。当发端交换局收到 ANM 消息时，则在前向完成传输通道的连接，如果发端局控制计费，则启动计费，并通知主叫用户终端可进行通信。

主叫所在交换机发现主叫挂机后，发送释放消息（REL），被叫局收到 REL 消息后，释放通路并回送释放完成消息。

### 2.5.3　ISUP 与 TUP 的信令配合

我国在电话网上已广泛使用的信令是 No.7 信令方式的电话用户部分,随着 ISDN 的发展,也在逐步引入 ISDN 用户部分。因此,必须解决 ISUP 和 TUP 信令规程的配合问题。No.7 信令方式的 ISUP 和 TUP 在进行电话的基本呼叫建立、释放时的信令程序基本类似,信令消息的名称也基本相同,只是两者的消息格式、参数的编码不同,因此,ISUP 和 TUP 之间的信令配合主要是消息参数之间的转换及部分信令消息之间的转换。邮电部在《国内 No.7 信令方式技术规范——综合业务数字网用户部分》(暂行规定)中制定了 ISUP 与 TUP 之间信令配合的技术规程。下面简要介绍几个基本的信令配合流程。

#### 1. TUP 至 ISUP 的信令配合

图 2-30 示出了正常的市话呼叫接续时的信令配合流程。需要说明的是,ISUP 侧的 IAM 包含主叫号码,如果 TUP 侧为 IAM,汇接局 TM 必须发送一般请求消息(GRQ),请求主叫用户号码,并在收到 GSM 消息后,再在 ISUP 侧发送 IAM。TUP 至 ISUP 时初始地址消息部分参数的转换关系请参见原邮电部颁发的国内 No.7 信令方式技术规范《综合业务数字网用户部分(1SUP)》。

图 2-31 示出了不成功市话接续时的信令配合流程。

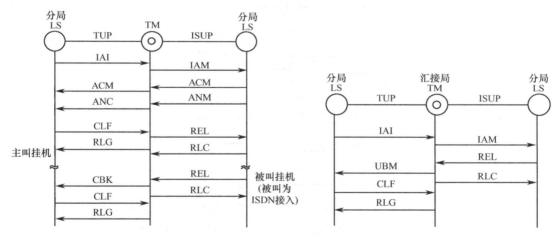

图 2-30　正常的市话呼叫接续时的信令配合流程　　　图 2-31　不成功市话接续时的信令配合流程

表 2-4 示出了呼叫失败(释放)和呼叫故障时 TUP 中的 UBM 消息组中的消息与 ISUP 中释放消息中的原因参数的原因值或消息的转换。

表 2-4　　　　　　　　　呼叫失败(释放)和呼叫故障时有关参数或消息的转换

| TUP | ISUP | ISUP 测发 ACM(用户为非空闲)以后、ANM 以前 | |
|---|---|---|---|
| | 原因值或消息 | | |
| ISUP 侧发 ACM 以前 | | CFL | REL |
| UNN | 1 | CFL | RSC |
| SST | 4 | CFL | GRS |

续表

| TUP | ISUP | ISUP 测发 ACM（用户为非空闲）以后、ANM 以前 | |
|---|---|---|---|
| STB | 17 | CFL | CGB（H） |
| LOS | 27 | | |
| ADI | 28 | ISUP 测发 ANM 或 CON 以后 | |
| CFL | 31 | CBK+音信号 | 16 |
| CGC | 34 | CBK+音信号 | 其他值 |
| SEC | 42 | CBK+音信号 | RSC |
| DPN | 65 | CBK+音信号 | GRS |
| ACB | 88 | CBK+音信号 | CGB（H） |
| CFL | 其他值 | | |

#### 2．ISUP 至 TUP 的信令配合

图 2-32 示出了成功市话接续时 ISUP 至 TUP 的信令转换流程。当被叫用户先挂机时，被叫所在局发送 TUP 中的后向拆线消息（CBK），汇接局将其转换 ISUP 中的暂停消息（SUS），SUS 消息中的暂停表示语设置为网络启动。

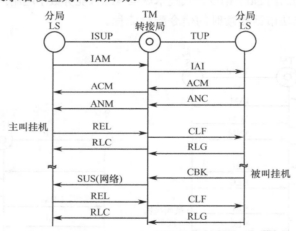

注：ISUP IAM 中包括主叫用户号码，且号码为国内有效号码

图 2-32  成功市话接续时 ISUP 至 TUP 的信令转换流程

## 2.6  信令连接控制部分

### 2.6.1  信令连接控制部分的来源及目标

#### 1．信令连接控制部分的来源

从前面两节的讨论可知，以消息传递部分（MTP）和电话用户部分（TUP）组成的四级信令网络，能有效地传递与电路相关的接续控制信息，是数字电话通信网理想的信令系统。

在 MTP 的讨论中已经说明，消息传递部分的寻址能力是根据目的地信令点编码（DPC）将消息传送到指定的目的地信令点，然后根据 4bit 的业务表示语（SI）将消息分配至指定的

用户部分。由于与一个交换局有电话信令关系的信令点只限于与该交换局有直达中继电路的交换局，因此，MTP 的寻址选路功能已能满足电话用户部分的要求。

但是，随着电信网的发展，越来越多的网络业务需要在远端节点之间传送端到端的控制信息，这些控制信息与呼叫连接电路无关，甚至与呼叫无关。目前主要的应用有以下几方面。

① 在智能网中的业务交换点（SSP）和业务控制点（SCP）之间传送各种控制信息。

② 在数字移动通信网中的移动交换中心（MSC）及来访位置登记器（VLR）、归属位置登记器（HLR）之间传送与移动台漫游有关的各种控制信息。

③ 在综合数字业务网（ISDN）中传送端到端信令。

④ 网络管理中心间的信息传输。

当传送以上的端到端信息时，MTP 的寻址选路功能已不能满足要求，主要存在以下局限性。

① 信令点编码不是国际统一编码，它由信令点所在网（某一国内网或国际网）定义（国际信令网及我国国内网的信令点编码方案可参考 2.4 节）。在某些情况下，如移动通信中，对来自国外的漫游用户进行位置更新时，需向该用户注册的归属位置登记器（HLR）询问该用户的用户数据，漫游所在地的来访位置登记器（VLR）无法标识该 HLR 的信令点编码，不可能通过 MTP 传递端到端的信息。

② 业务表示语（SI）编码仅为 4 位，最多只能定义 16 个不同的用户，不能适应未来电信业务的需要。

③ 随着电信网的发展，需要在网络节点之间传送大量的非实时消息（如计费文件的传送），这些信息的数据量大，传送可靠性要求很高，需要在网络节点之间建立虚电路，采用面向连接方式来传送数据，而 MTP 只能实现数据报方式。

为了解决以上问题，在不修改 MTP 的前提下，增设了信令连接控制部分（SCCP）来弥补消息传递部分（MTP）的不足。SCCP 在 No.7 信令方式的四级结构中是用户部分之一，属第 4 功能级，同时为 MTP 提供附加功能，以便通过 No.7 信令网，在电信网中的交换局和交换局、交换局和专用中心（例如：SCP）之间传递电路相关和非电路相关的信令信息和其他类型的信息，建立无连接和面向连接的网络业务。

**2. SCCP 的目标**

SCCP 的总目标是为下述情况提供传递数据信息的手段。

① 在 No.7 信令网中建立逻辑信令连接。

② 在建立或不建立逻辑信令连接的情况下，均能传递信令数据单元。

应用 SCCP 功能可在建立或不建立端到端信令连接的情况下，传递综合业务数字网用户部分（ISUP）的电路相关和呼叫相关的信令信息。

### 2.6.2　SCCP 的基本功能及所提供的业务

**1. 基本功能**

（1）附加的寻址功能

SCCP 提供了附加的寻址信息——子系统号码（Sub System Number，SSN），以便在一个信令点内标识更多的用户（SCCP 的用户）。在 SCCP 中，用八位二进制数来定义子系统，最多可定义 256 个不同的子系统。已定义的子系统有：SCCP 管理、ISDN 用户部分、操作维护应用部分（OMAP）、移动应用部分（MAP）、归属位置登记器（HLR）、来访位置登记器（VLR）、移动交换中心（MSC）、设备识别中心（EIR）、认证中心（AUC）以及智能网应用部分（INAP）。

（2）地址翻译功能

SCCP 的地址是全局码（Global Title，GT）、信令点编码（SPC）和子系统号码（SSN）的组合。GT 可以是采用各种编号计划（如电话/ISDN 编号计划、数据网编号计划等）来表示的地址，用户使用 GT 可以访问电信网中任何用户，甚至越界访问。SCCP 能将 GT 翻译为 DPC+SSN、新的 GT 的组合，以便 MTP 能利用这个地址来传递消息。这种地址翻译功能可在每个节点提供，也可在全网中分布，还可在一些特别的翻译中心提供。

SCCP 还能提供无连接服务和面向连接的服务。

**2．提供的业务**

SCCP 能提供 4 类业务：两类无连接业务和两类面向连接业务。无连接业务类似于分组交换网中的数据报业务，面向连接业务类似于分组交换网中的虚电路业务。

（1）无连接业务

SCCP 能使业务用户在事先不建立信令连接的情况下通过信令网传送数据。在传送数据时除了利用消息传递部分（MTP）的功能之外，在 SCCP 中还提供地址翻译功能，能将用户用全局码（GT）表示的被叫地址翻译为信令点编码及子系统编码的组合，以便通过消息传递部分（MTP）在信令网中传送用户数据。

无连接业务又可分为基本的无连接类和有序的无连接类。

① 基本的无连接类（协议类别 0）：用户不需要消息按顺序传递，SCCP 采用负荷分担方式产生链路选择码（SLS）。

② 有序的无连接类（协议类别 1）：当用户要求消息按顺序传递时，可通过发送到 SCCP 的原语中的分配顺序控制参数来要求这种业务，SCCP 对使用这种业务的消息序列分配相同的信令链路选择码（SLS），MTP 以很高的概率保证这些消息在相同的路由上传送到目的地信令点，从而使消息按顺序到达。

（2）面向连接业务

面向连接业务可分为暂时信令连接和永久信令连接。永久信令连接是由本地或远端的 O&M 功能，或者由节点的管理功能建立和控制的。

暂时信令连接是向用户提供的业务，对于暂时信令连接来说，用户在传递数据之前，SCCP 必须向被叫端发送连接请求消息（CR），确定这个连接所经路由，传送业务的类别（协议类别 2 或 3）等，一旦被叫用户同意，主叫端接收到被叫端发来的连接确认消息（CC）后，就表明连接已经建立成功。用户在传递数据时不必再由 SCCP 的路由功能选取路由，而通过建立的信令连接传递数据，在数据传送完毕时释放信令连接。

① 基本的面向连接类（协议类别 2）：在协议类别 2 中，通过信令连接保证在起源节点 SCCP 的用户和目的节点 SCCP 的用户之间，双向传递数据，同一信令关系可复用很多信令连接，属于某信令连接的消息包含相同的 SLS 值，以保证消息按顺序传递。

② 流量控制面向连接类（协议类别 3）：在协议类别 3 中，除具有协议类别 2 的特性外，还可以进行流量控制和传送加速数据，此外，还具有检测消息丢失和序号错误的能力。

### 2.6.3 SCCP 消息的格式

信令连接控制部分的消息是在消息信令单元（MSU）的 SIF 字段中传递，SCCP 作为 MTP 的一个用户，在 MSU 消息的业务表示语（SI）的编码为 0011。

SCCP 消息的格式如图 2-33 所示。SCCP 消息有路由标记、消息类型、长度固定的必备参数项（F），长度可变的必备参数项（V）、任选参数（O）5 个部分组成。

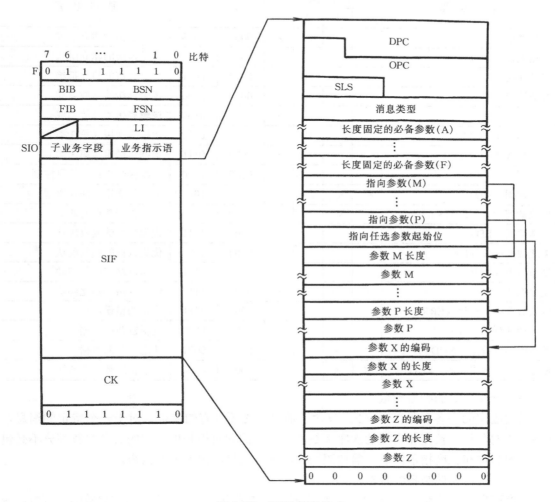

图 2-33 SCCP 消息格式

**（1）路由标记**

路由标记由目的地信令点编码（DPC）、发源地信令点编码（OPC）和信令链路选择码（SLS）3 部分组成，路由标记供消息传递部分（MTP）的第 3 级在选择信令路由和信令链路时使用。对于基本的无连接服务，对发往同一目的信令点的一组消息中的 SLS，SCCP 按照负荷分担的原则来选取，不能保证消息按顺序传送。而对于有序的无连接服务，对发往同一目的信令点的一组消息，SCCP 将给这一组消息分配相同的链路选择码（SLS）。对于面向连接服务中属于某一信令连接的多条消息，SCCP 也将给其分配相同的链路选择码，以保证这些消息在同一信令路由中传递，从而在很大的概率上保证接收端收到这些消息的顺序与发送端一致。

（2）消息类型码

消息类型码由一个8位位组组成，用来表示不同的消息。消息的功能和格式都由消息类型码唯一确定。SCCP消息类型编码如表2-5所示。

表2-5　　　　　　　　　　　　SCCP消息类型编码

| 消息类型 | 协议类别 | | | | 编　　码 | | 基　本　功　能 |
|---|---|---|---|---|---|---|---|
| | 0 | 1 | 2 | 3 | | | |
| 连接请求（CR） | | | × | × | 0000 | 0001 | 逻辑连接的建立请求 |
| 连接确认（CC） | | | × | × | 0000 | 0010 | 逻辑连接的建立确认 |
| 拒绝连接（CREF） | | | × | × | 0000 | 0011 | 逻辑连接的建立拒绝 |
| 释放连接（RLSD） | | | × | × | 0000 | 0100 | 逻辑连接的释放启动 |
| 释放完成（RLC） | | | × | × | 0000 | 0101 | 逻辑连接的释放完成 |
| 数据形式1（DT1） | | | × | | 0000 | 0110 | 数据传送用（第2类） |
| 数据形式2（DT2） | | | | × | 0000 | 0111 | 数据传送用（第3类） |
| 数据证实（AK） | | | | × | 0000 | 1000 | 数据接收确认，流量控制 |
| 单位数据（UDT） | × | × | | | 0000 | 1001 | 数据传送用（非连接型） |
| 单位数据业务（UDTS） | × | × | | | 0000 | 1010 | 不能传送数据的通知 |
| 加速数据（ED） | | | | × | 0000 | 1011 | 优先数据的接收确认 |
| 加速数据证实（EA） | | | | × | 0000 | 1100 | 优先数据的接收确认 |
| 复原请求（RSR） | | | | × | 0000 | 1101 | 逻辑链路初始化启动 |
| 复原确认（RSC） | | | | × | 0000 | 1110 | 逻辑链路初始化确认 |
| 协议数据单元错误（ERR） | | | × | × | 0000 | 1111 | 协议的错误通知 |
| 不活动性测试（IT） | | | | | 0001 | 0000 | 逻辑链路的监测 |
| 增强的单位数据（XUDT） | × | × | | | 0001 | 0001 | 传送分段的数据 |
| 增强的单位数据业务（XUDTS） | × | × | | | 0001 | 0010 | 不能传送数据的通知 |

（3）长度固定的必备参数

长度固定的必备参数部分（F）包含了消息所必须具有的参数。对于一个特定的消息，这些参数的名称、长度和出现的次序都是固定的，因此对于长度固定的必备参数部分不必包含参数的名称和长度指示，而只需按照预定的规则直接给出参数的内容。

（4）长度可变的必备参数部分

长度可变的必备参数部分（V）也包含消息必须具有的参数，但是这些参数的长度可以变化。对于特定的消息，这部分参数的名称和次序是事先确定的，因而消息的名称不必出现，只需由一组指针来指明各参数的起始位置，然后用每个参数的第一个字节来说明该参数的长度（字节数），长度指示之后才是参数的内容。其中，指针占一个字节，采用二进制编码，表示从该指针位置（包括该指针）到指针所指参数的第一个字节（不包括该字节）之间所含的字节数。

（5）任选参数

任选参数部分（O）包含了一些可选的参数。这些参数是否出现以及出现的次序都与不同的情况有关。任选参数可以是固定长度的，也可以是可变长度的。任选参数部分都必须包括参数名和参数内容，如果是可变长度参数，还必须包括参数长度。整个任选部分的起始位置由长度可变的必备部分的最后一个指针来指明。任选参数结束后，紧跟着一个结束标志——任选参数终了。

如果某个消息任选部分没有参数，则置"任选参数部分起始指示字"为全 0，这时就不需要再设置"任选参数终了"字段。如果某个消息只包含必备参数，则任选部分在消息中不出现。

由于所有的参数都由整数个八位位组（字节）构成，因此 SCCP 消息的格式就像一个八位位组栈。第一个发送的八位位组是栈顶的八位位组，最后一个发送的八位位组是栈底的八位位组。SCCP 消息的参数及参数名编码如表 2-6 所示。

表 2-6　　　　　　　　　　SCCP 消息的参数

| 参 数 名 | 编　码 | 长度（八位位组） | 备　注 |
|---|---|---|---|
| 任选参数终了 | 0000 0000 | 1 个 | |
| 目的地本地参考 | 0000 0001 | 3 个 | 节点用它为输出消息识别连接段 |
| 起源本地参考 | 0000 0010 | 3 个 | 节点用它为输入消息识别连接段 |
| 被叫用户地址 | 0000 0011 | 可变长度 | |
| 主叫用户地址 | 0000 0100 | 可变长度 | |
| 协议类别 | 0000 0101 | 1 个 | 8765 4321 1～4 分别代表类别 0～3 |
| 分段/重装 | 0000 0110 | 1 个 | 8　　2　　1<br>备 用 \| M<br>M { 0　无更多的数据<br>　　1　有更多的数据 |
| 接收序号 | 0000 0111 | 1 个 | 8　　2　　1<br>P（R）<br>P（R）期望的下一个消息序号 |
| 排序/分段 | 0000 1000 | 2 个 | 8　　2　　1<br>P（S）<br>P（R） \| M<br>P（S）发送序号<br>P（R）接收序号 |
| 信用量（credit） | 0000 1001 | 1 个 | 用于具有流量控制功能的协议类别 |
| 释放原因 | 0000 1010 | 1 个 | 表示连接释放的原因 |
| 返回原因 | 0000 1011 | 1 个 | UDTS，XUDTS 消息中返回的原因 |
| 复原原因 | 0000 1100 | 1 个 | 表示复原原因 |
| 错误原因 | 0000 1101 | 1 个 | 指出协议错误 |
| 拒绝原因 | 0000 1110 | 1 个 | 指出拒绝连接的原因 |
| 数据 | 0000 1111 | 可变长度 | 包含 SCCP 用户功能间透明传递的用户数据 |
| 分段 | 0001 0000 | 4 个 | |
| 跳计数器 | 0001 0001 | 1 个 | 在每个全局码翻译时递减，范围：15～1 |

### 2.6.4 SCCP 的结构及路由控制功能

#### 1. SCCP 的结构

SCCP 程序主要由 SCCP 路由控制、面向连接控制、无连接控制和 SCCP 管理 4 个功能块组成，其结构如图 2-34 所示。

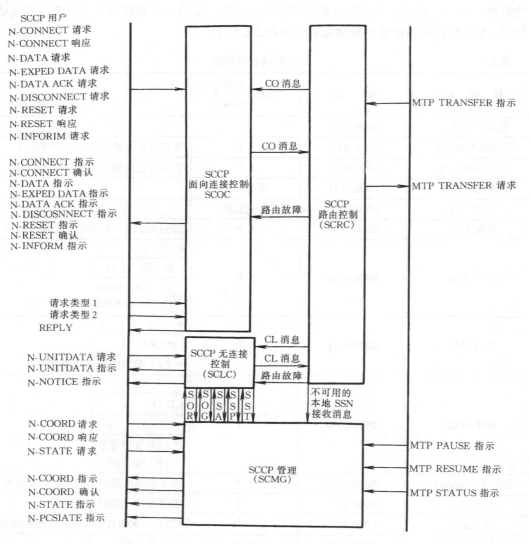

图 2-34 SCCP 的结构

① SCCP 路由控制功能完成无连接和面向连接业务消息的选路。路由控制部分接收 MTP 和 SCCP 的其他功能块送来的消息，进行路由选择，将消息送往 MTP 或 SCCP 的其他功能块。

② 无连接控制部分根据被叫用户地址，使用 SCCP 和 MTP 路由控制直接在信令网中传送数据。

③ 面向连接控制根据被叫用户地址，使用路由控制功能建立到目的地的信令连接，然后利用建立的信令连接传送数据，传送完数据后，释放信令连接。

④ SCCP 管理部分提供一些 MTP 的管理部分不能覆盖的功能。例如，当 SCCP 的用户部分或者这些用户的路由出现故障时，SCCP 可以将消息改送到备用系统上去。SCCP 管理利用无连接服务的 UDT 消息在 SCCP 节点间传送 SCCP 管理消息。

**2. SCCP 路由控制功能**

SCCP 路由控制（SCRC）接到来自面向连接控制和无连接控制部分传来的内部消息后，要对消息中的被叫用户地址进行鉴别及处理，完成必要的选取路由功能。下面介绍 SCCP 的地址和编码。

SCCP 地址可以是信令点编码（SPC）、子系统号码（SSN）和全局码（GT）的组合。

① 信令点编码（SPC）是消息传递部分（MTP）使用的地址，MTP 根据目的地信令点编码（DPC）识别消息的目的地并根据业务指示语（SI）识别 MTP 的不同用户。信令点编码只在其所定义的 No.7 信令网（国内网或国际网）内有意义，不是全球统一编码。

② 子系统号码（SSN）是 SCCP 使用的本地寻址信息，用于识别一个节点内的各个 SCCP 用户，子系统采用 8bit 编码，最多可识别 256 个不同的子系统，已定义的子系统号码包括：

| 比特 | 7 6 5 4 3 2 1 0 | |
| --- | --- | --- |
| | 0 0 0 0 0 0 0 0 | 未定义的子系统号/没有使用 |
| | 0 0 0 0 0 0 0 1 | SCCP 管理 |
| | 0 0 0 0 0 0 1 0 | 备用 |
| | 0 0 0 0 0 0 1 1 | ISDN 用户部分 |
| | 0 0 0 0 0 1 0 0 | 操作维护应用部分（OMAP） |
| | 0 0 0 0 0 1 0 1 | 移动应用部分（MAP） |
| | 0 0 0 0 0 1 1 0 | 归属位置登记处（HLR） |
| | 0 0 0 0 0 1 1 1 | 拜访位置登记处（VLR） |
| | 0 0 0 0 1 0 0 0 | 移动交换中心（MSC） |
| | 0 0 0 0 1 0 0 1 | 设备识别中心（EIR） |
| | 0 0 0 0 1 0 1 0 | 认证中心（AUC） |
| | 0 0 0 0 1 0 1 1 | 备用 |
| | 0 0 0 0 1 1 0 0 | 智能网应用部分（INAP） |
| 其他 | | 备用 |

③ 全局码（GT）是某种编号计划的号码，由于电信业务的编号计划已与国际统一，因此全局码能标识全球任意一个信令点和子系统。全局码（GT）一般在始发节点不知道目的地信令点编码的情况下使用，但是 MTP 无法根据 GT 选路。因此，SCCP 必须把 GT 翻译成 DPC+SSN 或 DPC、SSN 与 GT 的组合，才能将消息转交给 MTP 发送。由于各节点的资源有限，不可能要求一个节点的 SCCP 能翻译所有的 GT，因此始发节点的 SCCP 有可能先将 GT 翻译为某个中间节点的 DPC；该中间节点的 SCCP 再继续对 GT 进行翻译，最终将消息送到目的地节点。这些中间节点称为 SCCP 消息的中继节点。

SCCP 消息中的主叫用户地址和被叫用户地址由地址表示语和地址信息两部分组成，地址信息部分的格式取决于地址表示语的编码。SCCP 主、被叫地址的格式如图 2-35 所示。

地址表示语指出地址区所包含的地址类型，地址表示语的格式如图 2-36 所示。

比特 0　是"1"表示地址包括信令点编码，"0"表示未包括信令点编码。

比特 1　是"1"表示地址包括子系统号码，"0"表示地址未包括子系统号码。

图 2-35　SCCP 主、被叫地址格式

图 2-36　地址表示语

比特 2～5 为全局码表示语，编码如下：

0000　不包括全局码；

0001　全局码只包括地址性质表示语；

0010　全局码只包括翻译类型；

0011　全局码包括翻译类型、编码计划、编码设计；

0100　全局码包括翻译类型、编码计划、编码设计、地址性质表示语；

其他　备用。

比特 6　是"0"表示根据地址中的全局码选取路由，是"1"表示根据 MTP 路由标记中的 DPC 和被叫用户地址中的子系统号选路由。

比特 7　国内备用。

地址中各种单元出现的次序为 SPC，SSN 和 GT。

全局码（GT）的格式是可变长度，下面简要说明全局码表示语为 0100 时的格式。

当 GT 表示语为 0100 时，GT 的格式如图 2-37 所示。此时，全局码的第 1 个八位位组是翻译类型，第 2 个八位位组的高四位表示编号计划，低四位表示编码设计，第 3 个八位位组的 0～5 比特为地址性质表示语，第 4 个八位位组以后的信息是地址信息。

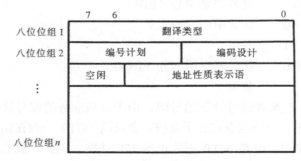

图 2-37　全局码格式（GT=0100 时）

翻译类型指出消息全局码翻译功能，把消息的地址翻译成新的 DPC，SSN 及 GT 的不同组合。当不使用翻译类型时，翻译类型填充 0。翻译类型从 11111110 开始以下降的顺序编码。

编号计划说明地址信息采用何种编号计划，编号计划编码如下：

比特 7 6 5 4

0 0 0 0　　未定义；

0 0 0 1　　ISDN/电话编号计划（建议 E.163 和 E.164）；

0 0 1 0　　备用；

0 0 1 1　　数据编号计划（建议 X.121）；

0 1 0 0　　Telex 编号计划（建议 F.69）；

0 1 0 1　　海事移动编号计划（建议 E.210 和 E.211）；

0 1 1 0　　陆地移动编号计划（建议 E.212）；

0 1 1 1　　ISDN/移动编号计划（建议 E.214）；

其他　　　　备用。

编码设计如下：

比特 3 2 1 0

0 0 0 0　　未定义；

0 0 0 1　　BCD，奇数个数字；

0 0 1 0　　BCD，偶数个数字；

其他　　　　备用。

地址性质表示语编码如下：

比特 6 5 4 3 2 1 0

0 0 0 0 0 0 0　　空闲；

0 0 0 0 0 0 1　　用户号码；

0 0 0 0 0 1 0　　国内备用；

0 0 0 0 0 1 1　　国内有效号码；

0 0 0 0 1 0 0　　国际号码；

其他　　　　　　空闲。

比特 7 是奇/偶表示语，编码为"0"表示偶数个地址信号，编码为"1"表示奇数个地址信号。

### 2.6.5　无连接程序

无连接程序允许 SCCP 用户在没有请求建立信令连接的情况下，传递高达 2KB 的用户数据。由于无连接程序在传送用户数据时不需事先建立信令连接，传送数据时延较小，因而适用于传送数据量较小、实时性要求高的数据。当前在电信网中应用得最为广泛的就是 SCCP 的无连接服务，如移动通信应用及智能网应用，就是利用 SCCP 的无连接服务来传送数据的。

#### 1. 无连接服务程序采用的消息

无连接服务采用单位数据消息（UDT）或增强的单位数据消息（XUDT）传送用户数据，UDT 消息没有分段/重装功能，当用户传送的数据量大于一个消息信令单元（MSU）所能传送的数据量（约为 255 个字节）时，就必须采用 XUDT 消息。无连接服务允许用户在没有建立信令连接的情况下传送高达 2KB 的数据，当用户需传送的数据大于一个消息信令单元所能传送的数据量时，SCCP 可以决定用户数据分段，把原来的用户数据块分成较小的数据块，用多个 XUDT 消息传送，在接收端的 SCCP 将多个 XUDT 消息中的用户数据重装后再送给 SCCP 用户。

如果由于各种原因，造成 UDT 消息或 XUDT 消息不能传送给用户时，发现消息传送出错的 SCCP 节点，可以启动消息返回程序，用 UDTS 或 XUDTS 消息将消息回送到始发 SCCP 节点，并说明消息不能正确传送的原因。

（1）单位数据消息

单位数据消息（UDT）的功能是在无连接服务（协议类别 0 或协议类别 1）中用来传送用户数据的。UDT 消息的格式如图 2-38 所示。由图可见，UDT 消息由路由标记、消息类型、一个长度固定的必备参数（协议类别）及 3 个长度可变的必备参数（被叫用户地址、主叫用户地址和用户数据）组成。

路由标记是给消息传递部分选择路由使用的，路由标记由目的地信令点编码（DPC）、发源地信令点编码（OPC）和信令链路选择码（SLS）3 部分组成，对于 0 类服务的多条消息，SCCP 按照负荷分担原则选择 SLS，对于 1 类服务的多条无连接消息，SCCP 选择相同的信令链路选择码 SLS。

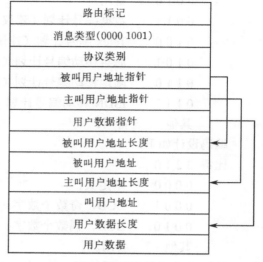

图 2-38　UDT 消息格式

消息类型说明消息的类别，UDT 消息类别编码为 00001001。

协议类别参数是长度固定的必备参数，协议类别参数占一个八位位组，其低四位是协议类别编码：

比特 3 2 1 0

0 0 0 0　　协议类别 0

0 0 0 1　　协议类别 1

0 0 1 0　　协议类别 2

0 0 1 1　　协议类别 3

比特 0～3 编码指出是面向连接的协议类别（协议类别 2 或 3）时，比特 4～7 空闲。

比特 0～3 编码指出是无连接的协议类别（协议类别 0 或 1）时，比特 4～7 规定消息不能到达目的地时的处理，编码如下：

比特 7 6 5 4

0 0 0 0　　没有特别的选择

1 0 0 0　　发生错误时返回信息

被叫用户地址用来说明接收该消息的用户的地址信息，主叫用户地址用来说明发送该消息的用户的地址信息，被叫用户地址和主叫用户地址的格式如图 2-35 所示。SCCP 要应用被叫用户地址的有关信息来选取路由。

用户数据是 SCCP 用户传送的信息，SCCP 将其透明传送至被叫用户。

（2）单位数据业务消息

单位数据业务消息（UDTS）的作用是，当单位数据消息（UDT）不能正确传送至用户且要求回送时，发现消息出错的 SCCP 节点用 UDTS 消息将消息回送，并说明传送出错的原因。UDTS 消息由路由标记、消息类型、一个长度固定的必备参数（返回原因）、3 个长度可变的必备参数（被叫用户地址、主叫用户地址、用户数据）组成。

除了返回原因外，该消息的其他参数的格式与 UDT 消息类似。返回原因占一个八位位组，表示消息返回的原因，其编码如下：

比特　76543210
　　　　00000000　无法翻译这种性质的地址；
　　　　00000001　无法翻译这种地址；
　　　　00000010　子系统拥塞；
　　　　00000011　子系统故障；
　　　　00000100　未配备的用户；
　　　　00000101　网络故障（MTP 故障）；
　　　　00000110　网络拥塞；
　　　　00000111　没有资格；
　　　　00001000　消息传送中的错误；
　　　　00001001　本地处理错误*；
　　　　00001010　目的地不能重装*；
　　　　00001011　SCCP 故障；
　　　　00001000　检出 SCCP 层的环*；
　　　　其他　　　备用。
　　　　*注：仅用于 XUDTS 消息

（3）增强的单位数据消息（XUDT）的格式

当 SCCP 用户利用无连接服务来传送的数据量大于一个消息信令单元所能携带的数据量（约为 255 个字节）时，SCCP 将用户数据分段，利用多条 XUDT 消息传送，接收端 SCCP 再将其重装后交给 SCCP 用户。

XUDT 消息的格式如图2-39所示。由图可见，XUDT 消息由路由标记、消息类别、两个长度固定的必备参数（协议类别和跳计数器），3 个长度可变的必备参数（被叫用户地址、主叫用户地址和用户数据）、一个长度固定的任选参数（分段）及任选参数终了组成。

跳计数器是长度固定的必备参数，占一个八位位组，其取值范围为 1～15。它的值在每个全局码翻译时递减，如果结果为 0，说明出现了 SCCP 层的环，此时该节点将启动消息返回程序，并且维护功能告警。

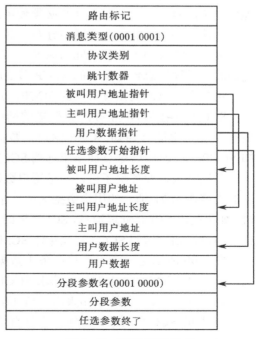

图 2-39　XUDT 消息格式

分段参数是一个长度固定的必备参数，用来传送分段/重装信息。

（4）增强的单位数据业务消息

当 XUDT 消息传送出错且要求回送原因时，发现传送出错的 SCCP 节点用增强的单位数据业务消息（XUDTS）将消息回送始发 SCCP 节点，并说明消息传送出错的原因。

XUDTS 消息由路由标记、消息类型、两个长度固定的必备参数（返回原因、跳计数器）、3 个长度可变的必备参数（被叫用户地址、主叫用户地址、用户数据）、一个任选参数（分段）以及任选参数终了组成。

返回原因的编码可参见 UDTS 消息的说明。

**2. 无连接服务的数据传递**

始发节点的 SCCP 用户使用 N-UNITDATA 请求原语，请求 SCCP 传送用户数据，在该原语的参数中必须包括用户数据到达目的地的必要信息。在目的地节点，SCCP 使用 UNITDATA 指示原语通知 SCCP 用户数据到达。传递用户数据是通过传递包含用户数据的 UDT 消息或 XUDT 消息来实现的。

对于无连接服务，SCCP 能够提供两类业务：协议类别 0 和协议类别 1，这两类协议是通过消息顺序特征区分的。当 SCCP 用户发出几个 N-UNITDATA 请求原语，请求传递几个消息时，在目的地，这些消息按顺序被接收的概率依赖于请求原语中的参数；当请求原语中不包括顺序控制参数时，对于每一个消息，SCCP 可以产生不同的链路选择码（SLS）。当顺序控制参数包含在 N-UNITDATA 请求原语时，如果每个请求原语中的参数都一样，那么对于这些消息，SCCP 将产生相同的链路选择码（SLS），如果进行全局码翻译，对于相同的全局码，翻译出的结果应该相同。

然后，使用 SCCP 和 MTP 路由功能，传递 UDT 消息到 N-UNITDATA 请求原语中被叫地址指出的目的地。被叫地址可以是 DPC，SSN 或全局码（GT）的不同组合。当被叫用户地址是全局码（GT）时，SCCP 必须使用地址翻译功能，将被叫地址翻译为 DPC 和 SSN 的组合。这种翻译功能可在全网中分布，对于同一个消息的地址翻译，可能进行一次，也可能进行多次。如果由于各种不同的原因，UDT 消息或 XUDT 消息不能被传送到目的地且要求返回时，发现消息传送出错的 SCCP 节点应启动消息返回程序，用 UDTS 消息或 XUDTS 消息将用户数据返回到始发节点的 SCCP，并说明传送出错的原因。

SCCP 使用 MTP 业务，在严格的网络条件下，MTP 可以舍弃这些消息，因此不是在所有情况下都能够通知 SCCP 用户，数据不能传送。MTP 使用 MTP-PAUSE 指示原语通知 SCCP——远端信令点拥塞或远端 SCCP 不可用，然后 SCCP 通知它的用户。

无连接数据业务除了可以传送用户数据外，还可以传送 SCCP 管理消息。SCCP 管理消息的内容在 UDT 消息的用户数据区中。当目的地节点的 SCCP 收到 UDT 消息或 XUDT 消息时，如果是非 SCCP 管理消息，SCCP 将调用 N-UNITDATA 指示原语通知用户，如果是 SCCP 管理消息，则传送到 SCCP 管理实体 SCMG。

图 2-40 所示是一个无连接业务中数据正确传递的流程。假设信令点 A 的 SCCP 用户 A 发出 N-UNITDATA 请求原语，请求 SCCP 传送数据。在该原语参数中给出的被叫地址是用全局码（GT）来表示的，如果由于资源有限等原因，节点 A 的 SCCP 无能力翻译此地址，但节点 A 的 SCCP 知道中继节点 B 具有地址翻译功能，节点 A 的 SCCP 就发送 UDT$_1$ 消息到中继节点 B。

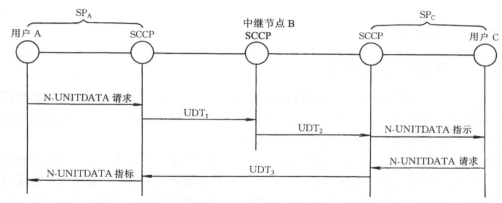

图 2-40　无连接业务的数据传送

（1）UDT$_1$ 的消息格式

MTP 路由标记：OPC=SP$_A$　　DPC=SP$_B$

SCCP 被叫用户地址（全局码表示语=0001）：

　　GT

　　根据 GT 来选取路由

SCCP 主叫用户地址：

　　PC=SP$_A$

　　SSN=用户 A

在中继节点 B，SCCP 的地址翻译功能将 UDT$_1$ 中的全局码 GT 翻译成 DPC=SP$_C$，SSN=用户 C。中继节点 B 的 SCCP 发送 UDT$_2$ 消息到信令点 C。

（2）UDT$_2$ 的消息格式

MTP 路由标记：OPC=SP$_B$　　DPC=SP$_C$

SCCP 被叫地址（全局码表示语=0000）：

　　SSN=用户 C

　　根据 MTP 路由标记中的 DPC 和被叫地址中 SSN 选路由

SCCP 主叫地址：　　PC=SP$_A$，SSN=用户 A

当 UDT$_2$ 消息传送到信令点 C 的 SCCP 时，信令点 C 的 SCCP 鉴别该消息是送到本节点的，就使用 N-UNITDATA 指示原语将数据传送给用户 C。用户 C 接收到此消息后，如果有数据要传送给信令点 A 的用户 A，就使用 N-UNITDATA 请求原语请求 SCCP 传送数据，该原语参数中的被叫用户地址为：DPC=SP$_A$，SSN=用户 A。

信令点 C 的 SCCP 就发送 UDT$_3$ 消息到信令点 A。

（3）UDT$_3$ 消息的格式

MTP 路由标记：DPC=SP$_A$，OPC=SP$_C$

SCCP 被叫地址（全局码表示语=0000）：

　　SSN=用户 A

　　根据 MTP 路由标记中 DPC 和被叫用户地址中 SSN 选路由

SCCP 主叫地址：

PC=SP$_C$　　SSN=用户 C

## 2.7 事务处理能力

### 2.7.1 事务处理能力概述

事务处理能力（Transaction Capabilities，TC，也称 TCAP）指在各种应用（TC-用户）和网络层业务之间提供的一系列通信能力。它为大量分散在电信网中的交换机和专用中心（业务控制点、网管中心等）的应用提供功能和规程。

TC-用户即各种应用。如移动业务应用，包含专用功能单元的补充业务（如免费电话业务，信用卡业务）的登记、激活和调用，以及与电路控制无关的信令信息交换（如闭合用户群）等。这些应用有一个共同的特点，即交换机需要与网络中的数据库联系。TC 的总目标就是为它们提供信息请求和响应的对话能力。

TC 的核心采用了远端操作的概念。为了向所有的应用业务提供统一的支持，TC 将不同节点之间的信息交互过程抽象为一个关于"操作"的过程，即起始节点的用户调用一个远端操作，远端节点执行该操作，并将操作结果回送始发节点。操作的调用者为了完成某项业务过程，两个节点的对等实体之间可能涉及许多操作，这些相关操作的执行组合就构成一个对话（事务）。TC 提供的服务就是将始发节点用户所要进行的远端操作和携带的参数传送给位于目标节点的另一个用户，并将远端的用户执行操作的结果回送给始发节点的调用者，并在TC 的用户之间建立端到端的连接。TC 协议就是对操作和对话（事务）进行管理的协议。

### 2.7.2 事务处理能力的基本结构

#### 1. 事务处理能力的基本结构

事务处理能力（TC）由成分子层和事务处理子层组成，如图 2-41 所示。

成分子层（Component Sublayer，CSL）的基本功能是处理成分（传送远端操作及响应的协议数据单元（APDU））和作为任选的对话部分信息单元。成分是 TCAP 消息的基本构件，一个成分对应一个操作请求或响应。

事务处理子层（Transaction Sublayer，TSL）处理 TC-用户之间包含成分及任选的对话信息部分的消息交换。

从图 2-41 可知，TC-用户与成分子层之间的接口采用 TC-原语，成分子层与事务处理子层之间的接口采用 TR-原语，事务处理子层与信令连接控制部分（SCCP）之间的接口采用 N-原语。

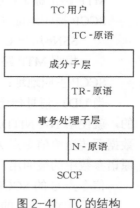

图 2-41 TC 的结构

#### 2. 成分子层

（1）成分类型

成分是用来传送一个操作的请求或应答的基本单元。一个成分从属于一个操作。它可以是关于某一操作执行的请求，也可以是某一操作执行的结果，每个成分利用操作调用识别号（Invoke ID）识别，用以说明操作请求与应答的对应关系。

虽然成分内容与具体应用有关，但无论是什么应用系统，从操作过程来看，都可以归为下面的 5 种类型。

① 操作调用成分（Invoke，INV）：INV 成分的作用是要求远端用户执行某一动作，每个 INV 成分中都包括一个调用识别号，由 TC-用户定义的操作码及相关参数。

② 回送结果-非最后结果成分（Return Result Not Last，RR-NL）：当发送 RR-NL 成分时说明该操作已被远端成功执行，由于回送的信息较长，超过了网络层允许的最大消息长度，成功的结果需分段传送，RR-NL 成分传送的不是最后分段。

③ 回送结果-最后结果成分（Return Result Last，RR-L）：操作已被成功执行，远端 TC-用户用 RR-L 成分将结果的最后分段传送给始发端；当结果只需用一条消息传送时，也用 RR-L 成分传送。

④ 回送差错成分（Return Error，RE）：操作失败，远端发送 RE 成分表示操作失败，并说明失败的原因。

⑤ 拒绝成分（Reject，RJ）：当 TC-用户或 TC 的成分子层发现成分信息出错或无法理解时，拒绝执行该操作，用 RJ 成分拒绝该成分，并用问题码说明拒绝的原因。除了 RJ 成分以外的任何成分都可以拒绝，结果的拒绝导致相应操作的终结，分段结果的拒绝隐含着对后续分段和整个结果的拒绝。

（2）操作类别

根据对操作执行结果应答的不同要求，将操作分为以下 4 个类别。

- 1 类：无论操作成功或失败均需向调用端报告。
- 2 类：仅报告失败。
- 3 类：仅报告成功。
- 4 类：成功和失败都不报告。

操作类别是操作定义的一部分，每一个操作都有一个特定的类别。这表明操作的目的端或者是回送一个成功的输出（结果），或者是回送一个失败的输出（错误），或者是两者皆有或两者皆无。操作的定义还包括操作应完成和结果应报告的时限。

（3）对话

为了执行一个应用，两个 TC-用户之间连续的成分交换就构成了一个对话。对话处理也允许 TC-用户传送和协商应用上下文名称以及透明传送非成分数据，该项功能是任选功能。

对话分为非结构化对话和结构化对话两种。

① 非结构化对话：TC-用户发送不期待回答的成分，并且对话没有开始、继续或结束。当 TC-用户向其同层发送单向（Unidirectional）消息时，就表明使用了非结构化对话性能。非结构化对话使用较少。

② 结构化对话：一个完整的结构化对话包括对话开始、对话继续和对话结束，每个对话由一个特定的对话 ID（Dialogue ID）识别。

结构化对话包含以下几个阶段。

a. 对话开始。

b. 对话证实：第一个后向继续表明对话已建立并可以继续。

c. 对话继续：TC-用户继续一个已建立的对话且可全双工交换成分数据。

d. 对话结束：发送端不再发送成分也不再接收远端送来的成分。

对话的结束有以下 3 种情况。

- 基本结束：TC-End 原语使未决成分传送，并指出此对话在任一方向都不再交换成分。
- 预先安排结束：TC-用户由预先安排决定何时结束对话。在 TC-END 请求原语发送后，对话不发送也不接收成分。
- 对话由 TC-用户中止：TC-用户可以不考虑任何未决操作调用，而请求立即结束对话。TC-用户的中止请求使得该对话的所有未决操作终结。TC-用户提供端到端信息来指示中止原因和诊断信息。

作为任选，在阶段 a 和 b 可交换应用上下文信息和用户信息（非成分数据）。在已交换应用上下文信息的情况下，在阶段 c 和 d 也可发送用户信息（非成分数据）。

（4）TC-原语

TC-用户与成分子层的接口是 TC-原语。TC-原语可分为成分处理原语和对话处理原语两大类。

① 成分处理原语。成分处理原语用来处理操作和应答。成分处理原语的类型和参数如表 2-7 所示。

表 2-7　　成分处理原语的类型和参数

| 参　数 | TC-INVOKE | | TC-RESULT-L TC-RESULT-NL | TC-RESULT-L TC-RESULT-NL | TC-U-ERROR | | TC-U-REJECT | | TC-L-CANCEL | TC-U-CANCEL | TC-L-REJECT | TC-R-REJECT |
|---|---|---|---|---|---|---|---|---|---|---|---|---|
| | 请求 | 指示 | 请求 | 指示 | 请求 | 指示 | 请求 | 指示 | 指示 | 请求 | 指示 | 指示 |
| 对话 ID | M | M（注1） | M | M | M | M | M | M（注1） | M | M | M | M（注1） |
| 操作类型 | M | | | | | | | | | | | |
| 调用 ID | M | M（=） | M | M（=） | M | M（=） | M | M | O | O | | |
| 链接 ID | U | C（=） | | | | | | | | | | |
| 操作码 | M | M（=） | U（注2） | C（=） | | | | | | | | |
| 参数 | U | C（=） | U | C（=） | U | C（=） | | | | | | |
| 最终成分 | | M | | M | | M | | M | | | M | M |
| 时限 | M | | | | | | | | | | | |
| 差错 | | | | | M | M（=） | | | | | | |
| 问题码 | | | | | | | M | M（=） | | | M | M |

注 1：除了在单向消息中收到的操作（类别 4）调用外，此参数为必备参数。

注 2：当参数包括"参数"时，"操作"是必备参数。

符号说明：

M：必备参数。

O：提供者的任选参数。

C：条件参数（请求类型原语中存在的参数，在对应的指示原语中也总存在）。

U：由 TC 用户任选的参数。

（=）：出现在指示原语中的参数值必须与对应的请求原语中的参数值相同。

表中各参数的定义如下。

- 操作类型：即 1/2/3/4 类，该参数是操作调用原语的必备参数，成分子层根据此参数对这个操作的状态进行管理。
- 对话 ID：把成分与一个特定的对话相联系。
- 调用 ID：用来识别一个操作调用及其结果。
- 链接 ID：把一个操作调用链接至一个由远端 TC-用户调用的一个先前的操作。
- 差错：包含 TC-用户提供的当操作失败时返回的信息。
- 操作码：仅用于操作调用原语，用于向对端 TC-用户指明具体应执行的动作，操作码由应用业务定义。
- 参数：包含伴随一个操作或为应答一个操作而提供的参数。
- 最终成分：仅用于"指示"类原语。由于一个对话消息可能包含多个成分，因此在成分子层向 TC-用户传送接收到的数据时，首先传送 TC 对话处理指示原语，指示一个对话数据的开始；然后用成分处理原语依次传送各个成分。当传送完该对话的最后一个成分时，将相应指示原语的"最终成分"参数置位，表示对话数据传送完毕。
- 时限：指明操作调用的最长有效时间。成分子层在发送一个操作调用成分时将开始定时，若超过该时限时还未收到相关结果，成分子层将撤销这个操作，并用 TC-L-CANCEL（指示）原语通知 TC-用户。
- 问题码：识别拒绝一个成分的原因。

② 对话处理原语。对话处理原语用来请求或指示与消息传送或对话处理有关的低（子）层功能。当事务处理子层用来支持对话时，这些原语对应到 TR-原语。对话处理原语的类型和参数如表 2-8 所示。

**表 2-8**　　　　　　　　　　　**对话处理原语的类型和参数**

| 序　号 | 原　语 | 参　数 | 原　语 请求（req） | 原　语 指示（ind） |
|---|---|---|---|---|
| 1 | TC-UNI | 业务质量 | U | O |
| | | 目的地地址 | M | M |
| | | 应用上下文名称 | U | C（=） |
| | | 起源地址 | M | M（=） |
| | | 对话 ID | M | |
| | | 用户信息 | U | C（=） |
| | | 成分存在 | | M |
| 2 | TC-Begin | 业务质量 | U | O |
| | | 目的地地址 | M | M |
| | | 应用上下文名称 | U | C（=） |
| | | 起源地址 | M | M（=） |
| | | 对话 ID | M | M |
| | | 用户信息 | U | C（=） |
| | | 成分存在 | | M |

续表

| 序 号 | 原 语 | 参 数 | 原 语 | |
|---|---|---|---|---|
| | | | 请求（req） | 指示（ind） |
| 3 | TC-Continue<br>（对话证实） | 业务质量 | U | O |
| | | 起源地址 | O | |
| | | 应用上下文名称 | U | C（=） |
| | | 对话 ID | M | M |
| | | 用户信息 | U | C（=） |
| | | 成分存在 | | M |
| 4 | TC-Continue<br>（对话继续） | 业务质量 | U | O |
| | | 对话 ID | M | M |
| | | 成分存在 | | M |
| | | 用户信息 | U | C（=） |
| 5 | TC-End | 业务质量 | U | O |
| | | 对话 ID | M | M |
| | | 应用上下文名称 | U | C（=） |
| | | 成分存在 | | M |
| | | 用户信息 | U | C（=） |
| | | 终 结 | M | |
| 6 | TC-U-Abort | 业务质量 | U | O |
| | | 对话 ID | M | M |
| | | 中止原因 | U | C（=） |
| | | 应用上下文名称 | M | C（=） |
| | | 用户信息 | U | C（=） |
| 7 | TC-P-Abort | 业务质量 | O | |
| | | 对话 ID | M | |
| | | P-ABORT | M | |
| 8 | TC-NOTICE | 对话 ID | M | |
| | | 报告原因 | M | |

表中各参数的含义如下。

- 业务质量：TC-用户指示可接受的业务质量。目前，无连接 SCCP 网络业务的"业务质量"有"返回选择"和"顺序控制"两个参数。
- 地址参数：起源地址和目的地地址用来识别起源 TC-用户和目的地 TC-用户。
- 应用上下文名称：应用上下文是对话启动者或对话响应者建议的应用上下文识别。所谓应用上下文，是指应用实体（AE）应该包含的应用服务元素（ASE）的数量、种类及应用实体（AE）互通的必要信息。

- 对话 ID：这个参数在成分处理原语中也出现，用于把成分与对话联系起来。同一对话必须使用同一对话 ID。对于非结构化对话，具有同一对话 ID 参数的成分放在有同一目的地地址的单向消息中。对于结构化对话，对话 ID 用于识别从对话开始至结束的属于同一对话的所有成分。
- 用户信息：独立于远端操作业务的 TC-用户之间可交换的信息（非成分数据）。
- 成分存在：只存在于指示类原语中，指明在该对话中是否存在成分部分。
- 中止原因：指明对话因收到的应用上下文名称不支持并且无可选择（中止原因=应用上下文不支持）或因其他问题（中止原因=用户（定义）专用）而中止。
- P-ABORT：该参数说明 TCAP 决定中止一个对话的原因。
- 报告原因：指明 SCCP 返回消息时的原因，这些原因在 SCCP 规范中规定。该参数仅用于 TC-NOTICE 指示原语。

（5）成分子层与事务处理子层的对应

成分子层与事务处理子层之间有一一对应关系。在结构化对话情况下，一个对话与一个事务处理对应；在非结构化对话情况下，隐含地存在。成分子层的对话处理原语和事务处理子层中的事务处理原语采用相同的名称，成分子层的对话处理原语以为 TC-标识。例如，成分子层的对话处理原语 TC-Begin 对应为事务处理子层的事务处理原语 TR-Begin。成分子层的成分处理原语在事务处理子层中无与之相对应的部分。

### 3．事务处理子层

事务处理子层（TSL）提供 TR-用户间成分（对话部分为任选）的交换能力。在结构化对话情况下，事务处理子层在它的用户（TR-用户）之间提供端到端连接。这个端到端连接称为事务处理。事务处理子层也提供通过低层网络业务在同层（TR 层）实体间传送事务处理消息的能力。目前的 TR-用户就是指成分子层。

（1）TR-原语及参数

成分子层与事务处理子层之间的接口是 TR-原语，TR-原语与成分子层的对话处理原语之间有一一对应的关系。TC 对话处理原语与 TR-原语的对应如表 2-9 所示。

表 2-9　　　　　　　　　　TC 对话处理业务原语与 TR-原语的对应

| TC-原语 | TR-原语 |
| --- | --- |
| TC-UNI | TR-UNI |
| TC-Begin | TR-Begin |
| TC-Continue | TR-Continue |
| TC-End | TR-End |
| TC-U-Abort | TR-U-Abort |
| TC-P-Abort | TR-P-Abort |

TR-原语的参数定义如下。

① 业务质量：TR-用户指示可接受的业务质量，在无连接网络中的业务质量规定 SCCP 的"返回选择"及"顺序控制"参数。

② 目的地地址和起源地址：识别目的地 TR-用户和起源 TR-用户，采用 SCCP 的全局码（GT）或信令点编码和子系统的组合来表示。

③ 事务处理 ID：事务处理在每一端都有一个单独的事务处理 ID。

④ 终结：识别事务处理终结的方式（预先安排的或基本的）。

⑤ 用户数据：包含在 TR-用户间所传送的信息，成分部分在事务处理子层作为用户数据。

⑥ P-ABORT：指明由事务处理子层中止事务处理的原因。

⑦ 报告原因：指明 SCCP 返回消息时的原因，这个参数仅用于 TR-NOTICE 指示原语。

（2）消息类型

为了完成一个应用业务，两个 TC-用户需双向交换一系列 TC 消息。消息交换的开始、继续、结束及消息内容均由 TR-用户控制和解释，事务处理子层则对事务的启动、保持和终结进行管理，并对事务处理过程中的异常情况进行检测和处理。

虽然 TC 消息中包含的对话内容取决于具体应用，但是事务处理子层从事务处理的角度出发，对消息进行分类，这种分类与应用完全无关。

① 非结构化对话。非结构化对话用于传送不期待回答的成分。它没有对话启动、保持和终结的过程。传送非结构化对话的是单向消息 UNI，在单向消息中，没有事务处理 ID，这类消息之间没有联系。

② 结构化对话。结构化对话包含启动、保持、终结 3 个阶段，传送结构化对话的消息有以下 4 种类型。

• 起始消息（Begin）：该消息指示与远端节点的一个事务（对话）开始，该消息必定带有一个本地分配的源端事务标识号，用于标识这一事务。

• 继续消息（Continue）：这类消息用来双向传送对话消息，指示对话处于保持（信息交换）状态。为了使接收端判定该消息属于哪一个对话，该消息必须带有两个事务标识号，即源端事务标识号和目的地事务标识号。对端收到继续消息后，根据目的地事务标识号确定该消息所属的对话。

• 结束消息（End）：该类消息指示对话正常结束。可由任意一端发出。在该消息中必须带有目的地事务标识号，用以指明要结束的对话。

• 中止消息（Abort）：该消息指示对话非正常结束。它是在检测到对话过程出现差错时发出的消息。中止一个对话可由 TC-用户或事务处理子层发起。

结构化对话中的每个对话都对应一对事务标识号，分别由对话两端分配。每个标识号只在分配的节点中有意义。对于每个消息而言，其发送端分配的标识号为源端事务标识号，接收端分配的标识号为目的地事务标识号，前者供接收端回送消息时作为目的地标识号使用，后者供接收端确定消息所属的对话使用。

### 2.7.3　事务处理能力消息格式及编码

事务处理能力（TC）消息是封装在 SCCP 消息中的用户数据部分。TC 消息与消息信令单元（MSU）、SCCP 消息的关系如图 2-42 所示。

TC 消息包括事务处理部分、对话部分及成分部分。无论哪部分，TC 消息都采用一种标准统一的信息单元结构，即每一个 TC 消息都由若干个信息单元构成。

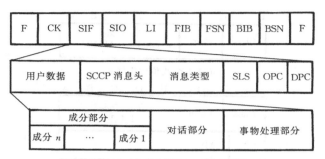

图 2-42　TC 消息与 MSU、SCCP 消息的关系

## 1．信息单元结构

在 TC 消息内容中的每一个信息单元（Information Element）都具有相同的结构。一个信息单元由标签（Tag）、长度（Length）和内容（Contents）组成，信息单元的结构如图 2-43 所示。它们总是以图 2-43（b）中的次序出现。标签用来区分类型和负责内容的解释。长度用来说明内容的长度。内容是单元的实体，包含了信息单元传送的信息。

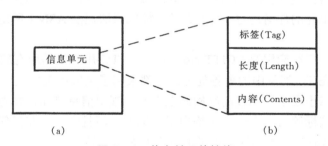

图 2-43　信息单元的结构

每个单元的内容可以是一个值（基本式），也可以嵌套一个或多个信息单元（构成式），如图 2-44 所示。

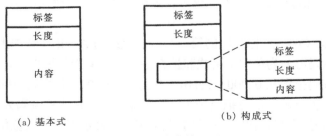

图 2-44　内容的类型

（1）标签

标签用来区分信息单元并负责内容的解释。标签由标签类别、单元格式及标签码组成，如图 2-45 所示。

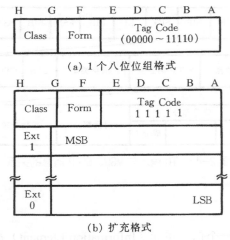

（a）1 个八位位组格式

（b）扩充格式

图 2-45　标签的格式

① 标签类别（Tag Class）：标签的最高有效位（H 和 G）用来指明标签的类别。标签可分为通用类、全应用类、上下文专有类和专有类 4 种类别。

通用类是原 CCITT 建议 X.209 中专用标准化的标签，与应用类型无关。通用标签可以用于使用通用类信息单元的任何地方。通用类是由抽象语法记法 ASN.1 所定义的最常用的数据类型。

全应用类用于贯穿在应用原 CCITT No.7 TC（即 TC-用户）的所有应用（即 ASE）都标准化的信息单元。在 TC 消息中的事务处理部分都采用了全应用类标签。

上下文专有类用于在下一个较高结构的上下文中规定信息单元，并考虑同一结构内其他数据单元的序列。该标签可以在一个结构中用作标签，而且它可以在任何其他的结构中再使用。在 TC 消息中的成分类型标签采用了上下文专有类标签。

专有类保留用于对一个国家、一个网络或一个专用用户规定的信息单元。

② 单元格式（Element Form）：比特 $F$ 用来指明单元是基本式还是构成式。当 $F=0$ 时说明该信息单元是基本式，当 $F=1$ 时说明该信息单元是构成式。

一个基本式单元中的内容只有一个值。一个构成式单元的内容还可以包含一个或多个信息单元，这些信息单元可以是基本式，也可以是构成式，对构成式信息单元的嵌套深度没有限制。

③ 标签码（Tag Code）：标签码的第一个八位位组的 A～E 比特加上任何扩充的八位位组构成标签码。标签码可分为单字节格式和扩充格式。在单字节格式中，标签码占标签的 A～E 比特，提供的标签码范围从 00000～11110（十进制 0～30）。若标签码的值大于 30，需采用多字节的扩充格式。扩充的方法是把第一个八位位组的 A～E 比特编码为 11111，接下来的八位位组的 H 比特作为扩充指示比特。如果 H 比特置 1，表示下一个八位位组也用来作为标签码的扩充。合成的标签码由每个扩充八位位组的 A～G 比特组成，第一个扩充八位位组的 G

比特是最高有效位，最后扩充的八位位组的 A 比特是最低有效位。标签码 31 在一个单扩充八位位组的 G～A 比特的编码为 0011111。较高的标签码（大于 31）从这点起延续，使用最少可能的八位位组。

（2）内容长度

内容长度字段指明内容中八位位组的数目。它不包括标签字段及内容长度字段的八位位组。内容长度字段采用短、长或不定 3 种格式。内容长度字段的格式如图 2-46 所示。

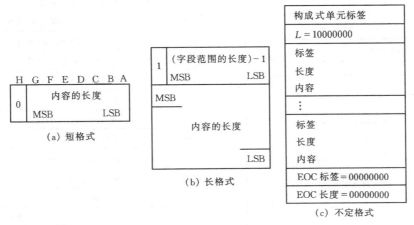

图 2-46 长度字段的格式

若内容长度小于或等于 127 个八位位组，采用短格式。它只占一个字节，H 比特位置 0，G～A 比特为长度的二进制编码值。

如果内容长度大于 127 个八位位组，长度字段采用长格式。长格式的长度为 2～127 个八位位组。第一个八位位组的 H 比特编码为 1，H～A 比特的无符号二进制数的编码值等于（字段范围的长度）–1 的值。长度字段本身编码为一个无符号的二进制数，其最高有效位是第二个八位位组的 H 比特，最低有效位是最后一个八位位组的 A 比特。

例如，内容长度 L=201，其长度字段的编码为 10000001 11001001。

当信息单元是一个构成式时，可以（但不一定必须）用不定格式来代替短格式或长格式。在不定格式中，长度字段占一个八位位组，其编码固定为 10000000。它并不表示信息内容的长度，只是采用不定格式的标志。应用该格式时，用一个特定的内容结束（EOC）指示码来终止信息单元。内容结束指示用一个单元来表示，其类别是通用类，格式是基本式，标签码是 0 值，其内容不用且不存在，即

EOC 信息元（标记=00000000，长度=00000000）

**2．TC 消息的结构**

TC 消息的结构如图 2-47 所示。

由图 2-47 可知，整个 TC 消息是一个单一的构成式，由消息类型标签、总消息长度和内容组成。内容部分包含基本式的事务处理部分信息单元，可任选的构成式的对话部分信息单元，构成式的成分部分信息单元。成分部分又可包含一个或多个成分，每个成分又是包含多个信息单元的构成式。

图 2-48 是一个检测到的 TCAP 消息的实例。

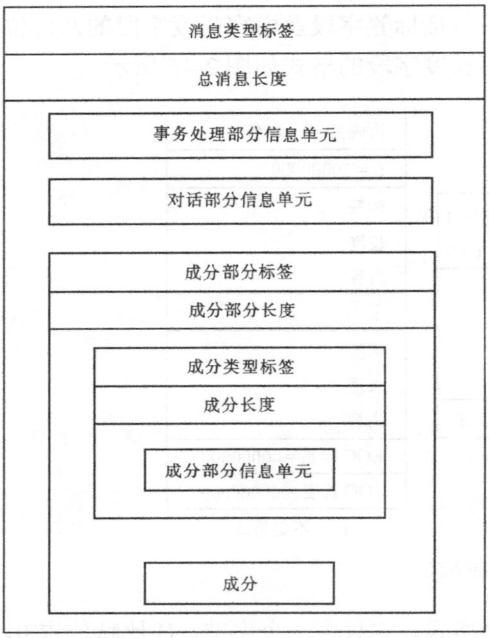

| | |
|---|---|
| 消息类型标签 | |
| 总消息长度 | |
| 事务处理部分信息单元 | |
| 对话部分信息单元 | |
| 成分部分标签 | |
| 成分部分长度 | |
| 成分类型标签 | |
| 成分长度 | |
| 成分部分信息单元 | |
| 成分 | |

图 2-47 TC 消息的结构

| | |
|---|---|
| 65 | 继续消息（构成式） |
| 14 | 总消息长度 |
| 48 | 起源事务处理标签（基本式） |
| 03 | 起源事务处理 ID 长度 |
| AA 03 24 | 起源事务处理 ID 值 |
| 49 | 目的地事务处理标签（基本式） |
| 03 | 目的地事务处理 ID 长度 |
| 0B 02 D6 | 目的地事务处理 ID 值 |
| 6C | 成分部分标签（构成式） |
| 08 | 成分部分长度 |
| A1 | 调用成分标签（构成式） |
| 06 | 调用成分长度 |
| 02 | 调用 ID 标签（基本式） |
| 01 | 调用 ID 长度 |
| 7F | 调用 ID 值 |
| 02 | 本地操作码标签（基本式） |
| 01 | 操作码长度 |
| 1D | 操作码值 |

图 2-48 TCAP 消息的实例

# 小　结

信令系统是通信网的重要组成部分。信令系统用来在用户终端设备、交换机和网络特种服务中心之间传送各种控制信息。

按照信令的传送区域来划分，信令可分为用户线信令和局间信令。

按照传送信令的信道与传送语音的信道之间的关系，可将信令分为随路信令和公共信道信令。公共信道信令是指传送信令的通道与传送语音的通道在逻辑上（或物理上）完全分开，有单独传送信令的通道。在一条双向的信令通道上可传送成百上千条话路的信令信息。例如，我国广泛应用的公共信道信令是 No.7 信令系统。

模拟用户线信令包括监视信令、选择信令、铃流和各种信号音。监视信令主要反映用户话机的摘、挂机状态，用户话机的摘、挂机状态是通过用户线直流环路的通、断来表示的。选择信令是用户话机向交换机送出的被叫号码，选择信令又可分为直流脉冲信号和双音多频（DTMF）信号。DTMF 信号用高、低两个不同的频率来代表一位拨号数字，是带内信令，能通过数字交换网络及数字中继在交换机之间正确传输。

No.7 信令系统实质上是一个专用的计算机通信系统，用来在通信网中各个节点的控制处理机之间传送通信网中的各种控制信息。No.7 信令系统不仅可用在传送电话网、综合业务数字网的局间信令，还可以支持智能网业务、移动通信业务及 No.7 信令网的集中维护管理。

在 No.7 信令系统中，所有的消息都以可变长度的信令单元形式发送。在 No.7 信令中共有 3 种信令单元：消息信令单元（MSU）、链路状态信令单元（LSSU）和填充信令单元（FISU）。MSU 用来传送第 3 级以上的各层发送的信息；LSSU 用来传送信令链路状态；FISU 是在信令链路上没有消息要传送时，向对端发送的空信号，用来维持信令链路的通信状态，同时可证实对端发来的信令单元。

No.7 信令网的基本组成部件有信令点（SP）、信令转接点（STP）和信令链路。

我国 No.7 信令网由高级信令转接点（HSTP）、低级信令转接点（LSTP）和信令点（SP）三级组成。

为了便于信令网的管理，国际信令网和各国的信令网是独立的，并采用分开的信令点编码方案。国际信令网的信令点编码位长为 14 位二进制数，采用三级编码结构，由世界编号大区编码、区域网编码、信令点编码 3 部分组成。我国国内信令网采用 24 位二进制数全国统一编码计划。每个信令点编码由主信令区编码、分信令区编码及信令点编码 3 部分组成，每个部分占八位二进制数。

No.7 信令系统是按分层结构的思想设计的。在 No.7 信令系统发展初期，将 No.7 信令系统分为 4 个功能级，以后又提出了与 OSI 七层模型对应的结构。

在 No.7 信令系统的四级结构中，将 No.7 信令系统分为消息传递部分（MTP）和用户部分（UP）。MTP 由信令数据链路级、信令链路级和信令网功能级三级组成。MTP 的功能是在信令网中，将源信令点的用户发出的消息信令单元正确无误地送到用户指定的目的地信令点的对应用户部分。用户部分是 No.7 信令系统的第 4 级，功能是处理信令消息的内容。

与 OSI 模型对应的 No.7 信令系统结构中增加了信令连接控制部分（SCCP），事务处理能力应用部分（TC）以及和具体业务有关的各种应用部分，如智能网应用部分（INAP）、移动通信应用部分（MAP）和操作维护应用部分（OMAP）。

TUP 和 ISUP 主要用来在固定电话网和移动电话网中传送与局间中继电路有关的信令，早期采用电话用户部分 TUP，现在使用得最广泛的是综合业务数字网用户部分 ISUP。

电话用户部分用来传送与处理电话接续时所需的局间信令信息。电话用户消息的内容是在消息信令单元（MSU）中的 SIF 字段传送的。电话用户消息由标记、标题码和信令信息 3 部分组成。电话用户部分利用标记来说明该信令消息与哪个呼叫有关。本章介绍了几种常见的信令程序。

现在，无论在固定电话网和移动电话网中，交换机之间的信令采用得最广泛的部分是 No.7 信令系统的综合业务数字网用户部分 ISUP。

ISUP 是在电话用户部分 TUP 的基础上扩展而来的，ISUP 提供 ISDN 网中的信令功能，以支持基本的承载业务和附加的承载业务。ISUP 除了能够完成 TUP 的全部功能外，还具有以下功能：对不同类型的承载业务选择电路提供信令支持，能与用户—网络接口的 D 信道信令配合工作，支持端到端信令的传送，为补充业务的实现提供信令支持。

ISUP 消息是在消息信令单元 MSU 的信令信息字段 SIF 中传送的，ISUP 消息由路由标记、电路识别码、消息类型编码、必备固定关系参数，必备可变长度参数和任选参数 6 个部分组成。

本章还介绍了一些常用的 ISUP 消息的功能及基本的呼叫控制过程，TUP 与 ISUP 的配合。

为了支持与电路无关数据的传递,在 No.7 信令系统中增设了信令连接控制部分（SCCP）。SCCP 与 MTP 的第 3 级相结合，能完成 OSI 模型中网络层的功能。

SCCP 在以下 3 个方面增强了 MTP 的能力。

- 附加的寻址选路功能，通过子系统编码在一个信令点内能识别更多的用户。
- 提供了地址翻译功能，能将全局码（GT）翻译为信令点编码和子系统的组合，使用户使用 GT 可以访问电信网中的任意用户。
- 提供了无连接服务和面向连接服务。无连接服务是指业务用户在事先不建立信令连接的情况下通过信令网传送数据。在传送数据时除了利用 MTP 的能力之外，还能提供地址翻译功能。无连接业务又可分为基本的无连接类和有序的无连接类。对于基本的无连接类,SCCP 采用负荷分担方式产生链路选择码（SLS），不能保证在接收节点收到的多条消息与发送端发出的顺序相同。对于有序的无连接类，SCCP 对使用这种业务的多条消息分配相同的链路选择码，使这些消息在相同的路由上传递到目的地信令点，从而使接收端收到消息的顺序与发送端发出的顺序相同。

面向连接服务是指用户在传递数据之前，应先建立信令连接，然后在建立的信令连接上传送数据，数据传送完毕后释放信令连接。面向连接服务可分为基本的面向连接类和流量控制的面向连接类。带流量控制的面向连接类除具有基本面向连接类的功能外，还具有流量控制功能及检测消息丢失及序号错误的能力。

SCCP 消息由 MTP 路由标记、消息类型编码、长度固定的必备参数、长度可变的必备参数及可选参数 5 部分组成。

SCCP 程序主要由 SCCP 路由控制、面向连接控制、无连接控制和 SCCP 管理 4 个功能块组成。

SCCP 路由控制功能接收来自 MTP 的消息或来自面向连接控制部分和无连接控制部分传来的内部消息后，对消息中的被叫用户地址进行鉴别、翻译及处理，完成选取路由的功能。

面向连接服务类似于分组交换网中的虚电路方式。采用面向连接服务传送数据的过程可分为连接建立、数据传送和连接释放 3 个阶段。

事务处理能力（TC）为大量分散在电信网中的交换机和专用中心提供信息请求和响应的对话能力。

TC 的核心采用了远端操作的概念。TC 将不同节点之间的信息交互过程抽象为一个关于"操作"的过程，即起始节点的用户调用一个远端操作，远端节点的用户执行该操作，并将操作结果回送给起始节点的用户。TC 提供的服务就是将起始节点用户调用的远端操作和携带的参数传送给位于目标节点的另一个用户，并将远端用户执行操作的结果回送给始发节点调用者。

事务处理能力（TC）由成分子层和事务处理子层组成。

成分子层的基本功能是处理成分，即传送远端操作及响应的协议数据单元和作为任选的对话部分信息单元。

成分是 TC 消息的基本构件，一个成分对应一个操作请求或响应。基本的成分类型有操作调用成分，回送非最后结果成分，回送最后结果成分，回送错误成分及拒绝成分。

根据对操作在执行结果应答的不同要求，将操作分为 4 个不同的类别。

TC-用户间的对话可分为非结构化对话和结构化对话。结构化对话包含对话启动、对话证实、对话继续、对话结束 4 个阶段。

事务处理子层提供 TR-用户间成分（对话部分作为任选）的交换能力。在结构化对话情况下，事务处理子层在其用户之间提供端到端连接，这个端到端连接称为事务处理。

TC 用户与成分子层的接口是 TC-原语，成分子层与事务处理子层的接口是 TR-原语。事务处理子层与信令连接控制部分（SCCP）之间的接口是 N-原语。

TC 消息是封装在 SCCP 消息中的用户数据部分的。TC 消息包括事务处理部分、成分部分和作为任选的对话部分。无论是哪部分，都采用标准的信息单元结构。

一个信息单元包括标签、长度和内容 3 部分。标签用来区分类型和负责内容的解释，长度用来说明内容的长度，内容是单元的实体，包含了单元需传送的主要信息。

每个单元的内容可以是一个值（基本式），也可以嵌套一个或多个信息单元（构成式），对于构成式信息单元的嵌套深度没有限制。

TC 消息有起始消息、继续消息、结束消息、放弃消息和单元消息 5 种类型。

现在，无论在固定电话网和移动电话网中，交换机之间的信令采用得最广泛的部分是 No.7 信令系统的综合业务数字网用户部分 ISUP。

# 思考题与练习题

1. 简要说明信令的基本概念。
2. 信令的分类方法有哪几种？
3. 简要说明公共信道信令的概念。
4. 画出与 OSI 模型对应的 No.7 信令系统结构，简要说明各部分的功能。
5. 画出消息信令单元（MSU）的结构，简要说明各字段的作用，并说明由第 2 功能级处理的字段有哪几个。
6. 简要说明我国 No.7 信令网的结构。
7. 简要说明我国三级信令网的双备分可靠性措施。
8. No.7 信令系统提供了哪两种差错校正方法？各自适用于何种传输链路？
9. 信令消息处理可分为哪几个子功能？每个子功能的任务是什么？每个子功能要对消息信令单元中的哪些字段进行识别？
10. 在电话用户消息中，电话标记的作用是什么？
11. 简要说明在初始地址消息（IAM）中主要包括哪些信息。
12. 何谓成组发送？何谓重叠发送？
13. 简要说明防止发生双向同抢的两种措施。在发生双向同抢时如何处理？
14. 简要说明 ISUP 的基本功能。
15. 简要说明 ISUP 消息的基本组成及各部分功能。
16. 请对图 2-29 所示电路交换的呼叫控制过程进行简要说明。
17. 简要说明正常呼叫时 TUP-ISUP 的信令配合。
18. 简要说明正常呼叫时 ISUP-TUP 的信令配合。
19. SCCP 在哪几个方面增强了 MTP 的寻址选路功能？
20. SCCP 提供了哪几类业务？请对这几类业务给予简要说明。

21．简要说明 SCCP 消息的基本组成。

22．在无连接服务中使用了哪几个 SCCP 消息？简要说明这几个消息的功能。

23．SCCP 程序由哪几个功能块组成？简要说明这几个功能块的作用。

24．什么是全局码（GT）？SCCP 用户可以采用哪些类型的编号计划来指定用户地址？

25．简要说明被叫用户地址的格式。

26．简要说明 TC 提供的基本服务。

27．简要说明 TC 的基本结构及各部分的基本功能。

28．成分有哪几种类型？简要说明各种类型成分的基本功能。

29．根据对操作执行结果应答的不同要求，操作可分为哪几个类别？简要说明各类操作的含义。

30．结构化对话包含哪几个阶段。

31．何谓基本结束？何谓预先安排结束？

32．简要说明信息单元的基本结构及各部分作用。

33．什么是基本式？什么是构成式？信息单元的长度字段有哪几种格式？

第 **3** 章 程控交换技术

本章主要介绍了程控数字交换机的硬件结构和程序控制原理。包括程控数字交换机的几种结构，数字交换的基本原理和数字交换网络，程控数字交换机的终端和接口及控制系统的基本结构。交换软件的基本特点，交换软件设计中采用的基本的程序设计技术和数据结构；交换机运行软件的基本组成，交换软件的基本工作原理；程控操作系统、呼叫处理程序的基本组成及功能。

## 3.1 数字程控交换机硬件的基本结构

程控交换机是电话交换网的核心设备，其主要功能是完成用户之间的接续。程控交换机是现代数字通信技术、计算机技术和大规模集成电路相结合的产物。

数字程控交换机硬件系统可以分成话路部分和控制部分。

话路部分包括数字交换网络和各种外围模块，如用户模块、中继模块和信令模块等。

控制部分完成对话路设备的控制功能。它由各种计算机系统组成，采用存储程序控制方式，即把对交换机的控制和维护管理功能预先编成程序，存储在计算机的存储器中；当交换机工作时，呼叫处理程序自动检测用户线和中继线的状态变化和维护人员输入的命令，根据要求执行程序，控制交换机完成呼叫接续、维护和管理等功能。

数字程控交换机的硬件结构可分为分级控制方式、全分散控制方式和基于容量分担的分布控制方式。

### 3.1.1 采用分级控制方式的交换机的硬件基本结构

采用分级控制方式的交换机的硬件基本结构如图 3-1 所示。

由图可见，采用分级控制方式的交换机的硬件由用户模块、远端用户模块、数字中继器、模拟中继器、数字交换网络、信令设备和控制系统组成。

① 数字交换网络：是整个话路部分的核心，连接外围的各种模块。在处理机的控制下，为呼叫提供内部话音/数据通路，可以使任意两个用户之间、任意用户和任意中继线之间、任意两个中继线之间都通过数字交换网络完成连接。另外，数字交换网络也提供信令、信号音和处理机间通信信息的固定或半固定的连接。数字交换网络直接对数字信号进行交换，因此，所有发送到数字交换网络的信号都必须变换为二进制编码的数字信号。

② 用户模块：是终端设备与数字程控交换机的接口。它通过用户线路直接连接用户终端设备。用户模块与数字交换网络通过 PCM 链路相连。用户模块的主要功能是向用户终端提供接口电路，完成用户话务的集中和扩散，以及对用户侧的话路进行必要的控制。

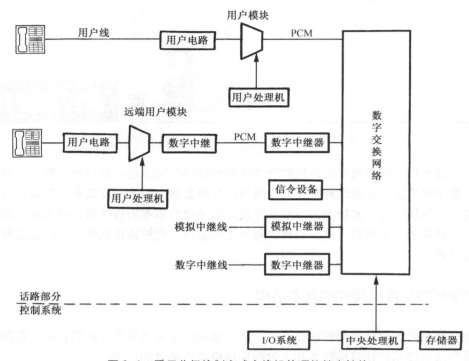

图 3-1 采用分级控制方式交换机的硬件基本结构

③ 远端用户模块：是现代数字程控交换机普遍采用的一种外围模块。它通常设置在远离交换局（母局）的用户密集区域，完成的功能与用户模块相同，但是由于它与母局间通常采用数字线路传输（如 PCM），并且本身具有话务集中的功能，因此，能大大降低用户线的投资，同时也提高了信号的传输质量。远端用户模块和母局间需要有接口设备进行配合，用以完成数字传输所必要的码型转换和信令信息的提取及插入。远端用户模块与母局交换机之间的接口一般是内部接口，只有当远端用户模块和交换机由同一厂家生产时才能互连。

④ 中继器：是不同的数字程控交换机之间的接口。交换机通过中继器完成与其他交换设备的连接，从而组成整个电话通信网。按照连接的中继电路类型，可分成模拟中继器和数字中继器，分别用来连接模拟中继线和数字中继线。随着全网数字化进程的推进，数字中继设备已普及应用。

⑤ 信令设备：用来接收和发送呼叫接续时所需的信令信息。信令设备的种类取决于交换机所采用的信令方式。常用的信令设备有 DTMF 收号器、MFC 发送器和接收器、信号音发生器、No.7 信令终端和 No.7 信令处理机。

⑥ 控制系统：是计算机系统，由中央处理器、存储器和输入/输出设备组成。它通过执行预定的程序和查询数据，来完成规定的话音通路接续、维护和管理的功能逻辑。中央处理器是整个计算机系统的核心，用来执行指令，其运算能力的强弱直接影响整个系统的处理能力。存储器一般指内部存储程序和数据的设备。根据访问方式又可分成只读存储器（ROM）

和随机访问存储器（RAM）等，存储器容量的大小会对系统的处理能力产生影响。输入/输出设备（I/O 设备）包括计算机系统中所有的外围部件，如输入设备包括键盘、鼠标等，输出设备包括显示设备、打印机等，此外还包括外围存储设备，如磁盘、磁带和光盘等。

在分级控制方式程控交换机中，通常中央处理器负责对数字交换网络和公用资源设备进行控制，如系统的监视、故障处理、话务统计和计费处理等。外围处理机完成对交换网络外围模块的控制，如用户处理机只完成用户线路接口电路的控制、用户话务的集中和扩散，扫描用户线路上的各种信号并向呼叫处理程序报告，接收呼叫处理程序发来的指令、对用户电路进行控制。此外，外围处理机还包括对中继线路以及信令设备进行控制。

### 3.1.2  全分散控制方式交换机的基本结构

全分散控制方式交换机的典型代表是 S1240 交换机，其简化结构如图 3-2 所示。

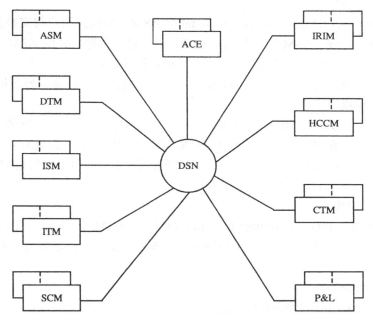

图 3-2  S1240 交换机的基本结构

S1240 交换机由数字交换网（DSN）和连接到 DSN 上的模块组成。模块分为两种类型：一种是终端控制单元，一种是辅助控制单元。所有的终端模块都有相同的布局，它们由两部分组成：一部分是处理机部分，也称控制单元（Control Element，CEL）；另一部分是终端电路（Terminal Circuit，TC）。不同模块控制单元部分的硬件结构相同，但终端电路部分不同。交换机的全部控制功能都由分布在各个控制单元中的处理机来完成。

数字交换网是 S1240 交换机的核心，各个模块通过 DSN 相连。DSN 由专用的集成电路芯片（Digital Switching Element，DSE）组成，由同一种类型的印制电路板（SWCH 板）实现。DSN 是一个多级多平面网络，最多可装 4 级、4 个平面，其级数由系统容量确定，平面数量由话务量决定。安装时，可根据交换机的具体容量和话务量设计 DSN 的大小。

DSN 在交换机硬件结构中处于中心位置（见图 3-2），各模块通过标准接口与 DSN 相连，以完成各模块间的语音及数据信息的交换。DSN 由最基本的交换单元 DSE 构成。每个 DSE 是一块印制电路板（SWCH 板），它有 16 个交换端口，端口编号为 0～15，每个交换端口都是双交换端口，包括一个接收端口 Rx 和一个发送端口 Tx，16 个交换端口集成在一块大规模集成电路芯片上。每个 DSE 可以完成任一接收端口上任一接收信道至任一发送端口上任一发送信道的信息交换。由于每个 PCM 链路上有 32 个时隙，所以 DSE 相当于一个 512×512 的全利用度接线器。

S1240 的数字交换网络分为两部分：一部分是选面级，也称入口级（Access Switch，AS）；一部分是选组级（Group Switch，GS）。选组级分 4 个平面（平面 0 到平面 3），每个平面有 3 级（ST1，ST2，ST3），分别称为 DSN 的第 1 级、第 2 级和第 3 级。S1240 的数字交换网络是一个多级多平面的立体结构。

S1240 交换机包括以下主要的模块。

（1）模拟用户模块

模拟用户模块（Analogue Subscriber Module，ASM）是模拟用户与交换机之间的接口，最多可有 128 条用户线。ASM 的主要功能是提供用户接口电路，并由 ASM 中的处理机完成对本模块用户线的信令控制和呼叫控制。两个 ASM 采用交叉互连方式工作，当一个 ASM 模块中的处理机发生故障时，另一个 ASM 模块中的处理机能够接替故障处理机继续工作。

（2）数字中继模块

数字中继模块（Digital Trunk Module，DTM）是交换局与交换局之间的数字中继接口，每个 DTM 能连接一条 30/32 路的 PCM 中继线。DTM 中的终端电路具有完成码型转换、传输率转换、再定时及帧同步等功能；DTM 中的处理机完成本模块的中继线的信令控制和呼叫控制功能。同样，两个 DTM 也采用交叉互连方式工作。

（3）ISDN 用户模块

ISDN 用户模块（ISDN Subscriber Module，ISM）是 ISDN 基本入口（Basic Access，BA）和 S1240 交换机之间的接口，ISDN 用户通过 BA 连接于交换机。基本接口有两个 B 信道和一个 D 信道。

（4）ISDN 中继模块

ISDN 中继模块（ISDN Trunk Module，ITM）是一次群速率入口（Primary Rate Access，PRA）和 S1240 交换机之间的接口。PRA 是 ISDN 的基群接口。一次群速率接口有 30 个 B 信道和一个 D 信道。

（5）服务电路模块

服务电路模块（Service Circuit Module，SCM）是为 ASM 和 DTM 服务的。SCM 不仅可以用来接收和识别用户发来的双音多频信号，还可以用来接收、识别和产生发送局间的多频互控信号；同时，SCM 还能提供会议电话功能，能提供 6 组最多每组 10 人的会议电话。

（6）ISDN 远端用户单元接口模块

ISDN 远端用户单元接口模块（ISDN Romote Subscriber Unit Interface Module，IRIM）是 ISDN 远端用户单元与 S1240 交换机之间的接口。ISDN 远端用户单元包括模拟用户的远端用户单元和 ISDN 用户的远端用户单元。

（7）高性能公共信道信令模块

高性能公共信道信令模块（High Performance Common Channel Signaling Module，HCCM）

是 S1240 交换机处理 No.7 信令信息的模块，一个 HCCM 最多可处理 8 条 No.7 信令链路。

（8）外设与装载模块

外设与装载模块（Peripheral and Load Module，P&L）是 S1240 交换机与输入/输出设备（如磁盘、光盘、打印机、显示设备和操作终端）之间的接口模块。P&L 模块还负责各模块中程序和数据的装入，收集各类告警，并以各种方式显示出来。同时 P&L 还完成诸多日常管理和维护工作，是 S1240 中操作与维护必不可少的模块，采用主备用配置。

（9）时钟与信号音模块

时钟与信号音模块（Clock and Tone Module，CTM）负责产生系统时钟、各种信号音及日时钟，为系统提供标准的时钟和信号音，采用双备份配置。

（10）辅助控制单元模块

辅助控制单元不含终端电路，只有控制单元，主要完成软件控制功能。根据所装软件的不同，ACE 有多种类型。

在 S1240 交换机中，各个模块都有处理机，用来控制本模块的工作。各个模块的功能比较单一，为了完成呼叫处理和各种维护管理功能，各个模块之间要通过数字交换网络（DSN）进行大量的通信。

### 3.1.3　基于容量分担的分散控制方式交换机的基本结构

基于容量分担的分散控制方式交换机的基本结构如图 3-3 所示。

由图可见，基于容量分担的分散控制方式的交换机主要由交换模块（SM）、通信模块（CM）和管理模块（AM）3 部分组成。每一个交换系统中可有一个或多个交换模块。

#### 1．交换模块

交换模块（SM）主要完成交换和控制功能，并提供用户线和局间中继线的接口电路。根据 SM 所处位置，可分为本地（局端）交换模块和远端交换模块两部分。交换模块是交换机中最主要、最基本的组成部分，交换机中的大部分呼叫处理功能和电路维护功能由交换模块完

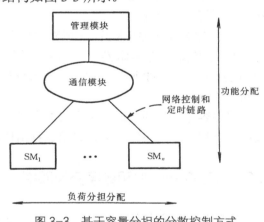

图 3-3　基于容量分担的分散控制方式
交换机的基本结构

成。交换模块中包括接口单元、模块交换网络和模块控制单元 3 部分。

交换模块的终端接口单元有多种，分别用来完成交换机与各种类型的通信终端设备的互连。主要的接口单元有用户接口单元、数字中继接口单元、模拟中继接口单元、数字服务单元、ISDN 接口单元以及 V5.2 接口单元等。用户接口单元用来构成与模拟用户线的接口；数字中继接口单元是与 PCM 中继线的接口；数字服务单元用来发送和接收各种信号音；ISDN 接口单元可提供 2B+D 数字用户线、30B+D 接口和分组处理接口，实现交换机与综合业务数字网（ISDN）、分组交换网（PSPDN）的互通；V5.2 接口单元用来完成与接入网的接口。

模块交换网络既可完成本模块的各种接口单元的用户线、中继线、信号音之间的时分交换，又可实现到管理模块（AM）/通信模块（CM）链路的时分交换。

交换模块控制单元中的模块处理机用来完成本模块的信令处理和呼叫处理，控制本模块的各种资源。实际上，各个接口单元一般都设置外围处理机，外围处理机在模块处理机的指挥下完成各单元的控制。交换模块就相当于一个采用分级控制结构的交换机，它具有较强的处理功能，一般来说，仅涉及本模块的两个终端之间的呼叫都可以在本模块控制系统的控制下完成，不需要管理模块的参与。

### 2. 通信模块

通信模块（CM）的主要功能是完成管理模块（AM）与交换模块（SM）之间、各交换模块之间的连接与通信，它还完成管理模块（AM）与交换模块（SM）之间的呼叫处理和管理信息的传送，同时完成各交换模块之间的语音时隙交换。

### 3. 管理模块

管理模块（AM）主要负责模块间呼叫接续管理，并提供交换机主机系统与维护管理系统的开放式管理结构。AM 由主机系统和终端系统构成。主机系统负责整个交换系统的模块间呼叫接续管理，各 SM 之间的接续都需要经过主机系统转发消息。主机系统面向用户，提供业务接口，完成交换的实时控制与管理。终端系统采用客户机/服务器的方式提供交换系统与开放网络系统的互连，并且通过 Ethernet 接口与主机系统直接相连，是交换系统与维护管理系统相连的枢纽，它提供以太网接口，可接入维护工作站 WS，并提供 V.24/V.35/RS-232接口与网管中心相连。

终端系统面向维护人员，完成对主机系统的管理与监控。终端系统硬件上是一台服务器，是全中文多窗口的操作界面，操作灵活，功能完善。主机系统和终端系统之间由多条10/100Mbit/s TCP/TP 网口连接；终端系统与用户维护终端之间有多种接口，如 LAN，FDDI，V.24 及 V.35 等。

采用容量分担的分散控制方式的交换机的典型机型是美国的 5ESS 交换机，我国生产的大型数字程控交换系统大多也采用这种结构。

## 3.2 数字交换原理和数字交换网络

### 3.2.1 语音信号数字化和时分多路通信

#### 1. 语音信号的数字化

现代程控交换机都是数字交换机，在数字交换机内部交换和处理的都是二进制编码的数字信号，在数字电话网中，普遍采用模拟电话机和模拟用户线路，模拟电话机发出的语音信号是模拟信号，因此，在程控交换机的用户模块中，需要对用户线送来的模拟信号进行模/数转换，将模拟的语音信号转变为数字信号，即进行语音信号数字化；在相反方向上进行数/模转换。

语音信号的数字化要经过抽样、量化和编码 3 个步骤。

（1）抽样

模拟信号在时间和幅度上都是连续的。通过抽样，能够将模拟信号从时间上离散开来，将时间上连续的模拟信号变为时间上离散的抽样值，如图 3-4 所示。所谓抽样，是指用很窄的脉冲按一定周期读取模拟信号的瞬时值。在此后的传输和交换过程中，传送和处理的都是这些断续的抽样值的二进制编码信号。那么，抽样频率应该取多少，抽样值在接收端才能够被恢复为原信号呢？著名的抽样定律给出了答案：传送

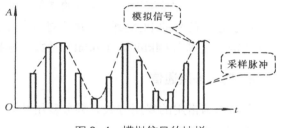

图 3-4　模拟信号的抽样

限带连续信号时，只要传送信号的单个抽样值（脉冲）的序列就足够了。这些抽样值的幅度等于连续信号在该时刻的瞬时值，而抽样频率 $f_C$ 至少等于所传信号的最高频率的 2 倍。

由于在电话通信中传送的话音频带为 300～3 400Hz，其最高频率为 3 400Hz，3 400Hz 的 2 倍为 6 800Hz，考虑到留一定的富裕度，因此，将抽样频率取值为 8 000Hz，即抽样周期为 125μs。

（2）量化

经过抽样后的语音信号虽然从时间上离散开，但幅度上还是连续的，有无穷多的数值。所谓量化，是指用有限个度量值来表示抽样后信号的幅度值，将信号的幅度值就近归入邻近的度量级，即将幅度上连续的抽样值变换为幅度上离散的量化值。不难理解，经过量化后的信号肯定会有一定失真，但是当失真保持在一定的幅度内时，是不会影响通话质量的。

根据量化级的选取，有均匀量化和非均匀量化两种方法。均匀量化是指在整个量化区间，所有量化间距都相同，这种方式实现起来比较容易，但由于均匀量化带来的量化噪声是均匀的，使得小信号的信噪比会比较小，所以在工程上很少采用这种方法。非均匀量化对大信号的量化噪声可以大一些，小信号的量化噪声小一些，这样能够保证信号整体的信噪比一致，采用非均匀量化时最常用的方式是压扩法。对于输入的信号首先进行类似对数函数的压扩处理， 将小信号扩大，大信号压缩，再进行均匀量化。

原 CCITT 曾建议两种压扩率：A 律和 μ 律。A 律在 PCM 30/32 系统中使用，欧洲及我国均采用 A 律；μ 律在 PCM 24 系统中使用，北美及日本采用 μ 律。A 律的输入电压 $u_x$ 和输出电压 $u_y$ 关系为

$$u_y = \frac{Au_x}{1+\ln A} \qquad 0 \leq u_x \leq \frac{1}{A}(小信号) \tag{3-1}$$

$$u_y = \frac{1+\ln Au_x}{1+\ln A} \quad \frac{1}{A} \leq u_x \leq 1(大信号) \tag{3-2}$$

式中的压扩常数 $A$=87.6。

μ 律的输入电压 $u_x$ 和输出电压 $u_y$ 的关系如下式所示：

$$\mu_y = \frac{\ln(1+\mu|u_x|)}{\ln(1+\mu)} \qquad 0 \leq u_x \leq 1 \tag{3-3}$$

（3）编码

量化以后的信号经过编码处理变成一组二进制码。在 PCM32 系统中，采用 8 位码表示

一个样值，最高位是极性码，剩下的 7 位对应 128 个量化级。

对于语音信号的 PCM 编码，由于抽样频率为 8 000Hz，每个抽样值编码为 8 位二进制码，所以其传输速率为 64kbit/s。64kbit/s 是数字程控交换机中基本的交换单位。

### 2．时分多路通信

多路通信常用的复用方式有频分复用和时分复用两种。它们分别按频率和时间划分信道，如图 3-5 所示。

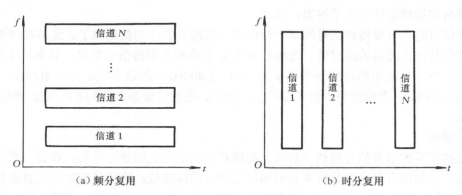

图 3-5　频分复用和时分复用方式

频分复用方式是将信道的可用频带划分为若干互不交叠的频段，每路信号的频谱占用其中的一个频段，以实现多路传输。

时分复用方式是把一条物理通道按照不同的时刻分成若干条通信信道（如话路），各信道按照一定的周期和次序轮流使用物理通道。这样从宏观上看，一条物理通路就可以"同时"传送多条信道的信息。

PCM 通信是典型的时分复用多路通信系统，基本原理图如图 3-6 所示。

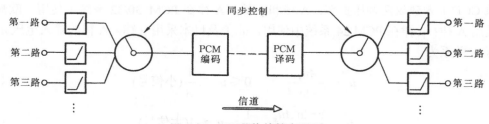

图 3-6　PCM 通信的基本原理

每一路信道都在指定的时间内接通，其他的时间为别的信道接通。为了使收、发端各路信道能够协调一致地工作，在发送端需传送一个同步信号，利用同步控制信号来确保发端和收端协调工作。

下面简要介绍 PCM 系统中时隙和帧的概念。前面已说明，话音信号传送时，抽样频率为 8 000Hz，即每 125μs 抽样一次。每次抽样后，经过量化和编码成为 8bit 的码串。每一路的 8bit 对应的时间长度就是一个时隙（TS）。在 PCM32 系统中，32 路信息复用一条物理电路，在 125 μs 时间内，各路话音在物理电路上轮流传送一次，即 32 个时隙的编码串依次传送一遍, 就合成了一"帧"。

### 3.2.2 数字交换的基本概念和基本接线器

#### 1. 数字交换的基本概念

在数字程控交换机中, 来自于不同用户和中继线的话音信号被转换为数字信号, 并被复用到不同的 PCM 复用线上。这些复用线连接到数字交换网络。为实现不同用户之间的通话, 数字交换网络必须完成不同复用线之间不同时隙的交换, 即将数字交换网络某条输入复用线上某个时隙的内容交换到指定的输出复用线上的指定时隙。图 3-7 所示的是数字交换机中 A, B 两个用户通话时经数字交换网络连接的简化示意图。

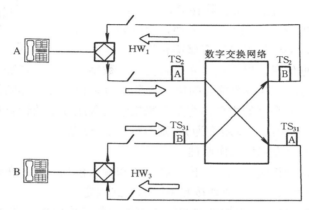

图 3-7 数字交换机中两用户通话经数字交换网络连接的简化示意图

由图可见, 交换系统通常包括若干条 PCM 复用线, 用 HW 来表示; 每条复用线又可以有若干个串行通信时隙, 用 TS 表示。假设存在主叫用户 A, 占用了 $HW_1$ 上的 $TS_2$; 被叫用户 B, 占用了 $HW_3$ 上的 $TS_{31}$; 由于用户语音信号在用户线上以二线双向的形式传送, 经过用户接口电路后, 将上、下行通路分开。这里我们将从用户模块进入数字交换网络的通路称为上行通路, 而将从数字交换网络中出来到达用户模块的通路称为下行通路。那么, 两个用户的通话过程就可以表示为: 将 A 用户的语音从上行通路的 $HW_1TS_2$ 经过数字交换网络后传送到交换网络下行通路 $HW_3TS_{31}$ 再传送给 B 用户, 同时, 将 B 用户的话音从上行通路的 $HW_3TS_{31}$ 经过数字交换网络, 传送到交换网络的下行通路的 $HW_1TS_2$, 再传送给 A 用户。在此交换过程中, 既有时隙间的交换, 又有复用线间的交换。分别称为时间交换和空间交换。这两种交换可以通过时间接线器和空间接线器来实现。

时间(T)接线器和空间(S)接线器是数字交换机中两种最基本的接线器。将一定数量的 T 接线器和 S 接线器按照一定的结构组织起来, 可以构成具有足够容量的数字交换网络。下面介绍这两种接线器的工作原理。

#### 2. 时间(T)接线器

(1) T 接线器的基本功能

T 接线器的作用是完成在同一条复用线(母线)上的不同时隙之间的交换。即将 T 接线

器中输入复用线上某个时隙的内容交换到输出复用线
上的指定时隙。

（2）T 接线器的基本组成

T 接线器的结构如图 3-8 所示。

由图可见，T 接线器主要由话音存储器（SM）、
控制存储器（CM）以及必要的接口电路（如串→并，
并→串转换等）组成。SM 和 CM 都包含若干个存储
器单元，存储器单元数量等于复用线的复用度。为了
简化，通常将 SM 和 CM 用示意图的形式表示出来。
话音存储器存储用户的话音信号。注意这里的语音信
号是数字形式的并行码，因此在实际存储前需要将
PCM 复用线上送来的串行码进行串/并变换，变换为
并行码。在交换机中，SM 不仅可以存储语音信号，

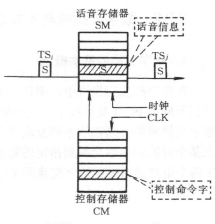

图 3-8 T 接线器的结构

也可以存储用户的数据信息，以及信号音设备提供的数字化的信号音等。由于 SM 用来存放
话音信号的 PCM 编码，所以每个单元的位元数至少为 8 位。控制存储器的作用是存储处理
机的控制命令字，控制命令字的主要内容是用来指示写入或读出的话音存储器地址。设控制
存储器的位元数为 $i$，复用线的复用度为 $j$，则应满足 $2^i \geqslant j$ 条件。

（3）T 接线器的工作方式和工作原理

T 接线器可以有两种控制方式：输出控制方式和输入控制方式。在这两种控制方式下，
话音存储器（SM）的写入和读出地址按照不同的方式确定。

① 输出控制方式。采用输出控制方式的 T 接线器的工作原理如图 3-9（a）所示。

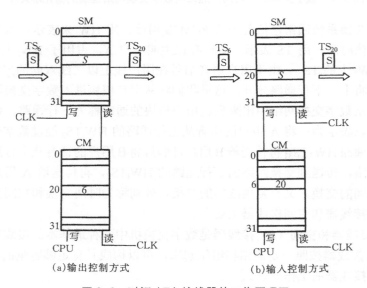

图 3-9　时间（T）接线器的工作原理图

输出控制方式也叫顺序写入、控制读出方式，T 接线器的输入线的内容按照顺序写入语
音存储器（SM）的相应单元，即输入复用线上第 $I$ 时隙的内容就写入 SM 的第 $I$ 个单元。语
音存储器的写入地址，是由时钟信号分频后得到的。而输出复用线某个时隙应读出语音存储

器的哪个单元的内容，则由控制存储器的相应单元的内容来决定，即控制存储器的第 $j$ 个单元存放的内容 $k$，就是输出复用线第 $j$ 个时隙应读出的语音存储器的地址。控制存储器的内容是在呼叫建立时由计算机写入的，在此呼叫持续期间，控制存储器 $j$ 单元的内容保持不变。例如，在图 3-9（a）中，要将 T 接线器的输入线上 $TS_6$ 的内容 $S$ 交换到输出线的 $TS_{20}$ 上，为完成这个交换，计算机在呼叫建立时将控制存储器第 20 单元的值设置为 6；在此呼叫持续期间，输入复用线 $TS_6$ 的内容 $S$ 按照顺序写入话音存储器的 6 单元，而在时隙 20 时，由于控制存储器的 20 单元的内容是 6，就将话音存储器 6 单元的内容 $S$ 输出到输出线的 $TS_{20}$，从而完成规定的交换。

② 输入控制方式。采用输入控制方式的 T 接线器的工作原理如图 3-9（b）所示。

输入控制方式也叫控制写入、顺序读出方式，采用输入控制方式时，T 接线器的输入复用线上某个时隙的内容，应写入话音存储器的哪个单元，由控制存储器相应单元的内容来决定。即控制存储器的 $I$ 单元的内容 $j$，就是输入复用线 $TS_i$ 的内容应写入的话音存储器的地址 $j$。同样，控制存储器的内容，是在呼叫建立时由计算机控制写入的。而输出复用线的某个时隙，就依次读出话音存储器相应单元的内容，即在时隙 $k$ 时，就将话音存储器的 $k$ 单元的内容读出，输出到输出线的 $TS_k$。话音存储器的读出地址，是由时钟信号分频得到的。例如，在图 3-9（b）中，要将输入线上 $TS_6$ 的内容 $S$ 交换到输出线的 $TS_{20}$，在建立这个交换时，计算机将控制存储器的 6 单元的值设置为 20，在这个呼叫持续期间，由于控制存储器的 6 单元的值为 20，就将输入线 $TS_6$ 的内容 $S$ 写入话音存储器的 20 单元，而在时隙 20 时，就将话音存储器 20 单元的内容 $S$ 读出并输出到输出线的 $TS_{20}$，完成规定交换。

上面提到的控制方式都是相对于话音存储器而言的，因为控制存储器只有一种控制方式，即控制写入、顺序读出方式，上面的例子也证明了这一点。

### 3. 空间（S）接线器

（1）S 接线器的基本功能

S 接线器的作用是完成在不同复用线之间同一时隙内容的交换，即将某条输入复用线上某个时隙的内容交换到指定的输出复用线的同一时隙。由于交换前后发生变化的是被交换内容所在的复用线，而其所在的时隙并不发生变化，因此，可以形象地将其称为空间交换。

（2）S 接线器的基本组成

S 接线器的组成结构如图 3-10 所示。

由图可见，S 接线器主要由一个连接 $n$ 条输入复用线和 $n$ 条输出复用线的 $n×n$ 的电子接点矩阵、控制存储器组以及一些相关的接口逻辑电路组成。S 接线器交换的时隙信号通常是并行信号，因此，在实际交换系统中，如果交换的话音信号是 8 位的数字信号，则图 3-11 所示的交叉矩阵就应该配备 8 个，每个完成 1 位的交换。当然这 8 个交叉矩阵是在同一组控制存储器中控制命令字控制下并行工作的。电子交叉点矩阵是由高速门电路构成的多路选择器组成，矩阵的大小取决于 S 接线器的容量，例如 8×8 的交叉矩阵可由 8 个 8 选 1 的选择器构成。控制存储器共有 $n$ 组，每组控制存储器的存储单元数等于复用线的复用度。第 $j$ 组控制存储器的第 $I$ 个单元，用来存放在时隙 $I$ 时第 $j$ 条输入（输出）复用线应接通的输出（输入）线的线号。设控制存储器的位元数为 $i$，S 接线器的输入（输出）线的数目为 $n$，则控制存储器的位元数应满足以下关系：$2^i \geqslant n$。

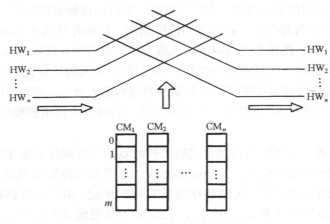

图 3-10　S 接线器的组成结构

（3）两种控制方式和控制原理

与 T 接线器类似，S 接线器也有输出和输入两种控制方式。在输出控制方式下，控制存储器是为输出线配置的。对于有 $n$ 条输出线的 S 接线器来说，配备有 $n$ 组控制存储器 $CM_1 \sim CM_n$，设输出线的复用度为 $m$，则每组控制存储器都有 $m$ 个存储单元。$CM_1$ 控制第 1 条输出线的连接，在 $CM_1$ 的第 $I$ 个存储单元中，存放的内容是时隙 $I$ 时第 1 条输出线应该接通的输入线的线号。$CM_2$ 控制第 2 条输出线的连接，依此类推，$CM_n$ 控制第 $n$ 条输出线的连接。控制存储器的内容是在连接建立时由计算机控制写入的。在输出控制方式下工作的 S 接线器的工作原理如图 3-11 所示。

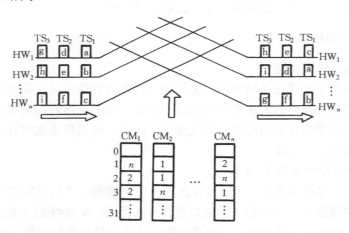

图 3-11　输出控制方式下工作的 S 接线器的工作原理

由图 3-11 可见，由于控制存储器 $CM_1$ 的 1 号单元值为 $n$，所以输出线 $HW_1$ 在时隙 1 时与输入线 $HW_n$ 接通，将输入线 $HW_n TS_1$ 上的内容 c 交换到输出线 $HW_1$ 的 $TS_1$ 上，$CM_1$ 的 2 号单元的值为 2，所以输出线 $HW_1$ 在时隙 2 时与输入线 $HW_2$ 接通，将输入线 $HW_2 TS_2$ 的内容 e 交换到输出线 $HW_1$ 的 $TS_2$，其他的交换请读者自己推导。

在输入控制方式时，控制存储器是为输入线配置的，在控制存储器 $CM_q$ 的第 $I$ 个单元中存放的内容，是第 $q$ 条输入复用线在时隙 $I$ 时应接通的输出线的线号。

S 接线器一般都采用输出控制方式。在采用这种方式时可实现广播发送，将一条输入线上某个时隙的内容同时输出到多条输出线。

### 3.2.3　数字交换网络

在实用上，单一的 S 接线器不能单独构成数字交换网络，而 T 接线器可以单独构成数字交换网络，但 T 接线器容量受到限制，因此通常采用多级接线器构成数字交换网络。常见的类型有 $TS^nT$ 型，STS 型和 TTT 型。$S^n$ 表示有几个 S 级，$n$ 一般为 1～3。

#### 1. TST 数字交换网络

TST 数字交换网络是一种得到广泛应用的数字交换网络结构，很多数字程控交换系统都采用了这种网络结构，例如 AXE10，FETEX-150 和 5ESS 数字程控交换机。

（1）TST 数字交换网络的结构

典型的 TST 交换网络的结构如图 3-12 所示。

TST 交换网络是三级交换网络，两侧是 T 接线器，中间采用 S 接线器。对于一个有 $n$ 条输入复用线和 $n$ 条输出复用线的交换网络而言，需要配置 $2n$ 套 T 接线器。其中一个 $n$ 套在输入侧，称为初级 T 接线器，将输入线上某个时隙的内容交换到选定的交换网络内部的公共时隙；另一个 $n$ 套在输出侧，称为次级 T 接线器，将交换网络内部的公共

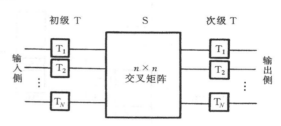

图 3-12　典型的 TST 交换网络的结构

时隙的内容交换到输出线的指定时隙。交换网络内部能够提供的公共时隙的数量决定了交换网络中能够形成的话音通路的数量。中间的 S 接线器主要由一个 $n×n$ 的交叉接点矩阵和具有 $n$ 个控制存储器的控存组来组成，用来将交换网络内部运载用户信息的公共时隙，从一条输入侧复用线上交换到规定的一条输出复用线上。初级 T 接线器和次级 T 接线器总是采用不同的工作方式。一般将数字交换网络的输入端称为上行通路，用来与用户信息的发送端相连；将数字交换网络的输出端称为下行通路，用来与用户信息的接收端相连。

（2）TST 交换网络的工作原理

TST 交换网络的工作原理如图 3-13 所示。

初级 T 接线器采用输入控制方式，即控制写入、顺序读出方式。S 接线器采用输出控制方式。次级 T 接线器采用输出控制方式，即顺序写入、控制读出方式。复用线的复用度为 32。下面对模型和模型中采用的符号作简要说明：图 3-13 所示的 TST 网络表示一个连接 8 条输入、输出复用线的交换网络，分别用 $HW_1$，$HW_2$，…，$HW_8$ 来表示，每条复用线都连有初级 T 接线器和次级 T 接线器，每个 T 接线器用 SM/CM 的形式表示，初级 T 接线器用 SMA/CMA 表示，次级 T 接线器用 SMB/CMB 表示；还可以在符号后面加上数字，以表示是哪条复用线上的 T 接线器，如 $SMA_1$ 表示第 1 条复用线上的初级 T 接线器中的话音存储器。S 接线器的控制存储器组用 CMC 来表示，后面跟随的数字表示的是哪一个具体的控制存储器，如 $CMC_2$ 表示第 2 个控制存储器。和通常的表示方法一样，我们采取下面的格式表示存储器内容：

$$存储器（地址）=内容$$

如 $CMA_1$（6）=5 就表示在第 1 条输入复用线的初级 T 接线器的控制存储器的第 6 号单元中存储的内容是 5，而 $CMC_2$（12）=6 则表示在 S 的接线器中的第 2 组控制存储器中的第 12 单元中的内容是 6。

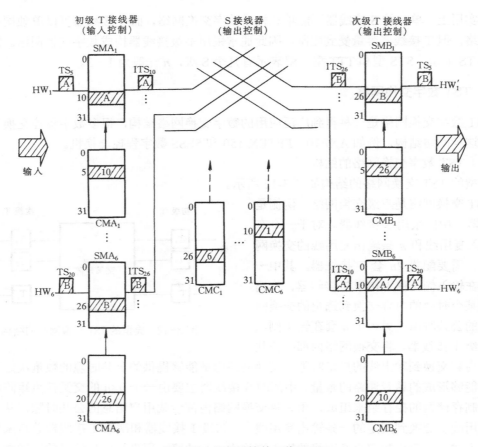

图 3-13　TST 网络的工作原理

设在这次呼叫中主叫用户 A 占用 $HW_1$ 的 $TS_5$，被叫用户 B 占用 $HW_6$ 的 $TS_{20}$，为完成这两个用户的通话，就要将主叫用户 A 的发话话音的 PCM 编码送给 B 用户，将 B 用户的发话语音的 PCM 编码送给 A 用户。即将上行通路 $HW_1$ 的 $TS_5$ 交换到下行通路 $HW_6$ 的 $TS_{20}$，将上行通路 $HW_6$ 的 $TS_{20}$ 交换到下行通路 $HW_1$ 的 $TS_5$。

下面简要说明主叫用户 A 到被叫用户 B 的交换过程。

① A→B 的交换：将用户 A 的语音信息的 PCM 编码由交换网络的上行通路 $HW_1$ 的 $TS_5$，交换至用户 B 占用的下行通路 $HW_6$ 的 $TS_{20}$，交换网络内部时隙选用 $ITS_{10}$。为完成这个交换，计算机在呼叫建立时将初级 T 接线器的控制存储器 $CMA_1$（5）的值设置为 10，将 S 接线器的控制存储器 $CMC_6$（10）的值设置为 1，将次级 T 接线器的控制存储器 $CMB_6$（20）的值设置为 10。由于初级 T 接线器采用控制写入、顺序读出方式，上行通路 $HW_1$ 的 $TS_5$ 传送来的用户 A 的话音信息的 PCM 编码写入其话音存储器 $SMA_1$（10），在时隙 10 时被读出并送到其

输出端，也是 S 接线器输入线 $HW_1$ 的 $ITS_{10}$。由于 S 接线器采用输出控制方式，S 接线器的控制存储器 $CMC_6$（10）的值为 1，所以 S 接线器的输入线 $HW_1$ 与输出线 $HW_6$ 在时隙 10 接通。将用户 A 的话音的 PCM 编码传送到 S 接线器的输出线 $HW_6$ 的 $TS_{10}$，即次级 T 接线器 $SMB_6$ 的输入线的 $ITS_{10}$，由于次级 T 接线器采用顺序写入、控制读出方式，由其输入线 $TS_{10}$ 传送来的用户 A 话音信息被写入话音存储器 $SMB_6$（10），因 $CMB_6$（20）的内容是 10，所以在时隙 20 时，用户 A 的语音信息从 $SMB_6$（10）读出被传送到 $HW_6$，完成了规定的交换。

② B→A 的交换：将用户 B 的语音信息的 PCM 编码从交换网络的上行通路的 $HW_6$ 的 $TS_{20}$ 交换到用户 A 占用的下行通路的 $HW_1$ 的 $TS_5$。其内部时隙 ITS 的选用一般采用反相法来确定。采用反相法时，两个通路的内部时隙相差半帧，其公式表示为

$$Y=（X+n/2）\bmod n$$

式中，$Y$ 为反向通路的内部时隙号，$X$ 为正向通路的内部时隙号，$n$ 为每帧的时隙数（即复用度）。$(x+n/2)\bmod n$ 表示 $(x+n/2)$ 对 $n$ 取余。在本例中，按照反相法，反向通路的内部时隙号

$$Y=（X+n/2）\bmod n=（10+32/2）\bmod 32=26$$

反向通路的交换过程与正向通路类似，请读者自行推导。

实际上，TST 网络的初级 T 接线器也可以采用输出控制方式，次级 T 接线器也可采用输入控制方式，具体的结构和工作原理，读者可自行推导。

**2．T 接线器集成电路芯片和扩展**

（1）T 接线器集成电路芯片

随着数字交换技术和半导体芯片技术的发展，出现了越来越多的集成电路芯片。这些芯片可以构成数字交换网络，单个 T 接线器芯片的交换容量能够完成 128×128，256×256 及 1 024×1 024 时隙交换。

下面介绍一种 256×256 时隙交换的芯片。图 3-14 所示为这种接线器的芯片结构原理图。该芯片有 8 条 PCM 一次群输入线、8 条 PCM 一次群输出线、时钟信号和同步信号的输入端及计算机的控制接口。在计算机的控制下，该芯片能将输入端的 8 条 PCM 一次群的任意时

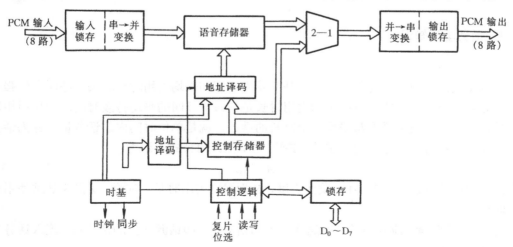

图 3-14　256×256 时隙交换的 T 接线器的芯片结构原理

隙的内容交换到输出端的任一条 PCM 一次群的任意时隙。由图 3-14 可见，在芯片的输入端，由串→并变换电路将 8 路串行信号变为并行信号，然后写入语音存储器进行交换；在输出端，由并→串变换电路完成相反的转换，以串行码形式输出。语音存储器由控制存储器中的控制命令字进行控制。各存储器所需要的定时信号由时基电路产生。CPU 通过控制接口来控制芯片工作，完成指定的交换。

（2）T 单元的扩展

通过多个 T 单元的复接，可以扩展 T 接线器的容量。例如，利用 16 个 256×256 的 T 接线器，可以得到一个 1 024×1 024 的 T 接线器，如图 3-15 所示。

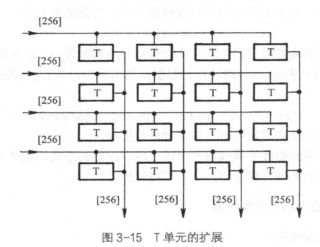

图 3-15　T 单元的扩展

显然，容量扩展后所需 T 单元的数量 $k$ 的值是按照扩展倍数的平方增长的。即

$$k = \left( \frac{\text{扩展的容量}}{\text{单个T单元的容量}} \right)^2$$

### 3.2.4　交换网络的阻塞计算

**1. 话务基础知识**

（1）话务量

话务量反映了电话负荷的大小，与呼叫发生强度和平均占用时长有关。呼叫发生强度是指单位时间内发生的呼叫次数；平均占用时长是指每个呼叫的平均持续时间。当使用相同的时间单位时，呼叫发生强度与平均占用时长的乘积，就是单位时间内的话务量，称为话务量强度，简称为话务量，通常用爱尔兰（Erl）为单位。用公式表示为

$$A = \lambda \times S \tag{3-4}$$

式中，$A$ 为话务量强度，$\lambda$ 为呼叫发生强度，$S$ 为平均占用时长。注意：$\lambda$ 和 $S$ 必须使用相同的时间单位。

① 流入话务量。流入话务量指送入设备的话务量，即话源产生的话务量。流入话务量反映了设备的负荷。

② 完成话务量。完成话务量有 3 个等价定义：

● 一组设备(例如一群中继线)的完成话务量在数值上等于这组设备的平均同时占用数；

● 一组设备的完成话务量在数值上等于单位时间内这组设备中各个设备占用时间的总和；

● 一组设备的完成话务量在数值上等于这组设备在一个平均占用时长内的平均占用次数。

（2）占用概率分布

在一个线束中同时占用的线路（中继线或内部链路）数是一个随机变量。根据话源数（$N$）和线束容量（$m$）间的关系，有 4 种概率分布，其中应用得最广泛的是爱尔兰分布。爱尔兰分布适用于话源数（$N$）为无穷大、线束容量为有限值的情况。在爱尔兰分布的情况下，线束中有 $x$ 条线被占用的概率为

$$p(x) = \frac{\dfrac{A^x}{x!}}{\displaystyle\sum_{i=0}^{m} \dfrac{A^i}{i!}} \tag{3-5}$$

式中，$p(x)$ 为线束中有 $x$ 条线被占用的概率，$A$ 为线束的流入话务量，$m$ 为线束的容量。

当 $x=m$ 时，线束全忙，即产生呼损，爱尔兰呼损公式为

$$E = p(m) = \frac{\dfrac{A^m}{m!}}{\displaystyle\sum_{i=0}^{m} \dfrac{A^i}{i!}} = E_m(A) \tag{3-6}$$

式中，$E$ 为线束发生呼损的概率，$A$ 为线束的流入话务量，$m$ 为线束的容量。实际应用中，可以查爱尔兰呼损表，只要知道 $E$，$A$ 和 $m$ 中的任意两个值，通过查表，就可以查出第 3 个值。

## 3.3　数字程控交换机的终端与接口

数字程控交换机的终端与接口主要包括用户模块、中继器和信令设备。

### 3.3.1　用户模块

用户模块用来连接用户回路，提供用户终端设备的接口电路，完成用户话务的集中和扩散，并且完成呼叫处理的低层控制功能。下面分别介绍各部分功能。

**1. 用户模块的基本结构**

用户模块的典型结构如图 3-16 所示，主要包括 3 部分。

● 用户电路：与模拟用户线的接口。

● 用户级交换网络：由一级 T 接线器组成，完成话务量的集中和扩散。

● 用户处理机：完成对用户电路、用户级 T 接线器的控制及呼叫处理的低层控制。

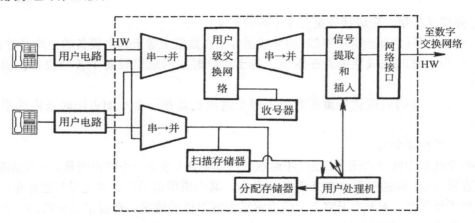

图 3-16　用户模块的基本结构

## 2．模拟用户电路

用户电路在用户模块中是一个重要的组成部分，按照连接的用户终端的不同，需要模拟用户电路和数字用户电路。现在在公网上普遍使用的电话机，发送和接收的都是模拟信号。在信号进入交换机内进行交换时，需要以数字信号的形式来传输，这种转换由模拟用户接口电路来完成。

模拟用户电路有 7 项基本功能，常用 B，O，R，S，C，H 和 T 7 个字母表示，其含义如下。

- B（Battery feeding）：馈电。
- O（Overvoltage protection）：过压保护。
- R（Ringing control）：振铃控制。
- S（Supervision）：监视。
- C（CODEC & filter）：编译码和滤波。
- H（Hybrid circuit）：混合电路。
- T（Test）：测试。

下面分别介绍这些功能。

（1）馈电

交换机通过馈电电路完成向用户话机发送符合规定的电压和电流。程控交换机的电压为-48V，通话时，馈电电流在 20～100mA。

馈电电路的基本结构如图 3-17 所示。在馈电电路中串接有馈电线圈，馈电线圈是电感元件，对话音信号呈高感抗，而对直流的馈电电流呈低感抗，这样在向用户话机馈电的同时，能够尽量减小话音的传输衰减。

（2）过压保护

过压保护电路的功能是防止交换机外的高压（如雷电）进入到程控交换机内部，烧毁交换机内部的电路板。通常在交换机的总配线架上对每一条用户线都安装保安器（气体放电管），以使交换机免受高电压袭击。

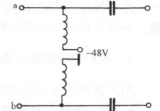

图 3-17　用户馈电原理图

但高压经过保安器之后仍可能有上百伏高的电压，因此，需要在用户接口电路上设置过压保护电路，也称为二次保护。

用户电路的过压保护通常采用由 4 个二极管构成的钳位电路的方式，如图 3-18 所示。钳位二极管组成的电桥能够使用户内线保持为限定的负电压，如–48V。若外线电压低于这个数值，则在 *R* 上产生压降，而内线电压仍被钳住不变。必要时 *R* 可以采用热敏电阻，电流大时，电阻也随之增大，甚至能够自行烧毁以保护内部电路。

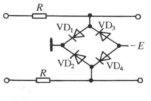

图 3-18　过压保护电路

（3）振铃控制

程控交换机向用户话机发出的振铃电流具有比较高的电压，国内规定为（75±15）V，用普通的低压半导体芯片组成的数字交换网络集中发送有困难，因此，很多程控交换机采用振铃继电器的方式，实现通过低压信号控制高压，如图 3-19 所示。在正常情况下，振铃接点 **R** 位于图示位置，使外线与内线接通。当需要向用户振铃时，由控制部分发来振铃控制信号，振铃继电器接通，**R** 接点转换，用户外线与铃流发生器接通，向用户发送振铃信号。

有些交换机通过高压电子器件实现铃流的发送，从而取消了振铃继电器。

（4）监视

监视功能通过用户直流回路的通断来判定用户线回路的接通和断开状态。为实现通、断状态检测，一种简单的方法是在直流的馈电电路中串联一个小电阻，如图 3-20 所示，通过电阻两端的压降来判定用户线回路的通、断状态。用户回路的通断只需要一位二进制数即可表示。在用户处理机的接口中设有扫描存储器，每个用户在扫描存储器中占一位，一般由硬件电路对用户电路进行监视，将每个用户电路的通断情况定时写入扫描存储器。

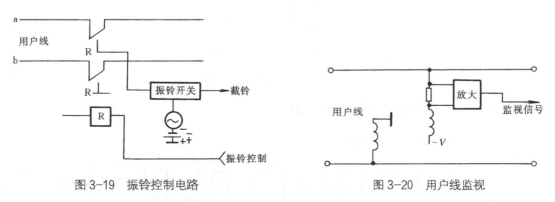

图 3-19　振铃控制电路　　　　　　　　　　图 3-20　用户线监视

（5）编译码和滤波

编译码是两个相反方向上的转换。编码器将用户线上送来的模拟信号转换为数字信号，即模/数转换，译码器则完成相反的数/模转换。编译码和滤波功能不可分，一般应该在编码之前进行带通（300～3 400Hz）滤波，而在译码之后进行低通滤波。

编译码和滤波功能可以由集成电路实现。

（6）混合电路

用户线上的信号以二线双向的形式传送，进入交换机内部后，需将用户的收发通路分开，以单向的两对线传输，即四线单向形式。通常这项功能在话音信号编码之前和反向通路译码之后进行，以前由混合线圈实现，现在的交换机采用具有更好功能特性的集成电路实现。

混合功能、编译码功能和滤波功能示意图如图 3-21 所示。

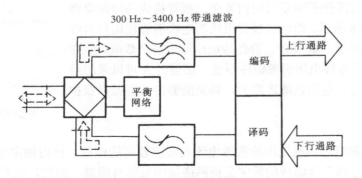

图 3-21　混合、编译码和滤波功能的示意图

（7）测试控制

图 3-22 所示为测试功能的示意图，由图可知，测试控制功能在用户电路上是由两对测试开关来体现的。测试开关在处理机的控制下，能够将用户线连接到测试设备上，对用户线外线或内线进行测试。图中的开关可以是电子开关，也可以是继电器，其动作由处理机发来的驱动信息控制。

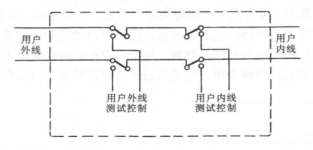

图 3-22　测试功能的示意图

模拟用户接口电路的总体框图如图 3-23 所示。

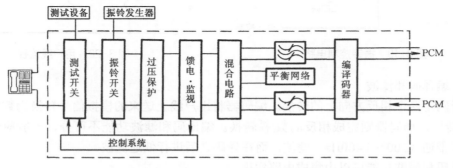

图 3-23　模拟用户接口电路的总体框图

除了上述 7 项基本功能外，现代交换机的用户接口电路还应完成衰减控制、极性转换、发送计费脉冲和投币电话硬币集中控制等功能。

### 3. 用户话务的集中和扩散

通过用户模块中的交换网络能够实现话务的集中和扩散，用户话音通过用户模块进入选组级的过程是集中，反方向上进行的是扩散。之所以要完成话务集中和扩散，是因为普通的用户线上的话务量较低，一般不足 0.2Erl，因此，如果直接把每条用户线都连接到数字交换网络上，将会对系统资源产生很大的浪费。话务集中的思想就是将 $M$ 条连通数字交换网络的话路分配给 $N$ 条用户线共用，而集中比 $N:M$ 通常是大于 1 的，这样一定容量的数字交换网络就能够连接更多的用户线，交换机的容量也得到了明显的提高。

如果所有的共用时隙全忙，那么，呼叫就会因无法接入选组级而损失掉。而当经常性地发生用户级呼损时，就要考虑调整用户级上用户线的分布情况，最简单的办法就是将各种不同类型的用户线合理地搭配到一个用户模块，使各个用户模块在各个时段的流入话务量比较均衡。

### 3.3.2 中继器

中继器是数字程控交换机与其他交换机的接口。根据连接的中继线类型，中继器可分为模拟中继器和数字中继器两大类。随着整个公用电话网的数字化进程，模拟中继线已相当少了，很多的程控交换机已不再安装模拟中继器，而是被数字中继器所替代。

数字中继器是程控交换机和局间数字中继线的接口电路，它的出/入端都是数字信号。

数字中继器有以下主要功能。

① 码型变换和反变换：在局间数字中继线上，为实现更高的传输质量，要求传送的信号包含时钟信息，不具有直流分量和连零抑制等功能，如常用的 HDB3 码，能保证数字信号在经过 PCM 传输到达接收端时，准确地被接收。而在程控交换机内部，更关心的是传输信号的简单和高效，所以通常采用 NRZ 码。在交换机内、外的两种不同码型的转换就由中继接口来实现。

② 时钟提取：从输入的 PCM 码流中提取时钟信号，用来作为输入信号的位时钟。

③ 帧同步：在数字中继器的发送端，在偶帧的 $TS_0$ 插入帧同步码，在接收端检出帧同步码，以便识别一帧的开始。

④ 复帧同步：采用随路信令时，需完成复帧同步，以识别各个话路的线路信令。

⑤ 信令的提取和插入：采用随路信令时，数字中继器的发送端要把各个话路的线路信令插入到复帧中相应的 $TS_{16}$；在接收端应将线路信令从 $TS_{16}$ 中提取出来送给控制系统。

数字中继器的功能框图如图 3-24 所示。

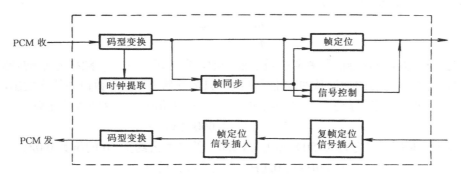

图 3-24　数字中继器的功能框图

### 3.3.3 信令设备

信令设备的主要功能是接收和发送信令。数字程控交换机中有如下主要信令设备。

- 信号音发生器：用于产生各种类型的信号音，如忙音、拨号音、回铃音等。
- DTMF 接收器：用于接收用户话机发出的 DTMF 信号。
- 多频信号发生器和多频信号接收器：用于发送和接收局间的 MFC 信号。
- No.7 信令终端：用于完成 No.7 信令的第 2 级功能。

**1. 数字化信号音的产生**

在公用电话网中，使用的信号音种类繁多，具体来讲，可包括单频信号和多频信号两大类。单频信号如用户线上传送的拨号音、忙音和回铃音等，我国采用 450Hz 和 950Hz 频率的单频信号，通过不同的断续时间，可得到不同的信号音。在局间中继线上传送的多频记发器信号 MFC 是多频信号，如 No.1 信号规定，前向记发器信号采用在高频频率组（1 380Hz，1 500Hz，1 620Hz，1 740Hz，1 860Hz，1 980Hz）中 6 中取 2 的方法进行编码，共有 $C_6^2 =15$ 种组合，而后向信号采用的是在低频频率组（1 140Hz，1 020Hz，900Hz，780Hz）中 4 中取 2 的方法进行编码，共有 $C_4^2 =6$ 种组合。

在数字程控交换机中，上述音频信号都是以数字信号的形式产生和发送的，数字信号音发生器的硬件是只读存储器 ROM。对于不同的信号音发生器来说，其区别是 ROM 中存放的取样值不同，另外，不同的信号音发生器所需的 ROM 的存储器单元数也不同。下面我们将举例说明两种典型音频信号的产生原理。

（1）拨号音（450Hz 的连续音）的产生

当用户摘机发出呼叫请求后，程控交换机检测到这一事件，在进行必要的分析后，如果判定用户可以呼出，应发送拨号音通知用户。发送拨号音的过程，是将用户的接收通路连接到系统中的信号音发送通路的过程，通常通过数字交换网络完成。交换机将模拟的拨号音信号进行抽样、量化和编码后以数字形式存储在存储器中，播放的过程就是依次取出相应的信号音存储器中各单元的内容，通过 PCM 链路送到用户通路的过程。

在存储器中，原则上只要存储整数个音频信号周期的数字信号就可以，而抽样的过程是采用 8 000Hz 的采样脉冲完成的，所以只要取采样脉冲的周期（1/8 000 s）和信号音周期（1/450s）两者的最小公倍数（1/50s），在这个时间内采样脉冲取得的数值（160）就是整数个周期的音频信号了，用算式表示为

$$\frac{m}{f_m} = \frac{l}{f_s} = T \tag{3-7}$$

式中，$T$ 是采样脉冲和音频信号周期的最小公倍数，在这段时间中，频率为 $f_m$ 的音频信号发生了 $m$ 次，而频率为 $f_s$ 的抽样脉冲发生了 $l$ 次，只需存储 $l$ 次抽样数值并依次发出，就得到了所需要的 450Hz 的连续音了。则 450Hz 的信号音发生器所需的存储器单元数

$$l=T×f_s=0.02×8\ 000=160$$

式中，$f_s$ 为采样频率，$T$ 为 $f_m$（450）和 $f_s$（8 000）的最大公约数 50 的倒数 0.02。

（2）MFC 的 $A_1$ 信号（1 140Hz+1 020Hz 的双音频）的产生

具有两个或多个频率成分的信号音的产生原理与单频信号音类似，所不同的是抽样的时

长应是包括抽样脉冲在内的所有频率成分的周期的公倍数。对于 $A_1$ 信号，可以根据下式计算出它的抽样时长

$$\frac{m}{f_m}=\frac{n}{f_n}=\frac{l}{f_s}=T$$

设 $f_m$=1 140Hz，$f_n$=1 020Hz，$f_s$=8 000Hz，则它们周期的最小公倍数就是 50ms，连续 400 个抽样脉冲抽样数值就是一个完整的双音频信号的周期了，即所需的存储器单元数

$$l=T×f_s=0.05×8\ 000=400$$

式中，$f_s$ 为采样频率，$T$ 为 $f_m$（1 140）和 $f_s$（8 000）的最大公约数 20 的倒数 0.05。以上是对模拟音频信号进行抽样获得数字化的音频信号的理论分析。在实际工程实现中，还可以利用信号本身结构上的特点，如奇、偶对称，控制存储单元的读出顺序来减少存储单元数目，详细方法参见有关资料。

**2．数字音频信号的接收**

（1）DTMF 接收器

用户话机发出的 DTMF 信号用高低两个不同的频率来代表一个拨号数字，用户话机发出的 DTMF 信号在用户电路经模/数转换后变换为 DTMF 信号的 PCM 编码，DTMF 接收器的任务就是识别组成 DTMF 信号的这两个频率，并将其转换为相应的拨号数字。有模拟的DTMF 接收器和数字的 DTMF 接收器。图 3-25 示出了模拟的 DTMF 接收器的原理框图，模拟 DTMF 接收器由若干个带通滤波器、检波器和解码逻辑电路组成，带通滤波器和检波器用来识别组成 DTMF 信号的两个频率，解码逻辑电路将识别出来的两个频率解码为相应的拨号数字。由于使用的是模拟滤波器，所以 DTMF 信号的 PCM 编码在送到 DTMF 接收器之前要经过数/模转换电路。数字的 DTMF 接收器的接收原理与模拟接收器的类似，将图 3-25 中的模拟滤波器用数字滤波器代替即可，实际上数字滤波器的功能是由数字信号处理机来完成的。

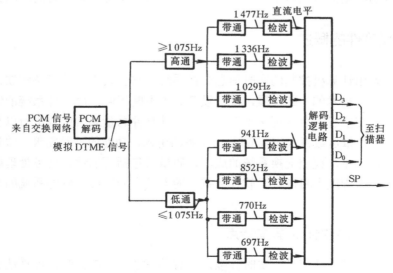

图 3-25 DTMF 接收器原理

（2）多频接收器

用来接收局间 MFC 信号，其接收原理与 DTMF 接收器类似，不同的是其需要识别的频率不同。

（3）No.7 信令系统硬件的一般结构

No.7 信令系统硬件包括信令数据链路接口、交换网络、信令终端电路和完成 No.7 信令系统第 3、第 4 级功能的软件所在的宿主处理机。

No.7 信令链路一般是 PCM 传输线中的某一时隙，此时隙可经数字交换网络的半固定连接至信令终端电路，完成 No.7 信令系统第 1 级的功能，而采用哪个 PCM 系统的哪个时隙作为 No.7 信令的传输通道，可通过人机命令设定。

信令终端电路完成 No.7 信令系统第 2 级的功能。信令终端电路的一般结构如图 3-26 所示。

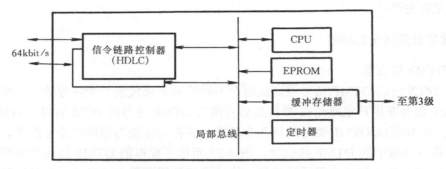

图 3-26 信令终端电路的一般结构

其中，信令链路控制器（HDLC）完成信令单元的定界功能及循环冗余校验码 CRC 的生成和检测，一般采用具有 HDLC（高级数据链路控制）功能的集成电路芯片。信令处理机执行存储在 EPROM 中的程序，完成第 2 级的其他功能，缓冲存储器是第 2 级和第 3 级的接口，用来缓冲存储由信令数据链路接收或发送到信令数据链路的信令单元。

第 3 级软件的宿主处理机可以是专用的信令处理机，也可以是原有的呼叫处理机。

## 3.4 程控交换软件的概述

程控交换机是由计算机控制的实时信息交换系统，它主要由硬件设备和软件系统两大部分组成。随着微电子技术的不断发展，硬件设备成本不断下降，而软件系统的情况则恰好相反。一个大型程控交换机的容量可达十万门以上，其软件总量通常由数十万以至百万条语句组成，软件开发工作量达数百人/年。随着新业务的引入，功能的不断完善，软件工作量也在不断地增加。可以预见，程控交换系统的成本、质量（包括可靠性、话务处理能力、过负荷控制能力等）在很大程度上将取决于软件系统。随着技术的发展，软件系统的这种支配地位将愈来愈明显。

### 3.4.1 程控交换软件的基本特点

程控交换软件的基本特点是：实时性强，具有并发性，适应性强，可靠性和可维护性要求高。

### 1. 实时性强

程控交换机是一个实时系统。它应能及时收集外部发生的各种事件，对这些事件及时进行分析处理，并在规定的时间内作出响应，否则，将因丢失有关信息而导致呼叫建立的失败。因此，交换机软件必须具有实时性，在执行某些操作时，有一定的时间限制。

根据对实时性要求的不同，交换程序可分为不同的等级。

在正常运行情况下，实时要求最为严格的是信号接收及信号处理程序。例如，对接收用户拨号脉冲的操作，由于拨号脉冲的最短持续时间约为 10ms，中央处理机信号处理程序所需的周期，根据信号检测是由中央处理机完成还是由外围处理机来完成而有所不同，大约为10ms 或几十毫秒。相对而言，对时间要求最不严格的是运行管理功能，系统对这些功能的响应时间可以在若干秒甚至更长。例如，从对人机命令的接收到对其响应的时间可以是秒的数量级，启动对非重要设备的例行测试可以延迟几分钟甚至更长时间。但是有一个例外，那就是对故障的处理要越快越好。在交换系统中，处理故障的程序一般具有最高优先级，一旦发现故障，系统将中断正在执行的程序，及时转入故障处理。

### 2. 并发性和多道程序运行

在一部交换机上，往往不仅有多个用户同时发出呼叫请求，还同时有多个用户正在进行通话。例如，一个一万线的市话交换机，忙时可能有几百个呼叫正在通话，还有几十个呼叫正处在呼叫建立或释放过程中；此外，还可能有几个管理和维护任务正在执行，这些任务可能是操作人员启动的，如测试一个用户或修改一张路由表，也可能是系统自动启动的，如周期的例行测试和话务测量。这就要求处理机能够在同一时间执行多道程序。也就是说，软件程序要有并发性。

采用多道程序运行不仅是交换机客观环境的需要，也是实现实时性要求的必然结果。因为，交换机在建立一个呼叫的过程中包含许多基本的处理动作，在处理机执行完一个任务后，呼叫就处于相对稳定状态，而脱离该稳定状态去执行另一个任务需要外部事件的触发。由于处理机工作速度很快，执行一个任务耗时在微秒数量级，而等待外部事件发生往往需要较长的时间。所以，如果按单道作业方式，处理机常常要处于空闲等待状态。这不仅对宝贵的处理机资源是极大的浪费，也不可能实现交换机的实时要求。

采用多道程序运行，可以使处理机在一段时间内同时保持若干进程处于激活状态。在运行一个进程时，如果该进程需要等待某个外部事件的形成（或等待某种资源）而不能继续运行，处理机就暂停执行该进程，此时可从就绪的进程中另外挑选一个进程运行。此后，一旦所等待的事件形成（或所等待的资源空闲），处理机就恢复对暂停进程的执行。

### 3. 可靠性要求高

程控交换机应具有很高的可靠性，即使在其硬件或软件系统本身发生故障的情况下，系统仍能保持可靠运行，并能在不停止系统运行的前提下从硬件或软件故障中恢复正常。典型的可靠性指标是 99.98% 的正确呼叫处理及 40 年内系统中断运行时间不超过 2h。这在许多方面影响运行软件的设计，特别是有关故障处理的程序、维护程序及联机扩容的程序等。

当发生了一个硬件或软件故障时，系统必须采取措施使呼叫处理能继续下去。程控交换机故障处理所依据的原则同用于科学计算的计算机的故障处理原则不一样。在数据处理时，一个错误的处理结果比计算机系统故障停机要严重得多。但是在程控交换机中，出现万分之一错误处理的呼叫是可以容许的（如错号），可是如果整个系统停顿以及损失了全部呼叫则是灾难性的。

为了提高系统的可靠性，一般采取的措施有：①对关键设备（如中央处理机、交换网络等）采用冗余配置；②采用各种措施及时发现已出现的错误。在交换机软、硬件出现故障时，应迅速确定故障性质及其所在。若为硬件故障，则隔离故障部件，调用备用设备重新组成可工作的硬件系统；若为软件故障，则采用程序段的重新执行或再启动，予以恢复。

**4．能方便地适应交换机的各种条件**

一个程控交换机要面对大量规模不同、对交换机功能要求不同以及运行环境不同的交换局。

为了使交换机软件能适应不同交换局对交换机功能、容量和编码方案等方面的具体要求，在交换软件的设计中普遍采用参数化技术，使描述处理逻辑的程序部分与给予处理参量的数据部分分离。数据部分可分为：各交换机共同使用的系统数据；表示交换机硬件安装条件和线路条件、编码方案、路由选择方案等的局数据；表示不同用户服务条件、服务权限的用户数据。根据这种结构，可以用局数据和用户数据来适应不同的局条件。

**5．软件的可维护性要求高**

交换软件的另一个特点是具有相当大的维护工作量。这不仅由于原来软件系统设计的不完善需要改进，更重要的是随着技术的发展，要求不断引进新的技术或对原有软件系统的性能进行改进和完善。另外，随着业务的发展也会对交换机软件提出新的要求。这就要求交换机软件具有良好的可维护性能，当硬件更新或增加新功能时，能很容易对软件进行修改。采用模块化、结构化设计方法，采用数据驱动程序结构，在编程时尽量采用有意义的标识符和符号常数，建立完备、清晰的文档资料，把易随硬件更新、扩充而变化的软件部分与其他部分相分离，采用虚拟机、层次结构等，都有利于提高软件的可维护性。

### 3.4.2　数据驱动程序的特点及其结构

程控交换软件的一个基本要求是容易追加新的功能及适应不同的条件。为了使交换软件在追加新的功能模块或面对不同的条件时对程序的影响小，通常采用数据驱动程序结构。

所谓数据驱动程序，就是根据一些参数查表来决定需要启动的程序。这种程序结构的最大优点是，在规范发生变化时，控制程序的结构不变，只需修改表格中的数据就可适应规范的变化。

下面举一个简单的示例来说明以上概念。设 A 和 B 表示两个独立的数字变量，按其值的组合，3 个程序 $R_1$，$R_2$，$R_3$ 中有一个将按规定执行。表 3-1 示出了初始规范和变化后的规范。为完成表 3-1 所示规范要求而编写的动作驱动程序的流程图如图 3-27 所示，完成同一规范要求的数据驱动程序的流程图如图 3-28 所示。

表 3-1　　　　　　　　　　　　　　初始规范和变化后的规范

| 条　件 | | 待执行的程序 | |
|---|---|---|---|
| A | B | 初 始 规 范 | 变化后的规范 |
| 0 | 0 | $R_1$ | $R_2$ |
| 0 | 1 | $R_1$ | $R_1$ |
| 1 | 0 | $R_2$ | $R_1$ |
| 1 | 1 | $R_3$ | $R_3$ |

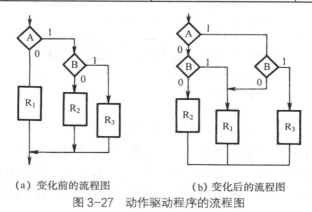

（a）变化前的流程图　　　　（b）变化后的流程图

图 3-27　动作驱动程序的流程图

从图 3-27 和图 3-28 中可见，采用动作驱动程序结构，当设计规范发生变化时，相应的程序结构要发生变化。而对于数据驱动程序结构来说，当规范发生变化时，其程序结构不变，只需修改表格中的数据就能适应修改后的规范。

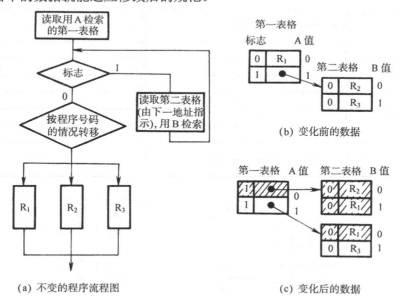

（a）不变的程序流程图　　　　（c）变化后的数据

图 3-28　数据驱动程序的流程图

下面对图 3-28 所示的数据驱动程序进行简要说明。控制程序先用变量 A 的值为索引检索第一表格，当表格中的标志位的值为 0 时，其后的数据项的值为待执行的程序号码；当表格中的标志位的值为 1 时，数据项为指向第二表格的地址指针，可用变量 B 的值为索引检索第二表格，从而得到结果数据。

实际上，查表变量的取值和表格的级数可根据实际需要而定。数据驱动程序的一般结构如图 3-29 所示。

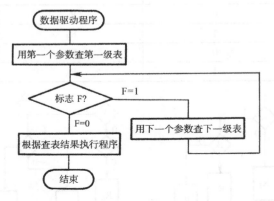

图 3-29　数据驱动程序的一般结构

可以看出，数据驱动程序要求较多的机器循环次数来完成某一特定功能，但它较之动作驱动程序更为灵活，更易于管理。数据驱动程序结构在程控交换软件中得到了广泛的应用。

初始规范和变化后的规范如表 3-2 所示，与初始规范相对应的数据结构如图 3-30 所示。

表 3-2　　　　　　　　　　　初始规范和变化后的规范

| A | B | C | 初 始 规 范 | 变化后的规范 |
|---|---|---|---|---|
| 0 | 0 | 0 | R₁ | R₁ |
| 0 | 0 | 1 | R₂ | R₁ |
| 0 | 1 | 0 | R₃ | R₁ |
| 0 | 1 | 1 | R₃ | R₁ |
| 1 | 0 | 0 | R₄ | R₁ |
| 1 | 0 | 1 | R₄ | R₂ |
| 1 | 1 | 0 | R₄ | R₃ |
| 1 | 1 | 1 | R₄ | R₄ |
| 2 | 0 | 0 | R₄ | R₂ |
| 2 | 0 | 1 | R₃ | R₃ |
| 2 | 1 | 0 | R₂ | R₄ |
| 2 | 1 | 1 | R₁ | R₁ |

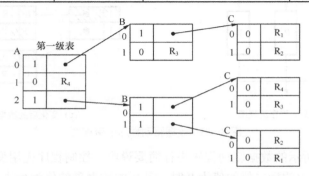

图 3-30　与初始规范相对应的数据

### 3.4.3 有限状态机和有限消息机的概念

系统的有限状态机（FSM）描述是指能将系统（或进程）的状态定义为有限个状态，然后描述在每个状态下受到某个外部信号激励时系统作出的响应及状态转移的情况。也就是说，系统（或进程）具有有限个非空状态集和有限个输入、输出信号集合。系统在每一种稳定状态下可接受其输入信号集合中的一个子集，当接收到一个合法的输入信号时，就执行相应的动作，包括向外部输出相应的信号，然后转移到一个新的稳定状态。每一个输出信号和下一稳定状态都是原状态和输入信号的函数。FSM 结构的示意图如图 3-31 所示。

用 FSM 非常适合描述呼叫处理过程。在呼叫处理中，呼叫处理进程将根据其当时的状态和接收到的信号类型进行相应的处理，然后转移到下一个稳定状态等待新的信号到来。随着呼叫的不断进行，对呼叫进行处理的进程总是走走停停，不断地从一个稳定状态进入另一个稳定状态，在状态转移中实现具体的处理，一直到进入最后一个稳定状态后，进程准备终止。由于 FSM 有规则的结构，使程序设计规律化，可减少差错和提高软件设计自动化，便于软件的调测、修改和新功能的引入，有利于模块化的实现。

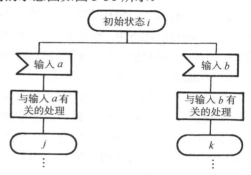

图 3-31 FSM 结构的示意图

FSM 的这些优点使其在程控交换软件中获得了广泛的应用。

在很多交换系统（如 S1240 系统）中的有限消息机（FMM）就采用了有限状态机的概念和结构。FMM 是一种软件功能模块，实际上是一组程序，是进程的功能描述，它描述了一个进程所具有的状态，在每一状态下可能接收到的消息以及接收到某一消息后应执行的动作，包括向外部发送的消息和转到的下一稳定状态。

FMM 与外部通信是通过传送消息来实现的，消息的发送、接收是由操作系统来统一管理的。采用 FMM 结构，由于 FMM 之间无公共数据区，只能通过消息相联系，并且只能接收规定的消息，因此可增加软件的可靠性；同时使得各个 FMM 可以独立地编程和测试，在测试中可以用模拟输入消息顺序的方法来检查其功能；另外，在增加新的 FMM 模块或修改某一 FMM 模块时，一般不影响其他 FMM，增加了软件的可维护性。还有一点需要指出的是，FMM 发送消息时，并不一定要知道消息的目的地，而是由操作系统通过查找消息路由表来确定消息去向。因此，某个 FMM 放在哪一个处理机中并不影响 FMM 自身的结构，这就使系统配置更加灵活，当容量扩充时，若某些 FMM 在各个处理机中的分布发生变化，则只需修改消息路由表，而对 FMM 的结构无影响。

### 3.4.4 在交换软件设计中应用的 3 种类型的程序设计语言

在程控交换机软件的开发、运行和维护阶段，一般要用到 3 种类型的语言：规范描述语言（SDL）、各种高级语言和汇编语言、人机对话语言（MML）。规范描述语言用于系统设计阶段，用来说明对程控交换机的各种功能要求和技术规范，并描述功能和状态的变化情况；高级语言和汇编语言用来编写软件程序；人机对话语言主要用于人机对话，在软件测试和运行维护阶段使用。

### 1. 规范描述语言

规范描述语言（SDL）是原 CCITT 建议的一种高级语言，主要用来说明电话交换系统的行为。它既能说明一个待设计的系统应具有的功能和行为，又能描述一个已实现的系统的功能和行为。"行为"是指系统在收到输入信号时的响应方式。

SDL 的基础是扩展的有限自动机模型。系统的有限自动机描述指能将系统的状况定义为一系列（有限个）状态，然后描述在每个状态下受到某个外部激励信号时系统作出的响应和状态转移的情况。凡是系统行为能用扩展的有限状态自动机来有效地模拟，且重点在交互作用方面的所有系统，SDL 都是适用的。例如，电话交换系统、数据交换系统、信令系统和用户接口等都可以用 SDL 来描述。在程控交换系统中，呼叫进程（如呼叫处理、信令接收与发送），维护和故障处理（如报警、自动排除故障、例行测试），系统控制（如过载控制）和人机接口功能都可以用 SDL 来描述。

SDL 可在详细程度不同的层次上表示一个系统的功能，其描述系统不同细节的 3 个表示层次是系统、模块和进程。系统通过信道与外界环境连接，每个系统由若干个模块组成，模块之间由信道连接。每个模块含有一个或多个进程，这些进程描述了该模块的动态行为，进程之间或进程与模块环境（模块边界）之间通过信号路由通信。

SDL 具有两种表示形式，一种称为 SDL/GR（SDL 图形表示法），它的基础是一套标准化的图形符号；另一种称为 SDL/PR（SDL 正文短语表示法），它的基础是类似于程序的语句。图形语言的优点是能够清晰地显示系统的结构并使人易于看清控制流程，目前使用比较广泛。下面主要介绍如何用 SDL/GR 描述一个系统。

（1）系统定义

SDL 用来构造系统模型。每个系统由几个用信道连接起来的模块组成，每个模块对于其他模块是独立的。在两个不同模块进程之间，通信的唯一手段是发送信号，信号通过信道来传递。将系统分成几个模块的依据是：使模块大小适中，便于处理；能与实际的软件（硬件）划分相适应，与自然的功能划分相一致；使模块之间的交互作用减到最少。

在系统定义这个层次上，用以下项目来描绘一个系统的结构。

① 系统名字。

② 信号定义：规定在系统的各个模块之间或模块与外部环境之间相互交换的信号类型。

③ 信号表定义：规定一些标识符，把几个信号组合起来。

④ 信道定义：规定系统各模块之间互相连接以及模块和环境间连接的信道，并说明在该信道上传输信号的标识符。

⑤ 数据定义：规定在所有模块中可见的，由用户定义的数据类型，同义类型。

⑥ 模块定义：规定把系统划分为几个模块。

在 SDL/GR 中，用系统图表示系统定义。图 3-32 给出了用系统图描述系统的一个例子。图中，左上角的"SYSTEM SYS"表示这是一个系统，系统的名称为 SYS；右上角的"S. 1

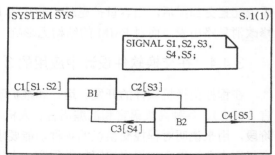

图 3-32　系统图的 SDL/GR 表示

（1）"表示该系统图共有一页，正文符号内说明该系统使用的信号有 S1，S2，S3，S4 和 S5；模块交互作用区表明该系统由 B1 和 B2 两个模块组成。B1 通过信道 C1 与外界环境联系，在 C1 信道中传输的信号是 S1 和 S2；B2 通过信道 C4 与外界环境交换信息，其传输的信号是 S5；B1 和 B2 之间存在着两条信道 C2 和 C3，分别用来传输两个模块之间的信号 S3 和 S4。

（2）模块定义

为进一步说明系统内部细节，必须对系统中的模块作进一步说明。模块定义包含以下项目。

① 模块名字。

② 信号定义：规定模块内部相互交换的信号的类型。

③ 信号表定义：规定与信号表相对应的标识符。

④ 信号路由定义：规定模块中的诸进程互相连接以及进程和模块外部环境相连接的通信路径，同时规定由该信号路由传递的信号的标识符。

⑤ 信道到路由的连接：规定模块外部的信道和模块内部的信号路由之间的连接。

⑥ 进程定义：规定进程的类型。这些进程描述了模块的行为。若模块不用其他子结构描述，则在该模块内部至少有一个进程定义。

⑦ 数据定义：规定在模块内部各进程中可见的数据类型。

图 3-33 给出了定义模块 B1 的模块图。图中左上角的"BLOCK B1"说明这是一个模块，模块名为 B1；正文符号内说明了该模块内部使用的信号为 SX，SY；模块 B1 包括了两个进程 P1 和 P2。P1 和 P2 分别通过信号路由 R1 和 R2 从外部信道 C1 中接收信号 S1 和 S2，P1 通过信号路由 R3 将信号 S3 传送外部信道 C2，P2 通过信号路由 R4 从外部信道 C3 接收信号 S4，P1 和 P2 之间存在一条双向信号路由 R5，

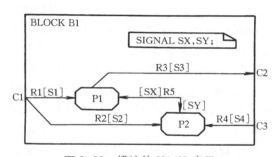

图 3-33　模块的 SDL/GR 表示

分别传送内部定义的信号 SX 和 SY。对照图 3-32 可以看出，模块图中各信号路由与外部信道传送的信号和图 3-32 中与模块 B1 相连接的各信道中传送的信号是完全一致的。

（3）进程定义

系统的第三层描述是对模块中进程的说明。进程是一种扩展的有限状态自动机，它规定了一个系统的动态行为。进程含有许多不同的状态，这些状态提供了对早先已出现过的动作的记忆。进程基本上处于等待信号的状态，当收到一个信号时，进程作出响应，根据该状态下所接收到的信号类型，执行相应动作，当完成相应的全部动作后，就进入下一状态，这时进程又处于稳定状态等待下一个信号。

进程可以在系统创建时就存在，也可作为另一进程发出创建请求的结果而被创建。另外，进程能够一直生存下去，或者能通过执行一个停止动作而结束。

一个进程定义可规定一类进程，并可以创建同一进程类型的多个实例，这些进程实例可以同时存在，也可以各自独立并发地执行。进程定义主要由以下各项组成。

① 进程名字。

② 一对整数：第一个整数规定在系统创建时所创建的进程实例的数目，缺省值为1，第二个整数规定同时存在的进程实例的最大数目，缺省值为不受限制。

③ 形式参数：一张附有变量类别的变量标识符表，用来在进程创建时刻传递消息。为此，在进程创建请求中可提供一张实在参数表。

④ 有效输入信号集：一张信号标识表，规定进程能接收的信号。

⑤ 信号定义：规定能在同一进程的诸实例之间或在进程内的诸服务之间相互交换的信号。

⑥ 过程定义：规定能被进程调用的过程。

⑦ 计时器定义。

⑧ 进程体：用状态、输入、输出和任务等规定进程的实在行为。

进程体表示有限状态自动机的实际流图。在 SDL/GR 中，进程定义由进程图表示，其中的进程体由一些有向弧连接起来的符号组成。图 3-34 给出了 SDL/GR 描述进程的主要符号。

下面对进程图中出现的符号进行简要说明。

① 状态：状态是进程中的一个点，在该处没有动作正在执行，但要监视输入队列，看是否有输入信号到达。根据输入信号中给出的标识符，该信号的到达会使进程离开该状态而执行一特定的动作系列，于是一个已经到达且引起跃迁的信号将被消耗掉而不再存在。在 SDL/GR 中，状态用状态符号表示，状态符号含有状态名字，并且接入输入符号或保存符号。

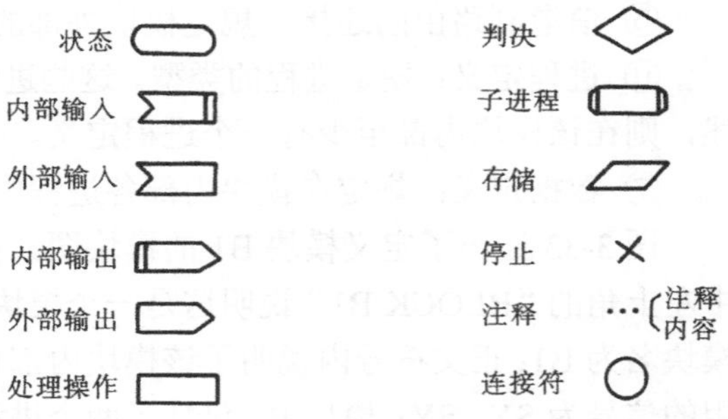

图 3-34　SDL/GR 描述进程的主要符号

② 输入：连接到某一状态的一个输入符号表明，若在输入符号中给出的信号到达时，此进程正好在此状态上等待，那么就执行跟在该输入信号后的跃迁。当一个信号已经触发了一个跃迁的执行，则该信号不再存在，就说它已被消耗掉了。信号可有相关连的值，如名字叫做"数字"的一个信号不仅可用来触发接收进程、执行一次跃迁，并且也为自身带来了数字的值，这个数据可由该接收进程使用。

在 SDL/GR 中，输入由输入符号表示。输入符号含有信号标识符及与所传递的值相应的变量标识符，为了使这些值能被进程所利用，它们必须在输入符号内命名，并括在括号内。

③ 跃迁：在连接到某一状态的某个已定义的输入信号到达时，该进程就应该执行跟在该输入信号后的跃迁。在一次跃迁中可能执行的动作如下。

- 执行一个任务（如给一个变量赋值）。
- 输出：向其他进程发出一个信号。
- 置位：请求激活一个定时器。
- 复位：将一个定时器复原。
- 创建请求：创建一个所指定的进程类型的实例。
- 判定：根据对问题的回答，选择一组动作。
- 过程调用：要求执行一组独立的、自成体系的动作。
- 下一个状态：规定该进程将要达到的下一个状态。
- 停止：进程实例立即停止。

图 3-35 给出了一个进程定义的例子，这是一个接收 8 位数字号码的进程。左上角的"PROCESS digits-reception"表示这是一个进程，进程名为 digits-reception，正文符号中说明

了该进程使用的两个整型变量 $i$ 和 $N$；进程流图区说明了该进程的行为。进程启动后处于空闲状态，外部输入的数字 $D$ 使进程退出空闲状态执行一个跃迁，即执行下列操作：对变量 $i$ 赋值1，对变量 $N$ 赋值 $D$，其中 $i$ 是已收到数字的个数，$N$ 是号码的十进制值，同时设置定时器 $T_1$，然后，进程进入"等待下一个数字"（Await-next-digit）的状态。下一个数字的到来使进程退出该状态，更新 $i$ 和 $N$ 值，如果未收满 8 位数字，进程返回到"Await-next-digit"状态，继续收号，直至 8 位数字接收完毕，向呼叫控制进程发送已接收的号码后，进程才结束；如果在收号过程中，数字输入的时间间隔超时，则系统发出的超时消息将使进程向呼叫控制进程发送"超时"信号后结束。

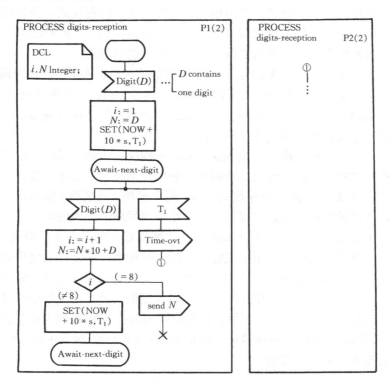

图 3-35  进程定义的例子

### 2. 汇编语言和高级语言

（1）汇编语言

汇编语言是面向处理机动作过程的语言。利用汇编语言编写的程序，运行效率高，占用存储空间少，能够较好地满足交换机软件实时性的要求。在早期的程控交换机中，由于受到处理机能力和存储器容量的限制，一般都采用汇编语言编程。然而，由于汇编语言高度依赖微处理机，不同的处理机使用的汇编语言不相同，因此，用汇编语言编写的程序可移植性差。此外，由于汇编语言是一种面向处理机的语言，要使用这种语言编写程序，必须对微处理机的硬件有相当程度的了解，因此，汇编语言程序的可读性差，编写效率低。同时，汇编时的检错能力不够强，用汇编语言编写的工作软件可靠性较差。由于这些原因，近代的大多数程控交换机中，除了少部分实时性要求严格的程序，如拨号脉冲的接收、中断服务程序等采用汇编语言编程外，大部分程序都采用高级语言编写程序。

（2）高级语言

用于编写交换机软件的高级语言有多种，常用的高级语言有 CHILL 语言和 C 语言。

① CHILL 语言。CHILL 语言是原 CCITT 推荐的用于通信软件的标准程序设计语言。该语言得到了广泛的应用，例如，法国的系统 12 和 E10，德国的 EWSD，日本的 D-70，上海贝尔电话公司的 S1240 都采用了此语言。

CHILL 程序由数据对象描述、动作描述和程序结构描述 3 部分组成。

数据对象由数据语句描述。CHILL 语言中的数据类型近乎完备，提供了整数、字符、布尔等基本模式，还提供了幂集模式、引用模式、组合模式、过程模式、事件模式、实例模式等标准模式。此外，CHILL 还有模式定义语句供用户自定义模式。严格的模式定义保证了编译时能尽可能多地发现程序中的逻辑错误，提高了程序的可靠性。

动作由动作语句描述。它构成 CHILL 程序的算法部分，包括赋值、过程调用、子程序调用以及控制程序执行顺序的控制动作（条件、情况循环等）和控制并发的动作（启动、停止、延迟、发送等）。此外，输入、输出提供了 CHILL 程序与外界各种设施通信的手段，异常处理提供了用于处理违反某个动态条件的异常情况。

程序结构由程序结构语句描述，如 beginend、分程序、模块、过程、进程和区域等，这些语句在描述程序结构的同时，定义了数据单元的生存期和名字的可见性。

一个完整的 CHILL 程序是一串模块或区域，每个模块（或区域）都可以有数据描述和动作描述，还可以使用可见性语句来精确控制名字在不同程序部分内的可见性。

② C 语言。C 语言最早是为编制 UNIX 操作系统而设计的，现在已得到了广泛的应用。C 语言的级别不是很高，其中还保留了低级语言的一些特性，在内存的使用效率和运行速度等方面几乎可以与汇编语言媲美。C 语言的结构和指针功能很强，适应于编制实时控制用的各种程序，有广泛用于微型机及工作站的 C 语言编译器的支持，是一种很有发展前途的编程语言，在程控软件设计中得到了广泛应用。如美国的 5ESS，我国邮电工业总公司和郑州信息学院研制生产的 HJD-04，深圳华为技术公司研制生产的 C&C08、深圳中兴通信公司的 ZXJ-10 等程控交换系统都采用 C 语言编程。

### 3. 人机对话语言

人机对话语言（MML）是一种交互式人机操作和维护命令语言，用于程控交换机的操作、维护、安装和测试。

人机对话语言（MML）包括输入语言与输出语言。维护管理人员通过输入语言对程控交换机进行维护管理，控制交换机的运行；交换机通过输出语言将交换机的运行状态及相关信息（话务数据、计费信息、故障信息等）报告给操作维护人员。输出语言又分为非对话输出（自动信息）和对话输出（应答信息）。

（1）输入语言——人机命令

人机命令由命令码和参数块两部分组成。

命令码规定了应进行的操作，参数块给出了执行命令所需的信息。命令码与参数块之间用冒号（：）隔开，当参数块中有多个参数时，各参数之间用逗号（，）分开，在命令的结尾一般用分号（；）作结束符。人机命令的一般格式如下。

命令名：参数名=参数值，参数名=参数值……；

例如，在 S1240 系统中创建一条用户线的命令为

CREATE-SINGLE-SUBSCR：DN=K'2412401，EN=H'1010&1；

上面的命令用到了两个参数：电话号码（DN）和设备码（EN）。

（2）输出语言

输出语言可分为非对话输出和对话输出两种。

非对话输出为特定事件（如告警）出现或在执行一段较长时间的任务（如话务统计）结束后的自动输出。

对话输出是对命令的回答，当操作人员输入的命令已被交换机正确执行后，即显示"命令已成功执行"的信息及命令执行后的相关结果；若命令有错或由于某种原因无法执行时，则输出拒绝执行的原因。

## 3.5　运行软件的一般结构

### 3.5.1　运行软件的基本结构

程控交换机的运行软件指存放在交换机处理机系统中，对交换机的各种业务进行处理的程序和数据的集合。

程控交换机的运行软件由程序和数据两大部分组成。根据功能不同，程序又分为系统程序和应用程序两大部分。系统程序由操作系统和数据库系统构成；应用程序是直接面向用户、为用户服务的程序，包括呼叫处理程序、维护程序和管理程序 3 部分。程控交换机运行软件结构如图 3-36 所示。

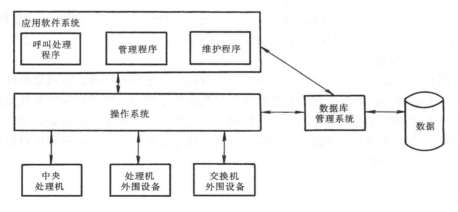

图 3-36　运行软件结构

### 3.5.2　局数据和用户数据

交换机的各项业务功能都是由程序来完成的，而这些功能的描述、引入、删除及应用范围和环境等的控制功能，是由专门的数据来描述的。程序和数据是分离的，程序依据数据的设定来响应各类事件，完成交换机的各项业务功能。

数据用来描述交换机的软、硬件配置和运行环境等信息，从实用的角度来看，数据又分为局数据和用户数据。这些数据基本固定，在需要时维护管理人员也可通过人机命令修改。

**1. 局数据**

局数据用来描述交换机的配置及运行环境，主要包含以下内容。

① 配置数据：用来描述交换机的硬件和软件配置情况。硬件配置数据主要说明交换机中各种硬件设备的配置数量、安装位置、相互连接关系等内容；软件配置数据主要说明交换机中各种软件表格的配置数量、起始地址等内容。配置数据一般在交换机扩容时才需要修改。

② 交换局的号码翻译规则：如呼叫源数据、数字前缀分析表、地址翻译表等。

③ 路由中继数据：用于规定一个交换机设置的局向数，对应于每个局向的路由数，每个路由包含的中继群数，中继群采用的信令方式等内容。

④ No.7 信令数据：用来描述 No.7 信令系统 MTP、TUP、SCCP 及 ISUP 等部分的数据。

⑤ 计费数据：用来确定有关计费方式、不同局向的计费费率、费率转换时间方案等内容。

⑥ 新业务提供情况：交换机能提供的新业务的种类及每种业务能提供的最大服务数等。

**2. 用户数据**

用户数据用来说明用户的情况，每个用户都有其特有的用户数据。用户数据主要包括以下内容。

① 用户电话号码、用户设备码。

② 用户线类别：如普通用户线、公用电话用户线、用户小交换机用户线等。

③ 话机类别：采用拨号脉冲方式或是 DTMF 方式。

④ 用户的服务等级：如呼出限制、本地网有权、国内长途有权、国际长途有权等。

⑤ 用户对新业务的使用权及用户已登记的新业务。

⑥ 用户计费数据。

局数据和用户数据通常存储在数据库中，由数据库系统统一管理。呼叫处理程序在呼叫处理的过程中要通过数据库对有关局数据和用户数据进行查询，根据有关的局数据和用户数据对从用户收到的信号进行解释，从而进行相应的处理。一般说来，呼叫处理程序对局数据和用户数据只能查询而不能修改。维护管理人员可通过人机命令对局数据和用户数据进行修改，对交换机的运行进行控制。

## 3.6 操作系统

程控交换机的运行软件由操作系统、数据库系统和应用程序组成。操作系统是处理机硬件与应用程序的接口。程控交换机是一个实时处理系统，它的操作系统是实时多任务操作系统，其特点是实时性强，可靠性要求高，能支持多任务操作。

各种程控交换机中操作系统的性能要求和组成不尽相同，其主要功能包括任务调度、存储器管理、进程之间的通信、处理机之间的通信、定时管理、系统监督和恢复。此外，还有 I/O 设备管理和文件管理等。

### 3.6.1　操作系统的基本功能

操作系统又称为执行控制程序，是处理机硬件与应用程序之间的接口，它统一管理系统中的软、硬件资源，合理组织各个作业的流程，协调处理机的动作和实现处理机之间的通信。

操作系统的主要功能是任务调度、存储管理、定时管理、进程之间的通信和处理机之间的通信、系统的防御和恢复。

任务调度程序的基本功能是按照一定的优先级调度已具备运行条件的程序在处理机上运行，从而实现对多个呼叫的并发处理。

存储器管理的基本功能是实现对动态数据区及可覆盖区的分配与回收，并完成对存储区域的写保护。

定时管理的功能是为应用程序的各进程提供定时服务，定时服务可分为相对定时和绝对定时。

消息处理程序用来完成进程之间的通信，当收、发进程位于不同的处理机中时，还需要有一个网络处理程序来支持不同处理机之间的通信。

故障处理程序的主要功能是对系统中出现的软件、硬件故障进行分析，识别故障发生的原因和类别，决定排除故障的方法，使系统恢复正常工作能力。故障处理程序之所以设在操作系统中，一个重要的原因是它的实时性要求很高。

### 3.6.2　程序的优先级、各类程序的特点及驱动方式

程控交换机软件的最基本特点是并发性和实时性，并发性是指在系统中存在多道被激活的作业，实时性是指系统对外界出现的事件必须在规定时间内作出响应，否则将丢失有关信息而导致呼叫处理的失败。任务调度程序的功能就是根据对实时性要求的不同，按照一定的优先级调度相应的程序在处理机上运行。按照对实时性要求的不同，程序的优先级大致分为如下所述的中断级、时钟级和基本级。

#### 1. 中断级

中断级程序有两个重要特点，一个是实时性要求高，在事件发生时必须立即处理；另一个是事件发生的随机性，即事件何时发生事先无法确定。中断级程序主要用于故障处理和输入/输出处理。中断级程序由硬件中断启动，一般不通过操作系统调度。

#### 2. 时钟级

时钟级程序用于处理实时性要求较高的工作（按照一定周期执行）。按照对实时性要求的不同，时钟级程序有不同的执行周期。时钟级程序主要用来发现外部出现的事件，时钟级程序对于发现的事件并不进行处理，而是将其送入不同的优先级队列等待基本级程序处理。时钟级程序由时钟级调度程序调度执行，而时钟级调度程序是由时钟中断启动的。

#### 3. 基本级

基本级程序的功能是对外部发现的各种事件进行处理。应用程序的大部分在运行时构成进程，故基本级也称进程级。进程级程序按照其完成的任务又分为不同的优先级。一般来说，

呼叫处理各进程具有较高的优先级，管理与维护程序的大部分进程优先级较低。进程级程序由任务调度程序调度执行。

应该说明，在交换软件中的进程是符合有限状态机（FSM）模型的，即能够将每个进程都划分为若干个稳定状态，然后描述在每个状态下可能接收到的激励事件（消息）及接收到不同的激励事件时应执行的动作和下一稳定状态。进程级程序在处理机上的执行不是连续的，一个进程在某种稳定状态下，当接收到其等待的某个外部激励事件时，由操作系统调度其运行，根据其当时的状态对接收到的事件类型进行相应的处理，然后转移到下一个稳定状态下等待新的激励事件的到来。操作系统将其置为等待状态。随呼叫（或其他业务）的不断进展，对其进行处理的各进程总是走走停停，不断地从一个稳定状态进入另一个稳定状态，在状态转移中实现具体的处理，一直到进入最后一个稳定状态，进程准备终止。

### 3.6.3  时钟级程序的调度

时钟级调度程序是由时钟中断启动的。在程控交换系统中，一般都设置一个系统时钟作为软件系统的时钟基准。系统时钟是一个硬件定时器，它每隔一定周期（如8ms）产生一次时钟中断，经中断接口进行环境转换后转入中断服务程序。在时钟中断服务程序中复位监视定时器，对系统中与时间有关的故障进行检测，计算处理机的占用率，按规定的周期调度时钟级程序运行，然后转入基本级调度程序。

时钟级调度程序的功能是确定每次时钟中断时应调度哪些时钟级程序运行，以满足各种时钟级程序的不同周期性要求。通常以一种时钟中断为基准，采用时间表作为调度的依据。常用的有比特型时间表和时区型时间表这两种类型，下面主要说明采用比特型时间表调度时钟级程序的基本原理。

### 1. 表格结构

图3-37示出了比特型时间表的数据结构。在调度过程中要用到时间计数器、时间表、屏蔽表和转移表4个表格。

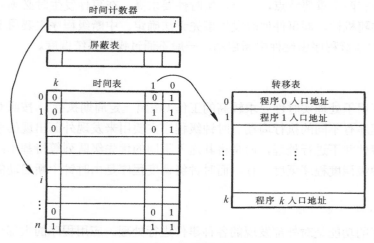

图3-37  比特型时间表

每次时钟中断到来时，时间计数器加 1，计数器的值作为时间表的行指针，计数器以时间表的行数为模进行循环计数。

时间表用来调度需执行的程序，表中每一列对应一个程序。在时间表中填入 1，表示要执行该程序；填入 0，表示不执行该程序。在时间表的某一列中填入适当的 1 或 0，就可控制对应的时钟级程序的执行周期。设时钟中断周期为 10ms，总行数 $n$ 为 16，由于表中第 0 列中每一行均为 1，表示每次时钟中断后均执行，则该程序的执行周期为 10ms，第一列中每隔一行为 1，表示该列所对应的程序的执行周期为 20ms。由于第 $k$ 列的各行中只有一个 1，且时间表的总行数为 16，故该程序的执行周期为 160ms。

从表中还可看出，一个时间表所能调度的程序数等于该时间表的列数，而时间表能够支持的不同周期数等于时间表行数 $n$ 的不同因子数。例如，一个时间表的总行数为 12，由于 12 有 6 个不同的因子：12，1，3，4，2，6，因此该时间表能支持的不同周期有 6 个。设时钟中断周期为 8ms，则该时间表能支持的不同时钟周期分别为 8ms，16ms，24ms，32ms，48ms，96ms。为了便于控制，还设置了屏蔽表，该表只有一行，表中每一列对应一个程序，若值为 1，表示允许执行该程序；若值为 0，表示不允许执行该程序。

转移表的行号对应于时间表的列号，内容是对应的时钟级程序的入口地址。

### 2. 调度程序流程

图 3-38 所示为时钟级调度程序流程图。进入时钟级调度程序时，首先取出时钟计数器值，然后将时钟计数器加 1，并判断时钟计数器加 1 后时钟计数器的值是否等于时间表行数，若等于时间表行数，则将时钟计数器清 0，使其重新指向第 0 行；然后用原时钟计数器的值为索引取出时间表中相应行的内容，将该行内容与屏蔽表的内容按位进行逻辑乘，结果中其值为 1 的位就代表了在该次时钟中断时应执行的程序。故对其进行寻 1 操作，程控交换专用处理机通常具有寻 1 指令，以提高效率。寻 1 指令的功能是从最右端开始寻 1，寻到 1 后保存其所在位号，并将寻到 1 的位清 0。如果寻到 1，则执行下一条指令，根据寻到 1 的位号检索转移表，按转移表内容调用相应时钟级程序执行，相应时钟级程序执行完毕后，返回时钟级调度程序继续进行寻 1 操作，若本次时钟中断应执行的程序已全部执行完毕，则转到基本级调度程序。

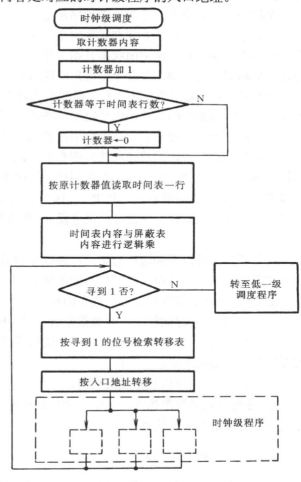

图 3-38　调度程序流程图

### 3.6.4 基本级程序的调度

基本级程序的功能是对外部发现的各种事件进行处理。应用程序的大部分在运行时构成进程，故基本级也称进程级。

**1. 进程的概念**

进程是操作系统中最重要、最基本的概念之一，它是随着多道程序的出现而引入的。在交换软件中的基本级程序都是组织成进程形式的。交换软件中的一个最基本的特点是程序的并发执行，在一部交换机上会同时有很多用户发出呼叫请求，为了处理多个用户的呼叫，要在系统中执行多道程序来分别处理不同用户发出的呼叫，这多道程序在处理机上是并发执行的。所谓并发执行，可以粗略地认为是系统中的多道程序都已开始执行，但尚未结束，而是交替地在处理机上执行的。

为了说明进程这个概念，在此引入"可再入"概念，所谓"可再入"程序是指能被多个程序同时调用的程序。它具有以下性质：它是纯代码的，即它在执行中自身不改变，调用它的各程序应提供工作区，因此可再入的程序可以同时被几个程序调用。

在程控交换系统中，呼叫处理程序常是"可再入"的程序，它可以同时对多个呼叫进行处理。假定呼叫处理程序 P 现在正在对主叫用户甲发出的呼叫请求进行处理，呼叫处理程序在发现用户甲摘机时，从空闲状态开始工作，检查用户甲的用户数据，根据其话机类型为其分配一个相应的收号器，并命令给用户甲送拨号音，呼叫处理程序 P 进入送拨号音状态等待用户甲拨号，这时处理机空闲。为了提高系统效率，利用呼叫处理程序 P 的"可再入"特性，处理用户乙发出的呼叫请求，仍从空闲状态开始工作。现在应怎样来描述呼叫处理程序 P 的状态呢？称它为在送拨号音状态等待用户拨号，还是称它为正在从空闲状态开始执行呢？呼叫处理程序只有一个，但被处理的呼叫有甲、乙两个用户，所以再以程序作为占用处理机的单位显然是不适合的。为此我们把呼叫处理程序 P 与服务对象联系起来，P 为甲服务就构成进程 $P_甲$，P 为乙服务就构成进程 $P_乙$。这两个进程虽共享程序 P，但它们可同时执行且彼此按自己的速度独立执行。现在可以说进程 $P_甲$ 在拨号状态等待，而进程 $P_乙$ 正在从空闲状态开始执行。

综上所述，可以得到这样的结论：进程是由数据和有关的程序序列组成，是程序在某个数据集上的一次运行活动。进程具有如下性质。

① 进程包含了数据和运行于其上的程序。

② 同一程序同时运行于不同数据集合上时，构成不同的进程。或者说，多个不同的进程可以包含相同的程序。一般将描述进程功能的程序称为功能描述或进程定义，将进程运行的数据集合称为功能环境。

③ 若干个进程可以是相互交往的。

④ 进程可以并发地执行。对于一个单处理机的系统来说，$m$ 个进程 $P_1$，$P_2$，…，$P_m$ 是轮流占用处理机并发地执行的。

**2. 进程的状态及其转换**

为了便于管理进程，一般说来，进程可按照在执行过程中的不同时刻的不同状态进行定义，主要有以下 3 种状态。

① 等待状态：等待某个事件的发生。

② 就绪状态：等待系统分配处理机以便运行。

③ 运行状态：占有处理机正在运行。

每个进程在执行过程中，任意时刻当且仅当处于上述 3 种状态之一。

同时，在一个进程执行过程中，它的状态将会发生改变。例如，一个正在运行的进程，在执行了一定操作而下一步的处理要等待某个外部事件的发生时，往往变成等待状态；当一个处于就绪状态的进程被分配到处理机后，它就成为运行状态了。图 3-39 说明了进程的状态转换。

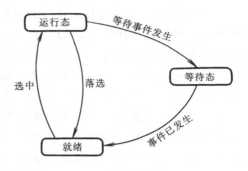

图 3-39　进程的状态转换

### 3. 进程调度

一个进程建立之后，系统为了便于对进程的管理，将系统中的所有进程按其状态组织成不同的进程队列。在系统中就存在各种优先级别的就绪队列和各种事件的等待队列。

进程调度程序的功能就是从就绪队列中挑选一个进程到处理机上运行。

（1）进程调度算法

① 先来先服务方法。其基本原则是按照就绪进程的先后顺序，选择进程占有处理机，故只需要准备一个先进先出队列即可。对于小而不太复杂的系统，使用这种方法较为合适。

② 时间片轮转法。时间片轮转法也服从先来先服务的原则，但对每个进程规定一个时间片，当该时间片用完，未执行完毕的进程也要让出处理机给下一个进程去执行。另外，也可设置多个时间片的就绪队列，对于不同类型的进程给予不同的时间片。

③ 分级调度。这种方法是将就绪进程按优先级分成多级，系统相应建立多个就绪进程队列。处理机调度时，每次先从高优先级的就绪队列中选取进程占有处理机运行，只有在高优先级的就绪队列为空时，才从低级的就绪队列中调度进程运行。进程的分级可事先规定，例如，在 NEAX61 系统中，将与呼叫处理有关的进程规定为 B1 级，将与维护管理有关的进程定义为 B2 级。进程的级别也可以事先不规定，例如，在 S1240 系统中，进程的优先级取决于该进程所接收到的消息的级别，当接收到消息的优先级越高时，相应进程的优先级也越高。

以上一些基本的调度算法，在程控交换系统中都有所应用。通常采用的是优先级与先进先出相结合的调度方法，即按照进程所执行的任务对实时性要求的不同划分为不同的优先级，在同一优先级中，按先来先服务的原则调度程序进行。在有的系统中，也对不同优先级的进程规定相应的时间片，例如，在 DMS-100 程控交换系统中，将进程的调度级分为系统操作、呼叫处理、网络操作、系统文件传递、维护、保证的后台操作、运行测量以及非保证的后台处理等不同级别。对应于每种调度类别，有一相关的就绪队列，队列由处于就绪状态的进程的进程控制块链接而成，并为不同级别的进程规定了相应的时间片，每当创建一个进程，就按照该进程的调度级别分配时间片，并将该进程分配的时间片总值写入其 PCB 中。时间片以时钟中断周期为时间单位，是时钟中断周期的整数倍。每当时钟中断发生，处理器就将正在运行的进程的时间片值减 1，如果减 1 后的余值为零，就给予一个刷新的时间片值，并将该进程编入对应的就绪队列之尾，然后转入调度程序。这表明进程的时间片用完后应暂停执行，转去调度别的进程运行。

（2）进程调度程序

图 3-40 所示为进程调度程序的示意图。在这里采用的是分级调度和先进先出相结合的调度算法。调度程序按照 $Q_1$，$Q_2$，$Q_3$ 这 3 个不同级别，依次从相应的就绪队列中按照顺序选择相应的就绪进程运行。当 3 个就绪队列都为空时，处理机进入动态停机状态，等待时钟中断。应该说明的是，由进程调度程序调度运行的进程都是可被中断的，这样做的目的是让外部中断所带来的新的外部事件能随时进入交换系统，否则一旦系统中已无任何程序可调度而外部事件（如新的呼叫等）也不能进入系统，系统将进入内部死循环。由于被调度的进程在运行时允许被中断，因此就存在一个什么时候恢复被中断的进程运行的问题。在有的程控交换系统中，在执行完中断服务程序后即恢复被中断进程的运行，然后再从最高优先级的进程开始调度。而有的系统在中断服务程序执行完后，被中断的进程暂不恢复，而从最高优先级开始调度，待执行到被中断进程所属的级别时，先恢复被中断的进程运行，然后按正常顺序调度。

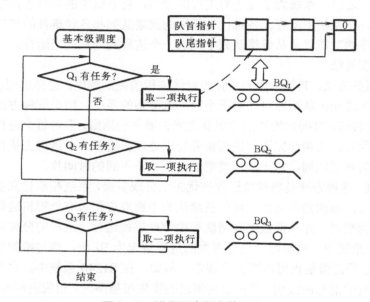

图 3-40　进程调度程序的示意图

### 3.6.5　定时管理

在呼叫处理和维护管理中，会经常出现定时要求。应用程序提出的定时要求有以下两种情况：一种是绝对时限定时，用户要求监视某个未来的绝对时间，例如，"闹钟服务"新业务，就要求在用户指定的某个绝对时间向用户振铃，某进程要求在午夜时刻统计话务量等就是使用绝对时限定时的例子；另一种是相对时限监视，即监视从用户提出要求开始的某一时间间隔，例如，久不拨号时限监视、送忙音时限监视和久不应答时限监视等。

操作系统统一管理时间资源，为各种应用进程提供时间基准，相应于绝对时限和相对时限要求，操作系统提供两种类型的定时管理，即绝对时钟管理和相对时钟管理。应用进程在运行过程中有定时要求时，可通过原语调用向操作系统提出定时要求，通过原语的执行，为应用进程分配一个时限控制块，存入应用进程提出的时限值、进程标志等相关参数，然后将时限控制块置入相应的定时队列，当定时时间到时，操作系统发出超时消息给设置定时的应用进程，并归还时限控制块。

### 1. 时限控制块

系统为了能准确地处理各种定时要求，设置了一组时限控制块（TCB），用来存入用户提出的时限要求及相关参数，作为时限处理的依据。图 3-41 示出了 S1240 系统中时限控制块（TCB）的格式，图中各主要部分的含义介绍如下。

① 双向链接区：在使用时，要把同一类型的 TCB 按要求时限值的大小组成双向链队，正向链接字和反向链接字用于链接双向链队。

② TCB 标识：每个 TCB 具有特定的号码，作为 TCB 的识别码。在 TCB 中存放该号码，可便于在链队中找到某个指定的 TCB。此外，TCB 号码还存放在提出时限要求的进程的 PCB 中，从而由 PCB 可找到其使用的 TCB。

| 正向链接 | |
|---|---|
| 反向链接 | |
| 状态 | TCB 标识 |
| 进程标志号 | |
| 时限值 | |
| 重复周期 | |
| 消息缓存器标识 | |
| 用户参数 | |

图 3-41 时限控制块（TCB）的格式

③ 进程标志号：本单元填入使用该 TCB 的进程的标志号，以便由 TCB 找到使用它的进程。

④ 时限值：对于绝对时限，填入的是指定的小时、分钟值，对于相对时限，填入的是以 100ms 为单位的数值。

### 2. 用于时限服务的原语

操作系统提供了一组与定时有关的原语，应用进程在有定时要求时，可通过原语调用来提出定时要求。与定时管理有关的几个主要原语是绝对时限请求原语、相对时限请求原语和撤销时限服务原语，下面简单介绍这几个原语的功能。

（1）绝对时限请求原语

应用进程提出绝对时限要求时，可调用绝对时限定时请求原语。调用前，应用进程应将所要求的绝对时限（包含小时和分钟）置于一存储单元，并将指向此存储单元的指针作为调用参数，调用时的另一个参数也是指针，指向某存储单元，原语执行时将所分配的 TCB 标识写入该存储单元，以便该进程能找到其所使用的 TCB。

用户调用该原语时产生软件中断，通过进程管理进入绝对时限服务原语过程运行，其主要操作介绍如下。

① 通过存储管理从 TCB 空闲队列中分配一个 TCB，将标志号写入 TCB 中，并将 TCB 标志号存放在用户指定的存储单元，将调用进程的标志号写入 TCB。

② 将绝对时限值从用户存储单元读出并存入 TCB 中。

③ 按绝对时限值将该 TCB 按时间顺序插入绝对时限队列，如图 3-42 所示。为插入绝对时限队列，要从该队列之首开始搜寻，直到发现 TCB 的时限值小于或等于队列中某个 TCB 的时限值时，将 TCB 插入此处。

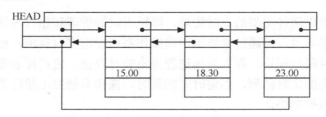

图 3-42　绝对时限队列

（2）相对时限请求原语

调用相对时限请求原语时的主要参数也是两个地址指针：一个指向存放相对时限的存储单元，相对时限值是以 100ms 为单位的数值；另一个指针也指向一个存储单元，由原语执行时将所分配的 TCB 号码填入，作为返回值。进入相对时限服务原语后的操作与绝对时限服务原语相似，不同的是应将 TCB 插入相对时限队列。

相对时限队列中的 TCB 也是按时间次序排队，如图 3-43 所示。应注意到在该队列中每个时限控制块 TCB 中的时限值＝（该时限控制块中的时限值＋排在该时限控制块前面的时限控制块中的值的累加和）×系统对相对时限队列的处理周期。这样，每到时限检查时刻，只要对链队中第一个时限控制块中的时限值执行减 1 操作即可。

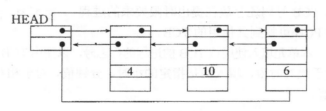

图 3-43　相对时限队列

设系统每 100ms 对相对时限队列进行 1 次处理，在图 3-43 所示的相对时限队列中第 1 个 TCB 的相对时限值＝4×100＝400ms，第 2 个 TCB 的相对时限值＝（4＋10）×100＝1 400 ms，第 3 个 TCB 的相对时限值＝（4＋10＋6）×100＝2 000 ms。

（3）撤销时限的原语

无论是绝对时限要求还是相对时限要求，应用进程均可使用撤销时限原语取消定时监视。在调用时，应用进程应给出的调用参数是指向存放 TCB 标识的存储单元的指针。

撤销时限原语的操作是根据应用进程给出的 TCB 号在相应队列查找此 TCB，将此 TCB 从定时队列中取出归还到空闲链队。对于相对时限队列来说，在删除该 TCB 后，应该调整队列中排在其后面一个 TCB 中的时限值。

### 3. 对时限服务请求的处理

（1）绝对时限处理

绝对时限处理程序由任务调度程序调度，每分钟执行一次。绝对时限事件处理程序的主要工作就是检查绝对时钟队列，将绝对时钟队列中第 1 个 TCB 中登记的绝对时限值与当前时钟值进行比较，以判断是否出现超时事件。若当前时钟值小于 TCB 中的登记值，则说明定时时间未到，由于绝对时钟队列是按照绝对时限值大小顺序排列的，所以当第 1 个 TCB 的绝对时限值未到，其后的 TCB 中的登记时间也肯定未超时，则操作结束返回。若当前钟时值等于 TCB 中登记的时间值，则说明出现了超时事件，则根据 TCB 中登记的进程号码，向发出时限要求的进程发送超时消息，并将该 TCB 从定时队列移出，编入空闲队列。由于队列中下一个 TCB 中登记的时限值与原来排在队首的 TCB 中的时限值可能相同，所以在处理了一个超时的 TCB 后，还要对下一个 TCB 进行检查，其处理方式与上述相同，直到未发现超时程序返回。

（2）相对时限处理

相对时限处理程序由任务调度程序调度，以 100ms 的周期运行，对相对时限队列进行检查。该程序将相对时限队列中第 1 个 TCB 中的时延值减 1，然后判断其值是否为 0，若不为 0，表明时限未到，程序结束返回；若为 0，表明时限已到，则根据该 TCB 中登记的进程号向提出相对时限的进程发送超时消息，并将该 TCB 从定时队列取出，编入空闲 TCB 队列，接着检查队列中下一个 TCB 中的时限值是否为 0，若为 0，重复以上操作，若不为 0，结束返回。

**4．定时处理的两个阶段**

从以上的叙述可看出，对定时的管理可分为如下所述的两个主要的处理阶段。

① 应用进程有定时要求时，可利用定时请求原语向操作系统发出定时请求，操作系统根据应用进程的定时要求给应用进程分配 TCB，将应用进程的标志号和定时时间写入 TCB，然后将 TCB 插入相应的定时队列。

② 操作系统定时检查定时队列，当发现队列中某个 TCB 中登记的定时时间到时，根据该 TCB 中登记的进程号码向该进程发送超时消息。

## 3.7  呼叫处理程序

### 3.7.1  呼叫处理的基本原理

呼叫处理程序负责呼叫的建立、监督、撤销及呼叫处理过程中的一些其他处理。呼叫处理程序是最能体现交换机特色的软件，在呼叫处理过程中，交换软件的两个基本特点（实时性和并发性）都有所体现。呼叫处理程序在整个交换机运行软件中所占的比例并不多，但其运行十分频繁，占用处理机的时间最多。

一次普通电话呼叫的处理过程并不复杂，它包括摘机检测、收号、接续并启动计费、挂机监测、拆除接续链路和输出计费数据等操作，即使考虑呼叫过程中的各种异常情况，呼叫处理过程也不十分复杂。但是，一台交换机连接着许多用户线和中继线，在同一时刻会有许多用户同时进行呼叫，而对于每一个呼叫，从摘机呼出到通话结束，要做许多不同工作，有些工作还有一定的实时性要求，如不及时处理，便会造成接续错误或降低服务质量，即使对于多处理机并采用分散控制的程控交换机来说，每个处理机按照分工也担负着大量的处理任务，也会同时面对多个呼叫处理请求。而每一个处理机在同一时刻只能干一件事，这样就产生了矛盾。要使处理机能很好地对整个交换机进行控制，就必须解决以下两个问题。

① 必须解决多个呼叫同时要求一个处理机进行处理和处理机在同一时刻只能干一件事的矛盾，即呼叫处理程序必须具有并发性。

② 采用什么方法把要处理的各种事情都互不影响地加以处理,而其中有些处理还必须在规定的时间内完成,即呼叫处理程序必须具有实时性。

为了解决这些问题,首先必须弄清楚电话交换有哪些特点,处理机有哪些长处,以便采取相应措施解决以上问题。为此,让我们先看一下交换机对一次局内呼叫的处理过程。

### 1. 用户呼出阶段

交换机必须能随时发现用户摘机呼叫,发现用户呼叫时,交换机将用户线接到收号器,并向用户送拨号音。

### 2. 数字接收与分析阶段

此阶段是呼叫处理任务最繁重的一个阶段,交换机按一定周期接收用户所拨号码。如果用户使用的是号盘话机,则每次读一个脉冲,数字扫描程序负责把所接收到的脉冲装配成数字;如果使用双音多频话机,一次扫描可得一个数字。

呼叫处理程序把所接收到的数字储存起来,当收到的数字个数达到一定的位数时进行数字分析。数字分析分为两个阶段:第一个阶段称为前缀分析,通常在收到 2～3 位时进行,以确定被叫用户是本局呼叫还是出局呼叫,如果是本局用户,则确定尚需接收的数字个数;第二个阶段是数字翻译,当被叫是本局用户时,在收齐被叫号码后,将电话号码翻译成被叫用户的设备码。

### 3. 通话建立阶段

将被叫用户置忙,以防其他用户占用,然后在交换网络寻找一条能连接主、被叫的空闲通路,将找到的通路置忙,接着向主叫送回铃音,向被叫用户振铃。

### 4. 通话阶段

在扫描程序检测到被叫摘机后,呼叫处理程序立即切断铃流和回铃音,然后按照预先选定的通路将主、被叫接通,并启动计费,进入通话阶段。进入通话阶段后,呼叫处理程序只需按一定周期检测主、被叫是否挂机。

### 5. 呼叫撤销阶段

如果发现主叫或被叫挂机,呼叫处理进入撤销阶段。在此阶段,向尚未挂机的用户送忙音,在主、被叫全挂机后将本次呼叫占用的全部资源归还给系统,本次呼叫处理即告结束。

认真分析交换机对一个呼叫的处理过程从中可以看出,一个通话接续从开始到结束可以分成若干个阶段,由于处理机工作速度很快,对每个阶段的处理只需耗费处理机很短的时间,每个阶段都会被等待外部事件的时间分隔开,这些等待时间可能持续到超过 20 s 之久。如果让处理机连续地为一个呼叫服务,即等到外部设备动作后或等用户进行下一步操作之后再接着进行这个呼叫的下一步处理,则处理机的大部分时间将处于等待状态而不进行任何工作。与此同时,由于呼叫的随机性,可能有很多呼叫要求处理机为其服务,这样就会出现极不合理现象,一方面处理机无事干,另一方面又有很多呼叫不能得到及时服务。为克服这种不合理的现象,就要令处理机以多道程序方式工作,对若干个呼叫"同时"进行处理,这里的"同时"是从宏观的角度,或者说是从用户感觉的角度来衡量的。实际的工作方式是从时间上对处理机进行分割，让其在不同的时间阶段为不同的呼叫服务。例如，在某一个很短的时间间隔内，几个呼叫（A，B，C）都要求处理机为它们服务，处理机先为呼叫 A 服务，当处理呼叫 A 的程序执行到呼叫 A 处于一个稳定状态时，就转而去为呼叫 B 服务，在呼叫 B 处于稳定状态时，再去为呼叫 C 服务……也就是说，不连续为一个呼叫服务，等到呼叫 A 再提出处理要求时，再回过头来为它服务。这样安排处理机的工作，可以避免一个呼叫长期连续占用处理机，而形成许多呼叫按时间分割使用处理机，多个呼叫处理穿插进行的局面，使处理机的能力得以充分发挥，多个呼叫的要求都得到满足。

　　呼叫处理程序的主要功能是完成对各种类型呼叫的处理。交换机的基本工作过程是以状态和状态间的迁移为基础的。最基本的交换过程可表述为用户空闲状态、等待拨号状态、收号状态、振铃状态、通话状态，最后又回到用户空闲状态的迁移。用户从一种状态变化到另一种状态总是由某种外界事件的触发启动的，例如，用户从空闲状态转移到等待拨号状态，是由于发生了用户摘机事件，当交换机扫描到用户摘机呼叫事件时，根据该用户在交换机中的设备安装位置（即设备码）从数据库中取得该用户的各种数据，将此用户连接到一个空闲的收号器上，并向此用户发送拨号音，然后转入等待拨号状态，准备接收该用户的拨号。交换机对一个呼叫的处理过程总是由对应于该呼叫的外部事件触发，然后根据该用户当时的状态和接收到的事件类型执行相应的作业。作业中有对处理机内部数据的处理、对硬件的驱动、向其他处理机发出信号和形成新的事件以触发新的状态转移，每次状态的迁移都终止于一种新的状态。在程控交换机中一次完整的接续，是由众多状态之间的迁移构成的。处理机对某个接续的服务仅集中在对事件的检测以及状态迁移过程中的作业执行。每个作业之间都可能被等待一个新的外部事件所需的时间分隔开，每当呼叫处理在等待一个外部事件时，其相应的处理就暂时停顿下来，处理机则去为其他接续服务。这种机制保证了一个处理机可同时为大量的呼叫接续服务。由于处理机不能用一个连续的作业来完成对一个呼叫的处理，因此处理机必须把对一个呼叫处理的来龙去脉保存在相应的数据表格中。在接续过程中用于保存呼叫信息的数据表格主要有两类：一类称为呼叫控制表，该表在开始建立一个呼叫时被占用，随着呼叫终止而被释放。呼叫控制表记录某次接续中有关主叫用户、被叫用户的各项信息以及该次接续所处的状态，占用的硬件资源（通话路由、中继器号等）以及通话时长等各项信息。这些信息不仅为完成一次接续所必须，而且是通话计费以及各种话务统计的原始数据。另一类称为设备表，每个设备都有其相应的表格，如中继器表、收号器表和发号器表等，每张表格记录了相应设备的状态（如空闲、占用或闭塞）、相应设备的逻辑号与物理位置、占用相应设备的呼叫控制表号码等信息。

　　由于处理机同时为众多的呼叫服务，即从宏观上看，在处理机中同时建有为多个接续服务的作业，因此必须对交换机中的全部作业进行管理，及时调度接收到外部事件的作业运行。图 3-44 示出了分配和管理作业的流程。每个作业都是由外部事件启动的，事件产生的原因可以是硬件的动作（如用户摘机），从其他处理机通过机间通信接收的信号以及作业执行中形成的事件等。处理机通过中断（包括交换机中软、硬件或系统时钟引起的中断）启动事件扫描程序运行，以便及时发现各种外部事件。对于所发现的事件，扫描程序并不处理，而是将事件按照不同的性质分类，登记在不同的队列中等待处理，在事件登记表中主要包含两大类信息，一类是产生事件的设备标识，另一类是所发生的事件代码。事件扫描程序结束时转入作业调度程序。调度程序按照预先规定的优先级别，依次从各队列中取出事件登记表，根据事件登记表中的设备标识找到相应的呼叫控制表，利用呼叫的当前状态和新发生的事件为参数查表，得到应执行的程序名，然后转入相应的程序执行，完成对相应事件的处理，当此次迁移中的处理执行完毕后，呼叫转移到一个新的状态，相应的信息存入其对应的呼叫控制表后对该接续的处理暂停，调度程序又从队列中调度下一个作业运行。当队列中所有事件都处理完毕后，处理机就处于动态停机状态，等待下一个时钟中断到来。在时钟中断到来后，又重新启动事件扫描程序，以便发现新的事件。

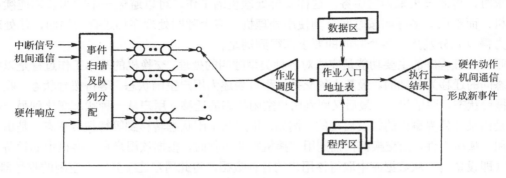

图 3-44 交换系统中作业处理的一般流程

### 3.7.2 呼叫处理程序的基本组成及层次结构

呼叫处理程序由处于 3 个不同层次的软件模块组成，每个模块完成一定的功能，高层软件由低层提供支持。图 3-45 示出了呼叫处理程序的分层结构。

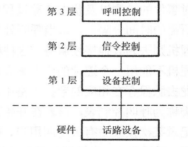

第 1 个层次是设备控制程序（硬件接口程序），它们是终端硬件设备与信令程序、呼叫控制程序之间的接口软件。其主要功能是定期搜集电路的状态信息，并以事件形式报告给信令处理软件；反之，接收呼叫控制程序或信令处理程序发出的逻辑命令，并将其译成电路的工作命令，用以驱动硬件电路动作。硬件接口程序一般都具有较高的实时性要求，特别是识别外部状态变化的各种扫描程序更有较高的优先级，例如，用户摘、挂机扫描以及数字扫描、线

图 3-45 呼叫处理程序的分层结构

路信号扫描程序等。这些程序一般都是时钟级程序，由操作系统按照一定的周期调度执行，以便及时发现外部设备的状态变化。硬件接口程序在运行过程中发现外部设备状态变化时，一般并不进行处理，而是将其送入相应的事件（消息）队列，等待信令处理程序处理。

处于第 2 个层次的软件主要是信令处理程序。信令处理程序的主要功能是将外部电路的状态变化译成相应的电话信令。信令处理软件是由事件驱动的，它接收硬件接口程序送来的事件报告，将其译成标准的电话消息报告给呼叫控制程序，并根据呼叫控制程序发来的命令控制信令的传送。典型的信令处理程序有用户线信令处理程序、出中继线路信令处理程序、入中继线路信令处理程序、多频互控记发器信号接收（发送）程序等。处于第 2 个层次的软件还有电话资源管理程序、计费程序等。电话资源管理程序的功能主要是负责管理中继线、收号器、发号器等公用设备的忙闲状态，数字交换网络中各通路的忙闲状态等。计费程序提供有关呼叫和各种业务的计费功能，完成市话账单、长话账单等的记录。

处于第 3 个层次的主要有呼叫控制程序和呼叫服务程序。呼叫控制程序是呼叫处理程序

的中枢。在上一节里已经说明，无论何种类型的呼叫处理都是以状态迁移为中心进行的。呼叫控制程序的主要功能是对呼叫的当前状态和接收到的事件信息进行分析，调用相应的处理程序运行，对接收到的事件进行处理，并协调各软件模块的工作，从而控制呼叫的进展。呼叫服务程序的主要功能是根据呼叫控制程序的要求检索数据库，为呼叫接续提供相关数据。呼叫服务程序主要是分析程序，例如，数字分析、路由选择等。

### 3.7.3 呼叫处理中用到的数据

在呼叫处理过程中要用到大量的数据，这些数据可分为暂时性数据和半固定数据两类。

#### 1. 暂时性数据

暂时性数据又称为动态数据，这些数据是在呼叫处理过程中产生的，它们描述了呼叫的进展情况、相应设备的状态及各设备之间的动态链接关系。随着呼叫的进展，这些数据被呼叫处理程序不断修改。从功能的观点来看，有 3 种暂时性数据：记录一个呼叫工作情况的数据、说明各种设备工作状态的数据和说明系统中电话资源状态的数据。

（1）呼叫控制块

呼叫控制块中详细记录了一个呼叫的相关信息，例如，呼叫的状态、主叫用户信息、被叫用户信息、呼叫过程中占用的各种公用设备（如记发器、中继器、交换链路）及相应连接关系、呼叫的开始时间、应答时间、计费存储器指针等内容。呼叫控制块对应于每一个呼叫，在每一个呼叫建立时，都要申请一个空闲的呼叫控制块，在呼叫释放时归还，呼叫控制块由呼叫控制程序处理。图 3-46 示出了某系统使用的呼叫控制块的结构。

| |
|---|
| 链接指针 |
| 呼叫状态 |
| 主叫用户设备码 |
| 主叫用户数据 |
| 被叫设备码 |
| 被叫用户数据 |
| 主叫所拨电话号码 |
| 出入中继设备号 |
| 占用交换网络的时隙号 |
| 定时器号码 |
| 时间信息 |
| 计费存储器号 |
| 杂项信息 |

图 3-46 呼叫控制块结构

（2）设备表

每个设备都有其相应的表格，用来记录该设备的状态、相应设备的逻辑号和设备号、占用该设备的呼叫控制块的号码以及该设备处理中需要的信息等内容。不同的设备有其相应的设备表。例如，用户线存储器用来存储用户线的状态（忙、闲、阻塞等）、振铃标志等信息，发号器存储器用于存储需发送的号码及发送状态等信息，中继线存储器用来存储中继线的状态、中继线的类型及线路信令的收、发情况等信息。

（3）资源状态表

在程控交换系统中，有很多的电话资源，如收号器、发号器、出中继器和交换网络链路等，这些资源可能处于若干状态中的一种（空闲、忙、阻塞等），描述状态的数据用来说明全部系统资源的状态。主要的状态表有线路状态表、服务电路状态表和交换网络链路状态表等。

线路状态表记录了用户线和中继线的状态。呼叫处理程序通过把某空闲线路在此表中的相应位置忙来占用该线路，释放时则置闲。

服务电路状态表记录了系统中各公用服务电路（如收号器、发号器等）的状态，当要占用某公用电路时，就在此表中找出一个处于空闲状态的电路，并把它置忙，在归还时置闲。

交换网络链接状态表记录了各链路的忙/闲状态。为在交换网络中寻找一条空闲通路，呼叫处理程序必须知道交换网络中各动态链路的状态，该表是按便于寻找通路的方式编排的，在需要完成某个接续时，呼叫处理程序根据主、被叫所在位置，通过查找此表在交换网络中寻找一条能连接主、被叫的空闲通路，并把其中的各动态链路置忙来占用该通路。

**2. 半固定数据**

半固定数据用以描述交换机的硬件配置和运行环境。半固定数据又分为用户数据和局数据。在呼叫处理的各个不同阶段，呼叫处理程序都要查询相应的用户数据和局数据，根据已定义的用户数据和局数据对接收到的信号进行分析，从而进行不同的处理。一般来说，呼叫处理程序对用户数据和局数据只能查询，维护管理人员可通过人机命令对用户数据和局数据进行修改。

（1）用户数据

用户数据描述了用户的全部信息，每一个用户都有自己的用户数据。用户数据主要包括以下内容。

① 用户电话号码及设备码。

② 用户使用状况。

③ 用户线类别（如普通、投币、用户交换机等）。

④ 用户发话等级。

⑤ 用户话机类型。

⑥ 新业务使用情况。

⑦ 计费类别。

下面以 F-150 程控交换系统中的用户数据为例进行说明。

在 F-150 系统中，用户数据分为去话数据（ORIG）和来话数据（TERM）。图 3-47 示出了在 F-150 系统中用户去话数据的结构。

ORIG 共占 10 个字，每字 32bit。ORIG 是由用户设备码来索引的。其中，ST 为用户使用状态，ST 的取值为 0~7，分别代表用户状态为未使用、正常使用、发话限制、来话限制和临时拆机等。CATEG 为用户类别，包括三方面数据：用户等级（CLS）、发话等级（OG）和话机类别（TEC）。CLS 用来说明用户线性质（如普通用户线、投币电话线、用户小交换机中继线、数据传真线等），OG 说明了用户的发话等级（如市话、人工长途、自动长途等），TEC 说明用户话机类别（如拨号盘话机、双音频话机等）。

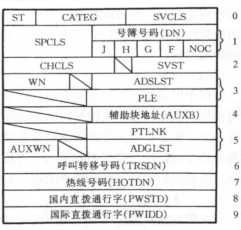

图 3-47　用户去话数据结构

SVCLS 为用户业务等级，说明了允许该用户使用的新业务类型，该项有若干位，每位代表一种新业务，当某位为 1 时，表示允许使用该项新业务。

SVST 为新业务使用状态，该项同样占若干位，每位代表一种新业务，当用户登记使用某项新业务时，就将相应位置 1。

WN 为缩位表长度，说明了该用户在缩位表中所占用的单元数，ADSLST 为缩位表指针，说明了该用户在缩位表中占用的第一个单元的偏移地址。

来话数据（TERM）由用户电话号码索引，在来话数据中存有该用户的设备号、用户状态、呼叫转移登记指示和恶意呼叫追查指示等内容。

在呼叫处理过程中，呼叫处理程序可利用主叫用户设备码查到主叫用户的去话数据，利用被叫电话号码查到被叫用户的来话数据，进而查到其去话数据。查到的用户数据（主叫与被叫）都要送到对应于该呼叫的呼叫控制块中，以便根据这些数据对呼叫进行相应处理。

（2）局数据

局数据主要有数字分析表、路由和中继数据、计费数据等。

① 数字分析表。

前缀分析表：该表用电话号码的前几位为索引，分析结果包括呼叫类型（本地、局间、国内长途、国际长途等），尚需接收的电话号码位数，某字冠对应的路由索引、计费索引等。

地址翻译表：此表以前缀分析表中得到的等效千位号或等效万位号及电话号码的后几位为索引查表，由此表可得到被叫用户的设备码。

② 路由、中继数据。路由、中继数据主要用来说明各个出局局向的路由数，每个路由的中继群数，中继群内的中继线数及中继线的类型、信号方式、物理地址等。

③ 计费数据。计费数据用来确定到不同目的地的费率、计费方式、节假日的费率以及一天中不同时间段的费率等数据。

### 3.7.4 信令处理程序

信令处理程序用于控制信令的发送和接收，与不同的信令方式相对应，设置有相应的信令处理程序，用来完成对不同信令系统的各种规程处理。信令处理程序可分为模拟用户线信令处理程序、中继线路信令处理程序、记发器信令接收程序和记发器信令发送程序、No.7 信令处理程序、数字用户线信令处理程序等。

#### 1．模拟用户线信令处理程序

模拟用户线信令处理程序由两大部分组成，一部分是时钟级的扫描程序，主要有用户摘、挂机扫描程序以及拨号脉冲数字接收程序和 DTMF 收号程序。扫描程序由时钟级调度程序按一定周期调度运行，对用户线的状态进行监测，当发现用户线的状态改变或接收到一位号码时，将相应事件送入队列向用户线处理进程报告。用户线处理进程的基本任务是管理用户状态的迁移，接收扫描程序送来的事件报告，将其译为标准的电话消息向呼叫控制进程报告，并根据呼叫控制进程的命令，控制用户线接口电路的动作。用户线处理进程是基本级的程序，由队列启动执行。

（1）用户摘、挂机扫描程序

用户摘、挂机扫描程序负责检测用户线的状态变化。用户摘机时，用户环路为闭合状态；用户挂机时，用户环路为断开状态。系统中设有用户电路扫描存储器，每个用户占一位，用来表示该用户线的通断情况。由于用户线的状态变化是随机的，交换机硬件按一定周期将用户线的通、断情况写入扫描存储器。用户摘、挂机扫描程序按一定周期对用户扫描存储器状态进行扫描。由于要满足用户摘机后 1s 内送出拨号音的要求，交换机应尽快对摘机事件作出反应。因此，摘、挂机扫描周期一般定为 100ms 左右。

设本次扫描值为 SCN，上次扫描值为 LL，0 表示回路断开，1 表示回路闭合，则检测摘机事件的逻辑运算为

$$\overline{LL} \wedge SCN = 1$$

检测挂机事件的逻辑运算为

$$LL \wedge \overline{SCN} = 1$$

由于每个用户摘、挂机状态数据只占一个二进制位，所以实际处理时可采用群处理方法，即每次对一组用户进行检测。例如，8 位处理机每次可对 8 个用户的状态进行检测。图 3-48 示出了用群处理方法对用户组进行摘、挂机扫描的流程图。程序运行时依次对指定用户组的状态进行检查，在扫描中发现一组用户中有发生状态变化的用户时，要根据扫描的是哪一组用户和寻到"1"的是哪一个比特来确定用户的设备码，并将相应事件登记到摘机事件队列或挂机事件队列，在事件报告中包含事件的号码及发生此事件的用户设备码。

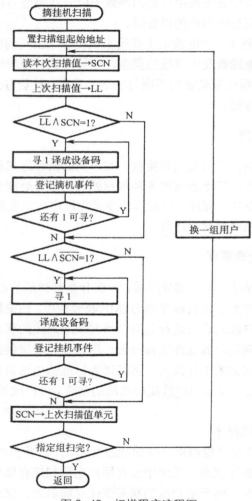

图 3-48　扫描程序流程图

（2）拨号数字的接收

模拟用户线的地址信令有直流拨号脉冲和双音多频两种方式。下面主要说明双音多频信令的接收。

按钮话机送出的拨号号码由两个音频组成，这两个音频分别属于高频组和低频组。拨号数字与频率的对应关系可参见第 1 章表 1-1。

图 3-49 给出了一种双音多频收号器的接口电路，在这里采用的是模拟收号器。由于双音多频信号是在话路中传送的，在数字交换机中，用户按钮话机发出的双音模拟信号在用户电路被转换成了 PCM 信号，经数字交换网络传送到收号器，因此在解码之前要先进行数/模转换，将信号还原为原始的模拟双音信号。还原后的信号经过高通和低通滤波器分离为两组，再由带通滤波器进一步滤出每个单频分量。当带通滤波器检测到相应的频率分量后产生输出，经检波电路转换为直流高电平送给解码逻辑电路。解码逻辑电路对各个检波器输出的信号进行判断，当发现高、低频率组中各有一个有效频率出现时，就将其译成 4 位的二进制数据。为了防止信道中的话音或其他干扰偶然模拟 DTMF 信号，造成检波器的伪输出，通常要求检测到的双音信号要持续出现一定时间才确定相应号码出现。解码电路有一状态输出端 SP，当收号电路接收到有效的双音信号持续出现规定的时间后，该输出端为逻辑高电平，表示其输出锁存器中存有与该双音信号对应的四位二进制数。当线路上的双音信号消失了一定时间后，该输出端为逻辑低电平。现已出现了各种专用的 DTMF 收、发器集成电路，如 MITEL 公司的 MT8870、MT8880 等。在数字交换机中使用模拟收号器，需要将来自数字交换网络的 PCM 信号还原成模拟信号，才能由模拟收号器识别，这种方法并不理想。因此，模拟收号器一般只在模拟程控交换机和小型数字程控交换机上使用。在局用数字程控交换机上，一般都采用数字滤波器直接对多频信号的 PCM 编码进行识别，由数字逻辑电路将识别到的双音多频信号编码为二进制数字输出，由数字扫描程序接收。

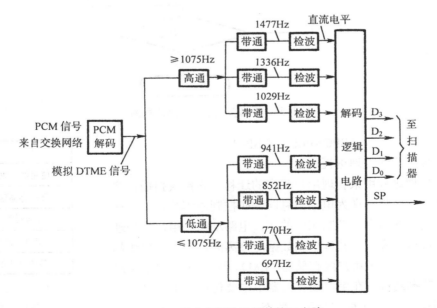

图 3-49　双音多频收号器的接口电路

　　由于双音多频信号的传送时长规定大于 40ms，所以双音多频接收程序的运行周期约为 20ms。图 3-50 示出了双音多频接收程序的流程图。双音多频接收程序每隔 20ms 运行一次，启动后依次对每个双音收号器进行检查，当发现某个收号器处于工作状态时，就对其接收电路进行扫描，首先检查其状态端 SP，若 SP 端前沿出现，说明该收号器已接收到一位号码，于是就将号码读出，并将接收到的号码送入相应队列，以便由上一级程序对接收到的号码进行处理。设 SP 代表信号出现，SPLL 为 SP 端上一次扫描时的值，判断信号出现的逻辑表达式如下所示。

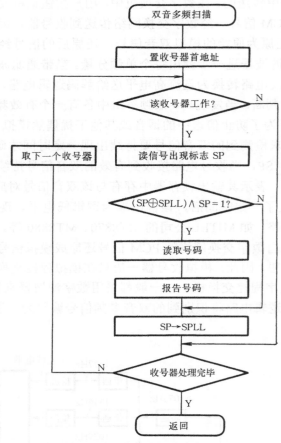

图 3-50　双音多频接收程序流程图

$$（SP \oplus SPLL）\wedge SP=1$$

（3）模拟用户线处理进程

　　用户线处理进程用来管理用户状态的迁移。它接收扫描程序送来的事件报告，将其译为电话消息向呼叫控制进程报告，并根据呼叫控制进程的命令，控制相应的接口电路动作。用户线处理进程是一个可再入程序，其程序和数据是分离的，每条用户线都有其私用的工作区——用户线存储器（LM）。图 3-51 示出了用户线存储器的数据结构，在用户线存储器中主要包括以下信息。

　　① 状态信息：记录用户当时的状态。

| 状　　　态 |
| --- |
| 使用的记发器号 |
| 号码存储区指针 |
| 信令分配信息 |
| 定时控制块号 |
| 呼叫控制块号码 |

图 3-51　用户线存储器的
数据结构

② 记发器号码：在收号阶段，将为用户分配相应的收号器，该处记录其号码，以便在收号完毕后归还。

③ 号码存储区指针：在收号阶段，用户线管理程序要申请一个空闲的存储块，用来存储接收到的号码，此处用来存放指向号码存储区的指针。

④ 信令分配信息：用来记录对该用户线的驱动信息。

⑤ 呼叫控制块号码：用来记录该用户线使用的呼叫控制块号码，用户线处理进程向呼叫控制进程发送的消息中，应包括与该用户线对应的呼叫控制块的号码，以便任务调度程序将此消息发送给与此用户线对应的呼叫控制进程。

图 3-52 给出了用户线处理进程从"空闲"状态至"等待数字分析"状态的简化 SDL/GR 图。

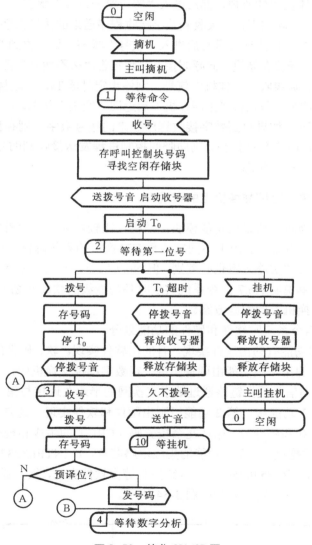

图 3-52　简化 SDL/GR 图

在"空闲"状态下如果收到摘、挂机扫描程序送来的"摘机"报告，则向呼叫控制程序报告摘机事件，由于此时对应于该用户线的呼叫控制进程还未激活，所以此时发送的是一条

"基本消息"，然后进入"等待命令"状态。

在"等待命令"状态下收到呼叫控制进程送来的"收号"命令时，将该呼叫控制进程使用的呼叫控制块号码记录在用户线存储器（LM）中，并寻找一个空闲存储块用于存储号码，按照命令中给出的参数启动一个空闲的收号器，并将此收号器的设备码写入 LM。如果要接收的是拨号脉冲，启动脉冲收号器的工作就将该用户线的设备码写入脉冲收号存储器，并将其活动位置位；如果要接收双音多频信号，除了完成上述工作外，还要控制将该用户线与选定的收号器连接，并向用户送拨号音，在数字程控交换机中，所有的信号音（铃流除外）都是数字的，由集中的数字音信号发生器产生，经过数字交换网中的半固定连接，接入数字交换网输出端的某几个时隙，要向用户送拨号音，只需控制将拨号音所占用的时隙与该用户线时隙接通。启动定时器 $T_0$ 作为用户久不拨号的监视，然后进入"等待第一位号"状态。

在"等待第一位号"状态下，如果收到数字接收程序送来的拨号数字，则将数字送入号码存储区，停止定时器 $T_0$，停止送拨号音后进入"收号"状态。如果收到 $T_0$ 超时消息，则停送拨号音，释放收号器，释放存储块，向呼叫控制进程报告"久不拨号"消息，向用户送忙音后进入"送忙音"状态。如果收到"挂机"信号，则停止定时器 $T_0$，停送拨号音，释放收号器，释放存储块，向呼叫控制进程报告"主叫挂机"后返回"空闲"状态。

在"收号"状态下，如果收到数字接收程序送来的拨号数字，则存储号码，并判断是否收齐预译位数，如果已收齐预译位数，则向呼叫控制进程发送接收到的号码，请求数字分析，然后转入"等待数字分析"状态。

**2．No.7 信令系统在程控交换机上的实现**

由于数字程控交换机一般采用功能模块化结构，比较容易在交换机中引入 No.7 信令方式，以取代各种随路信令方式。由于不同制式数字交换机的系统总体设计结构不同，No.7 信令方式在交换机上的具体实施方案也有差别，但 No.7 信令各级功能实施时软、硬件功能划分是类似的。下面先简单说明 No.7 信令系统实现时各功能级的软硬件划分，然后介绍 No.7 信令系统在两种程控交换机上的实施方案。

（1）实施 No.7 信令系统时软件和硬件的功能划分

No.7 信令系统的功能有的由硬件实现，有的由软件实现。软、硬件的功能划分如图 3-53 所示。No.7 信令系统的第 1 级功能由硬件实现，在数字程控交换机中，一般由数字中继线中的一条 64kbit/s 的双向信号数据链路通过数字交换网的半永久连接与第 2 功能级的实体（信号终端）连接作为第 1 功能级。第 2 功能级则由硬件和软件实现。通常，第 2 级中标记符 F 的产生和检测，插入 0 和删除 0，循环冗余校验码（CRC）的生成和校验由硬件实现，可采用具有 HDLC（高级数据链路控制）功能的集成电路芯片，如 INTEL8237 通用集成电路芯片。而发送控制、接收控制、链路状态控制、差错控制等由软件实现，软件通常是储存在 EPROM 中的固件。第 2 级软、硬件功能划分如图 3-54 所示。

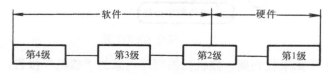

图 3-53　No.7 信令系统的软、硬件功能划分

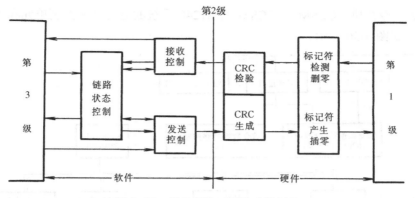

图 3-54　第 2 级软、硬件功能划分

第 3 级和第 4 级的功能由软件实现，其具体实施方案在各种制式的交换机上不太相同。例如，在 F-150 数字程控交换机中，No.7 信令系统的第 1 级功能由数字终端（DT）和数字交换模块实现，第 2 级功能由共路信令设备（CSE）中的硬件和软件实现，第 3 级功能和第 4 级功能由呼叫处理机（CPR）中的软件实现。而在 S1240 程控交换机中，由公共信道信号模块（CCSM）完成第 2 功能级和部分第 3 功能级（消息处理）的功能，第 3 功能级的信号网络管理和操作维护则由系统（ACE）中的软件完成，第 4 功能级电话用户部分（TUP）则由数字中继模块（DTM）中的软件完成。

（2）No.7 信令在 S1240 系统上的实现

由于 S1240 系统采用全分散控制方式，使得 No.7 信令方式的引入比较容易，只要在 S1240 交换机中增加公共信道号模块（CCSM）和 No.7 信令系统辅助控制单元（SACE N7），扩充维护管理模块（M&P）和数字中继模块（DTM）中的软件，即可实现 No.7 信令方式各个功能级的功能。图 3-55 示出了各个功能级在 S1240 系统中的分布示意图。

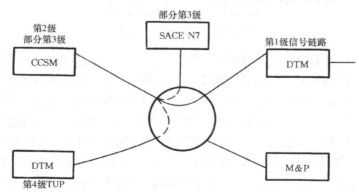

图 3-55　No.7 各功能级在 S1240 系统中的分布示意图

No.7 信令的第 1 级功能是数字中继模块（DTM）和公共信道信令模块（CCSM）之间通过数字交换网络 DSN 中的半永久通路相连的一个时隙，即一个 64kbit/s 的数据通道。

第 2 级信号链路功能由 CCMS 信号终端中的硬件和软件实现。

第 3 级的消息处理功能由 CCSM 中的软件实现，信号网管理功能由 SACE N7 中的软件实现。

第 4 级电话用户（TUP）功能由储存在 DTM 中的软件实现。

① No.7 信令模块（CCSM）。CCSM 由 S1240 系统的通用终端控制单元和 No.7 专用信号终端构成，如图 3-56 所示。

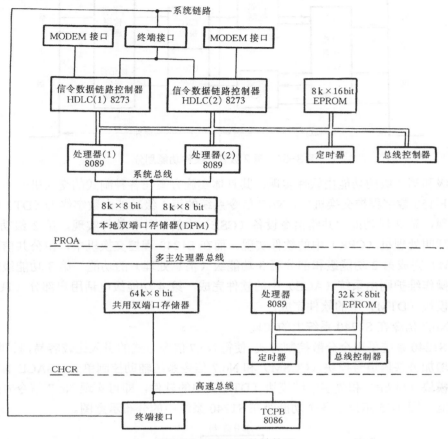

图 3-56　CCSM 硬件结构图

信号终端由公共通道控制板（CHCR）和信号 A 型规程板（PROA）两部分组成。每个 CCSM 模块可装 8 块规程板，每块规程板上装有两块规程电路以控制两个信号终端。一个信号终端连接一条信号数据链路，每个 CCSM 可连接 16 条信号数据链路。信号终端通过终端接口（TERI）、数字交换网络（DSN）接至 DTM 中的一条 64kbit/s 信号数据链路。

规程电路 PROA 由信号链路控制器和信号链路处理逻辑电路组成。规程电路完成消息单元标记符的产生和识别，序号检查，插入 0、删除 0，差错检测，信号消息的传送、重发和接收控制等第 2 级功能。规程电路通过系统总线（多主处理机总线）与公共通道控制板（CHCR）相连。CHCR 由公用双端口存储器、控制逻辑和信号处理机组成。CHCR 通过高速总线与终端控制处理机（TCPB）相连，通过多主总线与规程板相连。公共通路控制板的主要功能是：通过多主总线完成规程板与共用双端口存储器之间的信号数据传送，转送 TCPB 对信号终端的命令，搜集信号终端的状态等。

储存在 TCPB 中的软件——信号链路消息处理机（SLMH）以查询方式定期检查双端口存储器中的内容（例如，来自信号终端接收到的信号消息、信号终端的状态等），并转送给第 3 级和第 4 级的软件作进一步处理。来自第 3 级和第 4 级的信号消息或第 3 级的控制信号链路的命令由该软件写入双端口存储器，然后由 CHCR 读出并分配到相应的信号终端，以便发送至信号链路。

② S1240 的 No.7 信令系统软件。No.7 信令系统的第 3 级和第 4 级功能在 S1240 系统中均由软件实现。

第 3 级的消息处理功能由驻存在 CCSM 模块中的信号链路消息处理（SLMH）的 SSM 和 FMM 实现。SLMH 的 SSM 是软件和固件的接口，完成消息的识别、分配、路由选择和 MTP 消息的解码等功能。当收到消息的目的地编码（DPC）和子业务字段（SSF）与存放在关系表 R-SPC-AR 中的本局信号点编码（OPC）和子业务字段不一致时，则该消息为 STP 消息，SIMH SSM 软件按消息中的路由标记查找 STF 消息路由表，并按该表所示的路由转发出去。终接在本信号点的消息由消息分配功能根据消息中的业务表示语区分出不同的业务用户部分。对于电话消息（TUP）要根据子业务字段（SSF）和路由标记中的 OPC 以及电路识别码（CIC）查找关系表 R-DST-INDX，再把消息发送给所对应的 DTM 模块。

SLMH 的 FMM 负责 MTP 消息的编码以及与信号网管理软件的接口。

用于电话接续控制的 TUP 部分主要与相关中继电路及电话群有关。这部分软件由驻存在 DTM 中的信号控制（N7SIGC 和 N7CHP）FMM 完成。

N7SIGC 的主要功能是呼叫处理的稳态阶段的控制、TUP 信号定时和重发、请求回声抑制器的接入和拆除、TUP 消息的编码和解码等。

N7CHP 用于呼叫的不稳定阶段的控制，从初始地址消息开始到地址全（或被叫忙等）结束的呼叫建立控制和异常释放处理、TUP 信号定时、呼叫资源的分配和释放、TUP 消息的编码和解码等。

第 3 级的信号网管理功能主要由驻存在 SACEN7 中的软件实现。

（3）No.7 信令方式在 NEAX61 系统上的实现

为了在 NEAX61 系统中采用 No.7 信令方式，需要增加公共通道信号模块（CCSM）和专用的信号处理机，扩充相应的软件模块。图 3-57 示出了 NEAX61 中 No.7 信令系统的结构。

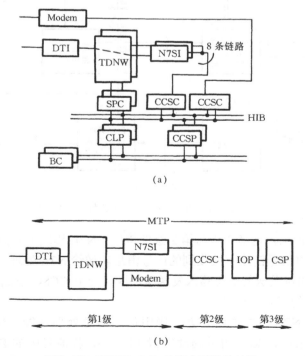

图 3-57　NEAX61 中 No.7 信令系统的结构

No.7 的第 1 级功能由数字中继接口（DTI）、时分数字网（TDNW）以及 No.7 信令接口（N7SI）完成。DTI 是 2Mbit/s 的数字接口，具有 32 个 64kbit/s 时隙，通常选用 $TS_{16}$ 作为信号数据链路，该信号数据链路经过时分交换网中的半永久连接传送到 N7SI，N7SI 安装在服务中继模块中，其主要功能是将传输速率为 2Mbit/s 的信号变为 64kbit/s，使其与公共信道信号控制器（CCSC）接口的速率匹配。

No.7 的第 2 功能级的功能由 CCSC 完成。CCSC 由通用接收发送器、处理机和主存储器组成。通用接收发送器实际上是一块专用大规模集成电路，主要完成第 2 级中标志码的产生与检出，插入 0、删除 0 操作和循环冗余校验码的生成和检测。主存储器由随机存储器（RAM）和只读存储器（ROM）两部分组成，RAM 为第 2 级的发送存储器和接收存储器，ROM 中存储第 2 级的固化程序。微处理机运行 ROM 中的固化程序完成发送控制、接收控制、重发控制、信号链路差错率监视和信号链路状态控制等功能。

No.7 的第 3 级和第 4 级功能由驻存在专用信号处理机（CCSP）和呼叫处理机（CLP）及维护管理处理机（OMP）中的软件来完成。图 3-58 示出了 NEAX61 系统中 No.7 软件模块结构。其主要的软件模块有属于第 3 功能级的链路控制模块（N7L）、路由控制模块（N7R）、信号网络管理模块（N7N）、维护控制模块（N7M）和第四功能级的电话用户信号控制模块（TUC）等。

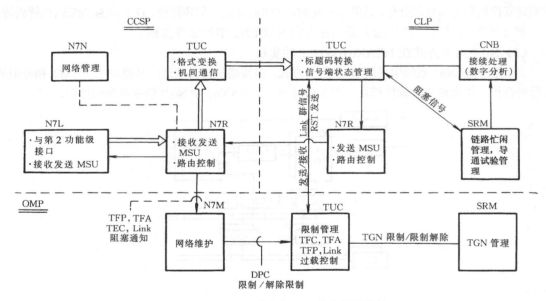

图 3-58　NEAX61 系统中 No.7 软件模块结构

链路控制模块（N7L）是第 3 级与第 2 级的接口，N7L 模块中的接收处理程序按一定周期读取接收缓冲区，将信号链路中接收到的信号消息转送给 N7R 处理。N7L 中的发送处理程序将 N7R 模块送来的待发送的消息写入发送缓冲区，交由 CCSC 发送。N7L 中的操作检查程序还定期对 CCSC 的状态进行检查。

路由控制模块（N7R）主要完成第 3 级中信号消息处理功能。N7R 模块中的消息识别程序检查 N7L 送来的消息中的目的地字段（DPC），若消息中的 DPC 与本信号点的编码相同，则检查其业务信息字段，并将其送到相应的用户部分。例如，将电话消息送给

TUC 模块处理。对于待发送的消息（包括本端发送的消息和 STP 消息），N7R 中的消息路由处理部分根据消息单元中 DPC 字段检索局数据中的 No.7 信令翻译表，选择与该目的地对应的信号链路组、信号链路，然后将该消息交给 N7L 发送到与该信号链路相对应的 CCSC。

电话用户信号控制模块（TUC）是 No.7 信令系统与呼叫处理程序的接口。在出局呼叫时，经过数字分析及路由选择，基本接续模块（CNB）就启动 TUC 模块，将选定的出中继线的号码（TN）及待发送的电话消息送给 TUC 模块，TUC 模块按照 TN 号码检索局数据，获得与该 TN 对应的信号点编码（DPC）及电路编码（CIC），并按照 No.7 信令信元格式对发送的信号进行编码，然后将编辑好的电话信号送给 N7R 模块，由 N7R 模块选择信号链路发送。对于由 N7R 模块送来的电话信号消息，TUC 模块对电话信号单元解码，将信号单元中的 OPC 及 CIC 转换为中继线号码（TN），并将按照 No.7 信令格式编码的电话消息翻译为内部的电话消息送给基本接续模块（CNB）处理。

### 3.7.5　呼叫控制程序

呼叫控制程序又叫做呼叫状态管理程序。它是呼叫处理的中枢，负责控制呼叫接续的整个过程，协调指挥与硬件有关的外围模块，如用户线管理模块、记发器信号发送和接收模块以及中继线路控制模块，并请求呼叫资源管理程序为呼叫分配各种公用资源，请求呼叫服务程序检索局数据和用户数据，控制完成不同类型的呼叫。

呼叫控制程序对应于每一个呼叫，对每一个呼叫都要分配一个呼叫控制块，简称 CCB（参见图 3-46）。呼叫控制块记录的内容较多，所有和这次呼叫有关的数据，如主叫、被叫信息，该呼叫占用的各种设备，呼叫的状态，与呼叫有关的时间，呼叫占用的交换网络通路等，都要记录在呼叫控制块中。由于每一个呼叫都要占用一个呼叫控制块，所以系统要根据话务量的大小设置若干个呼叫控制块。在系统初始化时，所有的呼叫控制块都链接在一起组成空闲链队。当一个呼叫建立时就从空闲链队中取出一个呼叫控制块使用，在呼叫释放时归还，重新链入空闲链队。

图 3-59、图 3-60 给出了呼叫控制进程在本局呼叫时的简化 SDL 图。如图 3-59 所示，在"空闲"状态下，与用户 A 对应的用户线管理进程发出主叫"摘机"消息，使呼叫控制进程退出空闲状态，这是一条基本消息，呼叫控制程序的管理进程收到此消息后，判断出这是一个新的呼叫，于是就建立一个新的应用进程来处理这个呼叫，首先申请一个空闲的呼叫控制存储器（CCB），然后根据该用户的设备标识查找该用户的用户数据，将用户数据的相关内容写入 CCB，并对其用户数据进行分析，识别该用户的线路类型、呼出权限、话机类型等。如果该用户是一个普通用户，且有权呼出，则将该用户状态置忙，向资源管理程序申请一个空闲的由用户级到选组级的空闲的链路，并选择一个空闲的收号器，将占用的设备记录在 CCB 中，然后向用户管理进程发送"启动收号"的消息，在消息中包含为该呼叫选定的链路号、收号器号码及该呼叫占用的 CCB 号码，然后呼叫控制进程进入"收号"状态。

在"收号"状态可能收到的消息有"挂机"、"久不拨号"或"预译号码"。如果收到主叫用户挂机的消息，则归还占用的资源，将该用户状态改闲后进入"空闲"状态。如果收到的是"久不拨号"消息，则向用户线管理进程发出"送忙音"消息后进入"送忙音"状态。如果收到的是用户线管理进程送来的"预译号码"，则调用数字分析程序对接收到的号码进行分析，并根据分析结果进行不同的处理。如果分析结果是本局呼叫，则向用户线管理进程发送"收 n 位号"的消息后进入"本局收号"状态。

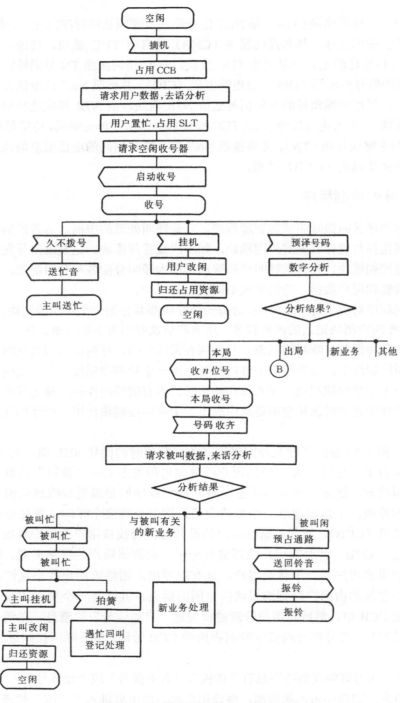

图 3-59　呼叫控制进程简化 SDL 图（1）

图 3-60　呼叫控制进程简化 SDL 图（2）

在"本局收号"状态下，如果收到用户线管理进程送来的"号码收齐"消息，则根据被叫用户的电话号码查寻被叫的用户数据，将被叫用户数据写入 CCB，对被叫用户数据进行分析，按照分析结果进行不同的处理。若被叫用户忙，则向用户线管理进程发送"被叫忙"消息后进入"被叫忙"状态。若被叫用户登记有某些与被叫用户有关的新业务，例如，免打扰、呼叫转移、缺席服务等，则进行相应的新业务处理。若被叫用户闲，则向资源管理程序申请一条能通过交换网络将主、被叫连接起来的通路，并预占此通路；然后向用户线管理进程（主叫侧）发送"送回铃音"的消息，向被叫侧用户线管理进程发送"振铃"消息后进入"振铃"

状态。

在"被叫忙"状态下如果收到用户线管理进程送来的"主叫挂机"消息，则将该用户状态改闲并归还所占用的资源后进入空闲状态。如果收到用户线管理进程送来的"拍簧"信号，则进行"遇忙回叫登记处理"。

如图 3-60 所示，在"振铃"状态下，如果收到被叫侧用户线管理进程送来的"久不应答"消息，则向被叫侧用户线管理进程发送"释放被叫"消息，将被叫用户置闲，向主叫侧用户线进程发送"久叫不应"消息，并归还预占的网络通路后，进入"主叫送忙"状态。在"振铃"状态下，如果收到被叫侧用户进程送来的"被叫应答"消息，则向被叫侧用户进程发送"接通被叫"消息，向主叫侧用户进程发送"接通主叫"消息，控制将预占的交换网络中连接主、被叫的通路接通，并启动计费，然后进入"本局通话"状态。

在"本局通话"状态下，如果收到主叫侧用户进程送来的"主叫挂机"消息，则停止对主叫用户的计费，向主叫侧用户进程发送"主叫复原"消息，将主叫用户置闲，释放占用的交换网络通路，向被叫侧用户进程发送"主叫挂机"消息后进入"等待被叫挂机"状态，如果在"本局通话"状态下收到被叫侧用户进程送来的"被叫挂机"信号，则启动定时器 $T_1$ 后进入"等待被叫挂机"状态。

在"等待被叫挂机"状态下，如果收到被叫侧用户进程送来的"被叫挂机"信号，则将被叫置闲，归还占用的 CCB 后进入"空闲"状态。

在"等待主叫挂机"状态下，如果收到主叫侧用户进程送来的"主叫挂机"信号，则停止定时器 $T_1$，停止计费，将主、被叫用户置闲，释放占用的通路，归还该呼叫占用的资源后进入"空闲"状态。如果收到 $T_1$ 超时消息，则向主叫侧用户进程发送"主叫复原"消息，释放占用的通路，向被叫侧用户进程发送"被叫复原"消息，停止对主叫侧用户的计费后进入"主叫送忙"状态。如果收到被叫侧用户进程送来的"被叫再摘机"消息，则停止 $T_1$ 定时，重新进入"通话"状态。

在"主叫送忙"状态下，如果收到主叫侧用户进程发来的"主叫挂机"消息，则将主叫用户置闲，归还占用的资源后进入"空闲"状态。

以上复原过程是按照主叫控制方式来说明的。

### 1. 去话分析

交换系统中每安装一个用户，都要为其定义相应的用户数据。用户数据的主要内容有用户线的物理地址（设备码）、电话号码、用户线类别、呼出权限、新业务权限等。当某个用户作为主叫摘机呼出时，呼叫处理程序要根据该用户的设备号查找该用户的用户数据，并将主要内容复制到处理该用户呼叫控制进程所对应的呼叫控制块（CCB）中，以便在后续的呼叫处理阶段使用，同时要对主叫用户数据进行分析（一般将其称为去话分析），从而根据用户数据进行不同的处理。由于各交换机的用户数据包含的内容不一致，所以分析流程也不尽相同。

去话分析的最后结果一般应包括以下几项。

① 收号设备类型号。

② 应执行的任务号码。

③ 下一状态号码。

### 2．来话分析

来话分析与去话分析很相似，但它主要是对被叫用户的状态及用户数据进行分析。呼叫处理程序在收齐被叫用户的电话号码后，根据此电话号码作为索引，查找被叫用户的用户数据，从而进行来话分析。来话分析的数据有以下几项。

① 被叫用户的用户数据。

② 被叫用户的状态。

③ 主叫用户的某些数据。

来话分析的结果决定了呼叫处理的流程，例如，若被叫用户登记有免打扰服务，则应向主叫用户送相应的录音通知；如果用户登记有无条件呼叫转移功能，则要取出被叫用户预先登记的转移号码重新进行数字分析。

从以上说明可看出，对一个用户的呼叫处理流程与该用户的用户数据密切相关。

### 3．数字分析

数字分析的基本任务是根据不同的呼叫源、主叫用户拨发的号码等参数为索引，查找相关的局数据表格，从而得到一次呼叫的路由、业务性质、计费索引、最小号长及最大位长、呼叫的释放方式等数据。

（1）分析的数据来源

① 呼叫源码：将用户及入中继群按呼叫属性划分为不同的呼叫源，不同的呼叫源可用其相应的呼叫源码来代表。不同的呼叫源即使拨打相同的号码，在数字分析时也可能得到不同的分析结果。

② 呼叫目标（字冠号码）：指用户拨打的号码的前几位，常用来代表一个局号、长途区号或程控特服标识码。

（2）分析的结果数据

① 呼叫的优先级。

② 路由数据：对于本局呼叫，其路由数据常是被叫所在的万号组号或千号群号；对于出局呼叫，路由数据是路由块号，如果是特服座席呼叫，给出一个特服代答机号码或特服中继代码；如果是程控特服码呼叫，则给出程控特服的标志。

③ 最小号长，最大号长。

④ 呼叫释放方式（互不控、主叫控制、被叫控制）。

⑤ 计费索引。

⑥ 限话类型：说明本次呼叫所属的限定类型（紧急呼叫、本地网呼叫、国内长途、国际长途）。

⑦ 目标选择：本次呼叫在收到几位号码时开始选择出中继。

⑧ 阻塞原因：说明本次呼叫被阻塞的原因（例如，空号、限制目标）。

（3）数字分析的一般步骤

① 源分析。以呼叫源码为索引检索相关局数据表格，得到对应于该呼叫源的源索引及数字分析树指针，并确定在数字分析前是否需对接收到的数字进行处理。

② 数字准备。如果在源分析时确定要对接收到的数字进行处理，则根据源分析结果中给

出的指针查找相应表格，按照表格中的规定对接收到的数字进行增、删、改处理。

③ 数字分析。以字冠数字为索引，检索由第一步得到的数字分析树表格，得到与该字冠对应的目的索引。在数字分析时采用表格展开法来得到结果数据。

④ 任务定义。以源索引、目的索引为指针查找相关表格，得到处理该次呼叫所需的路由信息、计费方式、释放控制方式等数据和为完成该次呼叫应执行的任务。

### 4．路由及中继选择

当数字分析的结果为出局呼叫时，数字分析给出的路由数据是与相应局向对应的路由块编号。路由及中继选择的任务就是在指定的路由块中选择一条能到达指定局向的空闲中继线。

（1）路由中继组织的一般结构

在交换机中路由中继组织的结构一般分为路由块、路由、中继群和中继线 4 个层次。

① 路由块：一个路由块表示能够到达指定局向的所有路由的集合，包括首选路由及一个或多个迂回路由。

② 路由：一个路由表示直接连接两个交换机的若干个中继群的组合。

③ 中继群：一个中继群表示直接连接两个交换机的具有相同特性的中继线的集合，这些特性常指所采用的信令方式、接续方向及电路的优劣等。

④ 中继线：一条中继线表示直接连接两个交换机的一个话路。

（2）路由中继选择方法

① 路由的选择。在一个路由块中包括多个路由，对路由的选择常采用顺序选择方法，即总是首选主路由，只有当主路由拥塞或不可用时，才选择第一迂回路由，同样，只有当第一迂回路由全忙或不可用时，才选择第二迂回路由，采用这种选择方式的目的是为了优先选择最近的路由。

② 中继群选择。在一个路由中可能存在几个中继群，有以下两种选择方式。

● 顺序选择：采用这种方式，路由中的几个中继群也有一个预定的选择顺序，每次选择时，总是先选择排在前面的中继群，只有当这一中继群全忙或退出服务时，才选择排在第二位的中继群。

● 循环选择：采用这种方式，路由中的几个中继群也有一个选择顺序。当某次呼叫选中了某个中继群后，下一次的选择从这个中继群的下面一个中继群开始选择。采用循环选择方式，是为了使路由中的几个中继群得到均匀使用。

③ 中继选择。在一个中继群内选择中继也有以下两种方式。

● 顺序选择：一个中继群内的各条中继顺序编号，每次选择总是按照某个选择顺序依次选择。在双向中继的选择中常采用以下方式选择：在双向中继组成的中继群中，信令点编码大的交换局按照从大到小的顺序选择电路，信令点编码小的交换局按照从小到大的顺序选择电路，以减少双向同抢的发生。

● 先进先出或后进先出选择方法：双向电路群的每个交换局优先接入由它主控的电路，在选择这一群电路时选择释放时间最长的电路（先进先出）。另外，双向电路群的每个交换局也可无优先权地选择其非主控的电路，在选择这群电路时选择最新释放的电路（后进先出）。

### 5. 通路选择

通路选择的任务是根据已定的入端和出端在交换网络上的位置，在交换网络中选择一条空闲的通路。一条通路常常由多级链路串接而成，串接的各级链路都空闲时才是空闲通路。为进行通路选择，内存中必须有交换网络中各级链路的忙闲表，也称为网络映像图。网络映像图由资源管理程序负责管理，当要通过交换网络建立一个接续时，资源管理中的通路选择程序根据主、被叫在交换网上的位置，通过查询网络映像图寻找能连接主、被叫的通路，并在网络映像图中将组成此通路的各链路状态置忙。当呼叫释放时，释放该呼叫使用的通路中的各级链路，即在网络映像图中将这些链路状态置闲。交换机如果采用一级无阻塞网络，则寻找空闲通路就很简单，只需在网络映像图中寻找一条空闲链路并将其置忙即可；交换机如果采用多级网络，则寻找空闲通路比较复杂，需对多级网络的忙闲表进行逻辑运算，以便找到一条在每一级网络上都空闲的通路。

## 小　　结

程控交换机是电话交换网中的核心设备，其主要功能是完成用户之间的接续。程控交换机是现代数字通信技术、计算机技术和大规模集成电路相结合的产物。

程控数字交换机的硬件结构大致可分为分级控制方式、全分散控制方式和基于容量分担的分布控制方式。

采用分级控制的交换机的硬件由用户模块、远端用户模块、数字中继器、模拟中继器、数字交换网络、信令设备和控制系统组成。

在采用分级控制的程控交换机中，通常中央处理机完成对数字交换网络和公用资源设备的控制，如系统的监视、故障处理、话务统计、计费处理等。外围处理机完成对各种交换网络的外围模块的控制，如用户处理机只完成用户线路接口电路的控制、用户话务的集中和扩散，扫描用户线路上的各种信号向呼叫处理程序报告，接收呼叫处理程序发来的指令对用户电路进行控制。此外，外围处理机还包括对中继线路进行控制和对信号设备进行控制的处理机。全分散控制方式的交换机的典型代表是 S1240 交换机，S1240 交换机由数字交换网（DSN）和连接到 DSN 上各模块组成。模块由两种类型的模块组成：一种是终端控制单元，一种是辅助控制单元。所有的终端模块都有相同的布局，由两部分组成，一部分是处理机部分，也称控制单元（CEL Control Element），一部分是终端电路 TC（Terminal Circuit）。不同的模块控制单元部分的硬件实现相同，但终端电路部分不同。交换机的全部控制功能都由分布在各个控制单元中的处理机来完成。

基于容量分担的分散控制方式的交换机主要由交换模块、通信模块和管理模块 3 部分组成。交换系统中可有一个或多个交换模块（SM）。

现代的程控交换机都是数字交换机，在数字交换机内部交换和处理的都是二进制编码的数字信号，而模拟电话机发出的话音信号是模拟信号。因此在程控交换机的用户模块中，需要将用户线上送来的模拟信号进行模数转换，将模拟的话音信号变为数字信号，在相反方向上进行数模转换。

语音信号的数字化要经过抽样、量化和编码 3 个步骤。为提高传输信道的利用率，通常采用多路复用技术，将若干路信号综合于同一信道进行传输。常用的复用方式有频分复用和时分复用两种方式。频分复用方式是将信道的可用频带划分为若干互不交叠的频段，每路信号的频谱占用其中的一个频段，以实现多路传输。

时分制是把一条物理通道按照不同的时刻分成若干条通信信道（如话路），各信道按照一定的周期和次序轮流使用物理通道，PCM通信是典型的时分多路通信系统。

为了实现不同用户之间的通话，数字交换网络必须完成不同复用线上不同时隙的交换，即将数字交换网络某条输入复用线上某个时隙的内容交换到指定的输出复用线的指定时隙。时间（T）接线器和空间（S）接线器是数字交换机中两种最基本的接线器，将一定数量的T接线器和S接线器按照一定的结构组织起来，可以构成具有足够容量的数字交换网络。

T接线器的作用是完成在同一条复用线（母线）上的不同时隙之间的交换。即将T接线器中输入复用线上某个时隙的内容交换至输出复用线的指定时隙。T接线器主要由话音存贮器SM、控制存贮器CM以及必要的接口电路（如串/并、并/串转换等）组成。T接线器可以有两种控制方式：输出控制和输入控制方式，在两种控制方式下，语音存储器SM的写入和读出地址按照不同的方式确定。

空间（S）接线器的作用是完成在不同复用线之间同一时隙内容的交换，即将某条输入复用线上某个时隙的内容交换到指定的输出复用线的同一时隙。S接线器主要由一个连接$n$条输入复用线和$n$条输出复用线的$n \times n$的电子接点矩阵、控制存贮器组以及一些相关的接口逻辑电路组成。S接线器也有输出和输入两种控制方式，在输出控制方式下，控制存储器是为输出线配置的。在输入控制方式时，控制存储器是为输入线配置的。S接线器一般都采用输出控制方式，因为在采用输出控制方式时可实现广播发送，将一条输入线上某个时隙的内容同时输出到多条输出线。

在T接线器和S接线器的工作过程中，进行存储和交换的都是并行的数字信号，因此PCM的串行码串在交换前后要经过串并变换和并串变换。在程控交换机中，这样的过程通常和复用、分路的过程结合实现。在实用上，单一的S接线器不能单独构成数字交换网络，T接线器可以单独构成数字交换网络，但容量受到限制。因此通常采用多级接线器构成数字交换网络。常见的类型有TSnT型、STS型和TTT型。

话务量反映了电话负荷的大小，与呼叫发生强度和平均占用时长有关。呼叫发生强度是指单位时间内发生的呼叫次数，平均占用时长是指每个呼叫的平均持续时间，当使用相同的时间单位时，呼叫发生强度与平均占用时长的乘积，就是单位时间内的话务量，称为话务量强度，简称为话务量，通常用爱尔兰为单位。

用户模块用来连接用户回路，提供用户终端设备的接口电路，完成用户话务的集中和扩散，并且完成呼叫处理的低层控制功能。

模拟用户接口电话有BORSCHT 7项基本功能。

数字中继器是程控交换机和局间数字中继线的接口电路，数字中继器的主要功能有：码型变换和反变换、时钟提取、帧同步和复帧同步、信令的提取和插入。

信令设备的主要功能是接收和发送信令。程控数字交换机中主要的信令设备有：信号音发生器、DTMF接收器、多频信号发生器、多频信号接收器和7号信令终端。

程控交换机软件是一个大型的软件系统，用来实现交换机的全部智能性操作，其基本特点是实时性强，具有并发性，适应性强，可靠性和可维护性要求高。

在交换软件的开发、生产和运行维护阶段一般要用到 3 种程序设计语言：规范描述语言 SDL、汇编语言和高级语言、人机对话语言 MML。

SDL 语言是一种以扩展的有限状态机模型为基础的语言，很适合程控交换机软件的性能规格描述，得到了广泛的应用。

系统的有限状态机描述是指能将系统的状况定义为一系列（有限个）状态，然后描述在每个状态接收到外部激励信号时系统作出的响应和状态转移的情况。

程控交换机的运行软件是指存放在交换机处理机系统中对交换机的各种业务进行处理的程序和数据的集合，交换机的基本工作过程是以状态和状态之间的迁移为基础的。

根据数据存在的时间特性，交换机中的数据可分为半固定数据和暂时性数据。半固定数据用来描述交换机的软、硬件配置和运行环境，这些数据基本固定，在需要时也可通过人机命令修改。暂时性数据用来描述交换机的动态运行状态，暂时性数据大致可分为呼叫控制表、设备表和公用资源状态表 3 类。

交换机中的程序可分为系统程序和应用程序。系统程序包括操作系统和数据库系统，应用程序包括呼叫处理程序、维护程序和管理程序。

程控操作系统是实时多任务操作系统，其特点是实时性强，可靠性要求高，能支持多任务操作。程控操作系统的主要功能是任务调度、存储器管理、进程之间的的通信和处理机之间的通信、定时管理、系统的监督和恢复。

按照对实时性要求的不同，程序的优先级大致可分为中断级、时钟级和基本级。

中断级程序主要处理实时性要求很高的突发事件，由中断驱动执行。

时钟级程序是按一定周期执行的程序，主要用来检测外部出现的事件，时钟级程序对于检测到的事件并不进行处理，而将其送入不同的优先级队列等待基本级程序处理。

基本级程序的功能是对外部出现的事件进行处理。应用程序的大部分在运行时构成进程。交换软件中的进程一般都符合有限状态机模型。

时钟级程序由时钟中断启动时钟级调度程序调度执行，调度方法主要有比特型时间表和时区型时间表两种。在采用比特型时间表调度时要用到时间计数器、时间表、屏蔽表和转移表 4 个表格。

进程是操作系统中一个非常非常重要的概念，它是由多道程序的并行运行而引出的。进程由程序和相关的数据集合组成，是具有一定独立功能的程序在某个数据集合上的一次运行活动。

进程具有运行、就绪和等待 3 种基本状态。运行态是指一个进程正占用处理机运行的状态；就绪态是指进程已具备了运行的条件，但由于没有占用处理机而处于不能运行的状态；等待状态是指由于某种原因一个进程不具备运行的条件时所处的状态。

进程调度程序的功能是按照规定的算法调度进程运行。在程控交换系统中，常见的调度算法是优先级与先来先服务相结合的调度方法。

操作系统统一管理时间资源，为应用进程的定时要求提供支持。应用进程有定时要求时，可利用定时请求原语向操作系统发出定时请求，操作系统根据应用进程的定时要求给应用进程分配 TCB，将应用进程的标志号和定时时间写入 TCP，然后将 TCB 插入相应的定时队列。操作系统定时检查定时队列，当发现队列中某个 TCB 中登记的定时时间到，则根据该 TCB

中登记的进程号码向该进程发送超时消息。

呼叫处理程序是最能体现交换软件特色的软件。交换软件的两个基本的特点（实时性和并发性）在呼叫处理程序中都有所体现。

呼叫处理程序的主要功能是完成对各种类型呼叫的处理。呼叫处理的基本工作过程是以状态和状态间的迁移为基础的，处理机对一个呼叫的处理总是由对应于该呼叫的外部事件触发，然后根据该呼叫当时的状态和接收到的事件类型及与该呼叫有关的局数据和用户数据的执行相应的作业。作业中有对处理机内部数据的处理、对硬件的驱动、向其他处理机发出信令和形成新的事件以触发新的状态转移，每次状态的迁移都终止于一种新的稳定状态。

在程控交换机中一次完整的接续，是由众多状态之间的迁移构成的。处理机对某个接续的服务，仅集中在对事件的检测以及状态迁移过程中的作业执行。每个作业之间都可能被等待一个新的外部事件所需的时间分隔开，每当呼叫处理在等待一个外部事件时，其相应的处理就暂时停顿下来，处理机转去为其他接续服务。这种机制保证了一个处理机可同时为大量的呼叫接续服务。

呼叫处理程序由处于 3 个不同层次的软件模块组成。第 1 个层次是设备控制程序，第 2 个层次是信令处理程序，第 3 个层次是呼叫控制程序和呼叫服务程序。

呼叫处理程序在运行中用到的数据可分为暂时性数据和半固定数据。暂时性数据主要包括呼叫控制块、设备表及资源状态表。呼叫控制块主要用来记录与一个呼叫相关的各种信息，包括呼叫的状态、与此呼叫相关的主叫、被叫用户的数据及呼叫所占用的各种设备及动态链接关系等。每个设备都有其相应的设备表，用来记录该设备的工作状态及该设备在工作时所需的数据。资源状态表主要用来记录系统中各种公用设备的忙闲状态。半固定数据包括局数据及用户数据，呼叫处理程序在呼叫处理的不同阶段会查询相应的数据，根据这些数据表格的内容来确定对一个呼叫应如何进行处理。对于局数据和用户数据，呼叫处理程序只能查询而不能修改。

信令处理程序主要用于信令的发送和接收。对应于不同的信令方式，都设置有相应的信令处理程序。信令处理程序主要有模拟用户线信令处理程序、中继线路信令处理程序、MFC 发送程序和 MFC 接收程序、No.7 信令处理程序、数字用户线信令处理程序。信令处理程序一般分为硬件接口程序和信令处理进程两部分。硬件接口程序一般是时钟级的程序，主要用来检测硬件设备中出现的事件，并将发现的事件送入队列。信令处理进程是进程级的程序，主要用来对发现的事件进行处理，将发现的事件翻泽为标准的内部信令消息送给呼叫控制程序处理。

呼叫控制程序是呼叫处理的中枢，负责控制呼叫按续的整个过程，协调指挥与硬件有关的外围模块的工作，请求呼叫服务程序查询相应局数据和用户数据，请求资源管理程序为呼叫分配各种资源，控制完成不同类型的呼叫。

分析程序的主要任务是查找相应的局数据和用户数据，以便根据已定义的数据来确定对一个特定的呼叫应如何处理。主要的分析程序有去话分析、数字分析和来话分析。

在交换机中路由及中继组织的结构一般分为路由块、路由、中继群和中继线 4 个层次。路由及中继选择程序的任务就是在指定的路由块中选择一条能到达指定局向的空闲中继线。

通路选择的任务，是根据已定的入端和出端在交换网络上的位置，在交换网络中选择一条能将入端和出端连接起来的空闲通路。通路选择是通过对网络映象图进行逻辑运算来完成的。

# 思考题与练习题

1. 程控数字交换机的基本结构方式有哪几种?

2. 简要说明采用分级控制的程控数字交换机的结构。

3. 简要说明采用全分散控制方式的程控数字交换机的结构。

4. 简要说明采用容量分担的分布控制方式的程控数字交换机的结构。

5. T 接线器的功能是什么?基本组成结构怎样?

6. 设 T 接线器的输入/输出线的复用度为 512,画出在不同控制方式下将输入线的 $TS_{10}$ 输入的内容 A 交换到输出线的 $TS_{172}$ 的交换原理图。

7. S 接线器的功能是什么?,基本组成结构怎样?

8. 设 S 接线器有 8 条输入、输出复用线,复用度为 128,采用输出控制方式,试画出将输入 HW1 的 TS3 输入的内容 A 交换到输出线的 HW7,将输入 HW7 的 TS2 的内容 B 交换到输出线的 HW2 的交换原理图。

9. 简要说明程控交换软件的基本特点。

10. 简要说明数据驱动程序的主要特点。

11. 在交换软件的开发中主要用到了哪几类程序设计语言?

12. SDL 语言可在哪几个层次上来描述一个系统的功能?

13. 简述局数据和用户数据的基本内容。

14. 交换机运行软件中的程序主要包含哪几个部分?各部分的主要功能是什么?

15. 程控操作系统的基本功能是什么?

16. 按照对实时性要求的不同,交换机中的程序可分为哪几个级别?

17. 简要说明比特型时间表调度时钟级程序的原理。

18. 进程有哪几种基本状态?简要说明这几种状态之间的转换?

19. 请对教材中图 3-44 所示"交换系统中作业处理的一般流程"进行说明。

20. 呼叫处理程序一般分为哪几个层次?

21. 呼叫处理过程中用到的暂态数据主要有哪几类?其主要作用是什么?

22. 简要说明 DTMF 信令的接收原理。

23. 画出数字线路信令扫描程序的流程图及所用到的数据结构,并简要说明其主要功能。

24. 简要说明 No.7 信令系统实施时的软、硬件功能划分。

25. 简要说明 No.7 信令系统的 4 个功能级在 S-1240 系统中的实现。

26. 简要说明交换机中路由中继组织的层次结构。

27. 数字分析程序的主要任务是什么?简要说明分析的数据来源及分析得到的结果数据有哪些?

# 第 **4** 章　移动交换技术

本章首先介绍了移动通信系统的基本特性和移动通信系统的结构及网络接口，说明了各主要部分的功能。其次介绍了移动通信系统的编号计划和各种号码的作用，说明了移动交换信令系统的结构。最后介绍了接入阶段、鉴权加密阶段、位置登记与更新、切换和短消息发送等移动通信系统中典型的处理流程。

## 4.1　移动通信系统的结构和接口

### 4.1.1　移动通信系统的结构和主要部分的功能

#### 1. 移动通信系统的基本特性

移动通信的主要目的是实现任何时间、任何地点和任何通信对象之间的通信。从通信网的角度看，移动网可以看成是有线通信网的延伸，它由无线和有线两部分组成。无线部分提供用户终端的接入，利用有限的频率资源在空中可靠地传送话音和数据；有线部分完成网络功能，包括交换、用户管理、漫游、鉴权等，构成公众陆地移动通信网（PLMN）。

与有线通信相比，移动通信最主要的特点是移动用户的移动性，网络必须随时确定用户当前所在的位置区，以完成呼叫、接续等功能；由于用户在通话时的移动性，还涉及频道的切换问题。另外，移动用户与基站系统之间采用无线接入方式，由于频率资源的有限性，因此，如何提高频率资源的的利用率是发展移动通信要解决的主要问题。

近年来，移动通信系统得到了非常大的发展，在社会的各个方面都得到了广泛的应用。

#### 2. 移动通信系统的结构及网络接口

数字公用陆地蜂窝移动通信系统的结构如图 4-1 所示。数字蜂窝移动通信网由移动交换子系统（MSS）、基站子系统（BSS）、操作维护中心（OMC）、移动用户设备、中继线路及其传输设备组成。

移动交换子系统（MSS）由移动关口局（GMSC）、移动业务交换中心（MSC）、拜访位置寄存器（VLR）、归属位置寄存器（HLR）、用户鉴权中心（AUC）和设备识别寄存器（EIR）等组成。另外，为了业务和组网的需求，还增加了短消息业务中心（SMC）、移动业务汇接中心（TMSC）及信令转接点（STP）。基站子系统（BSS）由基站控制器（BSC）和基站收/发信台（BTS）组成。通常一个BSC可控制多个BTS，具体数量依BSC的处理能力及BTS配置的载频数决定。

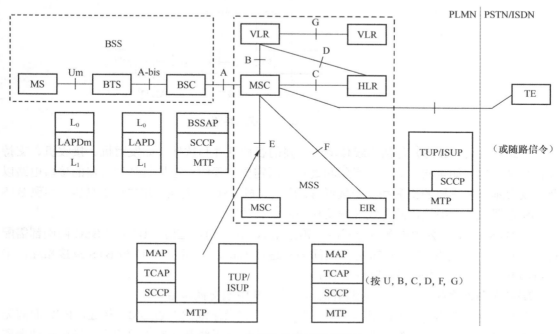

图4-1 公用陆地移动网的结构

（1）移动台

移动台（MS）是用户使用的终端设备。根据应用与服务情况，移动台可由移动终端MT、终端适配器TA和终端单元TE或它们的各种组合构成。

（2）基站子系统

基站子系统（BSS）在一定的天线覆盖区内，由移动业务交换中心MSC控制，是与MS进行通信的系统设备。一个BSS的无线设备可包含一个或多个小区的无线设备。按照功能来划分，BSS可分为基站收/发信台（BTS）和基站控制器（BSC）。BTS是为一个小区服务的无线收/发信号设备，BSC具有对一个或多个BTS进行控制的功能。

基站子系统BSS为PLMN网络的固定部分和无线部分提供中继，一方面BSS通过无线接口直接与移动台实现通信连接，另一方面BSS又连接到移动交换子系统（MSS）的移动交换中心MSC。

基站子系统BSS可分为两部分。通过无线接口与移动台相连的基站收发信台（BTS）以及与移动交换中心相连的基站控制器（BSC），BTS负责无线传输，BSC负责控制与管理。

一个BSS系统由一个BSC与一个或多个BTS组成，一个基站控制器BSC根据话务量需要可以控制数十个BTS。BTS可以直接与BSC相连，也可以通过基站接口设备BIE与远端的BSC相连。基站子系统还应包括码变换器（TC）和子复用设备（SM）。

图4-2所示为典型的BSS子系统结构图。

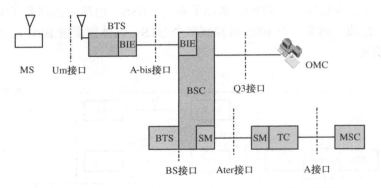

图 4-2　BSS 子系统结构图

基站收发台（BTS）包括无线传输所需要的各种硬件和软件，如发射机、接收机、支持各种小区结构（如全向、扇形、星状和链状）所需要的天线、连接基站控制器的接口电路以及收发台本身所需要的检测和控制装置等。用于完成 BSC 与无线信道之间的转换，实现 BTS 与 MS 之间通过空中接口的无线传输及相关的控制功能。

当 BTS 与 BSC 为远端配置方式时，需采用 A-bis 接口，这时，BTS 与 BSC 两侧都需配置 BIE 设备；而当 BSC 与 BTS 之间的间隔不超过 10m 时，可将 BSC 与 BTS 直接相连，采用内部 BS 接口，而不需要接口设备 BIE。

BSC 是基站系统（BSS）的控制部分，在 BSS 中起交换作用。

BSC 一端可与多个 BTS 相连，另一端与 MSC 和操作维护中心 OMC 相连，BSC 面向无线网络，主要负责完成无线网络管理、无线资源管理及无线基站的监视管理，控制移动台和 BTS 无线连接的建立、接续和拆除等管理，控制完成移动台的定位、切换和寻呼，提供话音编码、码型变换和速率适配等功能，并能完成对基站子系统的操作维护功能。

码型变换器 TC 主要完成 16kbit/s RPE-LTP（规则脉冲激励长期预测）编码和 64kbit/s A 律 PCM 编码之间的语音变换。在典型的实施方案中，TC 位于 MSC 与 BSC 之间。

（3）移动业务交换中心

移动业务交换中心（MSC）是对位于其所覆盖区内的移动台进行控制、交换的功能实体，也是移动通信系统与公用电话网（PSTN）、综合业务数字网（ISDN）、分组交换网（PSPDN）及其他移动通信网的接口。MSC 除了完成固定网中交换中心所完成的呼叫控制等功能外，还要完成无线资源的管理、移动性管理等功能。另外，为了建立至移动台的呼叫路由，每个 MSC 还应能完成入口（GMSC）的功能，即查询移动台位置信息的功能。

MSC 从 3 种数据库，拜访位置寄存器（VLR）、归属位置寄存器（HLR）和鉴权中心（AUC）中取得处理用户呼叫请求所需的全部数据。另外，MSC 也根据其最新数据更新数据库。

（4）拜访位置寄存器

拜访位置寄存器（VLR）通常与 MSC 合设，VLR 是一个数据库，用来存储所有当前在其管理区域活动的移动台有关数据：IMSI、MSISDN、TMSI 及 MS 登记所在的位置区、补充业务参数、始发 CAMEL 签约信息 O-CSI、终结 CAMEL 签约信息 T-CSI 等。

VLR 是一个动态用户数据库。VLR 从移动用户的归属位置寄存器（HLR）处获取并存储必要的数据，一旦移动用户离开该 VLR 的控制区域，在另一个 VLR 登记，原 VLR 将取消该移动用户的数据记录。

（5）归属位置寄存器

归属位置寄存器（HLR）是管理部门用于移动用户管理的数据库。每个移动用户都应在某个归属位置寄存器注册登记。HLR 中主要存储两类信息：一是用户的用户数据，包括移动用户识别号码 IMSI、MSISDN、基本电信业务签约信息、业务限制（例如，限制漫游）和始发 CAMEL 签约信息 O-CSI、终结 CAMEL 签约信息 T-CSI 等数据；一是有关用户目前所处位置（当前所在的 MSC、VLR 地址）的信息，以便建立至移动台的呼叫路由。

（6）鉴权中心

鉴权中心（AUC）属于 HLR 的一个功能单元部分，专门用于 GSM 系统的安全性管理。鉴权中心产生移动用户的鉴权三参数组（随机数 RAND、符号响应 SRES、加密键 Kc），用来鉴权用户身份的合法性以及对无线接口上的话音、数据、信令信号进行加密，防止无权用户接入和保证移动用户通信的安全。

通常，HLR 与 AUC 合设于一个物理实体中。

（7）设备识别寄存器

设备识别寄存器（EIR）存储有关移动台设备参数的数据库。在 EIR 中存有网中所有移动台设备的识别码 IMEI 和设备状态标志（白色、灰色、黑色）。

在我国的移动通信系统中，没有设置设备识别寄存器（EIR）。

（8）操作维护中心

操作维护中心（OMC）是操作维护数字蜂窝 PLMN 的功能实体。

（9）短消息中心

短消息中心（SMC）提供短消息业务功能。

短消息业务（Short Message Service，SMS）提供在 GSM 网络中移动用户和移动用户之间发送信息长度较短的信息。

点对点短消息业务包括移动台 MS 发起的短消息业务 MO/PP 及移动台终止的短消息业务 MT/PP。点对点短消息的传递与发送由短消息中心（SMC）进行中继。短消息中心的作用像邮局一样，接收来自各方面的邮件，然后把它们进行分拣，再发给各个用户。短消息中心的主要功能是接收、存储和转发用户的短消息。

通过短消息中心能够更可靠地将信息传送到目的地。如果传送失败，短消息中心保存失败消息直至发送成功为止。短消息业务的另一个突出特点是，即使移动台处于通话状态，仍然可以同时接收短消息。

## 4.1.2　移动通信系统的接口

### 1．Um 接口

Um 接口为空中无线接口，是用户终端设备 MS 与基站之间的接口。

### 2．A-bis 接口

A -bis 接口为基站收发信机 BTS 与基站控制器 BSC 之间的接口，该接口采用与 ISDN 用户-网络接口类似的 3 层结构。

### 3. A 接口

A 接口为基站控制器 BSC 与移动交换中心 MSC 之间的信令接口。该信令接口采用 No.7 信令作为消息传送协议。包括物理层（信令数据链路 MTP-1）、链路层（信令链路 MTP-2）、网络层（MTP-3+SCCP）和应用层，在信令连接控制部分 SCCP 中采用了面向连接传送功能（服务类别 2）。应用层包括 BSS 操作维护应用部分 BSSOM MAP、直接传送应用部分 DTAP 和 BSS 管理应用部分 BSS MAP。

BSSOM MAP 部分用于和网络维护中心 OMC 之间交换维护管理信息。

DTAP 部分用于透明传送 MS 与 MSC 之间的消息。

BSS MAP 主要用于传送无线资源管理消息，对 BSS 的资源使用、调配和负荷进行控制和监视，以保证呼叫的正常建立和进行。

### 4. B 接口

B 接口为 MSC 与来访位置寄存器 VLR 之间的接口。MSC 通过该接口向 VLR 传送漫游用户位置登记信息，并在呼叫建立时向 VLR 查询漫游用户的用户数据。该接口采用 No.7 信令的移动应用部分 MAP 的规程。由于 MSC 与来访位置寄存器 VLR 通常设置在同一个物理设备中，因此该接口一般为内部接口。

### 5. C 接口

C 接口为 MSC 与归属位置寄存器 HLR 之间的接口，MSC 通过该接口向 HLR 查询被叫移动台的选路信息，以便确定接续路由，并在呼叫结束时向 HLR 发送计费信息。该接口采用 MAP 规程。

### 6. D 接口

D 接口为来访位置寄存器 VLR 与归属位置寄存器 HLR 之间的接口。该接口主要用来传送有关移动用户的位置更新信息和选路信息。该接口采用 MAP 规程。

### 7. E 接口

E 接口为不同的移动交换中心 MSC 之间的接口。该接口主要有两个功能：一是用来传送控制两个 MSC 之间话路接续的局间信令，该信令采用 No.7 信令系统的综合业务数字网用户部分 ISUP 或电话用户部分 TUP 的信令规程；一是用来传送移动台越局频道转换的有关信息，该信息的传送采用 MAP 的信令规程。

### 8. F 接口

F 接口为 MSC 与设备识别寄存器 EIR 之间的接口。MSC 通过该接口向 EIR 查核发呼移动台的合法性。该接口采用 MAP 规程。

### 9. G 接口

G 接口为不同的来访位置寄存器 VLR 之间的接口。当移动台由某一 VLR 管辖区进入另一个 VLR 管辖区时，新 VLR 通过此接口向老 VLR 查询移动用户的有关信息。该接口采用 MAP 规程。

### 4.1.3 移动通信系统中位置信息的表示方法

在 GSM 系统中，由于用户的移动性，位置信息是一个很关键的参数，移动通信系统中位置信息的表示方法如图 4-3 所示。

图 4-3 移动通信系统中位置信息的表示方法

小区或 CELL 是 GSM 网路中的最小的不可分割的区域，小区是由一个基站（全向天线）或一个基站的一个扇形天线所覆盖的区域。

基站覆盖区是由一个基站提供服务的所有小区所覆盖的区域。

若干个小区组成一个位置区（LAI），位置区的划分是由网路运营者设置的。一个位置区可能和一个或多个 BSC 有关，但只属于一个 MSC。位置区信息存储于系统的 MSC/VLR 中，系统使用位置区识别码 LAI 识别位置区。当移动用户在同一个位置区内移动时，不必向系统进行位置更新。当呼叫某个被叫移动台时，只需在其所在的位置区下属的各小区中寻呼。

一个 MSC 业务区是由一个 MSC 所管辖的所有小区共同覆盖的区域，由一个或几个位置区组成。

PLMN（公用陆地移动通信网）业务区是由一个或多个 MSC 业务区组成，每个国家有一个或多个。中国移动的所有 MSC 业务区构成中国移动全国 GSM 移动通信网络，以网络号"00"表示；"中国联通公司"所有 MSC 业务区构成"中国联通公司"全国 GSM 移动通信网络，网络号用"01"表示。

GSM 服务区是由全球各个国家的 PLMN 网路所组成的。

## 4.2 移动通信系统的编号计划

### 1. 移动用户的 ISDN 号码（MSISDN）

MSISDN 是主叫用户为呼叫数字公用陆地蜂窝移动用户时所需拨的号码。移动用户的 ISDN 号码由两部分组成：国家号码+国内有效移动用户电话号码。我国的国家号码为 86，国内有效电话号码为一个 11 位数字的等长号码，其结构为

$$N_1N_2N_3+H_0H_1H_2H_3+ABCD$$

其中，$N_1N_2N_3$ 为数字蜂窝移动业务接入号，目前中国移动 GSM 移动通信网的业务接入号为 135～139，中国联通 GSM 移动通信网的业务接入号为 130～132，中国联通 CDMA 移动通信网的业务接入号为 133。$H_0H_1H_2H_3$ 是 HLR 识别码，$H_0H_1H_2$ 全国统一分配，$H_3$ 省内分配。ABCD 为每个 HLR 中移动用户的号码。

### 2. 国际移动用户识别码（IMSI）

在数字公用陆地蜂窝移动通信网中，唯一地识别一个移动用户的号码，为一个 15 位数字的号码，结构为

移动国家号（MCC）+移动网号+移动用户识别码（MSIN）

国际移动用户识别码（IMSI）由移动用户国家号码（MCC），移动用户所归属 PLMN 的网号 MNC 和移动用户识别号码（MSIN）3 部分组成，总长度为 15 位。移动国家号码（MCC），由 3 位数字组成，唯一地表示移动用户所属的国家，我国的移动用户国家号码为 460。移动网号 MNC，用来识别移动用户归属的移动网，中国移动 900/1 800MHz TDMA 数字公用蜂窝移动通信网号为 00，中国联通 900/1 800MHz TDMA 数字公用蜂窝移动通信网号为 01，中国联通 CDMA 移动通信网号为 03。移动用户识别号码是一个 10 位数字的等长号码，可由各运营商自行确定编号原则，但移动用户识别号码的前 4 位与 $H_0H_1H_2H_3$ 之间应有一定的对应关系。

IMSI 编号计划已由 CCITT E.212 建议规定，以适应国际漫游的需要。移动用户在首次进入某 VLR 管辖的区域时，以此号码进行位置登记，移动网据此查询用户数据。

### 3. 移动用户漫游号码（MSRN）

当呼叫一个移动用户时，为使网络进行路由再选择，VLR 临时分配给移动用户的一个号码，结构为 $13SM_0M_1M_2M_3ABC$。其中，$M_0M_1M_2M_3$ 的数值与 $H_0H_1H_2H_3$ 相同；ABC 为各移

动局中临时分配给移动用户的号码。

注意，MSRN 是在一次接续中临时分配给漫游用户的，供入口 MSC 选择路由用，一旦接续完毕，即释放该号码，以便分配给其他的呼叫使用。该号码对用户是透明的。

### 4．临时移动用户识别码（TMSI）

为了对 IMSI 保密，VLR 可给来访移动用户分配一个唯一的 TMSI 号码，它仅在本地使用，为一个 4 字节的 BCD 编码。由各个 VLR 自行分配。

### 5．位置区识别码（LAI）

位置区由若干个基站区组成，当移动台在同一位置区内时，可不必向系统进行强迫位置登记。当呼叫某一移动用户时，只需在该移动台当前所在的位置区下属的各小区中寻呼即可。

位置区识别码 LAI 由 3 部分组成，为

$$移动国家号（MCC）+移动网号（MNC）+LAC$$

其中，MCC、MNC 与国际移动用户识别码（IMSI）中的编码相同，LAC 为 2 字节十六进制的 BCD 码，表示为 $L_1L_2L_3L_4$。其中 $L_1L_2$ 全国统一分配，$L_1L_2L_3L_4$ 全为 0 的编号不用，$L_3L_4$ 由各省分配。

### 6．国际移动台识别码（IMEI）

IMEI 用来唯一地标识一个移动台设备，其编码为一个 15 位的十进制数字，其构成为

$$TAC（6 位数字）+FAC（2 位数字）+SNR（6 位数字）+SP（1 位）$$

其中，TAC 为型号批准码，由欧洲型号认证中心分配；FAC 为工厂装配码，标识生产厂家及装配地；SNR 为序号码；SP 备用。

### 7．MSC/VLR 号码

用于在 No.7 信令消息中识别 MSC/VLR 的号码，规定为 13S $M_0$ $M_1M_2M_3$，其中 $M_0M_1$ $M_2M_3$ 的数值与 $H_0H_1H_2H_3$ 相同。

### 8．HLR 号码

在 No.7 信号消息中用来对 HLR 寻址的号码，识别 HLR 的号码规定为 13S $H_0H_1H_2H_3$0000。

### 9．切换号码 HON

当进行移动局间切换时，为选择路由，由目标 MSC（即切换要转到的 MSC）临时分配给移动用户的一个号码。

## 4.3 移动交换信令系统

### 4.3.1 移动交换信令系统的结构

移动交换信令系统的分层结构如图 4-4 所示。

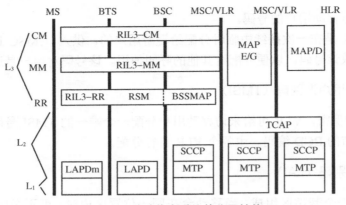

图 4-4 移动信令系统的分层结构

图 4-4 中，RIL3-CM 是无线接口第 3 层-通信管理层，RIL3-MM 是无线接口第 3 层-移动性和安全性管理层，RIL3-RR 是无线接口第 3 层-无线资源管理层，RSM 是无线分系统管理，BSSMAP 是基站子系统移动应用部分，LAPDm 是 ISDN 的 Dm 数据链路层协议，LAPD 是 D 信道数据链路层协议，MTP 是 7 号信令系统的消息传递部分，SCCP 是信令连接控制部分，TCAP 是事务处理能力应用部分，MAP 是移动应用部分。

从图中可看出，系统中不同接口上使用了不同的协议，在 MS、BTS 和 BSC 之间，第 2 层协议分别涉及 MS 和 BTS 之间的 LAPDm、BTS 与 BSC 之间的 LAPD，在 BSC 和 MSC 之间，通信连接采用 No.7 信令系统中的 MTP 和 SCCP 协议。第 2 层协议用于完成不同节点之间数据链路的建立，以支持 RR、MM、CM 功能的执行。

RR 管理涉及多个接口和实体，BSC 与 MSC 之间的接口协议称为 BSMAP（BSS 移动应用部分），用以支持各种信道的连接处理和信道的切换过程。BTS 与 BSC 之间的协议称为 RSM（无线分系统管理），用于支持分配传输路径和测量报告处理。BTS 与 MS 之间的协议称为 RIL3-RR（无线接口第 3 层 RR 协议），它只是整个第 3 层实体的一部分，用于支持无线连接处理和测量报告处理。

MM 完成移动性和安全性管理功能。移动性管理功能是：移动台在变化的环境中如何选择网络和小区，使呼叫用户过程有效建立，并完成移动台的位置更新过程；安全性管理完成移动台的鉴权和加密。

CM 是通信管理功能，其功能是应用户要求，在用户之间建立连接，维持和释放呼叫（包含呼叫控制、附加业务管理和短消息业务）。

BTS 和 BSC 不对 MM 和 CM 消息进行处理，涉及 MM 和 CM 的设备主要是移动台以及 HLR 和 MSC/VLR。在 A 接口把这类消息称为 DTAP 消息，通过 A 接口能够传递两类消息：BSMAP 消息和 DTAP 消息，其中 BSMAP 消息负责业务流程控制，需要相应的 A 接口内部功能模块处理。对于 DTAP 消息，A 接口仅相当于一个传输通道，从交换系统到 BSS 侧，DTAP 消息被直接传递至无线信道，从 BSS 到交换系统侧，DTAP 消息被传递到相应的功能处理单元，对 A 接口来说，DTAP 消息是透明的。

MSC/VLR 与 HLR 之间，不同的 MSC/VLR 之间的通信采用 No.7 信令系统的移动应用部分 MAP 的通信协议，MAP 是在 No.7 信令系统的消息传递部分 MTP、信令连接控制部分 SCCP 和事务处理能力应用部分 TCAP 的支持下工作的。

### 4.3.2 Um 空中接口的信令协议

Um 接口是 MS 与 BTS 之间的通信接口，也可称它为空中接口，在所有 GSM 系统接口中，Um 接口是最重要的。

首先，Um 接口协议的标准化能支持不同厂商制造的移动台与不同运营者的网络间的兼容性，从而实现了移动台的漫游。其次，Um 接口协议的制定解决了蜂窝系统的频谱效率，采用了一些抗干扰技术和降低干扰的措施。很明显，Um 接口实现了 MS 到 GSM 系统固定部分的物理连接，即无线链路，同时它负责传递无线资源管理、移动性管理和接续管理等信息。

Um 接口协议分层结构如图 4-5 所示。Um 接口的协议可分为物理层、信令链路层和应用层。

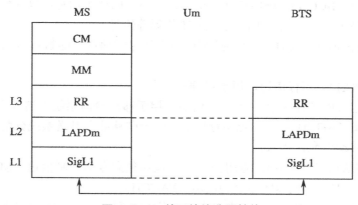

图 4-5 Um 接口协议分层结构

第 1 层是物理层，该层为无线接口最低层，物理层提供无线链路的传输通道，为高层提供不同功能的逻辑信道，包括业务信道 TCH 和控制信道，业务信道 TCH 主要用于传送编码语音和数据，控制信道主要传送用于电路交换的信令信息及移动管理和接入管理的信令信息。

第 2 层是信令链路层，该层为 MS 和 BTS 之间提供了可靠的专用数据链路，基于 ISDN 的 D 信道链路接入协议（LAPD），同时也加入了一些移动应用方面的 GSM 特有的协议，一般称为 LAPDm 协议。

第 3 层是应用层，该层是主要负责控制和管理的协议层，把用户和系统控制过程的信息按一定的协议分组安排到指定的逻辑信道上。它包括了 CM、MM、RR3 个子层，CM 子层可完成呼叫控制（CC）、补充业务管理（SS）和短消息业务管理（SMS）等功能，MM 子层主要完成位置更新、鉴权和 TMSI 的再分配，RR 子层完成专用无线信道连接的建立、操作和释放。

#### 1．GSM 中的信道

GSM 中的信道分为物理信道和逻辑信道，一个物理信道是一个时隙（TS），而逻辑信道是根据 BTS 与 MS 之间传递的信息种类的不同而定义的，这些逻辑信道映射到物理信道上传送。从 BTS 到 MS 的方向称为下行链路，相反的方向称为上行链路。

逻辑信道又分为两大类：业务信道和控制信道。

（1）业务信道（TCH）

TCH 用于传送编码后的话音或数据信息。

（2）控制信道（CCH）

CCH 可分为广播信道、公共控制信道和专用控制信道。

① 广播信道（BCH）。广播信道分为频率校正信道、同步信道、广播控制信道。这 3 种信道都是下行信道，可完成点对多点的信息传输。它用于向移动台广播不同的信息，包括移动台在系统中登记所必要的信息。

频率校正信道（FCCH）：用于向移动台传送频率校正信号，使移动台能调谐到相应的频率上。

同步信道（SCH）：该信道向移动台传送帧同步和基站识别码（BSIC）。

广播控制信道（BCCH）：该信道向移动台传送小区的通用消息，包括位置区识别码、小区内允许的最大输出功率和相邻小区的 BCCH 载频等信息。

② 公共控制信道（CCCH）。公共控制信道包括寻呼信道、随机接入信道和允许接入信道 3 种。

寻呼信道（PCH）：下行信道，用于寻呼移动台。

随机接入信道（RACH）：点对点上行信道，用于移动台向系统申请专用控制信道。

允许接入信道（AGCH）：点对点下行信道，用于向移动台发送系统分配给该移动台的专用信道号并通知移动台允许接入。

③ 专用控制信道（DCCH）。专用控制信道包括独立专用控制信道（SDCCH）、慢速随路控制信道（SACCH）和快速随路控制信道（FACCH）。

独立专用控制信道（SDCCH）：点对点双向信道，用于移动台呼叫建立之前传送系统信息，如登记和鉴权等。

慢速随路控制信道（SACCH）：用于传送服务小区及相邻小区的信号强度、移动台功率等级等数据。

快速随路控制信道（FACCH）：用于传送速度要求高的信令信息。

（3）逻辑信道的映射

慢速随路控制信道（SACCH）总是和 TCH 或 SDCCH 一起使用的。只要基站分配了一个 TCH 或 SDCCH，就一定同时分配一个对应的 SACCH，它和 TCH（SDCCH）位于同一物理信道中，以时分复用方式插入要传送的信息。

快速随路控制信道（FACCH）是寄生于 TCH 中的，FACCH "借用" TCH 信道来传送信令消息，故称之为 "随路"。其用途是在呼叫进行过程中快速发送一些长的信令消息。

其他控制信道都被安排在小区载波 $C_0$ 上的 $TS_0$ 时隙（或 $TS_0$ 和 $TS_1$ 时隙）。

### 2. 数据链路层（第2层）

第 2 层协议称为数据链路层（LAPDm），它是在 ISDN 的 LAPD 协议基础上作少量修改形成的。修改原则是尽量减少不必要的字段以节省信道资源。与 ISDN 的 LAPD 协议的主要不同之处在于取消了帧定界标志和帧校验序列，因为其功能已由 TDMA 系统的定位和信道纠错编码完成。

LAPDm 支持以下两种操作。

① 无确认操作，其信息采用无编号信息帧 UI 传输，无流量控制和差错校正功能。

② 确认操作，使用多帧方式传输第 3 层信息，可维持所传送的各帧的顺序，可完成流量控制功能，对没有确认的帧采用重发来纠正错误，对不能纠正的错误则报告到移动管理实体。

### 3. 信令层（第 3 层）

第 3 层是收发和处理信令消息的实体，包括 3 个功能子层。

（1）RR（无线资源管理）

RR 的作用是对无线信道进行分配、释放、切换、性能监视和控制，共定义了 8 个信令过程。

（2）MM（移动性管理）

MM 的功能定义了移动用户位置更新、定期更新、鉴权、开机接入、关机退出、TMSI 重新分配和设备识别等 7 个过程。

（3）CM（通信管理）

CM 功能负责呼叫控制，包括补充业务和短消息 SMS 的控制。由于有 MM 子层的屏蔽，CM 子层已感觉不到用户的移动性。其控制机理继承 ISDN，包括去话建立、来话建立、呼叫中改变传输模式、MM 连接中断后呼叫重建和 DTMF 传送等 5 个信令过程。

### 4.3.3 A-bis 接口信令

A-bis 接口是基站收发信系统（BTS）和基站控制器（BSC）之间的接口。由于 A-bis 接口定义较晚，目前尚未完全标准化，因此，尚不能支持 BSC-BTS 的多厂商环境。

A-bis 接口结构如图 4-6 所示，A-bis 接口信令也采用 3 层结构。包括物理层、数据链路层和 BTS 的应用层。

物理层通常采用 2Mbit/sPCM 链路。数据链路层采用 LAPD 协议，它为一点对多点的通信协议，是 Q.921 规范的一个子集。LAPD 也是采用帧结构，

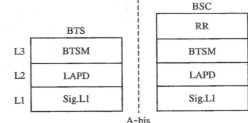

图 4-6　A-bis 接口结构

包含标志字段、控制字段、信息字段、校验字段和标志序列。在标志字段中包括 SAPI（服务接入点标识）和 TEI（终端设备识别）两个部分，用以区别接入到什么服务和什么实体。

A-bis 接口支持下列消息。

① 在手机和网络之间进行交换的高层消息，也就是信令消息。

② 网络对 BTS 基站的维护管理消息。

③ BTS 和 BSC 内部的管理消息。

在第 2 层中使用了不同的 SAPI 服务接入点来区分这些消息。其中：

① SAPI=0 对应信令；

② SAPI=62 对应一般管理；

③ SAPI=63 对应链路管理。

一条链路上有多个 TRX 无线收发信器，在第 2 层中使用了不同的 TEI 值来区分不同的 TRX 无线收发信器。

LAPD 可采用证实和非证实传送模式传送第 3 层的数据，并能完成数据的检错和纠错

功能。

第3层是 BTS 的应用部分，包括无线链路管理（RLM）子层、专用信道管理（DCM）子层、公共信道管理（CCM）子层和无线收发器管理（TRXM）子层。RLM 子层消息用于 BSC 控制 LAPDm 的连接，大多数无线接口上的3层信令都通过该子层进行传送。DCM 子层对专用信道进行管理和分配，这些消息包含信道激活、信道释放、功率控制、加密和模式改变等。CCM 信息组只对公共信道进行管理和分配。Paging 消息、BCCH 系统消息、信道释放、立即指配命令都通过 CCM 子层进行管理。TRXM 子层对无线收发信机进行管理，该层消息只在 BTS 和 BSC 之间传送。

另外，在 A-bis 接口上还透明传送 MS 和 BSC 之间或者 MS 和 MSC 之间进行交换的消息。

### 4.3.4  A 接口信令

A 接口是 BSC 与 MSC 之间的接口，A 接口是标准化的接口，因此，可以支持 BSC-MSC 的多厂商环境。A 接口的信令分层结构如图4-7所示。

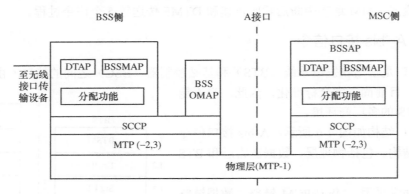

图4-7  A 接口的信令分层结构

A 接口采用 No.7 信令作为消息传送协议，分为3层结构：物理层 MTP-1（64kbit/s 链路），MTP（−2，3）+SCCP 作为第2层，负责消息的可靠传送。MTP-3 主要用其信令消息处理功能。由于是点到点传输，因此，SCCP 的全局名翻译功能基本不用。传送某一特定事务（如呼叫）的消息序列和操作维护消息序列采用 SCCP 面向连接服务功能（类别2）；适用于整个基站系统，与特定事务无关的全局消息则采用 SCCP 无连接服务功能（类别1）。利用 SCCP 子系统号可识别多个第3层应用实体。

应用层作为信令的第3层，称为 BSSAP（基站系统应用部分），包括 BSSMAP 和 DTAP 两部分。

BSSMAP（BSS 管理应用部分）用于对 BSS 的资源使用、调配和负荷进行控制和监视。消息的源点和终点为 BSS 和 MSC，消息均和 RR 相关。某些 BSSMAP 过程将直接引发 RR 消息；反之，RR 消息也可能触发某些 BSSMAP 过程。GSM 标准共定义了18个 BSSMAP 信令过程。

DTAP（直接传送应用部分）用于透明传送 MSC 和 MS 间的消息，这些消息主要是 CM 和 MM 协议消息。RR 协议消息终接于 BSS，不再发往 MSC。

### 4.3.5 移动应用部分 MAP

在移动通信网中，移动交换中心（MSC）至拜访位置寄存器（VLR）的 B 接口、MSC 至归属位置登记器的 C 接口、VLR 至 HLR 的 D 接口、不同的 MSC 之间的 E 接口、MSC 至设备识别寄存器（EIR）之间的 F 接口都使用移动应用部分（MAP）的信令规程。

MAP 是 No.7 信令系统的应用层协议，是事务处理部分（TC）的用户。MAP 的主要功能是在 MSC 和 HLR、VLR、EIR 等网络数据库之间交换与电路无关的数据和指令，从而支持移动用户漫游、频道切换和用户鉴权等网络功能。

#### 1. MAP 对使用 SCCP 和 TC 的要求

下面简要说明 MAP 使用 SCCP 和 TC 的要求。

（1）SCCP 的使用

① SCCP 业务类别：MAP 仅使用 SCCP 的无连接协议类别 0 或 1。

② 对于 MSC/VLR、EIR、HLR/AUC 在信令网中的寻址如下。

- 国内业务采用 GT、SPC、SSN。
- 国际业务采用 GT。

SPC：采用 24bit 编码，与我国 No.7 信令网中的信令点统一编码。

GT：为移动用户的 MSISDN。

③ SCCP 被叫地址中的路由表示语如下。

SSN 表示语：1（总是包括 SSN）。

全局码表示语：0100（GT 包括翻译类型、编号计划；编码设计、地址性质表示语）。

（2）TCAP 的使用

MAP 使用事务处理能力（TC）提供的服务。

TC 由成分子层和事务处理子层组成。

成分子层提供传送远端操作及响应的协议数据单元和作为任选的对话部分。这些协议数据单元调用操作并报告其结果或差错。可以使用 TC 成分处理原语来访问这些服务。

事务处理子层为其用户提供端到端连接。

作为 TC 的用户，MAP 的通信部分可以由一组应用服务单元构成，这组应用服务单元由操作、差错和一些参数组成，该应用服务由应用进程调用并通过成分子层传送至对等实体。

#### 2. MAP 信令过程

移动通信应用部分（MAP）有以下几类信令过程。

① 位置登记和删除。

② 补充业务的处理。

③ 呼叫建立期间用户参数的检索。

④ 频道切换（转换）。

⑤ 用户管理。

⑥ 操作和维护。

⑦ 国际移动设备识别管理。

⑧ 支持短消息业务。

⑨ 鉴权。

## 4.4 移动交换的处理过程

### 4.4.1 移动呼叫处理特点和一般过程

#### 1．移动呼叫处理的特点

与一般程控交换机相比，移动交换机的呼叫处理有如下一些特点。

（1）用户数据集中管理

由于移动用户的位置是经常发生变化的，移动用户的用户数据是由用户归属的 HLR 集中管理的，HLR 中主要存储两类信息：一是用户的用户数据，包括移动用户识别号码 IMSI、MSISDN、基本电信业务签约信息、业务限制（例如，限制漫游）和始发 CAMEL 签约信息 O-CSI、终结 CAMEL 签约信息 T-CSI 等数据；一是有关用户目前所处位置（当前所在的 MSC、VLR 地址）的信息。同时，在用户当前所在位置的 VLR 中也会保留用户的部分数据，在呼叫处理过程中，MSC 在需要的时候要向 HLR 和 VLR 查询相关用户数据，根据这些数据来完成不同的处理。

（2）位置登记与更新

由于移动用户的位置是经常发生变化的，因此当用户的位置发生改变时，必须将用户当前所在的位置报告给系统。

（3）移动用户接入处理

对于 MS 始发呼叫，不存在用户线扫描、拨号音发送和收号等处理过程，MS 接入和拨号通过无线接口信令完成，交换机的功能主要是检查 MS 的合法性及其呼叫权限。对于 MS 来话呼叫，则要执行寻呼过程。

（4）信道分配

由于无线接口的频率资源有限，移动用户并没有固定的业务信道和信令信道，而是在通信时由交换机按需给 MS 分配业务信道和必要的信令信道。

（5）路由选择

由于移动用户的位置是经常发生变化的，所以当移动用户为被叫时，始发 MSC 要向被叫用户归属的 HLR 查询用户的当前位置，再由被叫用户归属的 HLR 向被叫当前所在的 VLR 要求为该次呼叫分配漫游号码，始发 MSC 通过漫游号码来选择路由。

（6）切换

切换是移动交换区别于固网交换机的重要特点，它要求交换机在用户进入通信阶段后继续监视业务信道质量，必要时进行切换，以保证通信的连续性。

#### 2．呼叫处理的一般过程

与固定交换机中的呼叫处理不同，由于无线接口的频率资源有限，移动用户并没有固定的业务信道和信令信道，而是在通信时由交换机按需给 MS 分配业务信道和必要的信令信道。MS 与移动通信系统的通信一般包括接入阶段、鉴权加密阶段（如果需要）、完成业务（位置更新、呼叫、发送短消息等）阶段和释放连接阶段。以下简要说明接入阶段和鉴权加密阶段的一般过程。

（1）接入阶段的一般处理过程

接入阶段主要包括信道请求、信道激活、信道激活响应、立即指配及业务请求等几个步骤。经过这个阶段，手机和 MSC 建立了信令连接关系。

假设一 MS 处于激活且空闲状态，当用户要进行通信（包括位置更新、主叫发起的呼叫、收到了交换机发来的对本 MS 的寻呼消息、发送短消息等）时，MS 将首先申请建立一条 RR 连接。RR 的功能包括物理信道管理和逻辑信道的数据链路层连接等。

接入阶段的简化流程如图 4-8 所示。

当 MS 需要与系统通信时，MS 通过随机接入信道 RACH 向系统发出"信道请求"（Channel Request）消息，要求网络提供一条专用信道 SDCCH，所提供的信道类型由网络决定。信道请求有两个参数：建立原因和随机参考值（RAND）。建立原因是指 MS 发起这次请求的原因（包括 MS 发起呼叫、紧急呼叫、位置更新和寻呼响应等），RAND 是由 MS 确定的一个随机值，使网络能区别不同 MS 所发起的请求。

BSS 收到信道请求消息后，先在内部进行处理。BTS 对 MS 的"信道请求"正确解码后，它

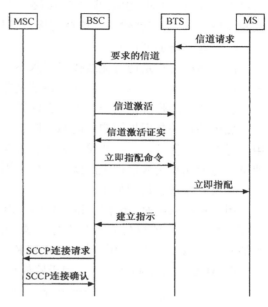

图 4-8　接入阶段的简化流程

将把"信道请求"的报文通过 A-bis 接口发送给 BSC，该报文包含重要的附加信息和由 BTS 对传输延时（TA）的估计（这一指示对启动定时提前控制很重要）。BSC 收到此消息后，则根据对现有系统中无线资源的判断，为该次请求选择一条相应的空闲信道供 MS 使用。但所分配的信道及其相关的地面资源是否可用，还需 BTS 作应答证实，这个程序的完成通过 BSC 向 BTS 发送一条"信道激活"（Channel Active）的报文来查询相应的地面资源（传输电路等）是否可用，该报文指明激活信道所需的全部属性，包括信道类型、工作模式、物理特性和时间提前量等。BTS 在准备好相应的资源后，将返回一条"信道激活证实"（ChannelActiveACK）的报文来答复 BSC。

BSC 为其分配相应的信道成功后，在接入允许信道（AGCH）中通过"立即分配"消息通知 MS 为其分配的专用信道。在"立即指配"消息中，除包含 SDCCH 中的信道相关信息外，还包括随机参考值 RAND、缩减帧号 T 和时间提前量 TA 等。RAND 值=该 MS 发送的随机值。T 是根据收到信道请求时的 TDMA 帧号计算出的一个取值范围较小的帧号。RAND 和 T 值都与请求信道的 MS 直接相关，用于减少 MS 之间的请求冲突。TA 是根据 BTS 收到 RACH 信道上的信道请求信息进行均衡时，计算出的时间提前量。MS 根据 TA 确定下一次发送消息的时间提前量。"立即指配"的目的是在 Um 接口建立 MS 与系统间的无线连接，即 RR 连接。

MS 收到"立即指配"消息后，如果 RAND 值和 T 值都符合要求，则会转换到指定的 SDCCH 信道上，然后，在该信道上发送 SABM（设定异步模式）帧，要求在 Um 接口的 LAPDm 层上建立一个多帧应答操作方式连接。

在 BTS 收到 SABM 帧后，就会不经过任何修改地向 MS 发 UA 帧（无编号证实），作为对

SABM 帧的应答，表明在 MS 与系统之间已建立了一条 LAPDm 的第 2 层无线链路，在 SABM 里 MS 向 BSS 表明请求的服务类型，如位置更新、主叫建立通话等、响应寻呼和 IMSl 分离等。

MS 将 UA 帧和本身所发送的 SABM 帧信息内容进行比较，只有当完全一样时，才会继续接入，否则它就放弃这个信道，并重复立即指配程序，最后只有核对一致的 MS 留在这个信道上。同时，BTS 也在 A-bis 接口发送 SABM 帧，要求在 BTS 与 BSC 之间建立一条 LAPD 的第 2 层链路。同时，BSC 也会在 A 接口上为该次通信建立一个 SCCP 的虚电路连接，这样，在 MS 与 MSC 之间就建立了信令连接，上层的信令消息就可以在 MS 和 MSC 之间透明传输。

（2）鉴权与加密过程

由于移动用户是通过无线接口接入系统的，所以如何确定用户身份的合法性，防止在无线信道上窃听通信信息对移动通信系统是非常重要的。

鉴权的目的是确定用户身份的合法性，保证只有有权用户才可以访问网络。

加密的目的是保护用户的隐私，防止在无线信道上窃听通信信息。大多数的信令也可以用同样的方法保护，以防止第三方了解被叫方是谁。另外，以一个临时代号替代用户标识是使第三方无法在无线信道上跟踪 GSM 用户的又一机制。

鉴权的原理和过程如下。

用户购机入网时，运营商将 IMSI 号和用户鉴权键 Ki 一起分配给用户，在用户的 SIM 卡中存放有 4 个和鉴权与加密有关的数据：用户鉴权键 Ki、鉴权算法 A3、加密序列算法 A8 和加密算法 A5。同时，用户的 IMSI 和 Ki 也存入鉴权中心 AUC。

在 AUC 鉴权中心产生一个用于鉴权和加密的三参数组的步骤如图 4-9 所示。

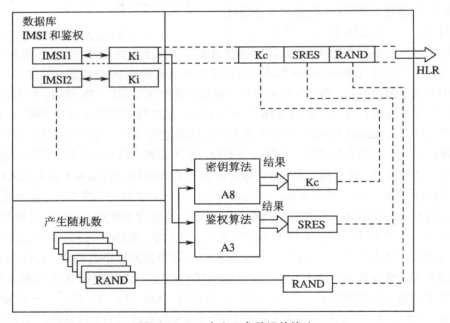

图 4-9　AUC 产生三参数组的算法

① 产生一个不可预测的随机数 RAND。

② 以 IMSI，Ki 和 RAND 为输入参数，由两个不同的算法电路（A8 和 A3）计算出密钥 Kc 和符号响应符 SRES。

③ 将 RAND，SRES 和 Kc 组成一个三参数组送往 HLR 作为今后为该用户鉴权时使用。

HLR 自动存储 1～10 组每个用户的三参数组，并在 MSC/VLR 需要时传给它。而在 MSC/VLR 中，也为每个用户存储 1～7 组这样的三参数组。这样做的目的是减少 MSC/VLR 与 HLR，AUC 之间信号传送的频次。

对 MS 鉴权的过程如图 4-10 所示。

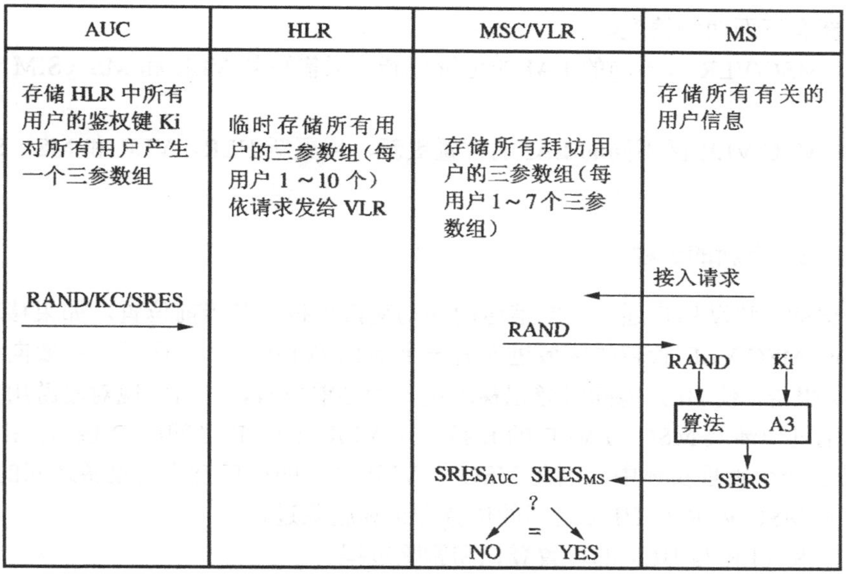

| AUC | HLR | MSC/VLR | MS |
|-----|-----|---------|-----|
| 存储 HLR 中所有用户的鉴权键 Ki 对所有用户产生一个三参数组 | 临时存储所有用户的三参数组（每用户 1～10 个）依请求发给 VLR | 存储所有拜访用户的三参数组（每用户 1～7 个三参数组） | 存储所有有关的用户信息 |

图 4-10　鉴权过程

在呼叫处理过程中，MSC 向需被鉴权的 MS 发送一组参数中的 RAND 号码，MS 将 RAND 号码、自身 SIM 卡内存储的 IMSI 和 Ki 作为 A3 鉴权运算电路的输入参数，算出鉴权的符号响应符 SRES，并将其送回 MSC/VLR。MSC 将原参数组中由 AUC 算出的 SRES 与 MS 返回的 SRES 比较，若相同，则认为合法，鉴权成功，网络允许 MS 接入；否则认为不合法，鉴权失败，拒绝为其服务。

在 MS 与系统的各种通信过程中，接入阶段和鉴权阶段的流程是基本相同的，而各种业务处理的流程则差别较大，下面将介绍移动呼叫处理的一些典型的流程。

### 4.4.2　位置登记与更新

移动通信系统与固定电话系统的一个主要不同之处就是移动台 MS 的位置是在不断变化的，为了与系统保持联系，MS 就需要不断地向系统报告自己当前的位置。

GSM 网络被划分为不同的位置区，位置区由位置区识别码 LAI 标识，每个小区的广播信道广播的系统消息中，都包含该小区所属的位置区识别码 LAI，每个 MS 当前所在的位置区的 LAI 被保存在 MS 的 SIM 卡和该 MS 位于的 VLR 中。

**1. MS 进行位置更新的时间**

① MS 进入了新的位置区，发现当前小区广播信道所广播的系统消息中包含的位置区识

别码 LAI 与 SIM 卡中保存的 LAI 不一致时，进行位置更新。

② 系统定义的周期性位置更新。

位置更新是位置管理中的主要过程，位置更新由 MS 发起，在 GSM 系统中有 3 个地方需要知道位置信息：HLR，VLR 和 MS（SIM 卡）。在 MS 的位置发生变化时，需要保持三者的一致性，在 VLR 和 SIM 卡中保存的位置信息是 MS 当前所在的位置区识别码 LAI，在 MS 归属的 HLR 中保存的位置信息是 MS 当前所在的 VLR 号码。

位置更新有下面两种情况。

① 同一 MSC/VLR 区不同的 LAI 的位置更新，只需更新 VLR 和 MS（SIM 卡）中的位置信息。

② 不同 MSC/VLR 区不同的 LAI 的位置更新，需更新 HLR，VLR 和 MS（SIM 卡）中的位置信息。

**2. 正常位置更新的过程**

位置登记就是移动用户通过控制信道向移动交换机报告其当前位置。如果移动台从一个移动交换中心 MSC/VLR 管辖的区域进入另一个 MSC/VLR 管辖的区域，就要向归属位置寄存器（HLR）报告，使 HLR 能随时登记移动用户的当前位置，从而实现对漫游用户的自动接续。位置登记过程涉及 MSC 与 VLR 的 B 接口及 VLR 与 HLR 之间的 D 接口，由于 MSC 与 VLR 一般处于一个物理实体中，因此 MSC 与 VLR 之间的接口就成为设备之间的内部接口。下面主要讨论 MSC/VLR 与 HLR 之间的位置登记和删除过程。

（1）仅涉及 VLR 与 HLR 的位置登记和删除过程

设 MS 从 MSC/VLR-B 所管辖的位置进入了 MSC/VLR-A 所管辖的位置，发现当前小区广播信道广播的系统消息中包含的位置区识别码 LAI 与 SIM 卡中保存的 LAI 不一致时，MS 开始位置更新过程，在 RACH 上向基站子系统发送信道请求，然后占用系统分配的 SDCCH，向系统发出位置更新请求信息。

在位置更新过程中，如果移动用户（MS）用其识别码（IMSI）来标识自身时，其位置更新过程只涉及用户新进入区域的 MSC/VLR 及用户注册所在地的 HLR，其过程如图 4-11 所示。

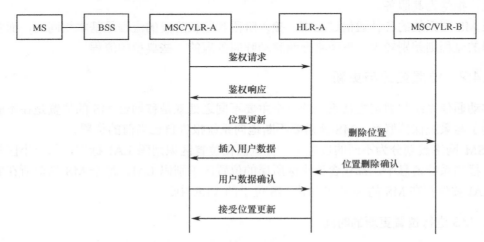

图 4-11 仅涉及 VLR 与 HLR 的位置登记和删除

图中，MSC/VLR-A 为管辖 MS 新进入的位置的 VLR，MSC/VLR-B 为管辖 MS 原来登记位置的 VLR，HLR-A 为用户注册所在地的 HLR。

当 MS 进入由 MSC/VLR-A 控制的区域并用其识别码 IMSI 来标识自己时，MSC/ VLR-A 能从 IMSI 中识别出 MS 注册的 HLR，用 MSISDN 作为全局码 GT 对 HLR 寻址。在位置更新过程执行前，先执行鉴权过程，MSC/VLR-A 发送鉴权请求消息（Send authentication info）要求得到该用户的鉴权参数，HLR 用鉴权响应消息（Authentication info）将鉴权参数回送 MSC/VLR-A。当鉴权通过后，MSC/VLR-A 向 HLR 发送位置更新区消息（Update Location），收到位置更新消息后，HLR 将 MS 的当前位置记录在数据库中，同时用插入用户数据消息（Insert sub.data）将 MS 的相关用户数据发送给 MSC/VLR-A，当收到用户数据确认消息（Sub.data ACK）后，HLR 回送接受位置更新消息（Update location ACK），位置更新过程结束。HLR 在完成位置更新后，确定该用户已进入由 MSC/VLR-A 管辖的区域，就向该用户先前所在的 MSC/VLR-B 发送删除位置消息（Cancel location），要求 MSC/VLR-B 删除该用户的用户数据，MSC/VLR-B 完成删除后，发送位置删除确认消息（Cancel location ACK）给 HLR。

（2）涉及前一个 VLR 的位置更新

当 MS 从 MSC/VLR-B 管辖的区域进入 MSC/VLR-A 管辖的区域，在位置登记时用 MSC/VLR-B 分配给它的临时号码 TMSI 来标识自己时，位置更新/删除过程如图 4-12 所示。

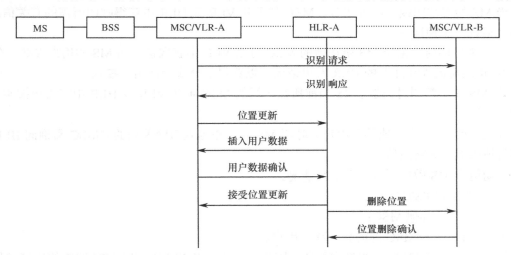

图 4-12　当 MS 用其前一个 VLR 中分配的 TMSI 标识自己时的位置更新/删除

由于在位置登记请求中，用其在前一个 VLR（MSC/VLR-B）中分配的 TMSI 来标识自己，因此，MSC/VLR-A 向 MSC/VLR-B 发送识别请求消息（Send identification），要求得到该用户的 IMSI 及鉴权参数组，MSC/VLR-B 用识别响应消息（Send identification ACK）将 MS 的 IMSI 及鉴权参数组选送给 MSC/VLR-A。MSC/VLR-A 鉴权成功后，就给 HLR 发送位置登记请求消息。其后的信令过程与图 4-11 所示完全一样。

经过位置更新过程后，管辖 MS 当前所在区域的 VLR 中已存放了该用户主要的用户数据，MS 注册的 HLR 中也已存放了该用户的位置信息。而 MS 原来登记位置的 VLR 已删除了该用户的用户数据。

（3）周期性位置更新

当 MS 关机，MS 向网络送 IMSI Detach 消息时，若遇无线链路质量很差，则系统有可能不能收到此信息，而该消息是手机的最后一条消息，是不需要证实的，这就使系统仍认为 MS 处于"附着"状态，一旦拨打该 MS 时，网络将试图寻呼该 MS，而实际上此时该 MS 已经无法接听电话，这就会使系统不断地发出寻呼消息，无效占用无线资源，降低寻呼成功率和来话接通率。

为解决这一问题，GSM 系统采取了强制周期位置更新的措施，也就是让 MS 每隔一定时间主动登记一次，若该规定时间没有接收到 MS 发送的周期性登记信息，那么，系统将自动认为该 MS 已经关机或者移出服务区，然后在 MSC/VLR 中进行分离标记，该状态称为"隐分离"。只有当再次接收到正确的周期性登记信息后，才再将它改写成"附着"状态。

网络通过 BCCH 通知 MS 其周期性登记的时间周期。

手机进行周期性位置更新的流程和正常位置更新流程一样。

### 4.4.3 查寻被叫 MS 路由信息程序

经过位置更新过程后，管辖 MS 当前所在区域的 VLR 中已存放了 MS 主要的用户数据，MS 注册的 HLR 中也已存放了该用户的位置信息（管辖 MS 当前所在区域的 VLR 号码）。

当 MS 始发呼叫或终结呼叫时，MSC 都可从 VLR 或 HLR 中获得呼叫所需的有关信息，主要包括以下 3 种情况。

① MS 呼叫时，主叫 MS 所在地的 MSC 可由 VLR 中获取该主叫 MS 的用户参数，在必要时 VLR 还可向 MS 注册的 HLR 发出请求，以获得部分或全部用户参数。

② MS 终结呼叫时，被叫 MS 当前所在区域的 MSC 可从 VLR 或 HLR 中获得该被叫 MS 的用户数据。

③ 当 PSTN 用户（或移动用户）呼叫 MS 时，作为入口网关局的 GMSC 需询问 HLR，以获得被叫 MS 的路由信息。

移动用户 MS 做被叫有下面 3 种情况。

① 呼叫来自 PSTN；

② 呼叫来自其他 MSC；

③ 呼叫来自本 MSC 内的另一移动用户。

其中以来自 PSTN 的呼叫最为复杂，因为该过程涉及 PLMN 和 PSTN 网络的连接过程，下面就以 PSTN 公网用户呼叫移动手机为例介绍查询被叫手机位置的过程。查询被叫手机位置的信令过程如图 4-13 所示。

当固定用户呼叫移动用户时，主叫用户拨被叫 MS 的 MSISDN 号码，PSTN 通过固网关口局接入移动关口局 GMSC，GMSC 通过分析被叫 MS 的 MSISDN 号码，确定被叫 MS 注册的 HLR，于是就向 HLR 发送"发路由信息消息（Send Routing info）"，HLR 检查被叫 MS 的位置信息，知道被叫 MS 当前正处于由 MSC/VLR-B 管辖的区域，就向 VLR-B 发送"提供漫游号码"消息（Provide Roaming Number），要求为该被叫 MS 分配一个漫游号码 MSRN，VLR-B 收到此消息后，临时为该被叫 MS 分配一个漫游号码，并建立这个漫游号码与该用户的 IMSI 号码的对应关系。然后发送"漫游号码确认"消息（Roaming Number

ACK），将分配的漫游号码送给 HLR，HLR 收到漫游号码后，给 GMSC 发送"路由信息确认"消息（Send Routing info ACK），将漫游号码送给 GMSC。GMSC 收到漫游号码后，即可利用此漫游号码完成至被叫 MS 的接续，在图 4-13 中，固网关口局发给 GMSC 的 IAI 消息中的被叫号码是被叫 MS 的 MSISDN 号码，GMSC 发给 MSC-B 的 IAM 消息中的被叫地址部分包含的就是漫游号码。

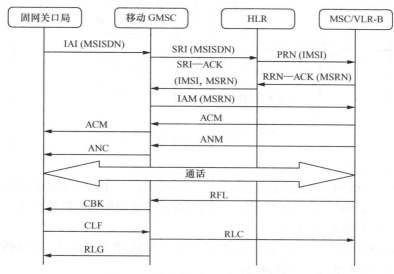

图 4-13　查寻被叫 MS 路由信息程序

### 4.4.4　切换

处于通话状态的移动用户从一个 BSS 小区移动到另一个小区时，需要进行切换，切换功能保持移动用户已经建立的通话不被中断。切换是由网络决定的，一般在下述 3 种情况下要进行切换。

① 通话过程中，MS 从一个基站覆盖区移动到另一个基站覆盖区。

② 由于外界干扰而造成通话质量下降时，必须改变原有的话音信道而转接到一条新的空闲话音信道上去，以继续保持通话。

③ MS 在两个小区覆盖重叠区进行通话，可占用的 TCH 这个小区业务特别忙，这时 BSC 通知 MS 测试它邻近小区的信号强度、信道质量，决定将它切换到另一个小区，这就是业务平衡所需要的切换。

切换包括 BSC 内部切换、BSC 之间的切换和不同 MSC 之间的切换。其中，BSC 之间的切换和不同 MSC 之间的切换都需要由 MSC 来控制完成，而 BSS 内部切换则由 BSC 控制完成。

下面主要介绍不同 MSC 之间的切换。不同 MSC 之间切换的信令流程如图 4-14 所示。

不同 MSC 之间的切换是一种最复杂的情况，切换前需进行大量的信息传递。这种切换由于涉及两个 MSC，因此将切换前 MS 所处的 MSC 称为服务交换机（MSC-A），切换后 MS 所处的 MSC 称为目标交换机（MSC-B）。切换的实现需要 MSC-A 与 MSC-B/VLR 相互配合，MSC-A 作为切换的移动用户控制方直至呼叫释放为止。

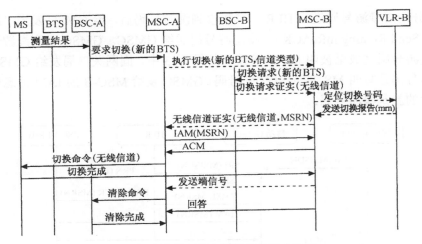

图 4-14　不同 MSC 之间切换的信令流程

基本切换过程如下。

① BSC-A，根据 MS 送来的测量信息，确定 MS 无线信道质量不满足通信要求，并通过查看邻近位置信息，确定需要切换，就将合适邻近位置区码作为目的地信息，向 MSC-A 发送切换要求信息，要求控制切换。

② MSC-A 分析切换要求消息，发现目的地属于 MSC-B 覆盖范围，向 MSC-B 发送切换请求，MSC-B 向 BSS-B 发送切换请求。

③ MSC-B 向 VLR 要求切换号码作为 MSC-A 到 MSC-B 电路建立的寻址信息。

④ MSC-B 向 MSC-A 发切换请求响应，消息中带切换号码 MSRN。

⑤ MSC-A 根据切换请求响应中的切换号码选择 MSC-A 与 MSC-B 间的中继电路，向 MSC-B 发初始地址消息 IAM，消息中的被叫号码是切换号码 MSRN。

⑥ MSC-B/VLR 收到初始地址消息确认切换号码，回送地址全消息 ACM 到 MSC-A。

⑦ MSC-A 收到地址全消息后，通过 BSS-A 指示 MS 进行切换。

⑧ MS 接入 BSS-B，BSS-B 通过 MSC-B 通知 MSC-A，MS 已成功接入 BSS-B。

⑨ MS 与 BSS-B 间成功完成信道建立，MSC-B 通知 MSC-A 切换完成。

⑩ MSC-B 完成接续并通知 MSC-A 通信建立成功，切换成功。

由于 MS 的位置区 LAI 发生了变化，因此，通话结束后，手机就立即启动位置更新，HLR 通知原 MSC/VLR 删除该用户的信息，在新的 MSC/VLR 中存储用户信息。

### 4.4.5　短消息处理流程

短消息业务是一项新的移动增值业务，短消息业务（Short Message Service，SMS）提供在移动通信网络中移动用户和移动用户之间发送长度较短的信息。短消息业务功能是一种类似于传呼机的业务功能，但是它具有寻呼网络无法具备的优点：即保证到达和双向寻呼功能。短消息能通过移动通信系统的信令信道实现消息传送，具有节省无线资源、传输迅速高和价格低廉等特点。近几年来业务量增长非常迅速。

与短消息处理有关的网络结构图如图 4-15 所示。其中，SMC 是短消息中心，短消息中心一般采用标准的 MAP 信令与 PLMN 连接，支持移动台发起和终止的短消息，包括向 HLR

询问路由信息，并向 MS 拜访的 MSC 转发短消息；从 MSC 中接收 MS 起呼的短消息；接收其他 SMC 转发的短消息；向其他 SMC 转发短消息。

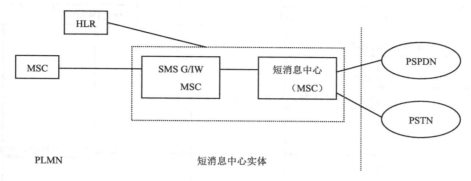

图 4-15 与短消息处理有关的网络结构图

点对点短消息业务包括移动台 MS 发起的短消息业务 MO/PP 及移动台终止的短消息业务 MT/PP。点对点短消息的传递与发送由短消息中心 SMC 进行中继。短消息中心的作用像邮局一样，接收来自各方面的邮件，然后把它们进行分拣，再发给各个用户。短消息中心的主要功能是接收、存储和转发用户的短消息。

通过短消息中心能够更可靠地将信息传送到目的地。如果传送失败，短消息中心保存失败消息直至发送成功为止。短消息业务的另一个突出特点是，即使移动台处于通话状态，仍然可以同时接收短消息。

移动始发短消息和移动终止短消息是完全独立的两个过程。短消息的发送和结束既可以在 MS 处于呼叫状态时进行（话音或数据），也可以在空闲状态下进行。短消息在控制信道内传送。短消息的存储和前转功能是由短消息中心 SMC 完成的。固定网用户可通过固定网、移动用户可通过移动数字网将信息输入至短消息中心，由短消息中心通过 MSC 与 HLR 将消息发送至指定的移动用户。

**1. 发送短消息**

发送短消息的流程如图 4-16 所示。移动始发的短消息从手机向其所在的 MSC 发送短消息开始，到收到短消息中心发来的发送成功为止。手机将短信发送给 MSC，MSC 根据短信中携带的短消息中心的标识号，将短信提交给 IWMSC，由 IWMSC 提交短信中心。短信中心成功收到短消息后，给出传送成功的确认消息，并由 MSC 转发给 MS。

**2. 接收短消息**

图 4-17 示出了短消息中心（SMC）将短消息发送至指定移动用户的信令过程。与短消息中心（SMC）相连接的移动交换中心（SMS-GMSC）收到（SMC）发来的短消息后，根据消息中包含的接收用户的 MSISDN 号码，向接收用户所属的归属位置中心（HLR）要求有关的路由信息（Send Routing Info For SM），HLR-A 向 SC-GMSC 发送响应信息，将接收用户的当前位置发送给 SC-GMSC，SC-GMSC 向移动用户当前所在区域的 MSC 发送短消息（Forward short Message），然后由 MSC 将短消息发送给手机。整个过程包括取路由信息、寻呼、接入

和寻呼响应、鉴权、加密、短消息传送、最后向短消息中心报告接受结果，这个结果经SMS_GMSC 分别送至 HLR 和短消息中心，由短消息中心回送始发短消息用户。

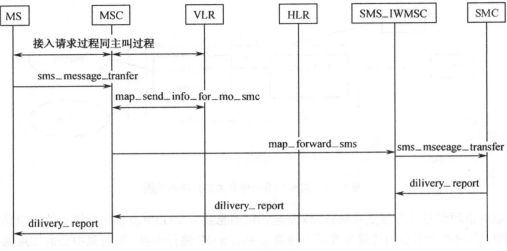

图 4-16　发送短消息流程

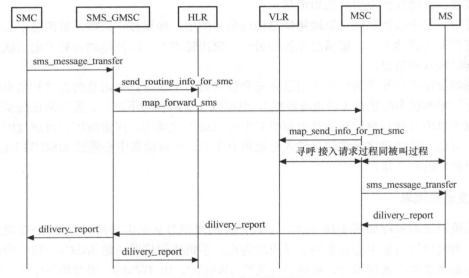

图 4-17　接收短消息流程

# 小　　结

移动通信的主要目的是实现任何时间、任何地点和任何通信对象之间的通信。与有线通信相比，移动通信最主要的特点是移动用户的移动性，网络必须随时确定用户当前所在的位置区，以完成呼叫、接续等功能；由于用户在通话时的移动性，还涉及频道的切换问题。另外，移动用户与基站系统之间采用无线接入方式，由于频率资源的有限性，因此如何提高频率资源的的利用率，是发展移动通信要解决的主要问题。

数字蜂窝移动通信网由移动交换子系统（NSS）、基站子系统（BSS）、操作维护中心（OMC）、移动用户设备、中继线路及其传输设备组成。

移动交换子系统（MSS）由移动关口局（GMSC）、移动业务交换中心（MSC）、拜访位置寄存器（VLR）、归属位置寄存器（HLR）、用户鉴权中心（AUC）和设备识别寄存器（EIR）、短消息业务中心（SMC）、移动业务汇接中心（TMSC）及信令转接点（STP）等组成。通常，HLR 与 AUC 合设于一个物理实体中，MSC、VLR 合设于一个物理实体中。基站子系统（BSS）由基站控制器（BSC）和基站收/发信台（BTS）组成。

Um 接口是用户终端设备 MS 与基站之间的接口。A-bis 接口是基站收发信机 BTS 与基站控制器 BSC 之间的接口。A 接口是基站控制器 BSC 与移动交换中心 MSC 之间的信令接口。

系统中不同接口使用了不同的协议，在 MS、BTS 和 BSC 之间，第 2 层协议分别涉及 MS 和 BTS 之间的 LAPDm、BTS 与 BSC 之间的 LAPD，在 BSC 和 MSC 之间，通信连接采用 No.7 信令系统中的 MTP 和 SCCP 协议。第 2 层协议用于完成不同节点之间数据链路的建立，以支持 RR，MM，CM 功能的执行。

RR 管理涉及多个接口和实体用于支持无线连接处理和测量报告处理。MM 完成移动性和安全性管理功能。CM 是通信管理功能，其功能是应用户要求，在用户之间建立连接、维持和释放呼叫（包含呼叫控制、附加业务管理和短消息业务）。BTS 和 BSC 不对 MM 和 CM 消息进行处理，涉及 MM 和 CM 的设备主要是移动台以及 HLR 和 MSC/VLR。

MSC 与 VLR 之间的 B 接口、MSC 与 HLR 之间的 C 接口、VLR 与 HLR 之间的 D 接口、MSC 与 EIR 之间的 F 接口、不同的 VLR 之间的 G 接口都采用移动应用规程（MAP）来传送有关信息。不同 MSC 之间的 E 接口在传送两个 MSC 之间的与话路接续有关的局间信令时，采用综合业务数字网用户部分 ISUP 和电话用户部分 TUP 的信令规程。

MSISDN 是主叫用户为呼叫数字公用陆地蜂窝移动用户时所需拨的号码；国际移动用户识别码 IMSI 是在数字公用陆地蜂窝移动通信网中唯一的识别一个移动用户的号码；移动用户漫游号码 MSRN 是当呼叫一个移动用户时，为使网络进行路由再选择，VLR 临时分配给移动用户的一个号码；临时移动用户识别码 TMSI 是为了对 IMSI 保密，VLR 给来访移动用户分配的一个临时号码，它仅在本地使用。

Um 接口中的逻辑信道分为业务信道和控制信道两大类，业务信道（TCH）用于传送编码后的话音或数据信息。控制信道（CCH）可分为广播信道、公共控制信道和专用控制信道。广播信道分为频率校正信道、同步信道、广播控制信道，用于向移动台广播不同的信息，包括移动台在系统中登记所必要的信息。公共控制信道包括寻呼信道、随机接入信道、允许接入信道 3 种。寻呼信道（PCH）用于寻呼移动台，随机接入信道（RACH）是点对点上行信道，用于移动台向系统申请专用控制信道，允许接入信道（AGCH）是点对点下行信道，用于向移动台发送系统分配给该移动台的专用信道号并通知移动台允许接入。专用控制信道包括独立专用控制信道（SDCCH）、慢速随路控制信道（SACCH）、快速随路控制信道（FACCH），专用控制信道是点对点双向信道，用于在 MS 与系统之间传送各种控制信息。

与固网程控交换机相比，移动交换机的呼叫处理的特点是：用户数据集中管理、移动用户必须将用户当前所在的位置报告给系统，MS 接入和发号通过无线接口信令完成，移动用户并没有固定的业务信道和信令信道，而是在通信时由交换机按需给 MS 分配业务信道和必要的信令信道，当移动用户为被叫时，始发 MSC 要向被叫用户归属的 HLR 查询用户的当前位置，再由被叫用户归属的 HLR 向被叫当前所在的 VLR 要求为该次呼叫分配漫游号码，始发 MSC 通过漫游号码来选择路由，交换机在用户进入通信阶段后继续监视业务信道质量，在移动用户的位置发生变化时，要进行切换以保证通信连续性。

MS 与移动通信系统的通信一般包括接入阶段、鉴权加密阶段（如果需要）、完成业务（位置更新、呼叫、发送短消息等）阶段和释放连接阶段。

最后介绍了接入阶段、鉴权加密阶段、位置登记与更新、切换和短消息处理的简化流程，这些处理流程是移动通信系统的典型处理流程，应认真掌握。

# 思考题与练习题

1. 简要说明数字移动通信系统的基本组成及各部分作用。

2. 试说明 VLR 和 HLR 的功能差别。为什么有了 HLR 还要设立 VLR？

3. 简要说明数字移动通信系统的信令接口及各个接口使用的信令规程。

4. 简要说明漫游号码的编码及作用。

5. 在图 4-13 所示的信令程序中，固网关口局发出的 IAI 消息中的被叫用户号码是什么？GMSC 发出的 IAM 消息中的被叫用户号码又是什么？

6. 简要说明 MAP 与 TCAP 及 SCCP 之间的关系。

7. 简要说明仅涉及 VLR 和 HLR 的位置更新与删除的信令过程。当该信令过程成功完成后，本章图 4-11 中的 MSC/VLR-A、HLR-A 以及 MSC/VLR-B 中的数据有何变化？

8. 简要说明呼叫建立期间获得路由信息的信令过程。

9. 简要说明移动呼叫接续过程和普通 PSTN 中的呼叫接续过程的差别。

10. 简要说明不同 MSC 之间切换的信令流程。

11. 简要说明 MS 发送短消息的信令流程。

12. 简要说明 MS 接收短消息的信令流程。

第 **5** 章 **智能网**

智能网的主要目标是在多厂商的环境下快速引入新业务。本章简要介绍新业务的传统实现方法，智能网的概念，智能网的概念模型，固定智能网和移动智能网的网络结构和几种典型的智能业务及信令流程，固定电话网的智能化改造。

## 5.1 新业务的传统实现方法

程控交换机不仅提高了电话交换能力，还有足够的智能向用户开放一系列新业务。常见的新业务功能有缩位拨号、热线服务、呼出限制、闹钟服务、免打扰、呼叫转移、遇忙回叫等。这些功能中的绝大多数项目只要借助于软件技术就可以实现，这一部分软件只是作为呼叫处理程序的一个附加部分。程控交换系统的呼叫处理过程，主要是用户线路状态和拨号数据的搜集、用户线路和设备号的识别登记、查表分析、修改数据或撤销数据，对各个执行部件和设备发出这样那样的执行命令。增加电话新业务功能，只要在呼叫处理过程的适当环节插入必要的程序和数据即可。下面简要介绍几种常见新业务的功能及实现原理。

### 5.1.1 虚拟用户交换机

虚拟用户交换机简称 Centrex，实际上就是将市话交换机上部分用户定义为一个虚拟小交换机用户群，该用户群内的用户不仅拥有普通市话用户的所有功能，而且拥有用户小交换机（PABX）功能。Centrex 用户一般有两个号码：一个长号（即普通的市话号码）和一个短号（群内号码），在群内呼叫时可拨短号，群内群外来话可区别振铃。在群内呼叫时，在计费上可享受一定优惠（不计费或按照一定折扣计费）。Centrex 适合于商业集团公司、工厂、宾馆、学校、矿场和机关等单位使用。虚拟用户交换机功能是通过修改交换机的程序和数据来实现的，下面以华为公司 C&C08 交换机为例来说明 Centrex 功能的实现原理。

#### 1. 实现 Centrex 功能涉及的数据

C&C08 交换机上实现 Centrex 功能涉及的数据结构有用户数据和 Centrex 数据表，C&C08

交换机上的用户数据表和 Centrex 数据表分别如图 5-1 和图 5-2 所示。

在用户数据表中，与实现 Centrex 功能有关的数据有 Centrex 标志和 Centrex 群号，当一个用户是 Centrex 用户时，该用户的用户数据的 Centrex 标志置位，同时，在用户数据中给出该用户所属的 Centrex 群号。

Centrex 数据表主要包括 Centrex 群数据表、Centrex 话务台表、出群字冠描述表、Centrex 新业务数据表和长短号对照表。在 Centrex 群数据表中，包含有该 Centrex 群的用户容量、短号号长、群内外振铃方式等数据；在 Centrex 话务台表中，有该 Centrex 群呼叫话务台的接入码及话务台的分机号码；在出群字冠描述表中，有该 Centrex 群用户群外呼叫时需拨的字冠号码及是否需送二次拨号音；在 Centrex 新业务数据表中，包含该 Centrex 群提供新业务所需的数据；在长短号对照表中，包含该 Centrex 群中每个用户的长号和短号的对应关系。

### 2. Centrex 用户呼叫的处理流程

Centrex 用户呼叫的处理流程如图 5-3 所示。

在 Centrex 用户摘机呼叫的去话分析时，如果发现主叫用户是一个 Centrex 用户，则由 ST 用户数据表中得到的该主叫用户所属的 Centrex 用户群号，以群号作为关键字段查询 Centrex 群数据表，如果是一个有效的 Centrex 用户群，就取得该 Centrex 群的普通属性。以群号和用户所拨号查询 Centrex 话务台表，如果用户拨号是一个话务台接入码，就取分机号码和群号作为关键字段查询长短号对照表，得到该主叫用户呼叫的话务台长号，之后将此长号作为用户拨号进行号码分析。

| 模块号 |
| --- |
| 用户逻辑顺序号 |
| 用户号码 |
| 设备号 |
| 用户类别 |
| 用户状态 |
| 附加用户类别 |
| 话务员属性 |
| Centrex 标志 |
| Centrex 群号 |
| 用户群号 |
| 呼叫源码 |
| 呼叫代答/话务员组号 |
| 呼出权 |
| 呼入权 |
| 收号设备类型 |
| 呼叫观察标志 |
| 脉冲索引 |
| KC16 标志 |
| 反极性标志 |
| 计费申告 |
| 计费类别 |
| 振铃方式 |
| 计费源码 |
| 被叫计费源码 |
| 新业务权限 |
| 呼出密码 |
| CUG 数据索引 |
| ISDN 数据索引 |

图 5-1　用户数据表

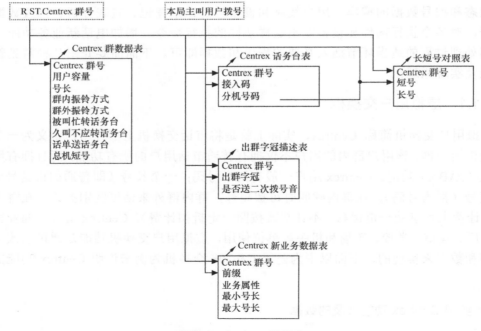

图 5-2　Centrex 数据表

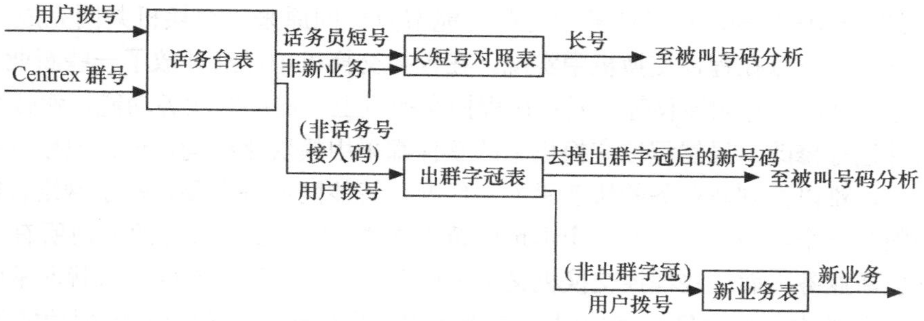

图 5-3　Centrex 用户呼叫的处理流程

如果用户拨号不是一个话务台接入码，则以群号和用户拨号查找出群字冠描述表，如果是一个出群字冠，则去掉出群字冠，将剩下的号码作为主叫用户所拨的被叫号码进行号码分析。

如果用户所拨号码不是一个出群字冠，则以群号和用户所拨号码查询 Centrex 新业务数据表，如果是一项 Centrex 新业务，则按 Centrex 新业务定义对用户所拨号码进行处理。

如果用户所拨号码不是一项 Centrex 新业务，则以群号和用户所拨号码查询长短号对照表，得到用户所拨短号对应的长号，以长号为主叫用户所拨的被叫号码进行号码分析。

### 5.1.2　呼叫前转

**1．功能说明**

呼叫前转是指将来话呼叫转向由用户事先指定的另外一个用户。呼叫转移又分为以下几种情况。

① 被叫用户占线时转移。

② 来话振铃一定时间无人应答时转移。

③ 无条件转移，即对所有来话呼叫，不管被叫用户是忙还是闲都转移。

**2．实现呼叫前转的方法**

呼叫处理软件对呼叫前转功能的处理可分为呼叫前转登记和呼叫前转接续两个阶段。在用户拨号登记转移号码时，在数字分析时确定用户拨的字冠号码是呼叫前转登记的功能码"57"后，进入"呼叫前转号码登记"状态，将用户所拨的转移号码 TN 存入用户发话数据的相应字段，同时将用户来话数据中的呼叫转移登记指示置位。当其他用户呼叫该用户时，在来话分析阶段，若发现该用户来话数据中的呼叫前转登记标志已置位，则根据来话数据中的用户设备码找到该用户的发话数据，将其中登记的转移号码取出，以便将呼叫转移至用户事先指定的另一个用户。

## 5.2　智能网的基本概念

智能网（Intelligent Network，IN）是在原有通信网络的基础上设置的一种附加网络结构，其目的是在多厂商环境下快速引入新业务，并能安全加载到现有的电信网上运行。其基本思想是将呼叫控制交换与业务控制分离，即交换机只完成基本的呼叫控制接续功能，在电信网中设置一些新的功能节点，如业务交换点（SSP）、业务控制点（SCP）、智能外设（IP）以及业务管理系统（SMS）等，智能业务由这些功能节点协同原来的交换机共同完成。

新业务功能也可以在程控交换机中实现。在程控交换机中已经开放了一些新业务，例如，缩位拨号、遇忙回叫、呼叫转移等。要想在程控交换机上增加新的业务功能，就必须对程控交换机中的软件进行修改。虽然程控交换机中的软件都采用模块化结构，但修改软件并不容易，修改时间较长，难以做到新业务的快速引入。何况，智能网业务主要是基于网络范围的业务，一般不会局限在一个程控交换机或一个本地网范围之内。如果要通过修改网内所有程控交换机的软件来开放新业务，而这些程控交换机又是多厂商的产品，那么实现起来就非常困难。

当新业务单独由程控交换机完成时，完成呼叫交换控制功能和业务控制功能的软件都储存在同一交换机中。而按照智能网方法来实现新业务时，则将呼叫交换控制逻辑与业务控制逻辑相分离，程控交换机仅完成基本的呼叫控制功能，业务控制逻辑由专门的业务控制点（SCP）完成。原有的程控交换机如果能与 SCP 配合工作，则就称为业务交换点（SSP）。

当用户使用某种智能网业务时，具有 SSP 功能的程控交换机识别是智能业务呼叫时，就暂停对该呼叫的处理，同时向 SCP 发出询问请求，由 SCP 向 SSP 下达控制命令，控制 SSP 完成相应的智能网业务。当呼叫控制业务交换逻辑与业务控制逻辑分离后，引入新业务只需修改 SCP 中的软件。由于 SCP 的数量与程控交换机数量相比是很少的，仅修改 SCP 中的软件影响面较小，因此，这就为快速引入新业务创造了条件。下面介绍智能网概念模型。

1992 年，原 CCITT 定义了分层的智能网概念模型，用来设计和描述 IN 体系的框架。智能网概念模型如图 5-4 所示。

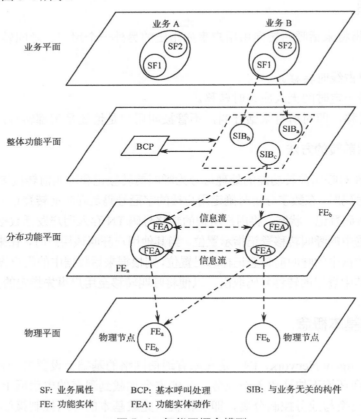

SF：业务属性　　　BCP：基本呼叫处理　　　SIB：与业务无关的构件
FE：功能实体　　　FEA：功能实体动作

图 5-4　智能网概念模型

根据不同的抽象层次，智能网概念模型分为业务平面、整体功能平面、分布功能平面和物理平面。

### 1. 业务平面

业务平面（Service Plate）从业务使用者的角度来描述智能业务，只说明某种智能业务所具有的业务属性，而与业务的具体实现无关。

每一种智能业务都可以独立地提供，其特性由所包含的业务属性决定。每种业务包含的业务属性可分为核心的业务属性和任选的业务属性。核心的业务属性是必须具备的业务属性，每种业务至少要包含一个，任选的业务属性可以按需选用，用来进一步增强其业务性能。

### 2. 整体功能平面

整体功能平面（Global Function Plane）面向业务设计者。

在整体功能平面定义了一系列与业务无关的构件（Service Independent Building，SIB），并描述了一系列 SIB 如何链接、如何按一定顺序执行以便完成某种业务，即整体业务逻辑（GSL）。SIB 是独立于业务的、可再用的功能块，将 SIB 按照不同的组合及次序链接在一起，就可以实现不同的业务。

在 INCS-1 阶段，ITU-T 定义了 13 种 SIB。在实施过程中还能增加相应的 SIB。在众多的 SIB 中，有一个特殊的 SIB——基本呼叫处理（Basic Call Process，BCP）。BCP 用来处理普通的业务呼叫和触发智能业务。在 BCP 中有两种类型的接口点：起始点（Point Of Initiation，POI）和返回点（Point Of Return，POR）。起始点（POI）描述了在呼叫处理过程中，当智能网业务被触发时，从 BCP 进入整体业务逻辑（GSL）处理的始发点；终结点（POR）则是在GSL 处理结束后，返回到 BCP 继续呼叫处理的终结点。

图 5-5 所示为实现自动可选计费业务（AAB）总体业务逻辑 GSL 的示意图。

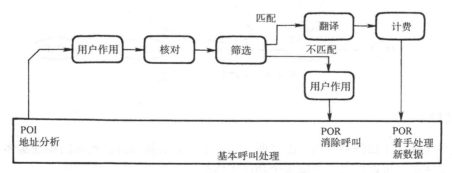

图 5-5 可选计费业务（AAB）总体业务逻辑 GSL 的示意图

### 3. 分布功能平面

在分布功能平面（Distribution Function Plane）上定义了智能网的功能结构，说明了智能网由哪些功能实体（Function Entity，FE）组成，描述了每个 SIB 的功能如何完成，并将每个SIB 分解为若干个功能实体动作（Function Entity Action，FEA），同时描述了这些功能实体动作（FEA）如何分布在相应的功能实体（FE）中，以及这些功能实体之间应交换的信息流

（Information Flow，IF）。分布功能平面实际上由一组被称为功能实体的软件单元所构成。每个功能实体完成智能网的一部分特定功能，如呼叫控制功能、业务控制功能等。各个功能实体之间采用标准信息流进行联系。这些标准信息流的集合就构成了智能网的应用程序接口协议。这些信息流将采用 No.7 信令中的 TCAP 进行传输。

ITU-T 定义的分布功能模型如图 5-6 所示。由图可见，在分布功能平面中包含的功能实体有以下几个。

① 呼叫控制接入功能（CCAF）。

② 呼叫控制功能（CCF）。

③ 业务交换功能（SSF）。

④ 业务控制功能（SCF）。

⑤ 业务数据功能（SDF）。

⑥ 专用资源功能（SRF）。

⑦ 业务管理功能（SMF）。

⑧ 业务管理接入功能（SMAF）。

⑨ 业务生成环境功能（SCEF）。

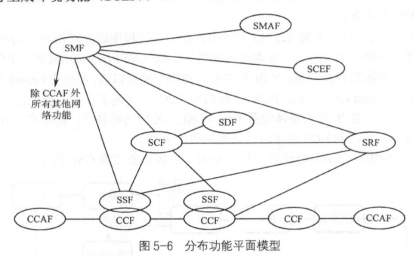

图 5-6　分布功能平面模型

#### 4．物理平面

物理平面描述了如何将分布功能平面上的各个功能实体映射到实际的物理实体上。在每一个物理实体中，可以包含一个或多个功能实体。

在分布功能平面中的各功能实体间传送的信息流，转换到物理平面上就是各物理实体之间的信令规程——智能网应用规程（INAP）。

常见的物理实体有以下几种。

（1）业务交换点

业务交换点（SSP）一般包含业务交换功能（SSF）和呼叫控制功能（CCF），有时也包含特殊业务功能（SRF）。

SSP 具有检测智能业务呼叫的能力，在检测到智能业务时向业务控制点（SCP）报告，并能根据 SCP 发来的控制命令进行呼叫接续，从而完成智能业务。

（2）业务控制点

业务控制点（SCP）通常包含 SCF 功能和业务数据功能（SDF）。

在 SCP 中驻存有业务逻辑程序（SLP）、为完成智能业务所需的相关客户数据及网络的有关数据。SCP 接收 SSP 发来的报告，运行相应的业务逻辑程序，根据需要查询有关的数据，向 SSP 发布有关的控制命令，控制 SSP 完成相应动作，从而实现智能业务。

（3）智能外设

智能外设（IP）主要包括 SRF 功能。

IP 提供专门的资源，支持在用户和网络间灵活的信息交互功能。IP 中最典型的资源是话音通知设备和接收用户信息的 DTMF 数字接收器。其他的资源还有话音识别设备、合成话音设备和各种信号音发生器、电话会议桥等。智能外设可以单独设置，也可与 SSP 合设在同一物理实体中。

（4）业务管理点

业务管理点（SMP）主要包含 SMF 功能，也可包含 SMAF 和 SCEF 功能。

SMP 的主要功能是接收 SCEF 生成的业务逻辑，将业务逻辑加载到 SCF 和 SDF，并修改和查询 SCF 和 SDF 中的客户数据，处理话务统计记录及计费数据。

（5）业务生成环境节点

业务生成环境节点（SCEP）的功能是业务逻辑的生成、验证和模拟运行，并将经过验证的业务逻辑和业务数据传送给 SMP。

## 5.3 几种典型的智能业务

下面简要介绍几种我国在全国或省（本地网）内开放的智能业务。

### 5.3.1 被叫集中付费业务

**1. 业务含义**

被叫集中付费业务是一种体现在计费性能方面的业务，其主要特征是对该业务用户的呼叫由被叫支付电话费用，而主叫不付电话费。当一个商业或企业部门作为一个业务用户申请开放该业务时，对该业务用户呼叫的费用由业务用户支付。由于这些呼叫对主叫是免费的，通常称为免费电话。该业务的接入码为 800。

**2. 业务特征**

本业务除了具有由业务用户支付话费的特征外，还具有以下特征。

① 唯一号码：业务用户具有多个公用电话号码时，可以只登记一个唯一的被叫集中付费的电话号码，对这一电话号码的呼叫，可根据业务用户的要求接至不同的目的地。

② 可选的遇忙/无应答呼叫前转。

③ 呼叫阻截：业务用户可以限制某些地区用户对它的呼叫。业务用户可登记限制（使用）码来实现这一动作。

④ 按时间选择目的地：业务用户对它的来话可按不同的时间，即节假日、星期或小时来选择目的码。

⑤ 按照发话位置选择目的地：对业务用户的呼叫可以依主叫用户所在地理位置选择路由。

⑥ 呼叫分配：业务用户可将对它的呼叫按一定的比例分配至不同的目的码。

⑦ 同时呼叫某一目的地次数的限制。

⑧ 呼叫该 800 业务用户次数的限制。

另外，还具有语音提示、密码接入这两个可选特征。

### 5.3.2 记账卡呼叫业务

#### 1．业务含义

记账卡业务允许用户在任意电话机（DTMF 话机）上进行呼叫，并把费用记在规定的账号上。使用记账卡业务的用户，必须有一个唯一的个人卡号。该业务的接入码为 300，用户在使用本业务时，按规定输入接入码、卡号和密码，当网路对输入的卡号、密码进行确认并向用户发出确认指示后，持卡用户可像正常通话一样拨被叫号码进行呼叫，呼叫的费用记在记账卡的账号上。

#### 2．业务特征

本业务除了具有将呼叫的费用记在记账卡的账号上的特征外，还有以下特征。

① 依目的码进行限制。

② 限值指示：当通话的费用余额达到规定的最低限额前允许通话 1min，给用户发出通知，到达时限时中断通话。

③ 密码设置及修改。

④ 卡号和密码输入次数的限制。

⑤ 防止欺骗：对连续呼叫进行检验，当一天内，连续呼叫超过一定费用或次数后（费用或次数由用户指定），拒绝接收卡号和密码，中断试呼并向用户送录音通知。

⑥ 语言提示和收集信息：即向用户发出提示信息和收集用户发出信息的能力。

此外，还有连续进行呼叫、查询余额和缩位拨号等特征。

### 5.3.3 虚拟专用网业务

#### 1．业务含义

虚拟专用网业务（VPN）是利用公用网的资源向某些机关、企业提供一个逻辑上的专用网。

#### 2．业务特征

① 网内呼叫：允许一个 VPN 用户对同一个 VPN 内的其他用户发出呼叫。

② 网外呼叫：允许一个 VPN 用户对本 VPN 范围外的用户发出呼叫。

③ 远端接入：允许从非本 VPN 的任意话机上向该 VPN 用户发出呼叫。

④ 可选的网外呼叫阻截。

⑤ 可选的网内呼叫阻截。

⑥ 按时间选择目的地。

⑦ 闭合用户群：将 VPN 内的用户划分为若干闭合用户群，每个闭合用户群内的用户只允许在群内通信。

其他还有鉴权码、缩位拨号和呼叫话务员等业务特征。

### 5.3.4 个人通信业务

#### 1. 业务含义

个人通信业务也叫一号通业务。使用该业务的用户拥有一个唯一的个人号码，对该个人号码的呼叫将接入用户指定的终端，用户也可在任意终端上利用此个人号码发出呼叫，呼叫费用记入该个人号码的账号。

#### 2. 业务特征

① 按时间表转移：对该个人号码的入呼，可根据节假日、星期或每天不同的时间接入用户指定的终端。

② 来话筛选：根据用户规定的条件，筛选掉某些对该个人号码的呼入。

③ 来话密码：用户可登记和修改自己的来话密码，在不同时间段呼叫该个人号码的电话，必须在正确输入与该时间段对应的来话密码时，才能接通用户指定的终端。

④ 去话呼叫和去话密码：用户可以登记和修改去话密码。用户可在任意双音多频话机上通过输入其个人电话号码和去话密码后发出呼叫，该呼叫的费用记在此个人号码的账户上。

⑤ 呼叫限额：用户可设定该个人号码的来话呼叫限额（转移呼叫费用）、去话呼叫限额、日呼叫最大限额和月呼叫最大限额。

⑥ 黑名单处理：当利用该个人号码发呼时，如果连续 30 次未通过密码检查，则该个人号码列入黑名单，去话呼叫受到限制，来话呼叫不受影响。

⑦ 跟我转移：用户可在任意一部双音多频话机上登记临时转移号码。

### 5.3.5 彩铃业务

#### 1. 业务含义

彩铃业务是一项由被叫用户定制，为主叫用户提供一段悦耳的音乐或一句问候语或定制者自行录制合成的一段提示语音来替代普通回铃音的业务。用户申请开通彩铃业务之后，可以自行设定个性化回铃音，在做被叫时，为主叫用户播放个性化定制的音乐或录音。

#### 2. 彩铃业务功能

（1）系统缺省彩铃

用户开户后系统自动为用户分配一个缺省彩铃音（由运营商定制），用户可以更改此缺省彩铃音设置；当主叫用户没有被彩铃用户设置成为播放其他特定彩铃时，系统将该主叫用户播放缺省彩铃音。

（2）为不同的主叫播放不同的彩铃

彩铃用户可以为某些单独的主叫号码设置特定的彩铃；当这些主叫用户呼叫彩铃用户时，将听到彩铃用户为其设置的特定彩铃。

（3）为不同的群组播放不同的彩铃

彩铃用户可以事先为一些特殊的主叫号码建立群组，并设置各群组对应的彩铃音；当这些群组中的用户做主叫呼叫彩铃用户时，将听到彩铃用户为相应群组所设置的彩铃音。

（4）针对不同的时段播放不同的彩铃

彩铃用户可以针对缺省彩铃、特殊主叫彩铃和群组彩铃设置彩铃的播放时段。

（5）设置彩铃的播放日时期

彩铃用户可以针对缺省彩铃、特殊主叫彩铃和群组彩铃设置彩铃的播放日时期。

（6）铃音随机轮选功能

彩铃用户可以设置一组铃音为铃音轮，并将该铃音轮设置为缺省彩铃、特殊主叫彩铃或群组彩铃，并设置时间段和播放日时期，那么在如上述（1）、（2）、（3）、（4）、（5）5 种情况下，主叫用户将听到该铃音轮中随机抽出播放的铃音。

（7）彩铃业务 ON/OFF 功能

彩铃用户可以通过话音管理流程和 Web 方式设置个人彩铃业务的暂停和恢复。当彩铃业务暂停时，系统将不会播放任何彩铃；暂停之后，彩铃用户可以执行恢复操作，要求系统重新为主叫用户播放相应的彩铃。

## 5.4  固定智能网的结构

图 5-7 示出了固定智能网的基本物理结构。由图可见，智能网由业务交换点（SSP）、智能外设（IP）、业务控制点（SCP）、业务管理系统（SMS）和业务开发环境（SCE）等组成。SCP 通过 No.7 信令网与 SSP 和 IP 相连，通过 X.25 或 DDN 与 SMS 相连。用户通过端局及汇接局接入 SSP。

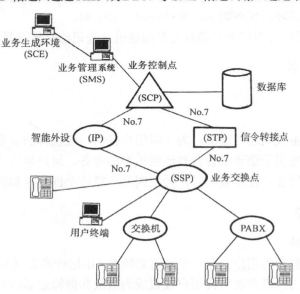

图 5-7  固定智能网的基本物理结构

### 1. 业务交换点

业务交换点（SSP）通常包括呼叫控制功能（CCF）和业务交换功能（SSF），也可包括专用资源功能（SRF）。SSP 是公用电话网（PSTN）、综合业务数字网（ISDN）及移动电话网与智能网的连接点，它可检测智能业务呼叫，当检测到智能业务时向业务控制点（SCP）报告，并根据 SCP 命令完成对智能业务的处理。SSP 由原来的程控交换机的软、硬件改造而成。

SSP 主要包含以下功能。

（1）呼叫控制功能

① 基本的呼叫控制功能：这部分功能与原来程控交换机中的呼叫控制功能类似。

② 智能网附加功能。

- 在基本呼叫处理中增加检测点，检测出智能网为控制呼叫需了解的各种事件。
- 可根据 SCP 发来的控制命令改变呼叫处理的流程。

（2）业务交换功能

① 检测点触发机制：依据检测点触发标准对 CCF 上报的事件进行检查，将符合检测点触发标准的事件报告给 SCF，并根据 SCP 发来的控制命令修改呼叫/连接处理功能。

② 对 CLF 与 SCF 之间的信令进行处理，将交换机内的消息格式与标准的 INAP 消息格式进行转换。

③ 根据 SCP 发来的命令，完成对智能业务呼叫的流量控制。

### 2. 专用资源功能

专用资源功能（SRF）提供实施智能业务时所需的专用资源，用来完成与用户的交互，如 DTMF 接收器、录音通知设备、话音合成设备及话音识别设备等。SRF 可设置在 SSP 中，也可单独设置，当其单独设置时称为智能外设（IP）。

### 3. 业务控制点

业务控制点（SCP）是智能网的核心。SCP 通常包括业务控制功能（SCF）和业务数据功能（SDF）。

SCF 接收从 SSF/CCF 发来的对 IN 业务的触发请求，运行相应的业务逻辑程序，向业务数据功能（SDF）查询相关的业务数据和用户数据，向 SSF/CCF、SRF 发送相应的呼叫控制命令，控制完成有关的智能业务。

SCP 通过 No.7 信令网（包括 STP 转接或直联）或通过 No.7 信令网和 SSP 的转接功能与智能外设 IP 相连，控制 IP 向用户播放录音通知和搜集数字等。

SDF 存储与智能业务有关的业务数据、用户数据、网络数据和资费数据，可根据 SCF 的要求实时存取以上数据；也能与 SMS 相互通信，接受 SMS 对数据的管理，包括数据的加载、更改、删除以及对数据的一致性检查。

SCF 也能与业务管理系统（SMS）相互通信，从 SMS 加载新的业务逻辑，接受 SMF 的管理和修改命令，向 SMS 报告有关系统、业务和呼叫的统计、告警和计费信息。

#### 4．业务管理系统

业务管理系统（SMS）通常包括业务管理功能（SMF）和业务管理接入功能（SMAF）这两个功能实体。

SMS 主要包括业务管理、网络管理和接入管理 3 个功能。

① 业务管理功能包括：业务的配置管理、业务数据和用户数据的管理、对业务的测量和统计管理、业务运行中的故障监视管理及计费管理。

对业务配置的管理是在智能网设备上配置业务，将业务执行逻辑程序及业务数据加载到业务控制点（SCP），将业务触发信息加载到相关的 SSP，将有关的通知音加载到智能外设（IP）。

对业务数据的管理包括对业务数据的管理及对业务用户数据的管理。业务数据是指业务中的共同数据，这些数据对同一业务的所有业务都是相同的。业务用户数据是指与业务用户相关的数据，如用户编号、账号、付费方式及所申请的业务等。对业务用户数据的管理包括登记新的业务用户数据及修改、删除、查询业务用户数据。

对业务的测量和统计管理是指 SMS 可命令 SCP 收集相关的业务运行数据或业务用户数据，并将收集到的数据送到 SMS，SMS 可对收集到的数据进行计算、汇总，形成测量/统计报告。

SMS 还能监视运行中出现的故障，存储并显示从智能网设备上收集到的故障报告信息。出现故障时，SMS 应能及时进行处理，以维持网络的正常运行。

SMS 还能管理智能网中的全部计费功能，确定对各种智能业务的费率、附加费及计费调整率，并对智能业务账单进行管理。

② 网络管理功能包括对网络运行情况的监视、对网络故障的管理、对网络配置的管理及对网络安全的管理。

③ 接入管理功能对申请进入 SMS 的用户的权限进行检查，确认其进入的合法性，并根据登记的用户权限执行或拒绝用户申请的操作。

#### 5．业务开发环境

业务开发环境（SCE）的功能是根据客户的需求生成新的业务逻辑。SCE 为业务设计者提供友好的图形编辑界面。业务设计者可以通过图形界面方便地用与业务无关的积木式组件（SIB）来设计出新业务的业务逻辑，并为之定义好相应的数据。业务设计好后，需要首先通过严格的验证和模拟测试，以保证其不会给电信网已有业务造成不良影响。此后，SCE 将新生成业务的业务逻辑传送给 SMS，再由 SMS 加载到 SCP 上运行。

### 5.5  智能网应用部分

智能网应用部分（INAP）是用来在智能网各功能实体间传送有关信息流的，以便各功能实体协同完成智能业务。

原邮电部制定的《智能网应用规程（暂行规定）》主要给出了业务交换点（SSP）与业务控制点（SCP）之间、SCP 与智能外设（IP）之间的接口规范。目前，我国业务控制点与业务数据点（SDP）之间、业务交换点与智能外设之间采用内部接口。

INAP 是在以事务处理能力应用部分（TCAP）和信令连接控制部分（SCCP）为基础的 No.7 信令网上传送的。

INAP 是一种 ROSE（远程操作服务要素）用户规程。该 ROSE 规程是包含在 TCAP 成分子层中传送的。

## 5.5.1　INAP 操作

为了完成智能业务，智能网的各个功能实体之间需要交换信息流。在 INAP 规程中，将有关的信息流抽象为操作或操作结果。在原邮电部颁布的 INAP 规程中，根据开放业务的需要，定义了 35 种操作。在信息产业部 2002 年颁布的基于智能网能力集 2（CS-2）INAP 规程中，定义了 48 种操作。信息产业部 2002 年颁布的基于智能网能力集 1（CS-1）智能网应用规程（INAP）补充规定中，增加了 SCF 和 SDF 互通所需的操作。

下面简要说明几个主要操作的功能。

### 1. 启动 DP

当业务交换点（SSP）中的基本呼叫控制模块（BCSM）在呼叫处理过程中检测到一个触发请求点 TDP-R 时，SSP 就发送此操作给业务控制点（SCP），请求 SCP 给出完成此智能业务的指令。

启动 DP（IDP）操作的主要参数有以下几个。

① 唯一地识别一个 IN 业务的业务键。

② 用户所拨的数字、主叫电话号码、主叫用户类别、被叫用户号码、主叫用户所属商业集团识别码。

③ 指示由哪一个配置的 BCSM 检测点事件导致发送"启动 DP"操作的 BCSM 事件类型。

以上给出的只是一些主要参数，"启动 DP"操作还有很多其他参数。根据触发事件类型的不同，SSP 在操作中会发送尽可能多的参数给 SCP。

如果检测到的事件配置为触发检测点——请求（TDP-R），SSP 将暂停对该呼叫的处理，SSF 有限状态机转向"等待指令"状态，等待 SCP 发来指令后再恢复对该呼叫的处理。

SCP 收到"启动 DP"操作后，根据"业务键"参数，启动一个业务逻辑程序进程实例 SLPI 来处理相应的"启动 DP"操作，SCP 可以根据启动的业务逻辑，向 SSF 发送有关操作指令，影响基本呼叫的处理。

根据不同的业务逻辑，作为对接收到的启动 DP 操作的响应，SCP 会发出下述操作命令或若干个操作的组合：连接、收集信息、继续、选择设备、释放呼叫、连接到资源、建立临时连接、请求报告 BCSM 事件、请求通知计费事件、重设定时器、提供计费信息、申请计费、呼叫信息请求、发送计费信息、取消。其中前面 7 个操作会使悬置的呼叫的状态发生转移。

### 2. 连接

连接（Connect）操作是由 SCP 传送至 SSP 的。SCP 通过此操作要求 SSF 根据本操作参数中给出的信息将呼叫接续到规定的目的地。

本操作包含目的地路由地址、振铃模式或路由清单等参数。

### 3．请求报告 BCSM 事件操作

请求报告 BCSM 事件（Request Report BCSM Event，RRBE）操作是由 SCP 发送至 SSP 的，要求 SSP 监视与呼叫有关的事件，当检测到相关事件后向 SCP 报告。

### 4．BCSM 事件报告

BCSM 事件报告（Event Report BCSM，ERB）操作是由 SSF 传送给 SCF 的。SSF 用此操作报告 SCF 发生了一个与呼叫相关的事件，这个事件是 SCF 先前在"请求报告 BCSM 事件"操作中请求监视的。

### 5．连接到资源

连接到资源（CTR）操作是由 SCF 传送至 SSF 的，要求 SSF 将一呼叫由 SSF 连接至指定的资源。本操作的参数给出识别专用资源功能（SRF）的物理位置及建立到 SRF 连接的路由地址等。

### 6．提示并收集用户信息

提示并收集用户信息（Prompt and Collect user Information，PCTI）操作是由 SCF 发送至 SRF 的，当 SCF 决定要从终端用户收集信息并且已经建立了用户至 SRF 的连接后即被发出。SCF 发送本操作要求 SRF 向用户发出提示信息，并收集从终端用户发出的相关信息。SRF 在接收到终端用户发出的相关信息后，将接收到的信息作为本操作的返回结果送给 SCF（注意：本操作是一类操作）。

### 7．申请计费

申请计费（Apply Charging，AC）操作是由 SCF 发送至 SSF 的，SCF 用此操作提供给 SSF 与计费相关的信息和通过"申请计费报告"操作向 SCF 报告计费结果的条件。本操作的参数有 ACH 账单计费特性、该次呼叫的计费方（主叫或被叫或规定的目标号码或规定的计费号码），是否要将计费结果报告给 SCF。

### 8．申请计费报告

申请计费报告（Apply Charging Report，ACR）操作是由 SSF 发送至 SCF 的，SSF 用此操作向 SCF 报告 SCF 在前面"申请计费"操作中所请求的与计费相关的信息。

### 9．释放呼叫

释放呼叫（Release Call，RC）操作是由 SCF 传送至 SSF 的。SCF 用本操作通知 SSF 释放现有的一个呼叫中在任何阶段的所有呼叫方。

本操作的参数是释放原因。SSF 通过释放原因可以给不同的呼叫方播送不同的信号音。

### 10. 搜索 SEARCH

搜索操作是由 SCF 发送给 SDF 的，SCF 通过此操作要求得到存储在 SDF 中的数据。该操作是一类操作。该操作包括如下参数。

（1）数据库键

说明数据存放的数据库的标识码，具体值根据业务需要，由发送方和接收方协商确定。

（2）业务数据接入单元清单

说明需得到的数据的 ID。

返回结果中包括的参数是检索到的数据值。

### 11. 修改 MODIFY

修改操作是 SCF 发送给 SDF 的，SCF 通过发送此操作说明由于业务逻辑处理的结果，SCF 要求 SDF 更新在数据库中存储的数据项。该操作是一类操作。该操作包括如下参数。

（1）数据库键

说明数据存放的数据库的标识码，具体值根据业务需要，由发送方和接收方协商确定。

（2）修改申请清单

修改申请清单说明需修改的数据项。

返回结果中包括修改结果清单参数。

对应修改操作中的修改申请清单中的每个修改申请都包括一个修改结果。每个修改结果对应一个修改请求。修改结果按照与修改申请清单中相同的顺序包含在修改结果清单中。

## 5.5.2 信令发送顺序

下面简要介绍被叫集中付费业务（800 号）、呼叫卡业务和彩铃业务呼叫时的处理流程。

### 1. 800 业务信令发送顺序

图 5-8 示出了固定用户呼叫 800 业务用户时的信令发送顺序，在该例中假设 SSP 设置在长途局。当主叫用户所在的端局收到用户拨发的 800 业务用户号码 $800KN_1N_2ABCD$ 后，用带附加信息的初始地址消息（IAI）将 800 业务用户的号码及主叫用户号码等相关信息发送给业务交换点（SSP），SSP 收到 IAI 消息后，识别到是智能业务，于是暂停对该呼叫的处理，用"启动 DP"操作将相关信息报告给业务控制点（SCP）。SCP 运行相应业务逻辑，根据主叫用户所在位置及呼叫时间，将 800 业务用户的号码翻译为相应的目的地号码，然后向 SSP 发送"连接"操作及"申请计费"操作，指示 SSP 按照翻译后的目的地号码完成接续及对该次呼叫应如何计费。SSP 收到此命令后，按照 SCP 指示的号码选择路由，将该呼叫接续至 800 业务号码所对应的终端局，当主叫用户挂机后，SSP 将该次呼叫所需的计费费用用"申请计费报告"操作报告给 SCP。

### 2. 卡号业务信令发送顺序

卡号业务呼叫的信令发送顺序如图 5-9 所示。

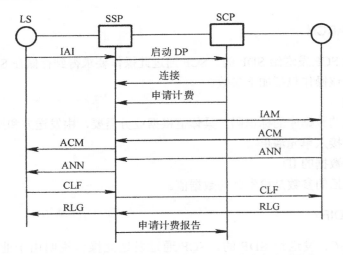

图 5-8 固定用户呼叫 800 业务用户时的信令发送顺序

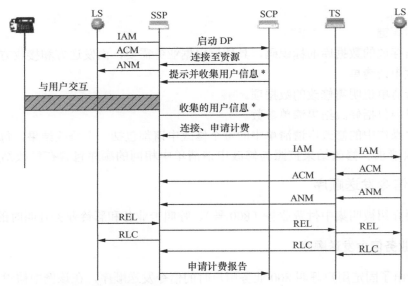

注：加*号的消息可能出现多次

图 5-9 卡号业务呼叫的信令发送顺序

主叫用户可在任一个 DTMF 话机上使用呼叫卡（如 200、300）业务，当主叫所在端局收到主叫用户拨的呼叫卡业务的接入码（如"190300KN₁N₂"。注：190 是中国电信的运营商标识码，$KN_1N_2$ 表示使用该业务的卡号属哪个数据库）时，就将呼叫接至 SSP（设 SSP 设在长途局），SSP 识别到这是呼叫卡业务，就给发端局发送 ACM 消息和应答消息 ANM，将用户接至 SSP。同时，SSP 用"启动 DP"操作将相应信息报告 SCP，SCP 运行相应业务控制逻辑，向 SSP 发送"连接至资源"及"提示并收集用户信息"操作，SSP 收到以上命令后，将该呼叫接至智能外设 IP（注：在该例中 IP 与 SSP 在同一实体中），向用户发送录音通知，提示用户通过 DTMF 信号将卡号、密码及被叫用户号码送给 SSP，SSP 将收集到的信息用"提示并收集用户信息"操作的返回结果回送给 SCP（注意：提示并收集用户信息是 1 类操作），SCP 检查卡号及密码的有效性，通过检查后，给 SSP 发送"连接"及"申请计费"操作，命令 SSP 将该呼叫接通至用户指定的被叫，说明该次呼叫对用户卡号计费，并根据该次呼叫单位时间的费用及用户卡号内的金额，将其折算为可允许的最大通话时间，要求 SSP 对此时间进行监视，防止用户透支。收到"连接"命令后，SSP 将呼叫接续至用户指定的被叫，当通话结束后，SSP 用"申请计费报告"将该次呼叫的计费结果送给 SCP。

### 3．彩铃业务呼叫时的处理流程

在彩铃业务开展初期，一般采用被叫端局触发的方式，被叫端局触发彩铃业务的处理流程如图 5-10 所示。

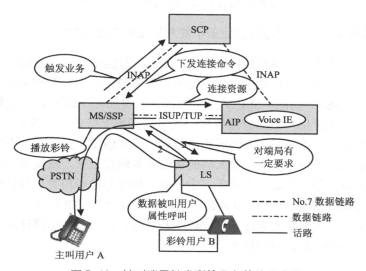

图 5-10　被叫端局触发彩铃业务的处理流程

下面以普通电话/公众电话连接网（PSTN）用户 A 呼叫彩铃用户 B 为例说明彩铃呼叫流程。

A 拨打 B 的电话号码，被叫端局（LS）根据被叫号码属性进行彩铃业务触发，将呼叫加接入码后转接到相应的汇接局（SSP）；SSP 根据被叫的接入码触发智能业务到 SCP；SCP 执行与彩铃业务有关的业务逻辑，下发连接（Connect）命令给 SSP，要求 SSP 向被叫端局（LS）和彩铃平台发起呼叫，并建立这两个呼叫的对应关系。SSP 收到连接（Connect）命令后，再向被叫端局（LS）发起呼叫（此时要求端局能够防止二次触发）。当 SSP 接收到 LS 返回的 ACM 信息消息时，将判断被叫用户状态。如果被叫用户状态"空闲"，则 SSP 悬置当前呼叫，并以特定接入码向彩铃平台（AIP）发送 IAM 消息彩铃呼叫，彩铃平台处理呼叫，返回 ACM 信息消息，并根据 IAM 消息呼叫信息中主被叫号码、原被叫号码、呼叫到达时间等信息确定播放用户 B 定制的彩铃音。SSP 在接收到 AIP 的 ACM 消息后，将 LS 返回的 ACM 信息发送给主叫局；然后 SSP 桥接主叫和彩铃平台通路，让主叫用户 A 听彩铃音。当被叫用户 B 摘机应答后，SSP 需要桥接主被叫用户，并拆除和彩铃平台之间的呼叫。

由于固定智能网采用的是叠加网的结构，用户是通过端局接入 SSP 触发智能业务的，所以一般只能通过接入码（如 200、300、800）来触发智能业务，而要实现通过用户特性来触发的智能业务则比较困难。例如，上例中的彩铃业务就是一个与被叫特性有关的智能业务，在实现该业务时，对被叫所在端局有一定要求，要求被叫所在端局具有特殊号码变换和防止重复触发功能，同时在实现过程中出现了话路迂回，降低了中继电路的利用率。为了解决固定智能网能通过用户特性来触发的智能业务的问题，我国的固定电话网在最近几年进行了智能化改造，有关固网智能化改造的内容请参见下一节。

## 5.6 固网的智能化改造

### 5.6.1 固定电话网存在的问题

固定电话网在支持电话新业务时还存在很多问题，主要表现在以下几个方面。

**1. 用户数据分散管理，固定智能业务不能利用用户属性触发**

用户数据分散在各个端局的本地数据库中，无法进行集中管理，这就制约了增值新业务的快速开展；同时，本地网用户的信息资源与原有设备绑定，无法充分实现共享。很多端局不支持业务交换点（SSP）功能，SSP 大部分独立新建叠加在 PSTN 内，使智能业务触发点高，电路迂回严重。由于用户数据分散管理，很多端局不支持业务交换点（SSP）功能，使传统固定智能网的业务只能采用接入码或固定号码段方式触发，业务开展不便，用户操作复杂，对于主叫类业务，端局不能将无接入码的智能业务触发上来，从而导致固定预付费业务难以实施；对于同振、彩铃等被叫类业务，由于业务属性与被叫相关，发话局以及中间接续交换机无法感知其业务属性，不能在呼叫落地前将呼叫发送到 SSP 局进行相应的业务触发与处理，使得被叫类智能业务基本无法开展，即使开展也存在大量的话路迂回，对于一号通业务，必须靠固定号码段触发，号码资源分配不灵活。

**2. 机型多、版本杂，业务能力差异大**

我国电话网的交换机机型多、版本杂，不同交换机间的业务提供能力和后续的业务开发能力存在很大差异，端局功能参差不齐，业务的实现对设备的依赖性太强，且业务支持能力差别大，导致业务发展协调非常困难。每次引入新业务，需各厂家做补丁、升版，并且工程实施的投入费用较高，周期长。部分厂家已退出固话交换机领域，对于新的业务需求已不再继续开发，同时大多数端局交换机不具备详细计费功能。由于机型多、版本杂，要将所有的交换机升级为 SSP 且具备详细计费功能非常困难。

**3. 网络结构不合理**

目前的固定电话网的端局数量过多，汇接局容量小、数量大，导致网络资源利用率和运行效率都较低。另外，端局之间不完全的网状连接以及部分端局和汇接局合一的现象造成网络层次不清，路由复杂，使得维护管理较为困难。

由于以上原因，现有 PSTN 的业务提供能力较弱，已无法适应业务发展和市场竞争的需求。急需对其进行改造。

### 5.6.2 本地网智能化改造后网络的一般结构

固网智能化的目的是通过对 PSTN 的优化改造实现固网用户的移动化、智能化和个性化，从而创造更多的增值业务。其改造的核心思想是用户数据集中管理，并在每次呼叫接续前增加用户业务属性查询机制，使网络实现对用户签约智能业务的自动识别和自动触发。本地网智能化改造后网络的一般结构如图 5-11 所示。

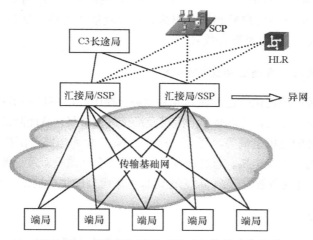

图 5-11　本地网智能化改造后网络的一般结构

由图可见，本地网智能化改造后所有端局之间的直达中继电路全部取消，所有的端局都以负荷分担的方式接入两个独立汇接局/SSP，独立汇接局/SSP 通过信令链路接入固网 HLR（SDC（用户数据中心））和业务控制点 SCP。在固网智能化改造后，在本地网中建立了用户数据中心、业务交换中心和智能业务中心。

### 1. 用户数据中心

本地网智能化改造前，PSTN 的用户数据存储在各个交换局的本地数据库中，固网的封闭性以及终端的固定化很难对新的业务需求做出快速反应，难以根据用户的特性为用户创造需求。借鉴移动网的成功经验，在固网中引入集中的用户业务属性数据库，称为固网 HLR 或 SDC（用户数据中心），用来保存本地网中所有用户的逻辑号码、地址号码、业务接入码及用户增值业务签约信息等数据。

逻辑号码又称业务号码、用户号码，是运营商分配给用户的唯一号码，也是用户对外公布的号码；为被叫方显示的主叫号码或主叫方所拨的被叫号码，同时也是运营商识别用户并计费的号码。地址号码又称物理号码、路由号码，是运营商内部分配的路由号码，用于网络内部寻址，该号码不对外公布。业务接入码是由运营商分配，用于指示交换设备路由或触发业务的引示号码。该接入码可由用户拨打、交换设备自动加插或 SDC 下发。通过与 PSTN 网络中的独立汇接局/SSP 交互，完成主、被叫用户号码信息及增值业务信息的查询功能。同时，SDC 具有平滑演进能力，支持今后的补充业务数据在 SDC 中的存储和查询。

在设置 SDC（用户数据中心）后，只需修改 SDC 中的用户数据就可以快速提供业务。SDC 是网络智能化的核心设备，有内置和外置两种模式。内置模式是指将用户数据库内置于汇接局中，而外置模式是指引入独立的网元 SDC 来存储用户数据。无论哪种模式，实现机制都是一样的，都是在每次呼叫接续前，由系统首先根据主被叫号码查询 SDC。内置模式组网简单，但内置 SDC 与交换机之间采用内部协议，无法支持其他网络设备对其访问；外置 SDC 支持标准的访问协议，更灵活。根据采用的查询协议不同，可以一次查询完成主被叫签约的智能业务信息，也可以分多次分别查询和处理主被叫用户签约的智能业务。SDC 通常能支持多种访问协议（如 INAP、ISUP（+）和 MAP），可以根据网络具体情况采用其中的一种访问协议。引入 SDC 后，可以将用户号码独立出来，这样就能很方便地实现"号码携带"、"一号通"等业务，并便于运营商实现混合放号。

**2．改造汇接交换机，构建业务交换中心**

通过对本地网汇接局的优化改造，使其成为业务交换中心，并具备 SSP 功能。采用大容量独立汇接局作为业务交换中心，可以减少汇接局及汇接区的数目，从而降低网络的复杂度。而对于不具备相应业务功能的老机型端局，可通过标准的 No.7 信令电路与汇接局相连，由独立汇接局实现各类业务话务的汇聚和交换。通过该方式，降低了全网改造难度，便于开展全网业务，如实现全网市话详单、智能业务触发等。同时，也延长了老机型的生命周期，提高了设备的利用率。

**3．智能业务中心**

业务控制点 SCP 是本地网的智能业务中心。SCP 通常包括业务控制功能 SCF 和业务数据功能 SDF。SCF 接收从 SSF/CCF 发来的对 IN 业务的触发请求，运行相应的业务逻辑程序，向业务数据功能 SDF 查询相关的业务数据和用户数据，向 SSF/CCF、SRF 发送相应的呼叫控制命令，控制完成有关的智能业务。SDF 存储与智能业务有关的业务数据、用户数据、网络数据和资费数据，可根据 SCF 的要求实时存取以上数据；也能与 SMS 相互通信，接收 SMS 对数据的管理，包括数据的加载、更改、删除以及对数据的一致性检查。

在建立智能业务中心后，只需修改业务控制点 SCP 的业务控制逻辑、业务数据和用户数据，就可开放各种新的智能业务。

业务控制点 SCP 也可提供与 NGN 中应用服务器的连接，通过开放的 API 为第三方服务提供商开发业务创造条件。

### 5.6.3　本地网智能化改造后处理流程

本地网智能化改造后呼叫处理的一般流程如下：端局将所有呼叫（不包括本局内的虚拟网用户之间的呼叫）发送至汇接局；汇接局采用 ISUP（+）或 MAP 访问 SDC，查询用户注册的签约业务；SDC 将查询结果返回汇接局，如果用户有智能业务，则加插业务接入码，发送给 SSP，由 SSP 触发用户智能业务；如果是普通呼叫，汇接局负责接续被叫。

下面介绍固网智能化改造后实现典型智能业务的处理流程。

（1）移机不改号业务

移机不改号业务是指固定电话客户在本地网网络覆盖范围内改变固定电话装机地址时，可选择不改变当前的电话号码，其作为主叫时对方显示的电话号码和作为被叫时对方拨叫的电话号码，仍为原有的电话号码。

移机不改号业务的用户数据一般在 SDC 中进行维护，逻辑号码 DN（或 MSISDN）跟随用户固定不变，物理号码 LRN 依据实际的网络位置进行更新。

设逻辑号码 DN 为 2871000 的用户的物理号码是 2561234（B 局），逻辑号码 DN 为 2871001

的用户的物理号码是 4561234（D 局），在用户数据中心 SDC 中存放了这些用户的逻辑号码和物理号码的对应关系。下面以"2871000"呼叫"2871001"为例来介绍业务实现流程，实现该呼叫的信令流程如图 5-12 所示。

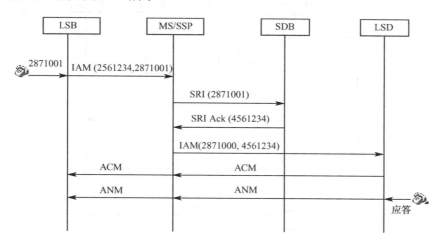

图 5-12　移机不改号业务信令流程

当固定交换局 B（LS_B）上的用户（对外公开的逻辑号码为 2871000，物理号码为 2561234）拨"2871001"时，LS_B 将此呼叫转接至 MS/SSP，初始地址消息 IAM 中传送的主叫号码为物理号码"2561234"，传送的被叫号码为逻辑号码"2871001"。

MS/SSP 接收到 IAM 消息后，进行主叫和被叫分析。MS/SSP 通过 MAP 信令向 SDC 发送"路由寻址"消息（SRI），以确定被叫用户的物理号码和主叫用户的逻辑号码。SDC 收到 MS/SSP 来的路由寻址消息（SRI），根据被叫的逻辑号码（2871001）得到被叫用户的物理号码 4561234，根据主叫的物理号码（2561234）得到主叫用户的逻辑号码为"2871000"，然后以 SRI Ack 消息将主叫用户的逻辑号码"2871000"、被叫用户的物理号码 4561234 发送给 MS/SSP。

MS/SSP 收到被叫的物理号码 4561234 后，重新进行号码分析，将呼叫接至被叫用户所在的端局 LS-D，在 MS/SSP 发给端局 LS-D 的初始地址消息 IAM 中传送的主叫号码为"2871000"，传送的被叫号码为"4561234"。后面同正常的呼叫流程，LS-D 返回 ACM 给 MS/SSP，MS/SSP 返回 ACM 给发端交换局（LS_B），这时被叫振铃，主叫听回铃音；一旦被叫应答，通路接通，则在 MS/SSP 完成计费。

（2）预付费业务

预付费业务是指用户在开户时预先在自己的账户中注入一定的资金或通过购买有固定面值的充值卡充值等方式在自己的账户中注入一定的资金，在呼叫建立时，SCP 基于用户的账户决定是否接受或拒绝呼叫，呼叫过程中进行实时计费，并在用户账户中扣除通话话费。当用户余额不足时，播放相应的录音通知提示用户进行充值。

传统方式需要主叫用户拨打预付费业务的接入码，或要求主叫交换机能够识别主叫用户为预付费用户，从而在主叫拨打的被叫号码前自动添加预付费业务的接入码。采用 SDC 后，主叫交换机可以方便地触发预付费业务（包括主叫和被叫预付费业务）。

预付费业务可以和号码携带业务结合，适用于流动客户，一方面方便了用户的使用，同时电信运营商也避免了用户恶意欠费的风险。

固网智能化后实现"预付费"业务的信令流程如图 5-13 所示。

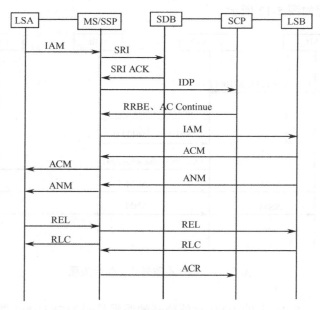

图 5-13　预付费业务信令流程

以"2871000"呼叫"2871006"为例介绍业务实现流程，其中"2871000"为预付费用户。

固定交换局 A（LS_A）上物理号码为"2561234"的用户拨普通用户"2871006"，LS_A 将此呼叫转接至 MS/SSP，IAM 消息中传送的主叫号码为"2561234"，传送的被叫号码为"2871006"。MS/SSP 收到 IAM 消息后，通过 SRI 消息向 SDC 查询用户的特性，SDC 经过分析，得到主叫用户的逻辑号码为"2871000"，"2871000"用户是预付费用户，SDC 用 SRI ACK 消息将主叫用户的逻辑号码和业务特性发送给 MS/SSP。

MS/SSP 收到 SRI ACK 消息后，触发智能业务呼叫，向 SCP 发送 IDP 消息，SCP 收到 IDP 消息后，先分析主叫用户账户，然后根据被叫号码确定主叫费率，并将余额折算成通话时长，发送"请求报告 BCSM 事件操作 RRBE"消息，要求监视有关呼叫事件；"申请计费消息 AC"，通知 MS/SSP 这次呼叫对用户账户计费，并说明这次呼叫允许的最大时长；发送"Continue"消息，要求 MS/SSP 按照原来的被叫号码完成接续。

MS/SSP 收到 Continue 消息后，按照原来的被叫号码 2871006 接续，向被叫所在端局 LS-B 发送 IAM 消息，消息中的主叫号码是 2871000，被叫号码是 2871006。以后按照正常的呼叫流程完成呼叫，当呼叫释放后，MS/SSP 向 SCP 发送"申请计费报告消息 ACR"，将本次呼叫的计费结果报告 SCP，SCP 保留该次呼叫的计费结果，并在主叫用户的账户余额中扣除本次呼叫的费用。

（3）彩铃业务

彩铃是一种可以让电话用户自己定制电话回铃音的全新的增值业务。当用户申请了这项服务以后，主叫用户拨打该用户的话机时，听到的回铃音有可能是一段美妙的音乐、一句主人温暖的问候等一些人性化的回铃声。彩铃业务是利用被叫用户的业务特性触发的智能业务。在智能化改造前的网络中，一般由被叫所在交换机对落地呼叫加插接入码，然后接续到彩铃中心，彩铃中心完成彩铃业务接续后，再将呼叫接续回端局，造成话路迂回。

由 SDC 来管理本地网的用户数据后，可以将被叫用户签约的彩铃业务签约信息存储在 SDC 中，当呼叫该被叫用户时，可以在路由请求响应消息中获得被叫彩铃业务签约信息，由 MS/SSP 直接将呼叫送到彩铃中心，从而避免上述问题。

固网智能化后实现彩铃业务的信令流程如图 5-14 所示。

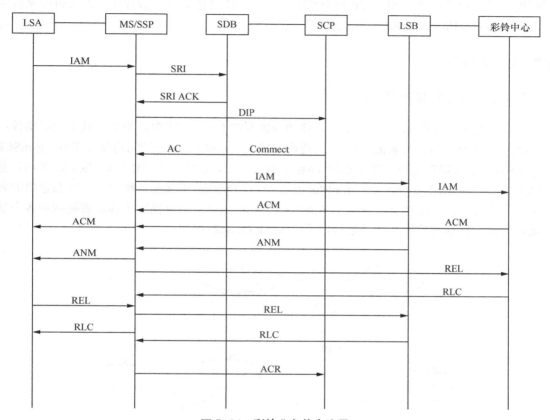

图 5-14　彩铃业务信令流程

以"2871000"呼叫"2871001"为例介绍业务实现流程，其中"2871001"具有彩铃业务。

固定交换局 A（LS_A）上用户号码为"2871000"的用户拨具有彩铃业务的用户 2871001，LS_A 将此呼叫转接至 MS/SSP，MS/SSP 收到 IAM 消息后，通过 SRI 消息向 SDC 查询用户的特性，SDC 经过分析，得到被叫用户是具有彩铃业务的用户，SDC 用 SRI ACK 消息将被叫用户业务特性发送给 MS/SSP。

MS/SSP 收到 SRI ACK 消息后，触发智能业务呼叫，向 SCP 发送 IDP 消息，SCP 收到 IDP 消息后，执行与彩铃业务有关的业务逻辑，向 MS/SSP 发送 Connect 消息，在 Connect 消息中包含被叫号码和彩铃中心的号码，要求 MS/SSP 按照被叫号码和彩铃中心的号码进行接续。

MS/SSP 收到 Connect 消息后，按照原来的被叫号码 2871001 接续，向被叫所在端局 LS-B 发送 IAM 消息，消息中的被叫号码是 2871001，在收到 LSB 局发送的 ACM 消息，确定被叫用户空闲后，向彩铃中心发起呼叫，在发送给彩铃中心的 IAM 消息中，被叫号码是 2871001，主叫用户号码为 2871000，彩铃中心收到 IAM 消息后，根据被叫号码和主叫号码确定用户定制的回铃音，向 MS/SSP 回送 ACM 消息，并播放回铃音。MS/SSP 收到彩铃中心回送的 ACM 消息后，向 LS-A 局发送 ACM 消息，并将 LS-A 到 MS/SSP 的话路与 MS/SSP 到彩铃中心的话路连接，主叫用户听到用户定制的回铃音。当被叫用户摘机后，LS-B 局发送应答消息 ANM，MS/SSP 收到 ANM 消息后，断开 LS-A 到 MS/SSP 的话路与 MS/SSP 到彩铃中心话路的连接，同时将 LS-A 到 MS/SSP 的话路与 MS/SSP 到 LS-B 的话路接通，接通主叫用户与被叫用户，呼叫进入通话阶段。同时 MS/SSP 向彩铃中心发送拆线消息 REL，彩铃中心回送拆线完成消息 RLC，释放 MS/SSP 与彩铃中心的话路连接。

## 5.7 移动智能网

### 5.7.1 移动智能网的结构

移动智能网的结构如图 5-15 所示。移动智能网在 GSM 网络中，增加了几个功能实体：gsmSSF（业务交换功能）、gsmSRF（专用资源功能）、gsmSCF（业务控制功能）。其中，gsmSCF 与 gsmSSF、gsmSRF 之间，采用 CAP Phase2 协议接口，CAP（CAMEL Application Part）是 CAMEL（Customised Applications for Mobile network Enhanced Logic，移动网络增强逻辑的客户化应用协议）的应用部分，它基于智能网的 INAP。CAP 协议描述了移动智能网中各个功能实体之间的标准通信规程，其他接口采用 MAP Phase2+接口。

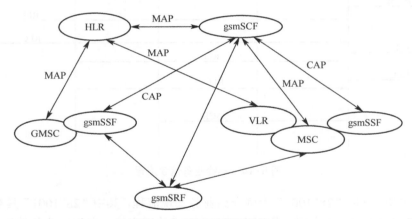

图 5-15　移动智能网的结构

### 1. 归属位置寄存器

移动智能网中的归属位置寄存器（HLR）存储 CAMEL 用户的用户数据，包括始发 CAMEL 签约信息 O-CSI、终结 CAMEL 签约信息 T-CSI 等。O-CSI 在用户进行位置更新时，从 HLR 通过插入用户数据流程插入用户当前所在的 VLR，当用户发起 MO（移动始发）呼叫时，用户所在的 MSC 根据用户的 O-CSI 数据来决定触发 MO 智能呼叫流程；当移动用户为被叫时，T-CSI/O-CSI 通过取路由信息流程从 HLR 发送给 GMSC，GMSC 根据 T-CSI 数据来决定是否触发 MT（移动终结）智能呼叫流程。HLR 和 SCP 之间具有 MAP 信令接口，SCP 可以利用"任何时间查询（Any Timer Interrogation）"操作来获取 CAMEL 用户的位置信息和用户状态。

### 2．移动关口交换中心

移动关口交换中心（GMSC/SSP）实现 MT 智能呼叫的触发。当 GMSC 从 HLR 返回的"取路由信息（SendRoutingInfo）"响应中得到被叫用户的 T-CSI 数据时，GMSC 根据用户的 T-CSI 数据触发相应的智能业务，向 gsmSCF 报告当前的呼叫状态，按要求修改 GMSC 中的呼叫连接处理功能，在 gsmSCF 控制下去处理智能呼叫。

### 3．移动交换中心

移动交换中心（MSC/SSP）实现 MO 智能呼叫的触发。MSC/SSP 收到 CAMEL 用户的 MO 呼叫请求时，根据 VLR 中的 CAMEL 用户的 O-CSI 数据来决定是否触发 MO 智能呼叫流程，向 gsmSCF 报告当前的呼叫状态，按要求修改 MSC/VLR 中的呼叫连接处理功能，在 gsmSCF 控制下去处理智能呼叫。

### 4．GSM 业务控制功能

GSM 业务控制功能（gsmSCF）存储了相应智能业务的业务控制逻辑，实现对移动智能业务的灵活控制。专门实现 gsmSCF 功能的物理实体可以称为 SCP。

### 5．GSM 专用资源功能

GSM 专用资源功能（gsmSRF）提供了在实施智能业务时所需要的专用资源，它包括专用资源提供功能、资源管理功能。专门实现 gsmSRF 功能的物理实体可以称为 IP。

## 5.7.2　移动智能网的智能业务的触发

在中国移动的 GSM 网络中，已经将所有的 MSC 升级为 SSP，这样的结构一般称为目标网。在目标网中，智能业务的触发根据用户数据中的 CSI 数据进行。CAMEL 签约信息包括始发 CAMEL 签约信息 O-CSI 和终结 CAMEL 签约信息 T-CSI。

O/T-CSI 包括以下内容。

① SCP 地址：该地址为 E.164 号码，用来路由寻址到某个特定用户所登记的 SCP。

② 业务键：被 SCP 用来确定需要采用的业务逻辑。

③ 默认呼叫处理：当 SSP 与 SCP 之间的对话出现差错时，默认呼叫处理指示出对呼叫应予释放还是继续。

④ TDP（Trigger DP，即触发 DP）清单：TDP 清单指示智能呼叫发起/接收时所应触发的 DP。O-CSI 仅采用 DP2，T-CSI 仅采用 DP12。DP 称为检出点，是在呼叫处理中检出呼叫和连接事件的点。

⑤ DP 标准：DP 标准指示 SSP 是否应向 SCP 请求指令。

⑥ CAMEL 能力处理：指示 SCP 所要求的 CAMEL 业务阶段。

### 1．始发呼叫 MO 的触发

对于始发呼叫 MO，在发生呼叫建立请求时，MSC/SSF 由 VLR 获得 O-CSI，触发 DP2，

MSC/SSF 将呼叫悬置，向 SCP 报告发现的智能业务，在 SCP 运行相应的业务逻辑，查询相关的业务数据，然后向 MSC/SSP 发送如何完成智能业务的命令。MSC/SSP 将根据 SCP 的指示，完成相应的计费动作，激活呼叫的其他控制业务事件，并将根据 SCP 的指示做相应的处理：或允许呼叫处理继续进行，或将呼叫释放，或根据 SCP 修改的目的地路由地址进行呼叫接续。

### 2. 终结呼叫 MT 的触发

对于终结呼叫 MT，当发生来话请求时，GMSC/SSP 由 HLR 得到用户的 T-CSI，触发 DP12，GMSC/SSP 将呼叫处理悬置，向 SCP 报告发现的智能业务，在 SCP 运行相应的业务逻辑，查询相关的业务数据，然后向 GMSC/SSP 发送如何完成智能业务的命令。GMSC/SSP 将根据 SCP 的指示，完成相应的计费动作，激活呼叫的其他控制业务事件，并将根据 SCP 的指示做相应的处理：或允许呼叫处理继续进行，或将呼叫释放，或根据 SCP 修改的目的地路由地址进行呼叫接续。

### 3. 预付费业务的信令流程

预付费业务（Pre-Paid Service，PPS）是移动智能网中使用得最广泛的智能业务，预付费业务（PPS）是指移动用户只需预先交纳一定数目的金额或通过购买有固定面值的资金卡（如充值卡、储值卡、续值卡）等方式，即可在系统中建立账户，作为自己的通话费用。在呼叫建立时，基于用户账户的金额决定接受或拒绝呼叫，在呼叫过程中实时计费并减少用户账户上已预付的金额，为其呼叫和使用其他业务使用其预先支付费用。中国移动将预付费业务 PPS 称为神州行，中国联合通信公司将预付费业务（PPS）称为如意通。

预付费用户 A 呼叫预付费用户 B 的信令流程如图 5-16 所示。

MSCa/VLR/SSP 收到预付费用户 A 发出的呼叫，根据主叫的签约信息 O-CSI 触发业务，向主叫用户的 SCPa 发送 IDP 消息，并将 MSCa/VLR/SSP 所在位置的长途区号，放在 IDP 消息中的 Location Number 参数中。SCPa 根据主叫位置和被叫号码确定主叫用户的费率，并折算成通话时长，向 MSCa/VLR/SSP 发送请求报告 BCSM 事件消息 RRBE、申请计费消息 AC 和继续消息 Continue，RRBE 消息要求 MSCa/VLR/SSP 监视呼叫中发生的事件，申请计费消息 AC 命令 MSCa/VLR/SSP 对用户 A 的账户计费，并根据用户 A 账户中的剩余金额说明允许用户 A 通话的最大时长，继续消息 Continue 命令 MSCa/VLR/SSP 按照原来的被叫号码继续完成呼叫。

MSCa/VLR/SSP 收到 Continue 消息后，向被叫 HLR 发送 SRI 消息，若被叫是预付费用户，则会返回签约信息 T-CSI 和被叫位置信息 Location Information（Vlr-number）。MSCa/VLR/SSP 向 SCPb 发送 IDP 消息，并将 MSCa/VLR/SSP 所在位置的长途区号，放在 IDP 消息中的 Location Number 参数中，将被叫位置信息 Location Information（Vlr-number）放在 IDP 消息中的 Location Information 中。SCPb 收到 IDP 消息后，先分析被叫用户账户，若账户有效，则 SCPb 根据从 IDP 得到的被叫位置信息 Location Information 确定被叫费率，并折算成通话时长，向 MSCa/VLR/SSP 发送 RRBE、AC 和 Continue。

MSCa/VLR/SSP 向被叫 HLRb 再次发送 SRI 消息，此次 SRI 消息抑制 T-CSI，得到被叫的漫游号码 MSRN。MSCa/VLR/SSP 根据被叫的漫游号码 MSRN 进行接续。

通话停止，主、被叫任一方挂机，MSCa/VLR/SSP 分别向 SCPa、SCPb 上报计费报告和挂机事件。SCP 发送 RC 消息命令 MSCa/VLR/SSP 释放呼叫。

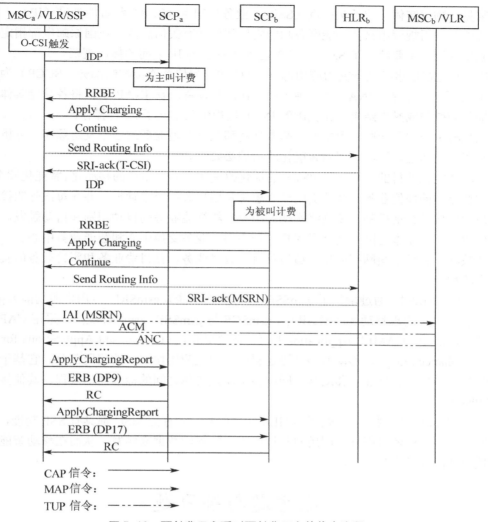

图 5-16　预付费用户呼叫预付费用户的信令流程

# 小　　结

在程控交换机中增加电话新业务功能时，需要对程控交换机中的程序和数据进行修改，在呼叫处理过程的适当环节插入必要的程序和数据。教材中介绍了虚拟用户交换机和呼叫前转功能的实现原理。

智能网是在原有通信网络的基础上设置的一种附加网络结构，其目的是在多厂商环境下快速引入新业务并安全加载到现有的电信网上运行。

智能网的基本思想是将交换功能与业务控制功能分离。交换机只完成基本的接续功能，而业务逻辑控制功能由业务控制点来完成。在用户使用智能业务时，当具有业务交换功能（SSP）的程控交换机识别到是智能呼叫时，就向业务控制点（SCP）报告，SCP 将运行有关的业务逻辑，并向 SSP 发送有关控制命令，控制 SSP 完成智能业务。

智能网概念模型（INCM）包括业务平面、整体功能平面、分布功能平面和物理平面。

常见的物理实体有业务交换点（SSP）、业务控制点（SCP）和智能外设（IP）。

智能网应用规程用来在智能网各功能实体间传送有关信息流。我国原邮电部指定的《智能网应用规程》主要给出了 SSP 与 SCP 之间及 SCP 与 IP 之间的接口规范。

INAP 是在以事务处理能力应用部分（TCAP）和信令连接控制部分（SCCP）为基础的 No.7 信令网上传送的。INAP 是一种远程操作用户规程。在 INAP 中，将各功能实体间的信息流抽象为操作或操作结果。在我国的 INAP 规程中共定义了 35 种操作。

在教材中介绍了一些常用操作的基本功能和几种典型业务的信令发送顺序。分析了固定智能网存在的问题。说明了固网智能化改造的必要性。

固网智能化的目的是通过对 PSTN 的优化改造实现固网用户的移动化、智能化和个性化，从而创造更多的增值业务。其改造的核心思想是用户数据集中管理，并在每次呼叫接续前增加用户业务属性查询机制，使网络实现对用户签约智能业务的自动识别和自动触发。在固网智能化改造后，在本地网中建立了用户数据中心、业务交换中心和智能业务中心。

在教材中介绍了固网智能化改造后移机不改号业务、预付费业务和彩铃业务的实现原理和信令流程。

在 GSM 网络中，通过增加了 gsmSSF（业务交换功能）、gsmSRF（专用资源功能）、gsmSCF（业务控制功能）实现移动智能网。其中，gsmSCF 与 gsmSSF、gsmSRF 之间，采用 CAP Phase2 协议接口，CAP（CAMEL Application Part）是 CAMEL（Customised Applications for Mobile network Enhanced Logic，移动网络增强逻辑的客户化应用协议）的应用部分，它基于智能网的 INAP。CAP 协议描述了移动智能网中各个功能实体之间的标准通信规程，其他接口采用 MAP Phase2+接口。

由于在移动智能网中用户数据由 HLR 集中管理，所有的 MSC 都具有 SSP 功能，在移动智能网中的智能业务可根据主叫用户和被叫用户的签约数据来触发，从而在移动智能网中开发及使用智能业务十分方便。

# 思考题与练习题

1. 简要说明虚拟用户交换机的实现原理。
2. 简要说明智能网的基本概念。
3. 智能网概念模型包含哪几个平面？
4. 画出智能网的功能结构，并简要说明各个功能实体的基本功能。
5. 简要说明几种典型的智能业务的含义。
6. 简要说明"启动 DP"操作的类别、传送方向及主要功能。
7. 简要说明"连接"操作的类别、传送方向及主要功能。
8. 简要说明彩铃业务的信令流程。
9. 说明卡号业务的信令流程。
10. 说明固网智能化改造后本地网的一般结构。
11. 说明固定电话网智能化改造后彩铃业务的信令流程。
12. 说明移动智能网的结构和业务触发方式。
13. 简要说明预付费业务的信令流程。

# 第 6 章 分组交换技术

本章首先分析了数据通信的主要特点，说明了分组交换的基本原理及虚电路（面向连接）和数据报（无连接）方式的交换过程，介绍了 ATM 的协议结构和工作原理。其中，主要说明了与 IP 网络有关的交换原理。

在固定电话网和移动电话网中，一般采用电路交换技术，而在数据通信中，一般采用分组交换技术。

数据通信的特点是突发性很强，对差错敏感，对时延不敏感。

突发性强表现为在短时间内会集中产生大量的信息。突发性的定量描述为峰值比特率和平均比特率之比，对于一般的数据传输，突发性可高达 50；对于文件检索和传送，突发性也可达 20。如果数据通信采用电路交换方式，分配固定的带宽，在用户没有信息发送时，其他的用户也不能使用这部分空闲的带宽，信道利用率太低；而在用户需要高速传输数据时，用户能够使用的最大带宽也只限于分配给用户的带宽，不能满足用户的要求。

对差错敏感是指数据通信要求数据传送的内容不能出错，关键数据细微的错误都可能造成灾难性后果。

对时延不敏感是指数据通信的各部分数据之间没有严格的时间关系。

由于数据通信的这些特点，数据通信主要采用分组交换技术。由于分组交换技术的迅速发展，现在利用分组交换技术不仅可以用来完成数据通信业务，也可以用来完成语音和视频通信。在下一代网络中，主要采用分组交换技术。

## 6.1 分组交换的基本原理

分组交换采用存储转发技术。在分组交换中，将欲需要发送的整块数据称为一个报文。在发送报文之前，先将较长的报文划分成为较小的数据段，例如，每个数据段为 1 024bit。在每个数据段前加有一个 3～10 个字节的分组头，在分组头中包含有分组的地址和控制信息，以控制分组信息的传输和交换，并以分组为单位进行传输和交换。图 6-1 表示的是分组的概念。由于分组的分组头中包含了诸如目的地址和源地址等重要控制信息，故每一个分组才能在分组交换网中独立地选择路由。因此，分组交换的特征是基于标记（1abel-based），上述的分组首部就是一种标记。

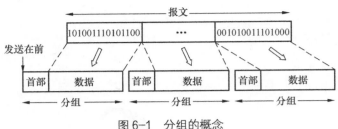

图 6-1 分组的概念

分组交换有虚电路（面向连接）和数据报（无连接）这两种方式。

### 6.1.1 虚电路方式

所谓虚电路，是指两个用户在进行通信之前要通过网络建立逻辑上的连接，在建立连接时，主叫用户发送"呼叫请求"分组，在该分组中，包括被叫用户的地址及为该呼叫在出通路上分配的虚电路标识，网络中的每一个节点都根据被叫地址选择出通路，为该呼叫在出通路上分配虚电路标识，并在节点中建立入通路上的虚电路标识与出通路上虚电路标识之间的对应关系，向下一节点发送"呼叫请求"分组。被叫用户如同意建立虚电路，可发送"呼叫连接"分组到主叫用户。当主叫用户收到该分组时，表示主叫用户和被叫用户之间的虚电路已建立，可进入数据传输阶段。在呼叫建立阶段，在虚电路经过的各个分组交换机中建立虚电路标示之间的对应关系。虚电路方式完成交换的示意图如图 6-2 所示。在图 6-2 中，终端 A 在呼叫建立时建立的路径是 A—交换机 1—交换机 5—交换机 2—交换机 3—B。终端 C 建立的路径是 C—交换机 5—交换机 4—D。在呼叫建立时，各交换机中建立各条虚电路标示符 DLCI 之间的对应关系。为完成图 6-2 所示的虚电路交换，分组交换机 5 和分组交换机 4 建立的 DLCI 连接表分别见表 6-1 和表 6-2。

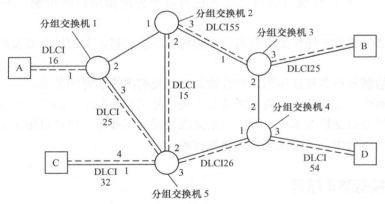

A—分组交换机 1（16—25）—分组交换机 5（25—15）—分组交换机 2（15—45）—分组交换机 3（45—25）—B
C—分组交换机 5（32—26）—分组交换机 4（26—54）—D

图 6-2 虚电路方式完成交换的示意图

**表 6-1**            **分组交换机 5 的连接表**

| 输入链路 | 输入 DCLI | 输出链路 | 输出 DCLI |
|---|---|---|---|
| 4 | 25 | 2 | 15 |
| 1 | 32 | 3 | 26 |

表 6-2                                            分组交换机 4 的连接表

| 输入链路 | 输入 DCLI | 输出链路 | 输出 DCLI |
| --- | --- | --- | --- |
| 1 | 26 | 3 | 54 |

在数据传输阶段，主、被叫之间可通过数据分组相互通信，在数据分组中不再包括主、被叫地址，而是用虚电路标识表示该分组所属的虚电路，网络中各节点根据虚电路标识将该分组送到在呼叫建立时选择的下一通路，直到将数据传送到对方。同一报文的不同分组是沿着同一路径到达终点的。例如，分组交换机 5 收到终端 C 从链路 1 发来的分组后，检查连接表，确定输出链路 3，并将 DCLI 值变换为 26，分组交换机 4 收到分组交换机 5 从链路 1 发来的分组后，检查连接表，确定输出链路 3，并将 DCLI 值变换为 54 后发给终端 D。

数据传送完毕后，每一方都可释放呼叫，网络释放为该呼叫占用的资源。

虚电路不同于电路交换中的物理连接，而是逻辑连接。虚电路并不独占电路，在一条物理线路上，可以同时建立多个虚电路，以达到资源共享。

虚电路分为两种：交换虚电路（Switched Virtual Circuit，SVC）和永久虚电路（Permanent Virtual Circuit，PVC）。交换虚电路是指在每次呼叫时用户通过发送呼叫请求分组临时建立的虚电路。一旦虚电路建立后，属于同一呼叫的数据分组均沿着这一虚电路传送；当通信结束后，即通过呼叫清除分组将虚电路拆除。永久虚电路是指网络运营者根据与用户的约定，为其事先建立的固定虚电路，每次通信时用户无需呼叫就可直接在该永久虚电路上传送数据。后一种方式一般适用于业务量较大的集团用户。

X.25、帧中继、ATM 和多协议标签 MPLS 采用的是虚电路方式。

### 6.1.2  数据报方式

数据报方式是独立地传送每一个数据分组，每一个数据分组都包含终点地址的信息，每一个节点都要为每一个分组独立地选择路由，因此，一份报文包含的不同分组可能沿着不同的路径到达终点。

数据报方式传送数据如图 6-3 所示，终端 A 有 3 个分组 a、b、c 要发送到 B，节点机 1 将分组 a 通过节点 2 转接到达节点 3，节点机 1 将分组 b 通过节点 1 和 3 之间的直达路由送到节点 3，节点机 1 将分组 c 通过节点 4 转接到达节点 3。由于每条路由上的时延不尽相同，3 个分组到达的顺序与发送顺序可能不一致，终端 B 要将它们重新排序。

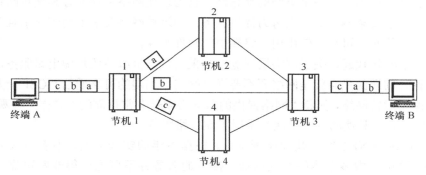

图 6-3  数据报工作方式

IP 网络中交换采用的是数据报方式。

### 6.1.3 虚电路方式和数据报方式的比较

虚电路方式在一次通信过程中具有呼叫建立、数据传输和释放呼叫 3 个阶段，有一定的处理开销，但一旦虚电路建立，数据分组按照已建立的路径通过网络，分组能按照发送顺序到达终点，在每个中间节点不需要进行复杂的选路，对数据量较大的通信效率高。但对故障较为敏感，当虚电路连接中的某条传输链路或某个交换节点发生故障时，可能引起虚电路的中断。

网络提供数据报服务的特点是：数据报方式在用户通信时不需要呼叫建立和释放阶段，网络随时都可接受主机发送的分组（即数据报）。网络为每个分组独立地选择路由。网络只是尽最大努力地将分组交付给目的主机，但网络对源主机没有任何承诺。网络不保证所传送的分组不丢失，也不保证按源主机发送分组的先后顺序以及在多长的时限内必须将分组交付给目的主机。当需要把分组按发送顺序交付给目的主机时，在目的站还必须把收到的分组缓存一下，等到能够按顺序交付主机时再进行交付。当网络发生拥塞时，网络中的某个结点可根据当时的情况将一些分组丢弃（请注意，网络并不是随意丢弃分组）。所以，数据报提供的服务是不可靠的，它不能保证服务质量。但是数据报方式在用户通信时不需要呼叫建立和释放阶段，对短报文传输效率比较高，对网络故障的适应能力较强，当网络中某个节点发生故障时，可另外选择路由来传送数据。

除以上的区别外，数据报服务和虚电路服务还都各有一些优缺点。

根据统计，网络上传送的报文长度，在很多情况下都很短。若采用 128 个字节为分组长度，则往往一次传送一个分组就够了。这样，用数据报既迅速又经济。若用虚电路，为了传送一个分组而需要建立虚电路和释放虚电路，效率就显得太低。

为了在交换结点选择路由，在使用数据报时，每个分组必须携带完整的地址信息。但在使用虚电路的情况下，每个分组不需要携带完整的目的地址，而仅需要有个很简单的虚电路号码的标志，这就使分组的控制信息部分的比特数减少，在传送大量分组时就减少了额外开销。

在网络上提供数据报和虚电路这两种服务的思路来源不同。

虚电路服务的思路来源于传统的电信网。电信网将其中的用户终端设置得非常简单，由电信网完成保证可靠通信的一切措施，因此电信网的节点交换机复杂而昂贵。

数据报服务使用另一种完全不同的新思路。它力求使网络生存性好和使对网络的控制功能分散，因而只能要求网络尽最大努力提供服务。但这种网络要求使用较复杂且有相当智能的主机作为用户终端。可靠通信由用户终端中的软件来保证。

从 20 世纪 70 年代起，关于网络层究竟应当采用数据报服务还是虚电路服务，网络界一直在进行争论。问题的焦点就是网络要不要提供网络端到端的可靠通信？OSI 一开始就按照电信网的思路来对待网络，坚持"网络提供的服务必须是非常可靠的"这样一种观点，因此，OSI 在网络层（以及其他的各个层次）采用了虚电路服务。

然而美国 ARPANET 的一些专家则认为，根据多年的实践证明，不管用什么方法设计网络，网络（这可能由多个网络互连而成）提供的服务并不可能做得非常可靠，用户主机仍要负责端到端的可靠性。所以他们认为：让网络只提供数据报服务就可大大简化网络层的结构。 当然，网络出了差错不去处理而让两端的主机来处理肯定会延误一些时间，但技术的进步（光纤出错的概率远小于电缆传输）使得网络出错的概率已越来越小，因而让主机负责端到端的可靠性，不但不会给主机增加更多的负担，反而能够使更多的应用在这种简单的网络上运行。因特网能够发展到今天这样的规模，充分说明了在网络层提供数据报服务是非常成功的。

但是，随着因特网的迅速发展，要求因特网不仅要传输数据信息，还需要传输对时间同步有严格要求的语音业务和视频业务，这些业务对网络的服务质量有很高的要求，为了满足这些业务的要求，在因特网上又出现了将无连接技术和面向连接技术紧密结合的多协议标签交换（MPLS）。

## 6.2 计算机网络协议结构

### 6.2.1 分层协议概念

计算机网络是一种非常复杂的系统，其中既涉及通信技术又涉及计算机技术。在通信技术中涉及不同的分组交换技术，在计算机技术中涉及异种机器、异种操作系统。计算机网络既要保证不同通信技术和不同计算机系统之间的互通，又要保证这种互通的可靠性和效率。总之，计算机网络要解决的问题纷繁复杂。为了对问题进行简化，人们利用"分而治之"的思想，将计算机网络划分为不同的层次，每个层次完成一组功能，各个层次配合共同完成计算机网络通信的功能。这就为网络协议的设计和实现提供了极大的方便。按照层次结构思想，对计算机网络的模块化结果是一组从上到下单向依赖的协议族，又叫协议栈（protoco lstack）。协议栈这一术语非常准确地表达了各层协议之间的关系。

协议主要包含以下内容。

① 消息类型和格式、编码。
② 各种操作对应的消息收发顺序。
③ 收到消息后节点应采取的动作。
④ 相邻层之间的层间原语类型和参数。

### 6.2.2 OSI 参考模型

1977 年国际标准化组织（ISO）在分析和消化已有网络的基础上，考虑到联网的方便和灵活性等要求，提出了一种不基于特定机型、操作系统或公司的网络体系结构，即开放系统互联参考模型（Open Systems Interconnection，OSI）。OSI 定义了异种机联网的标准框架，为连接分散的"开放"系统提供了基础。这里的"开放"表示任何两个遵守 OSI 标准的系统可以进行互联。

#### 1. OSI 参考模型的结构

OSI 参考模型如图 6-4 所示。它采用分层结构技术，将整个网络的通信功能分为 7 个层次，由低层至高层分别是物理层、数据链路层、网络层、传输层、会话层、表示层和应用层。

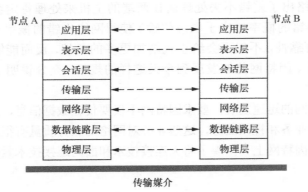

图 6-4　OSI 参考模型

### 2．OSI 中各层的基本功能

（1）物理层

物理层是最低的一层，它和物理传输媒介有直接的关系，它定义了设备之间的物理接口，为它的上一层（数据链路层）提供了一个物理连接，以便透明地传送比特流。在物理层上传送数据的单位是比特。

（2）数据链路层

数据链路层的功能是负责在两个相邻节点的线路上以帧为单位的可靠传输。数据链路层将物理层上透明传送的比特流划分为数据帧，并对每个数据帧进行差错检测及差错校正，并提供流量控制功能。

（3）网络层

网络层提供系统之间的连接，它负责将两个终端系统经过网络中的节点用数据链路连接起来，实现两个终端系统之间数据帧的透明传输。网络层的主要功能是寻址和路由选择。

（4）传输层

传输层可以看作是用户和网络之间的接口，它利用低三层提供的网络服务向高层提供端到端的透明数据传送，它根据发端和终端的地址定义一个跨过网络的逻辑连接，定义主机中的端口地址，并完成端到端（而不是第二层处理的一段数据链路）的差错控制和流量控制功能。

（5）会话层

会话层的作用是协调两端用户（通信进程）之间的对话过程。例如，确定数据交换操作方式（全双工、半双工或单工），确定会话连接故障中断后对话从何处开始恢复等。

会话层的功能就是在两个互相通信的应用进程之间，建立、组织和同步其会话，并管理数据的交换。

会话层的另一功能是对会话连接进行管理和控制。

（6）表示层

表示层负责定义信息的表示方法。表示层将欲交换的数据从适合于某一用户的抽象语法变换为适合于 OSI 系统内部使用的传送语言。表示层的典型服务有数据翻译（信息编码、加密和解密）、格式化（数据格式的修改及文本压缩）和语法选择（语法的定义及不同语言之间的翻译）等。

（7）应用层

应用层确定进程之间通信的性质，以满足用户的需要，负责用户信息的语义表示，并在两个通信进程之间进行语义匹配。

以上 7 层功能按其特点又可分为低层功能和高层功能。低层包括 1～3 层的全部功能，其目的是保证系统之间跨过网络的可靠信息传送。高层指 4～7 层的功能，是面向应用的信息处理和通信功能。

OSI 参考模型提出的分层结构思想和设计原则已被一致认同，有关术语也被广泛采用，但是实际上并没有一个协议是按照 7 层结构去实现的，其原因是过于复杂。例如，表示层和会话层很少有用。Internet 的 TCP/IP 协议栈采用简化的结构，却获得了极大的成功。在下面将详细介绍 TCP/IP 协议栈。

### 3．开放系统相互通信的过程

在采用层次结构的计算机通信系统中的通信包含同层通信和层间接口这样两个方面。同层通信是不同节点的对等层之间的通信，同层通信必须严格遵循该层的通信协议。层间接口是同一节点的相邻层之间的通信，相邻层的通信采用通信原语。图 6-5 示出了在两个开放系统中的应用进程通信的过程。为了实现这个通信，两个系统的对等层（即具有相同序号的层）之间必须执行相同的功能并按照相同的协议（同层协议）来进行通信。

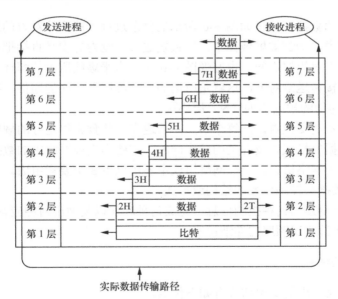

图 6-5  开放系统互连环境中的通信过程

当发送进程有一组数据要送给接收进程时，它将这组数据送给应用层实体。应用层在数据上加上一个控制头 7H，7H 中包括应用层的同层协议所需的控制信息，然后应用层将 7H 和数据一起送往表示层。表示层将 7H 和数据一起看作是上一层的数据单元，然后加上本层的控制信息，交给会话层，依此类推。不过数据到了第二层（数据链路层）后，控制信息分成两部分，分别加到上层数据单元的头部和尾部形成本层的数据单元送往物理层，由于物理层是比特流的传送，所以不再加上控制信息。

当这一串比特流经网络的物理媒体传送到目的站时，就从物理层依次上升到应用层。每一层根据本层的控制信息进行必要的操作，然后将控制信息剥去，将剩下的数据部分上交给更高的一层。最后，把发送进程发送的数据交给目的站的接收进程。

有时，两个终端系统之间的通信可能经过一个或多个中间节点转接，这些中间节点叫作路由器，它具有1～3层的功能，每当数据传送到路由器时，就从该节点的物理层上升到网络层，完成路由选择后，再下到物理层传送到下一个节点，最后传到终端系统，从物理层上升到应用层后到达应用进程。经过一个或多个路由器转接的过程如图6-6所示。

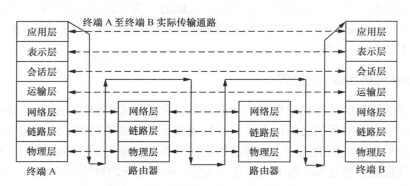

图6-6 经过一个或多个路由器转接的过程

虽然应用进程的数据要经过如图6-6所示的复杂过程才能到达对方的应用进程，但这些复杂过程对用户来说，却都被屏蔽掉了，以致发送进程觉得好像是直接把数据交给了接收进程。同理，任何两个对等层之间，也好像图6-6中的水平虚线所示的那样，将上层的数据及本层的控制信息直接传送给对方，这就是所谓的"对等层"之间的通信，我们将控制两个对等（N）实体进行通信的规则称为（N）层协议。

要做到有条不紊地交换数据，每个节点必须遵守一些预先约定好的规则，这些规则明确地规定了所交换数据的格式以及有关的同步问题。这些为完成网络中的数据交换而建立的规则、标准或约定称为网络协议。一个网络协议主要由以下3个要素组成。

① 语法：即数据与控制信息的结构或形式。

② 语义：即需要发出何种控制信息、完成何种动作以及做出何种应答。

③ 同步：即事件实现顺序的详细说明。

**4．层次结构的优点**

计算机网络协议采用的层次结构有如下优点。

（1）各层之间相对独立

某一层并不需要知道它的下一层是如何实现的，而仅仅需要知道该层通过层间的接口（即界面）所提供的功能。

（2）灵活性好

当任何一层发生变化时，只要接口关系保持不变，则在这层以上或以下的各层均不受影响。此外，某一层提供的服务还可以修改。当某层提供的服务不再需要时，甚至可以将这层取消。

（3）结构上可分割开

各层可以采用最合适的技术来实现。

（4）易于实现和维护

这种结构使得实现和调试一个庞大而又复杂的系统变得易于处理，因为整个系统已被分解为若干个易于处理的而且范围更小的部分了。

（5）能促进标准化工作

这主要是由于每一层的功能和所提供的服务都已有了精确的说明。

### 6.2.3　IP 网络的体系结构

因特网的成功应归功于 TCP/IP。因特网是基于 TCP/IP 的，因特网中的许多概念都来自 TCP/IP。开发 TCP/IP 的初衷是解决不同种类网络（采用不同种类硬件网络技术构成的网络）的网际互连问题，也就是通信子网的互连问题。因特网是最早出现的系统化的网络体系结构之一，由于它顺应了发展网络互连的应用需求，采用了开放策略，并与最流行的 UNIX 操作系统相结合，因此获得了巨大的成功。

TCP/IP 的成功，主要应该归功于其开放性，使得最广泛的厂商和研究者能够不断地寻找和开发满足市场需求的网络应用和业务。TCP/IP 体系结构已经成为当今网络协议的主流和事实上的标准，得到了广泛的响应和支持。

#### 1．TCP/IP 协议栈结构

TCP/IP 这个术语并不仅仅指网际协议（IP）和传输控制协议（TCP），它还包括许多与之相关的协议和应用程序，是一个协议簇。图 6-7 给出了 TCP/IP 的网络体系结构及各协议所处的位置。

| 应用层 | | | | 应用层 |
|---|---|---|---|---|
| TCP | UDP | SCTP | | 传输层 |
| IP | | | | 网络层 |
| IP over 以太网 | IP over ATM | IP over SDH | ··· | 网络接口层 |
| 以太网 | ATM | SDH | ··· | |

图 6-7　TCP/IP 的网络体系结构

TCP/IP 模型由 4 个层次组成。

（1）应用层

TCP/IP 的最高层是应用层，应用程序通过该层访问网络。这一层有许多标准的 TCP/IP 工具与服务，如超文本传送协议（HTTP）、FTP（文件传输）、Telnet（远程登录）、SNMP（简单网络管理）、SMTP（简单报文传送）、DNS（域名服务）和 SIP（会话启动协议）等。

（2）传输层

传输协议在计算机之间提供端到端的通信。传输层包含的传输协议分别是传输控制协议

TCP、用户数据报协议 UDP 和流传送控制协议 SCTP。

TCP 为应用程序提供可靠的通信连接，不仅适合于一次传输大批数据的情况，而且适用于要求得到响应的应用程序。UDP 提供了无连接通信，且不对传送包进行可靠保证，适合于一次传输少量数据或实时性要求高的流媒体数据的传输，数据的可靠传输由应用层负责。传输协议的选择依据数据传输要求而定。

为了满足电信网中信令承载的要求，又开发了流传送控制协议（SCTP），流传送控制协议（SCTP）发展了 UDP 和 TCP 两种协议的长处。它一方面增强了 UDP 业务，并提供数据报的可靠传输；另一方面，SCTP 的协议行为类似于 TCP，并试图克服 TCP 的某些局限。SCTP 是可靠的数据报传输协议，能在不可靠传递的分组网络（IP 网）上提供可靠的数据传输。流控制传送协议 SCTP 主要用来在 IP 网络中传送电话网的信令。

（3）网络层

网络层协议负责系统之间的连接，它将两个终端系统经过网路中的节点用数据链路连接起来，实现两个终端系统之间数据帧的透明传输。网络层的主要功能是寻址和路由选择。它将数据包封装成 Internet 数据报，并运行必要的路由算法。4 个网络层协议是：网际协议（IP）、地址解析协议（ARP）、网际控制报文协议（ICMP）和互联网组播协议（IGMP）。

① IP 主要负责在主机和网络之间寻址和收发 IP 数据报。

② ARP 用来获得同一物理网络中的硬件主机地址。

③ ICMP 用来报告有关数据报的传送错误。

④ IGMP 被 IP 主机用来向本地多播路由器报告主机组成员。

（4）网络接入层

这是 TCP/IP 软件的最低层，负责接收 IP 数据报，并通过网络发送之，或者从网络上接收物理帧，抽出 IP 数据报，交给 IP 层。互联网研究人员认为该层协议是现成的，对此不予关心。定义网络接口层，就是为了解决 IP 在各种传输网络之间的传输，目前支持 IP 网络的主要物理网络有以太网、ATM 网络和 SDH。在本章的后续部分将详细介绍 ATM 网络和以太网。

TCP/IP 模型除了简洁以外，它和 OSI 模型的最大不同之处是，TCP/IP 模型的网络层只提供无连接服务，传输层则提供面向连接和无连接两类协议，其思路是简化网络层协议，提高路由对网络设备故障的自适应调整能力。而 OSI 模型的网络层支持两类服务，传输层只支持面向连接服务，网络层的面向连接服务导致协议十分复杂，这也是传统电信网及 ATM 网和 IP 网的最大不同之处。

**2. 计算机网络的 5 层模型**

应该说 OSI 模型是一个对网络研究和讨论十分有用的模型，但是很少有人对开发 OSI 协议感兴趣，而 TCP/IP 已经得到了广泛使用，但是其参考模型比较粗糙，实际上是后来才给出的，尤其是网络接入层不能算作是一个协议层，应将它进一步划分为数据链路层和物理层。由此得到改进的 5 层混合模型如图 6-8 所示，这是讨论计算机网络一般基于的模型。

图 6-8　计算机网络的 5 层模型

## 6.3 ATM

### 6.3.1 ATM 概述

#### 1. ATM 的基本原理

在异步转送方式（Asynchronous Transfer Mode，ATM）中，信息被组织成固定长度的信元在网络中传输和交换。说它是异步的，是因为它包含来自一个特定用户的信息的信元不需要周期性地出现。

（1）信元

在 ATM 中，信元是信息传输、复用和交换的基本单位。每个信元都具有固定的长度，总共是 53 个字节，其中 5 个字节是信头（Header），48 个字节是信息段（Information field）。信头中包含传送这个信元所需的控制信息，如路径信息、优先度、一些维护信息和信头的纠错码。信息段中包含用户需传送的信息内容，这些信息透明地穿过网络。

（2）复用

ATM 采用异步时分复用方式，如图 6-9 所示。在这种复用方式中，来自不同用户的信元汇集在一起被逐个输出到传输线路，在传输线路上形成首尾相接的信元流。信元的信头中包含有标识（例如，A、B），用来说明该信元所属的虚拟连接。具有同样标识的信元在传输线上并不对应着某个固定的时隙，在线路上的出现不具有周期性。这种复用方式叫做异步时分复用，又叫统计复用。

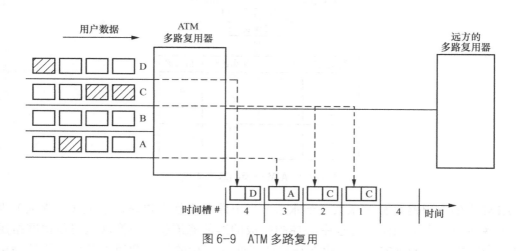

图 6-9　ATM 多路复用

异步时分复用方式使 ATM 具有很大的灵活性，任何业务都根据实际需要来占用资源，对每个用户来说，仅在其有信息要传送时才发送信元，信元传送的速率随信息到达的速率而变化。速率高的业务信元来得十分频繁，十分集中；速率低的信元来得很稀疏。在图 7-10 中可以看到，用户 C 现在有两个信元，用户 B 现在没有信元。

由于采用异步时分复用，每个用户需发送信元的时间是随机的，因此就可能发生碰撞，即多个用户在某一时刻都要求发送信元，为了不使碰撞时引起信元丢失，在交换节点中应提供缓冲区，供信元排队用。如果某个时刻排队的信元已经充满缓冲区，则后面到来的信元就要丢失。缓冲区的容量应该根据信息流量来计算，使信元丢失率保持在 $10^{-9}$ 以下。

为了提高处理速度，降低时延，ATM 以面向连接的方式工作。在通信开始时，终端必须先提出呼叫请求，网络为用户分配必要的资源，建立虚电路，以后用户将虚电路标识写入信头，网络根据虚电路标识将信元送往目的地。

（3）交换

ATM 网络中包括若干个交换节点，用来完成信元的交换。由于 ATM 采用面向连接的方式工作，因此交换节点完成的是虚电路的交换，同一虚电路上的所有信元都选择同样的路由，经过同样的通路到达目的地。

ATM 交换的基本原理如图 6-10 所示。一个交换节点包含若干条输入复用线和若干条输出复用线，每条入线和出线上传送的都是 ATM 信元流，每个信元的信头值标识了该信元所在的逻辑信道。ATM 交换的基本任务就是将任意入线上的任意逻辑信道中的信元交换到任意出线上的任意逻辑信道上。交换是通过查信头翻译表来完成的。例如，图 6-10 中入线 $I_1$ 的逻辑信道 x 被交换到出线 $O_1$ 的逻辑信道 k 上，入线 $I_n$ 的逻辑信道 y 被交换到出线 $O_2$ 的逻辑信道 j 上。

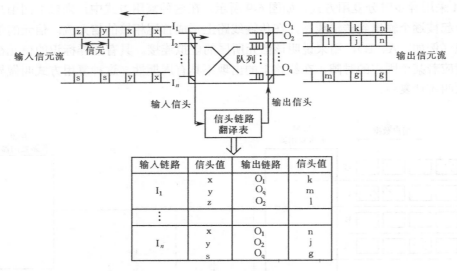

图 6-10　ATM 交换的基本原理

ATM 中的虚电路可分为永久（半永久）虚电路和交换虚电路。永久（半永久）虚电路是由网络管理人员在网络管理中心控制完成的准静态连接；交换虚电路是由网络用户通过信令控制改变的动态连接。永久连接或半永久连接的信头翻译表是由网络管理中心来控制的。动态连接的信头翻译表是由 ATM 交换机中的控制部分通过接收到的信令来建立的。

**2．ATM 信元的结构**

在 ATM 网络中，所有需传送的信息都被划分为长度为 53 字节的信元，信元由 5 字节的信头和 48 字节的信息段组成。在用户—网络接口和网络—网络接口处信元头的格式稍微有些不同，图 6-11（a）、（b）分别示出了这两个接口中 ATM 信元的格式。

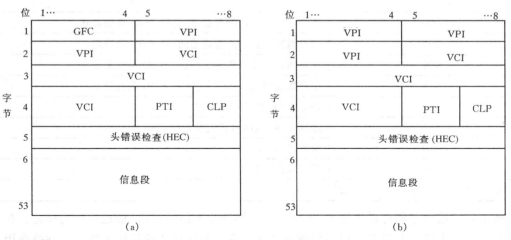

图 6-11  ATM 信元的格式

在信头中主要包含一般流量控制域 GFC、虚通道标识符 VPI、虚信道标识符 VCI、载荷类型指示 PTI、信元丢弃优先级 CLP 和头错误检查 HEC。

在用户—网络接口和网络—网络接口中，ATM 信头的不同之处是：仅在用户—网络接口上定义了流量控制域 GFC，在该接口中的 VPI 只有 8 个比特，而在网络—网络接口上没有定义 GFC 域，其 VPI 占用 12 个比特。

下面简要说明各个域的用途。

① GFC（Generil Flow Cntrol）用于控制用户向网上发送信息的流量。

② VPI（Virtual Path Identifer）和 VCI（Virtual Channel Identifier）用来将一条传送 ATM 信元的信道划分为多个子信道，每个子信道相当于分组网中的一条虚电路。具有相同的 VPI 和 VCI 的信元属于同一条虚电路。

在 ATM 网中用 VPI 和 VCI 两个标识符来标识一条虚电路的主要原因是在 ATM 网络中定义了一种两级的路由选择等级体系：虚通道（VP）和虚信道（VC）。虚通道（VP）是一束具有相同端点的（VC）链路，一条虚通道可以提供多达 65536（$2^{16}$）个虚信道连接，由于这些虚信道都具有相同的端点，因此在连接这两个端点的中间交换机上进行交换时，就没有必要转换它们的 VCI，而只需对其 VPI 进行识别即可，这就简化了路由管理。

③ 载荷类型指示段（Payload Type Indicator，PTI）占 3 个比特。最左边的位说明了 ATM 信元运载的是用户数据还是操作管理和维护（OAM）数据。当该位为 0 时，表示运载的是用户数据；为 1 时，表示运载的是 OAM 数据。当运载的是用户数据时，位 2 表示该信元是否通过一个或多个拥挤的交换机，位 1 在 AAL5（5 类 ATM 适配层）中用来指示传送的是否为用户帧的最后一个信元。表 6-3 列出了载荷指示类型的编码。

④ CLP（Cell Loss Priority）占一个比特，用以表示信元的优先级，当 CLP 为 1 时，表示该信元具有较低的优先级，当网络出现拥塞时将先被丢弃，CLP 值为 0 的信元具有较高的优先级，网络尽可能不将其丢弃。

表 6-3 　　　　　　　　　　　　　载荷指示类型的编码

| 载荷类型指示编码 | 含　义 |
| --- | --- |
| 000 | 用户数据信元，没有遭遇拥挤，SDU 类型是 0 |
| 001 | 用户数据信元，没有遭遇拥挤，SDU 类型是 1 |
| 010 | 用户数据信元，遭遇了拥挤，SDU 类型是 0 |
| 011 | 用户数据信元，遭遇了拥挤，SDU 类型是 1 |
| 100 | 跟分段 OAM 流有关的信元 |
| 101 | 跟端到端的 OAM 流有关的信元 |
| 110 | 资源管理信元 |
| 111 | 保留未来使用 |

注：SDU=Service Data Unit（服务数据单元）

网络和应用程序都可以使用 CLP 位。当网络使用 CLP 位时，该过程称为标记。在建立连接时，在请求传送数据的端点站和网络之间允许用户传送的流量达成协议。网络在用户—网络接口处对用户发送的 ATM 信元流进行监视，检测协定是否被违反。当一个信元被发现是违反协定时，网络可以在接口处丢弃该信元，或者决定在尽力而为的基础上传送该信元，为了表明该信元是违反协定的信元，网络将其 CLP 位置 1，以便在网络出现拥塞时首先丢弃该信元。

用户也可以利用 CLP 位来标识信元的优先级。例如，在传送一个视频数据流时，其中的一些帧比其他帧更重要，在这种情况下，可将这一部分较重要的信元的 CLP 位置为 0，而将其他信元的 CLP 位置为 1，用以向网络表明，当发生拥塞时，应用程序宁愿让 CLP 标记为 1 的信元先被丢弃。

⑤ HEC（Header Error Check）占 8 个比特，用来检测信头的传输错误。HEC 采用的是一种循环冗余码 CRC，其产生方法是将信头的前 4 个字节的内容和 $X^8$ 相乘后被生成的多项式（$X^8+X^2+X+1$）除，所得的余数与 01010101 模 2 加后的值就是 HEC。

利用 HEC 可以纠正单个比特的错误，并检测多个比特的错误。另外，信元定界也是基于信头中前 4 个字节和 HEC 的关系来完成的。

**3. ATM 与电路交换方式和分组交换方式的比较**

目前通信网中普遍采用的交换方式是电路交换方式和分组交换方式。下面简要说明这两种交换方式的特点及 ATM 与这两种交换方式的比较。

（1）电路交换方式

电路交换方式长期以来用于电话网。电路交换方式的基本特征是将电路作为传输、复用和交换的基本单位。电路在采用时分复用方式的线路上指的是具有固定比特率的一个时隙。

在基于电路交换方式的通信网中采用同步时分复用方式。在这种方式下，首先将时间划分为等长的基本时间单位，一般称之为帧。每个帧再细分为时隙，时隙一般是等长的。时隙可以依其在帧中的不同位置予以编号。例如，在 PCM 一次群中，每 125μs 为一帧，每帧划分为 32 个时隙，记为时隙 0，时隙 1，……，时隙 31。

对于一条高速数字信道，采用上述的时间分割方法后，每个编号相同的时隙可以分别看成具有恒定速率的低速数字子信道，即上面所说的电路。这些数字子信道，是靠其在时间轴上的时间位置来识别的。图 6-12 所示为同步时分复用中的帧和时隙。

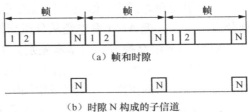

图 6-12  同步时分复用中的帧和时隙

在采用电路交换方式时，一旦建立连接，在整个通信期间，该连接始终占用帧中的某一时隙，即使用户没有信息要传递，该时隙也不能用于其他的通信。

电路交换方式具有如下特点。

① 在通信开始时应首先建立连接。

② 一个连接在通信期间始终占用某一固定的数字子信道，这些数字子信道是依据其在时间轴上的位置来确定的。

③ 连接建立以后，信息在系统中的传输时延基本上是一个恒定值。

④ 同步时分复用系统中的各个子信道的速率是固定分配的，不可能在不改变这个系统的情况下临时调配各个子信道的速率。

⑤ 交换节点对传输中出现的错误不进行校正，对节点的处理要求简单。

（2）分组交换方式

分组交换方式的特点是以分组作为通信网中传输、复用和交换的基本单位。分组指的是定长或不定长的数据段。每个分组中除了包含用户需传送的信息外，还包含一个分组头，在分组头中包含有一个链路标识符，用以标志该分组传送的信息属于哪一个虚电路。经过上述划分的信道称为标志化信道。在标志化信道中，信息属于哪一个信道和它在时间轴上的位置没有必然的联系。

分组交换方式具有以下基本特点。

① 分组交换采用的是统计复用方法，可以将信道按照需要动态地分配给各个单路信号，信道利用率较高。

② 在分组交换中，普遍采用逐段反馈重发的措施，以保证数据传输是无差错的。逐段反馈重发是指在数据分组经过的每个节点都对数据分组进行检错，在发现错误后要求对端重新发送。

③ 分组数据在通信网中传送的时延是随机的，这主要是因为数据分组在交换节点有可能要排队等待，另外，逐段反馈也可能引入附加的时延。

④ 由于要进行逐段差错控制，交换节点的处理负担较重。

（3）ATM 兼具电路交换方式和分组交换方式的优点

在电路交换方式中，时间被划分为时隙，每个时隙用来传送一个用户的数据，各个用户的数据在线路上等时间间隔地出现，各个用户的数据按照其占用的时间位置来区分。

若在上述的每个时隙中放入 48 个字节的用户数据和 5 个字节的信头，即一个 ATM 信元，则电路交换方式就发展为 ATM。由于可以依据信头来区分不同用户的数据，因此用户数据不必周期性地出现在固定的时间位置上，这样线路上的数据传输速率可以在使用它的用户中间自由分配，不必再受固定速率的限制。对于断续发送数据的用户来说，在其不发送数据时，其占用的信道容量可以被其他用户使用，从而提高了信道利用率。

在分组交换方式中，信道上传送的是数据分组，ATM 信元完全可以看作是一种特殊的数据分组，所以，把 ATM 看作是从分组交换方式发展来的更为自然。

ATM 与分组交换方式的基本差别如下。

① ATM 信元的长度是固定的，并使用了空闲信元来填充信道，这使信道被划分为等长的时间小段，为提供固定比特率和固定时延的电信业务创造了条件。

② 取消了逐段的差错控制，减轻了交换节点的处理负担。

综上所述，可看出 ATM 是电路交换方式和分组交换方式的某种结合，同时具备了电路交换方式和分组交换方式的主要优点。事实上，20 世纪 80 年代提出 ATM 时，就是从两个不同的起点出发，达到了相同的归宿。一些人从改造同步时分复用方法出发，提出了异步时分复用（AsynchronousTimeDivision，ATD）；另一些人从改进分组交换出发，提出了快速分组交换（FastPacket Switching，FPS）。这二者的进一步发展和标准化就是 ATM。

### 4．ATM 的特点

ATM 是在电路交换和分组交换的基础上发展起来的，由于它综合了电路交换的简单性和分组交换的灵活性，因此使交换节点能具有很高的工作速度，能适应各种不同的业务。下面简单总结一下 ATM 技术的基本特点。

（1）采用统计时分复用方式

ATM 采用的是统计时分复用方式，可以按照需要动态地分配各个虚电路的带宽，能够适应各种不同速率的业务。

（2）取消了逐段的差错控制和流量控制，信头的功能被简化

为了减少网络中交换节点处理的复杂性，ATM 网中取消了网中逐段的差错控制和流量控制，将这两项工作交给了终端去完成。由于光纤传输的可靠性很高，误码率很低，因此，在采用光纤作为主要传输介质的 ATM 网中逐段进行差错控制是没有必要的。

为了确保网络的高速处理速度，ATM 信头中的功能大大减少，其主要的功能是标志虚电路，还有信头本身的差错检验，此外还包含信元的优先度。与 X.25 分组头相比，ATM 信头的功能要简单得多，那些为了流量控制和差错控制而设的序号等内容全都取消了。由于信头功能简单，因此，信头处理可由硬件电路来完成，处理速度很快，处理时延很小。

对于偶然发生的信元丢失，可以用端到端的差错控制来解决。

（3）采用面向连接的方式

在终端向网络传送信息之前，必须先提出呼叫请求。网络根据呼叫请求为呼叫预留必要的资源，建立虚电路。在信息传输过程中，这一呼叫的所有信元都沿着这条虚电路传送而不必再进行路由选择。在信息传送完毕时，应释放占用的资源，拆除虚电路。

（4）有较强的流量控制功能，能保证业务的服务质量

在呼叫建立时，审查用户申请的带宽，当确信网络中有足够的资源时才接受这个呼叫。在呼叫期间，用户必须遵守原先约定的带宽规定，网络在用户—网络接口处对用户送入网络的 ATM 信元流进行监视，当发现违反规定的信元时，可在用户—网络接口处丢弃，也可对其打上标记，在网络出现拥塞时优先丢弃这些违反规定的信元。

（5）信元长度固定，信息段长度短

信元长度固定可简化对缓冲队列的管理，信息段长度短可以减小组装、拆卸信元的等待时延和时延抖动，使 ATM 能适合于语音、图像等对时延有严格要求的实时业务。

## 6.3.2　ATM 协议结构

ATM 协议结构如图 6-13 所示，在 ATM 协议结构中包含有物理层、ATM 层、ATM 适配层（AAL）和高层。下面简要说明各层的功能。

### 1. 物理层

| 高层 |
| ATM 适配层（AAL） |
| ATM 层 |
| 物理层 |

图 6-13　ATM 协议结构

物理层的主要功能是完成信息（比特/信元）的传输。物理层又可分为物理媒体子层（PM）和传输会聚子层（TC）。

（1）物理媒体子层（PM）

PM 层的功能和传输介质直接相关，它负责线路编码、光电转换和比特定时，以便在物理媒体上正确地发送和接收数据比特。

（2）传输会聚子层（TC）

TC 层主要完成信元的正确发送和接收，主要有以下 5 方面的功能。

① 传输帧的产生和恢复。即将信元流封装成适合传输系统要求的帧（例如，同步数字系列 SDH 所定义的帧）送到 PM 子层，将 PM 送来的传输帧恢复成信元流。

② 信元定界，按照信头的前 4 个字节和信头错误检验码（HEC）的关系识别信元的边界。

③ 产生信头错误检验码（HEC），根据 HEC 检验接收到的信头的正确性。

④ 传输帧自适应：完成信元流与传输帧转换时的格式适配。

⑤ 信元速率解耦：在物理层插入一些空闲信元，以便将 ATM 信元流的速率适配成传输介质的速率。

### 2. ATM 层

ATM 层负责交换、选路由和信元复用。ATM 层的功能与传输介质无关，主要有以下功能。

① 信头的产生/提取：信息在发送侧被加上信头，在接收侧，信头被去掉，信息段被送到 AAL 层。

② 信元交换：对信头中的虚通道标识（VPI）和虚信道标识（VCI）进行翻译，完成路由选择。这两个标志的翻译可以单独进行，也可以同时进行。

③ 信元的复用和分路：在发送侧将不同连接（虚电路）的信元复用成单一的信元流，在接收侧做相反的工作。

### 3. ATM 适配层

ATM 适配层（AAL）层的基本功能是适配不同的业务，将高层信息适配成 ATM 信元。

### 4. 高层

高层完成与业务有关的功能。

### 6.3.3　ATM 物理层规范

物理层是 ATM 协议结构的最下面一层，负责在相邻的节点之间为 ATM 层传输 ATM 信元，使 ATM 层能独立于传输介质，能够在多种物理链路上运行。跟其他典型的物理层相比，ATM 中的物理层具有更多的功能。在传统的网络中，物理层仅负责传输比特流，而在 ATM 网络中，物理层向需要确定信元边界的 ATM 层投递信元。

物理层提供 ATM 层对传输介质的访问。在发送方向上，ATM 层把 ATM 信元（除了头错误检查（HEC）值以外的 5 个字节的头和 48 字节的净荷）传递给物理层，由物理层负责在物理介质上传输，在接收方向上，物理层将从传输介质上接收到的信元投递给 ATM 层。

在物理层上执行的功能划分为物理媒体子层（PM）和传输会聚子层（TC）。

#### 1.　物理媒体子层

物理媒体子层的功能非常接近于在传统网络中的物理层。其主要功能是在物理媒体上正确地发送和接收数据比特，完成线路编码、光电转换和比特定时等功能。

物理媒体子层在发送方向上从传输会聚子层取得比特流，并把比特流在链路上透明地传输；在接收方向上检测和恢复到达的比特流，并把比特流传送给传输会聚子层，以便传输会聚子层能够从比特流中恢复传输帧（如果使用成帧传输的话）和 ATM 信元。

物理媒体子层和传输会聚子层之间交换数据流时需要互相同步。在物理媒体子层执行的发送和检测功能分别在导线或光纤上安排和识别电信号或光信号。定时功能为发送的信号产生适当的定时，为接收的信号取得正确的定时。

物理媒体子层的另一个功能是线路编码和解码。物理媒体子层可以一位一位地传送，也可以一次操作一个位组。后者称为块编码传输，即在线路上传输之前把每个位组转换成另外一个码字。例如，在 ATM 论坛定义的 155.520Mbit/s 裸信元传输标准中规定物理媒体是多模光纤或双绞线，线路编码采用 8B/10B 码，即将每 8 个比特组编为一个 10bit 的码字在线路上传输。

#### 2.　传输会聚子层

传输会聚子层的主要功能有传输帧自适应、信元头差错检测、信元定界和扰码、信元速率解耦。

（1）传输帧自适应

传输会聚子层的一个重要功能就是完成 ATM 信元流与在物理介质上传输的比特流的转换。在发送端，TC 要将信元映射成时分复用的帧格式；在接收端，TC 要从接收到的比特流中将信元分割出来。

信元在物理媒体上的传送方式主要有基于信元的形式和基于 SDH 的形式。前者是在信元的基础上组成连续的信元流，后者是将信元装入 SDH 的帧内传输。

（2）信元头差错检测（HEC）

信头中的最后一个字节是 HEC 字段，其功能是检测信头传输过程中的多比特错误，纠正单比特错误。HEC 是一种循环冗余码（CRC），在信元的发送端，将信头的前 4 个字节的内容与 $X^8$ 相乘后被生成的多项式（$X^8+X^2+X+1$）除，所得的余数与 01010101 模 2 加后的值就是 HEC。在接收端，利用这一算法的逆过程，即可检测出多比特误码，纠正单比特误码。

接收端差错控制的工作过程如图 6-14 所示。接收端一般处于单比特"纠错方式"，在该方式下，一旦检测到误码，如为单比特误码，则予以纠正；如为多比特误码，则将信元丢弃，并转移到"检错方式"。在检错方式下，所有检测到信头出错的信元（无论单比特或多比特）均被丢弃，只有未检测出误码时，才转至纠错方式。

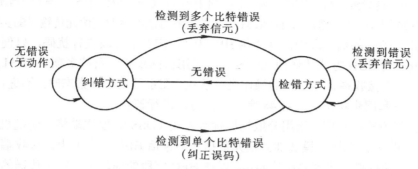

图 6-14　接收端差错控制过程

（3）信元定界和扰码

信元定界是识别信元边界的过程。由于信元间没有使用特别的分割符，因此信元的定界利用信头中前 4 个字节与 HEC 之间的关系来实现。信元定界的状态转移图如图 6-15 所示。

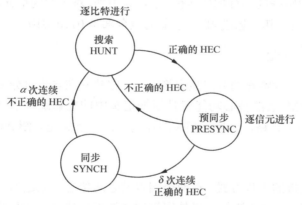

图 6-15　信元定界的状态转移图

定义了 3 种不同的状态：搜索态、预同步态和同步态。接收器开始工作时处于搜索状态，这时接收器对收到的信号进行逐比特的 HEC 检验，如果物理层已提供字节同步信号（例如，基于 SDH 的传输），搜索工作也可以逐个字节进行。一旦找到一个正确的 HEC，接收器立即转到预同步状态。在预同步状态，系统认为已经发现了信元的边界，并按照此边界找到下一个信头进行 HEC 检验。若能够连续检测到 $\delta$ 个信元的 HEC 检验都正确，则系统进入同步态。若在预同步态时检测到一个错误的 HEC 检验结果，则系统返回到搜索态。在同步状态下，系统逐个信元进行 HEC 检验，在发现连续 $\alpha$ 个错误的 HEC 检验结果时，重新返回到搜索状态。

下面将 ATM 的信元定界方式与数字电话系统中的帧定位功能和分组交换系统中的 HDLC 分组定位功能进行比较。

在数字电话系统中，多个话路以帧为基本的信息单位，按等级复接成若干种不同速率的高速数字信号，并采用特别的帧同步码来发现和定位帧。ATM信元的定界方法与之相似，但没有使用特定的同步码，所以效率更高。

分组交换系统中的HDLC定位功能是依靠在分组的开头和结尾都加上标志码"01111110"来实现的。为了保证数据的透明传输，在分组中使用了"比特填充"方法，即发送端在每5个连1后面插入一个0。这导致了分组中的实际长度的不确定性（一个分组中5个连1的情况出现越多，在传输时分组的实际长度就越长）。而ATM信元的定界方法不会改变信元传输时的实际长度。

为了防止在信元的信息段中出现"伪HEC码"，应对信息段进行扰码，以便使信息段中的数据随机化。对SDH方式传送信元时发送端采用自同步扰码器按多项式$X^{43}+1$对信元的信息段进行扰码，在接收端再以相反的操作进行解扰。在系统处于搜索态时，不进行解扰操作，只有在预同步态和同步状态，才对48字节的比特流进行解扰。

对基于信元方式的扰码，采用分散抽样扰码方式（DSS），发送端将一伪随机序列（生成多项式为$X^{31}+X^{28}+1$）逐比特模2加到信元数据（不包括HEC字段）上，接收端采用逆过程来解扰。收发两端伪随机序列的相位同步，以在HEC字段的前两个比特中传送的样值所引入的相位间隔为基准。由于DSS对信头也扰码，因此信元流的随机性更好。

（4）信元速率解耦

为了使ATM层的信元速率不受传输介质的限制，使两者脱离关系，传输会聚子层在ATM层没有信元传送时，可在物理层插入空闲信元，以便将ATM信元流的速率适配为传输介质的速率。空闲信元采用特殊的预分配信头值，很容易识别。对于空闲信元，其信头值为：VPI=0，VCI=0，PTI=0，CLP=1。其信息段48个字节的值全部是01101010。

### 6.3.4 ATM层规范

ATM可以看作是一种特殊的分组型交换方式，它建立在异步时分复用的基础上，并使用固定长度的信元。ATM层的核心功能就是根据信头中的虚通道标志（VPI）和虚信道标志（VCI）完成信元的复用/分路、交换及相关的控制工作。下面先介绍ATM层连接的概念。

#### 1．ATM层连接

ATM采用面向连接的工作方式，在两个端点站之间传送信息之前，需要在这两个端点站之间建立端到端的连接。ATM连接可以使用管理功能事先建立，也可以在需要时由用户通过信令动态地建立。事先建立好的连接称作永久虚连接（PVC），使用信令功能动态管理的连接称作交换虚连接（SVC）。ATM层的连接是建立在虚信道连接（VCC）和虚通道连接（VPC）这两个等级上的。图6-16所示为ATM网络中逻辑连接的等级结构。

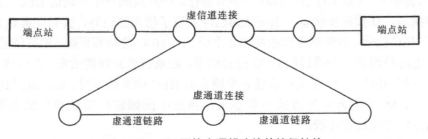

图6-16　ATM网络中逻辑连接的等级结构

虚信道（VC）是一个描述 ATM 信元单向传送能力的概念，这些 ATM 信元具有相同的虚信道标志（VCI），即在 ATM 复用线上具有相同 VCI 的信元是在同一逻辑信道上传送的。

VCI 识别一个具体的 VC 链路，分配一个特定的 VCI 值，就产生了一条 VC 链路；取消了一个 VCI 值，就终止了该 VC 链路。VC 链路只与某一段链路相关，不具有端到端的意义。

VC 交换机完成 VC 路由选择的功能，这个能力包括将输入链路的 VC 值翻译成输出 VC 链路的 VC 值。

虚信道连接（VCC）由多段 VC 链路连接而成，一条 VCC 在两个端点站之间延伸，端点站是 ATM 层和它的上层（AAL 层）交换信元净荷的地方。在同一个 VCC 上，信元的次序保持不变。

虚通道（VP）是一束具有相同端点的 VC 链路的集合。VP 用虚通道标志（VPI）来识别。VP 链路开始于分配 VPI 值的时候，终止于取消这个 VPI 值的时候。VP 交换机（或 VP 交叉连接设备）完成 VP 路由选择的功能，即将输入 VP 链路的 VPI 值翻译为输出 VP 链路的 VPI 值。

虚通道连接（VPC）由多段 VP 链路衔接而成。一条 VPC 在两个 VPC 端点之间延伸，在两个 VPC 端点之间可以有多个 VP 交换点，在这些交换点上仅对 VPI 的值进行翻译，而在 VPC 的端点，将同时对 VPI 和 VCI 进行翻译。

### 2. VC、VP 及传输通道的关系

虚信道（VC）、虚通道（VP）及传输通道之间的关系如图 6-17 所示。在一条传输通道上可包含若干个虚通道（VP），每个虚通道的带宽可以根据需要分配，每个虚通道由其 VPI 值标识。在每个虚通道中可包含若干个虚信道（VC），每个虚信道由其 VCI 值标识。注意，在两个不同的 VP 中可以有同样的 VCI 值。在一条传输通道上，只有利用 VPI 和 VCI 两个值才能完全地标识一条虚电路。

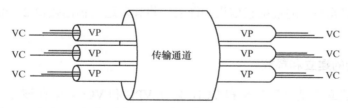

图 6-17　虚信道（VC）、虚通道（VP）及传输通道之间的关系

### 3. VP 交换和 VC 交换

在 ATM 网络中，交换可以在 VP 和 VC 两个等级上进行，相应的在 ATM 网络中，也使用 VP 交换机和 VP/VC 交换机这两种类型的交换机。

虚通道（VP）可以单独进行交换，VP 交换是将一条 VP 上所有的 VC 链路全部交换到另一条 VP 链路上去，而这些 VC 链路的 VCI 值都不改变。VP 交换的实现比较简单，往往只是传输通道中某个等级数字复用级的交叉连接。

虚信道（VC）的交换由 VP/VC 交换机来完成。在这些类型的交换机的路由表中定义的虚通道被分成两个类别：在这个交换机终止的虚通道连接和不在这个交换机终止的虚通道连接。对于后者，仅完成对 VPI 的翻译，完成的功能与 VP 交换机相同。对于在该交换机上终止的虚通道连接，VPI 和 VCI 两个段都要处理。交换机首先检查 VPI 值，以便确定这个虚通道是否在本节点终止，如果不是在本节点终止，则把 VPI 翻译成在输出通道上使用的 VPI 值，并把这个信元交换到对应的输出端口；如果这个虚通道在本节点终止，则根据 VPI 和 VCI 这两个值来确定在输出通道上使用的 VPI 和 VCI，在信头中修改这两个段，并将信元交换到输出端口。图 6-18 所示为 VC 交换和 VP 交换的示例。

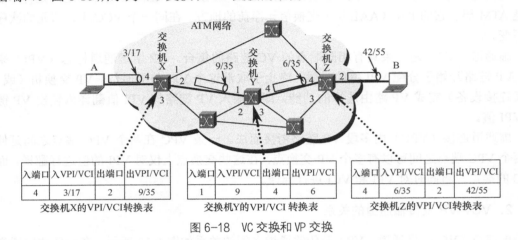

图 6-18　VC 交换和 VP 交换

在该例中，交换机 X 和交换机 Z 是 VC 交换机，交换机 Y 是 VP 交换机。交换机 X 在输入接口 4 中接收到信头的 VPI/VCI=3/17 的信元后，通过检查信头翻译表，将其发送到输出接口 2，信头的 VPI/VCI 变换为 9/35。交换机 Y 是 VP 交换机，交换机 Y 在输入接口 1 中接收到信头的 VPI=9 的信元后，通过检查信头翻译表，将其发送到输出接口 4，信头的 VPI 变换为 6，VCI 值保持不变。交换机 Z 是 VC 交换机，交换机 Z 在输入接口 4 中接收到信头的 VPI/VCI=6/35 的信元后，通过检查信头翻译表，将其发送到输出接口 2，信头的 VPI/VCI 变换为 42/55。

### 4．ATM 连接的建立和释放

ATM 连接的建立就是分配 VPI 和 VCI，建立 VPC 和 VCC，即在该虚电路连接的两个端点及连接这两个端点的中间节点的路由表中设置与该连接有关的登录项，确定该虚连接所经过的每一个节点中和此连接有关的输入链路上的 VPI 值（VCI 值）与输出链路上的 VPI（VCI 值）之间的对应关系。在分配 VPI 值和 VCI 的同时，要在用户入口和网络内部分配通信所需占用的资源，这个资源通常用带宽（比特率）来表示。某个连接所需的带宽值在通信建立时由用户和网络双方经过协商确定，在通信期间由网络来管理执行。

ATM 层的连接可分为永久虚连接（PVC）和交换虚连接（SVC）。

PVC 是由网络管理中心建立的永久或半永久的连接。SVC 是由用户通过信令即时建立的连接。永久连接或半永久连接的信头翻译表是由网络管理中心来控制的。动态连接的信头翻译表是由 ATM 交换机中的控制部分通过接收到的信令来建立的。

在连接建立时，要确定连接的服务质量。VCC 和 VPC 上都能提供不同等级的服务质量（QoS），QoS 的基本内容如下。

① 固定速率（CBR）或变速率（VBR）。

② 峰值速率和平均速率（在 CPR 情况，峰值速率等于平均速率）。

③ 时延要求。

④ 信元丢失率、信元错误率和信元误插率。

在呼叫建立期间，用户向网络表明所要求的服务质量，在连接保持期间，用户不得改变 QoS 类别，网络应保证这个 QoS。

因为 VPC 上有多个 VC 链路，每个 VC 有不同的 QoS 要求，因此 VPC 应满足其中的最高要求。

#### 5．ATM 的业务流量控制

ATM 流量控制的主要作用是保证网络和用户可以实现预先规定的网络性能，以满足应用在业务流量和 QoS 方面的需求。概括地说，流量控制是指网络为了避免阻塞所采取的一系列操作。阻塞是由不可预测的业务流量统计波动或 ATM 网络内的一些错误状态所致，这些错误状态可能会引起过多的信元丢失或不可接受的端到端信元传输时延。流量控制的另一个作用是优化网络资源的使用，以取得较好的网络效率。为达到上述目标而设计的控制机制，称为业务流量管理机制。连接接纳控制（CAC）和用户/网络参数控制（UPC/NPC）这两个功能是 ATM 网络中实现业务量管理和控制的前提。它分为基于连接的控制和基于逐个信元的管理，它们分别在宏观和微观上管理业务流量的行为。

（1）基于连接的控制

① 连接接纳控制。连接接纳控制（CAC）是在呼叫建立阶段网络所执行的一组操作，用以接受或拒绝一个 ATM 连接。对一个给定的呼叫来说，连接要求只有在网络具有足够的可用资源时才能被接受，这种可用资源能够按所要求的业务质量（QoS）将新的连接在整个网络范围内传送，并同时保证网络中已建立的连接的业务质量。在连接建立过程中，即呼叫建立阶段，需要在"用户"和"网络"之间协商业务流量参数和业务质量（QoS）参数，并取得一致，以使 CAC 对连接接受/拒绝作出正确的决定。

其业务流量参数主要包括峰值信元速率、持续信元速率、最大突发尺度和最小信元速率。这组业务流量参数构成了信息源业务流量的说明和描述。

* 峰值信元速率（PCR）：PCR 定义了源端可能发送的峰值带宽，它以每秒信元为单位。ATM 论坛定义了一个连续状态漏桶算法（也称为通用信元速率算法）来测量 PCR。这个算法包含一个假想的漏桶，并设这个漏桶以速率 $R$ 漏过信元，漏桶能装入信元的数目为 $X$。如果业务源端符合 $PCR=R$，则这个桶不应出现上溢。

* 可持续信元速率（SCR）：SCR 定义了概念性的业务源发送的平均数据速率，它以每秒信元作为单位。

* 最大突发长度（MBS）：MBS 粗略地定义了能以 PCR 速率发送信元的最大信元数目。MBS 正比于漏桶大小，后者与 SCR 的定义相关。

* 最小信元速率（MCR）：MCR 的引入与 ABR 业务有关，它是为 ABR 连接所保证的最小带宽。MCR 可以设为 0。

如果端点符合了业务流量协定，那么网络就要求保证应用的 QoS。关键的 QoS 参数包括最大信元传送时延、信元时延抖动和信元丢失率。

- 最大信元传送时延（CTD）：CTD 规定了从源端 UNI 出发到离开宿端 UNI 时信元所经历的时间。一条连接的最大 CTD 被定义为一个统计担保，具有一个概率参数 $\alpha$（一般很小，比如为 $10^{-6}$）。网络要保证以 $(1-\alpha)$ 的概率满足最大 CTD 要求。

- 信元时延抖动（CDV）：CDV 规范了 ATM 网络中发生的时延抖动，是一条连接中所有信元的 CTD 中的最大差值。由于 CDV 是定义在网络中两个分离点之间（源端 UNI 和宿端 UNI），因此也称为两点 CDV。在数值上，CDV 等于最大 CTD 减最小 CTD。

- 信元丢失率（CLR）：CLR 规定了连接中信元的丢失概率，它等于连接过程中总的丢失信元数与所发送信元数之比。

② 网络资源管理。在 ATM 网络中，存在两套关键性资源，一个为带宽，另一个为缓冲区。网络资源管理（NRM），就是在连接建立阶段，按连接请求为一个应用分配带宽和缓冲区。NRM 要在沿物理路径上的所有经历的交换设备中，管理可利用的带宽和缓冲区，以便对所有的连接而言，网络资源不会发生过度承付，以便为所有连接确保 QoS。为了简化具有相同业务流量和相同 QoS 需求的业务的识别，NRM 具有给同类业务分配相同 VPI 的功能。

（2）基于逐个信元的管理

当一条连接建立好之后，为确保所建立的业务流量协定在连接的生存期内得以遵守，有必要对逐个信元的传输行为进行监测和控制。只有这样，所有的应用才能够获得对资源的合理占用，才能使其性能得到相应的保障。

① 用法/网络参数控制。

用法参数控制和网络参数控制（UPC/NPC）分别在用户—网络接口（UnI）和网络—网络接口（NNI）上进行，它们是网络执行的一系列操作，在信元流量大小和信元选路的有效性等方面监视和控制 ATM 连接的流量。其主要目的是监控每一个 ATM 连接与其已协商好的流量协议之间的一致性。

一个理想的 UPC/NPC 算法应该具有以下特性。

- 能够检测任何非法的流量状态。
- 对参数违例作出快速的响应。
- 实现简单。

UPC/NPC 的目的是控制 ATM 连接的业务流量，以使得 ATM 连接与约定的流量协议保持一致，防止用户超出其流量协议。

② 调度。调度以逐个信元为基础，为每个连接分配带宽，一般在 ATM 交换机的输出端口实现。调度的目标，是为不同类别的服务支持特定的 QoS。一个应用分配一个输出排队缓冲区，并以循环顺序逐个排队服务一次（发送一个信元），这样的调度算法称为循环算法。根据相对带宽为每个排队设定服务次数权重，就得到了加权循环算法。

③ 缓冲器管理。缓冲器管理，是一种在 ATM 交换机中分配缓冲器资源的管理机制。FIFO 调度是在每个输出端口设立单个排队，并采用 FCFB（先到先缓冲）排队算法的一个方式。FCFB 简单、易于实现，但只为应用提供一种类别的服务，在 ATM 网络中有明显的缺点。对于像 IP 这样的高层协议，由于 IP 分组在向网络发送之前，要拆分为多个 ATM 信元，因此，信元丢失在分组层次上可能发生概率放大效应。

在 ATM 网络中，基于分组的缓冲器管理机制也称为选择式信元抛弃。其基本思想是，当排队出现溢出，某个分组的某个信元被丢失后，所有后续的从属于同一分组的其他信元将全部被丢弃。

显然，一个分组出现部分信元丢弃后，已发送的分组信元也是无效的。更有效的方法是在缓冲器接近溢出时，从新到分组的每一个信元开始，将所有同属于一个分组的信元全部丢弃。这种丢弃全部分组的方法，称为提早分组抛弃。

④ CLP 控制。ATM 信元头中的 CLP 比特，提供了一种简单的指示信元优先级的途径。CLP=0，指示正常优先级，CLP=1，则表示低优先级。通常在源端 CLP 默认为 0。CLP=1，表明当网络发生拥塞时，这类信元可以被丢弃。

UPC 在判别出业务流的源头超出了业务流量协定时，可以将信元的 CLP 设为 1，这个过程称为信元标记，沿物理路径上的任何一个交换机在感受到拥塞时，都可以丢弃那些被标记的信元。

### 6.3.5　ATM 适配层

#### 1. 业务分类和 ATM 适配层协议类别

ATM 层提供的服务是在两个端点站之间建立端到端的虚连接，在这个虚连接上按照用户的要求传送定长的 ATM 信元。为了利用这种服务来支持各种不同类型的业务，需要在 ATM 层上增加业务适配功能。

由于有多种多样的业务，每种业务都有不同的数据格式和传送要求，因此，为每种业务都定义其专有的适配功能或在一个单独的适配功能上解决各种业务的要求是不可能的。为此，首先对各种业务进行分类，并定义支持几种主要业务类别的 ATM 适配层的通信协议。

对业务进行分类时考虑的参数主要有以下 3 个。

① 在源点和目的地之间是否需要明确的定时。

② 传送所需的位速率是固定的还是可变的。

③ 采用的是面向连接的工作方式还是无连接工作方式。

这 3 个参数可以产生 8 种组合，但是根据现有的业务，主要定义了以下 4 类 ATM 适配层（AAL）业务。

① A 类：要求在源点和终点之间有定时关系，采用固定比特率、面向连接的业务。使用这类业务的典型例子是利用 ATM 网络来传输 64kbit/s 的语音业务和具有固定比特率的视频业务。

② B 类：具有定时要求的面向连接型业务，但采用可变比特率。采用可变位速率（VBR）编码的视频和音频业务是这一类业务的典型例子。

③ C 类：在源点和目的地之间不具有定时关系的可变位速率的面向连接服务。这一类业务的典型例子是面向连接的数据传输。

④ D 类：在源点和目的地之间不具有定时关系的可变位速率的无连接服务。跨越广域网、在两个局域网之间进行的无连接数据传送是这一类别业务的典型例子。

对应于上面 4 个业务类型，现在已定义了 4 个 AAL 协议，称为 AAL-1、AAL-2、AAL-3/4

及 AAL-5。图 6-19 所示为这些协议和业务类别之间的关系。

| 参数 | AAL-1 | AAL-2 | AAL-3/4 | AAL-5 |
|---|---|---|---|---|
| 定时关系 | 需要 | 需要 | 不需要 | 不需要 |
| 位速率 | 不变 | 可变 | 可变 | 可变 |
| 连接方式 | 面向连接的 | | 面向连接或无连接 | |

图 6-19　当前定义的 AAL 适配层

从图 6-19 可见，根据不同的业务类型，有 4 类不同的 AAL 协议。

① AAL-1 支持在源点和目的地点之间需要定时关系的、具有恒定位速率的面向连接业务。

② AAL-2 支持在源点和目的地点之间需要定时关系的、具有可变位速率的面向连接业务。

③ AAL-3/4 支持在源点和目的地点之间不需要定时关系的、面向连接和无连接的可变位速率业务。

④ AAL-5 的功能和 AAL-3/4 基本相同，也能支持源点和目的地点之间不需要定时关系的面向连接和无连接的可变位速率业务，对用户数据有较好的检错性能且协议简单。

当利用 ATM 支持数据通信业务时，得到广泛应用的适配层协议是 AAL-5 协议。当利用 ATM 支持语音通信等实时性要求高的业务时，ITU-T 和 ATM 论坛都同意采用 AAL-1 或 AAL-2 协议，由于 AAL-5 协议得到了广泛的支持，因此也可用 AAL-5 协议来支持语音通信。

### 2．ATM 论坛对业务的分类

在 AAL-5 得到广泛应用后，AAL 协议类型与 AAL 业务之间的一一对应关系逐渐变得不太重要了，以上给出的不同 AAL 协议支持不同业务的模型最好用于概念的理解，它不再是一个可操作的模型。现在经常使用的是 ATM 论坛对业务的分类，ATM 论坛对业务的分类如下。

① 恒定比特率（CBR）业务：这种业务在发送点与接收点之间提供持续的比特流。业务提供者确保在整个虚电路上向用户提供所预定的固定比特的可用带宽。这种业务对于需要持续数字信息流的交互式数字语音和视频应用是理想的。典型的应用实例包括电话会议、电话业务、远端教学和付费电视。

② 可变比特率（nrt-VBR 和 rt-VBR）业务：非实时可变比特率（nrt-VBR）业务适于对时限没有高要求且具有突发性特点的业务。这类业务的典型例子是企业级 LAN 业务。一些应用实例有订票系统和银行交易系统。实时可变比特率（rt-VBR）业务适于突发性业务，但要求严格的时限。典型的应用实例有分组化语音业务和某些类型的多媒体检索系统。

③ 不确定比特率（UBR）业务：这种业务不保证可用带宽，用户只能使用未被占用的带宽，数据的传输建立在"最大努力"的基础上。该业务仅适于非时间敏感性的数据应用。具体应用有 E-mail、远程终端和文件传送。

④ 可用比特率（ABR）业务：该业务利用流控制机制调节业务源的比特率。业务传输只能在网络反馈所限定的速率上进行。ABR 和 UBR 的区别是当虚电路上发生阻塞时，ABR 业务将降低传输速率，而 UBR 业务将被网络通道上发生阻塞的交换机丢弃。

### 3．AAL 层的一般结构

AAL 又被分为两个子层：分割与重装子层（SAR）和会聚子层（CS）。分割与重装子层处理数据单元的分割与重组，将高层信息映射成具有固定长度的 ATM 信元载荷；会聚子层执行与高层有关的特有的业务适配功能。会聚子层又进一步分为一个业务特有的会聚子层（SSCS）和一个通用部分会聚子层（CPCS）。对于不需要业务特有功能的应用，SSCS 层可以不存在。图 6-20 所示为 AAL 层的一般结构。

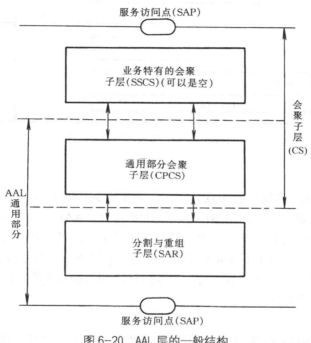

图 6-20　AAL 层的一般结构

在这里说明一下 SDU 和 PDU 的概念。SDU 是英文 ServiceData Unit 的缩写，表示服务数据单元，它是一个协议层的相邻高层实体提交的请求该层传送的数据。PDU 是英文 Protocol Data Unit 的缩写，表示协议数据单元，它是将高层实体提交的 SDU 根据本层的要求加上完成本层协议功能的控制头和尾形成的，是需要送交下层实体传送的数据。被传送的 PDU 的接收方是和源点协议实体同等地位的远端节点中的同层实体。

AAL-1 分为会聚子层（CS）和分割与重装子层（SAR）。在发送端，CS 子层接收 AAL 的用户（高层实体）送来的业务数据单元 AAL-SDU，根据 CS 子层的控制要求加上控制头，封装成 CS 协议数据单元（CS-PDU），送往 SAR 子层。SAR 子层将 CS-PDU 分成 47 字节的分段，加上一字节的 SAR 控制头，封装成长度为 48 字节的 SAR-PDU 送往 ATM 层。ATM 将 SAR-PDU 作为业务数据单元 ATM-SDU，加上 5 字节的信头后变成 ATM 信元传送至物理层。在接收端，SAR 从 ATM 层接收 SAR-PDU，经处理后成为 SAR-SDU。SAR-SDU 作为 CS-PDU，送到 CS 子层，经 CS 子层处理后成为 AAL-SDU 送到高层。其结构如图 6-21 所示。

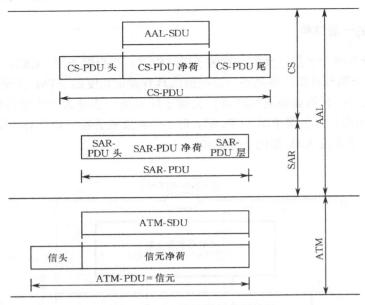

图 6-21　AAL-1 协议数据单元结构

### 4．AAL-5 协议

AAL-5 协议支持源点和目的地点之间不需要定时关系的面向连接和无连接的可变位速率业务。AAL-5 协议是当前应用得最广泛的适配层协议。AAL-5 分为 SAR 子层和 CS 子层，CS 子层还可分为 CPCS 和 SSCS。其中，在 CPCS 子层上面可以有不同的 SSCS 子层，用于支持不同的高层业务。在不需要 SSCS 子层时，它也可以为空，即不存在。

AAL-5 的主要优点是开销较低，对用户数据有较好的检错性能且协议简单。需要多路复用能力，由 SSCS 子层提供。

（1）CPCS 子层

CPCS 子层完成传送 CPCS-SDU 的任务，并能传送一个字节的用户到用户信息 CPCS-UU。CPCS 子层对 CPCS-SDU 和 CPCS-UU 进行封装，使其成为接收端可以辨识和区分的一个完整的数据单元 CPCS-PDU，并附加填充字节使其长度为 48 字节的整数倍，附加 CRC 检验码使其具备较强的检错能力。AAL-5 的 CPCS-PDU 的格式如图 6-22 所示。

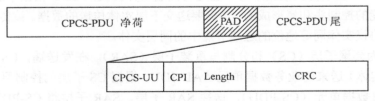

图 6-22　AAL-5 的 CPCS-PDU 格式

AAL-5 的 CPCS-PDU 不包括控制头，只包括净荷段和控制尾。CPCS-PDU 净荷段可以包括 1～65 535 个字节的用户数据，填充部分 PAD 的长度是 0～47 个字节，其目的是使整个 CPCS-PDU 的长度成为 48 字节的整数倍。

控制尾包括 1 个字节的用户到用户信息 CPCS-UU，一个字节的公共部分标志 CPI，2 个字节的长度字段 Length 和 4 个字节的循环冗余校验码 CRC。

CPCS-UU 用来运载来自服务特定的会聚子层 SSCS（或者在没有 SSCS 情况下的 CPCS 用户）的多达 8 个比特的信息位，并将其透明地传送给远方的 SSCS（或者 CPCS 的用户）。

CPI 的基本作用是填充 CPCS-PBU 尾，使其长度为 4 字节的整数倍，并可用来承载其他信息，如层管理信息。

长度指示（Length）用于给出 GPCS-PDU 净荷部分的字节长度。

CRC 段是对整个 CPCS-PDU 的全部内容（除了 CRC 段本身）进行计算的结果，CRC-32 的生成多项式为

$$G（X）=X^{32}+X^{26}+X^{23}+X^{22}+X^{16}+X^{19}+X^{11}+X^{10}+X^8+X^7+X^5+X^4+X^2+X+1$$

它提供了对高层数据传输差错的较强的检测能力。

（2）SAR 子层

AAL-5 的 SAR 子层的功能非常简单，在发送端，SAR 子层接受来自 CPCS 子层的可变长度 CPCS-PDU，将其分割为 48 字节的 SAR 数据单元，SAR 子层不加任何的头和尾。它将每个 SAR 数据单元传输给 ATM 层，在 ATM 层加上信头后形成 ATM 信元。因为 CPCS-PDU 是 48 字节的整数倍，所以不会有部分装载的 ATM 信元。

CPCS-PDU 的定界是通过 ATM 信头中的"ATM 用户到 ATM 用户位 AUU"（即载荷类型段的最低有效位，可参见表 6-3）指示的。SAR 子层要求 ATM 层将包含第一个或中间的 SAR 数据单元的 ATM 信头中的 AUU 位置 0，包含 CPCS-PDU 的最后一个 SAR 数据单元的 ATM 信头中的 AUU 位置 1。使用这种方法既能让接收方识别 CPCS-PDU 的边界，又避免了加头部或尾部到 SAR 数据单元的开销，提高了传送效率。

在使用 AAL-5 时，业务特有的会聚子层（SSCS）（或在没有 SSCS 情况下的高层用户）向 CPCS 子层传递的内容除了用户数据段外，还可包括这个用户数据段的优先级指示以及它是否遭遇拥挤的指示。CPCS 子层将这些指示连同 CPCS-PDU 一起向下传递给 SAR 子层。然后，SAR 子层将这些指示传给 ATM 层，由 ATM 层将这些指示插入 ATM 信头中。优先级指示被插入"ATM 信元丢弃优先位 CLP"，高优先级时，CLP=0，低优先级时，CLP=1。拥挤指示被插入 ATM 信头中的载荷类型 PT 段的中间位。

## 6.4 IP 交换

由于因特网的迅速发展，使 IP 成为当前计算机网络应用环境中的"既成事实"标准，基于 IP 网络的应用日益广泛，IP 网络是目前最重要的计算机通信网络。在 6.2.3 节已经介绍了 TCP/IP 的协议结构，下面将详细介绍与 IP 网络有关的交换技术。

### 6.4.1　与 IP 网络有关的交换技术

IP 网络是一个由多种传输网络互联而成的网络，IP 网络中的交换功能需要实现不同终端之间不同进程跨越不同网络之间的远程通信。IP 网络采用的是 TCP/IP 结构，IP 网络中的交换功能也由多个不同的协议层来完成。

在进程通信的意义上，网络通信的最终地址不仅是主机地址，还包括描述进程的某种标识符。TCP/UDP 提出协议端口的概念，用于标识通信的进程。具体地说，端口标识了应用程序，应用程

序能够通过系统调用获得某个端口，传输层传给该端口的数据都被这个应用程序接收。从网络上来看，端口号对信源端点和信宿端点进行了标识，也就是说对客户程序和服务器之间的会话实体即应用程序进行了标识。事实上，端口相当于 OSI 的传输层服务访问点（TSAP，Transport Service Access Point），可将端口看成是一种抽象的软件结构，包括一些数据结构和 I/O 缓冲区。在 IP 网络中，一个完整的进程通信地址由本机地址、本地端口、远端地址、远地端口这几个部分组成。

IP 网络中的交换功能也由多个不同的协议层完成，下面以一个用户用浏览器访问某个 Web 服务器的过程来说明 IP 网络中不同的协议层完成的交换功能。

### 1. 用户浏览器访问某个 Web 服务器的过程

图 6-23 所示是一个用户用浏览器访问某个 Web 服务器的过程。用户终端的使用浏览器应用进程和网络端的 Web 服务器这两个应用进程在通信前需要知道双方的 IP 地址和端口号。

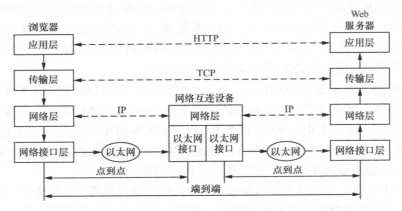

图 6-23　一个用户用浏览器访问某个 Web 服务器的过程

浏览器应用进程的端口号码是通过向用户终端的操作系统发送系统调用，由操作系统分配的一个动态端口号码。为了方便用户访问因特网的资源，一些常用服务器的端口号码是固定不变的，Web 服务器的端口号码固定分配为 80。

浏览器要用 Web 服务器的 IP 地址向 Web 服务器发送命令，但用户使用浏览器访问 Web 服务器时，一般用户给出的是 Web 服务器的域名地址，为了得到 Web 服务器的 IP 地址，使用浏览器的终端必须运行 DNS（域名服务）程序，向域名服务器查询得到 Web 服务器的 IP 地址。

在图 6-23 中，浏览器是通过一个网络互联设备与 Web 服务器连接的。用户浏览器与网络互联设备和网络互联设备与 Web 服务器之间的连接称为点到点的连接，而用户浏览器与 Web 服务器之间的连接称为端到端的连接。

当实际的分组通过网络接口层进入以太网进行传输时，以太网要求的是它能够识别的地址，称之为以太网地址，而浏览器端的网络层只能给出网络互联设备的以太网地址，因此，分组只能通过网络互联设备的以太网地址到达网络互联设备。网络互联设备需要通过另一个以太网将分组送给 Web 服务器所在的网络接口层，但网络互联设备只能根据 Web 服务器的 IP 地址来得出 Web 服务器的以太网地址。通过 Web 服务器的以太网地址将分组发送到 Web 服务器所在的网络接口层。

在图 6-23 中可看到，TCP 报文是在浏览器和 Web 服务器之间端到端传输的，TCP 报文中包含的地址信息是浏览器和 Web 服务器的端口号码；IP 数据报是在浏览器与网络互联设备和网络互联设备与 Web 服务器之间点到点传输的，在 IP 数据报中包含的地址是浏览器和 Web 服务器的 IP 地址；MAC 帧是在浏览器与网络互联设备和网络互联设备与 Web 服务器之间点到点传输的，在浏览器与网络互联设备中传输的 MAC 帧中包含的源地址是浏览器的 MAC 地址，目的地址是网络互联设备的 MAC 地址，在网络互联设备与 Web 服务器之间的以太网中传输的 MAC 帧中包含的源地址是网络互联设备的 MAC 地址，目的地址是 Web 服务器的 MAC 地址。

#### 2. 交换功能在 IP 网络不同协议层的分布

在以上用户浏览器访问某个 Web 服务器的过程中，IP 网络中不同协议层完成不同的交换功能。

根据 MAC 地址将 MAC 帧从用户浏览器传输到网络互联设备，再由网络互联设备传输到 Web 服务器是由以太网的数据链路层完成的，一般来说，数据链路层的交换功能是根据所在的传输网络的数据链路层地址，将分组发送给下一节点。

根据 Web 服务器的 IP 地址选择路由，将 IP 数据报通过网络互联设备传输到 Web 服务器是由 IP 完成的。一般来说，IP 的主要功能是根据 IP 数据报的目的 IP 地址选择路由，将 IP 数据报发送到目的 IP 地址指定的网络终端。

根据 Web 服务器的端口号码将 HTTP 报文发送给 Web 服务器应用进程的功能是由传输层的 TCP 完成的。一般来说，TCP 和 UDP 的功能是根据端口号码将分组发送给指定的应用进程。

向域名服务器查询得到 Web 服务器的 IP 地址的功能是由应用层的 DNS（域名服务）程序完成的。

从图中还可以看到，数据链路层和 IP 层的功能是点到点的，网络中通过的节点都需要完成数据链路层和 IP 层的功能，而传输层及应用层的功能是端到端的，只需在终端节点完成。

### 6.4.2 以太网

从图 6-7 所示的 TCP/IP 的网络体系结构中可看到，因特网的网络接入层可接入不同的传输网络，主要包含以太网、ATM 网络和 SDH。其中，最主要的传输网络是以太网。

#### 1. 以太网的层次结构

以太网是美国施乐（Xerox）公司在 1975 年研制成功的，当时的以太网是一种基带总线局域网，以太网用无源电缆作为总线来传送数据帧，并以历史上表示传播电磁波的以太来命名。随着以太网的发展，以太网在局域网市场中已完全取得垄断地位，并且几乎成了局域网的代名词。基于以太网的 TCP/IP 体系结构如图 6-24 所示。从图中可见，基于以太网的 TCP/IP 体系结构的网络接口层包含以太网的 MAC 层和物理层，网络接口层的交换功能主要体现在 MAC 层。

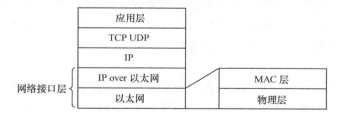

图 6-24　基于以太网的 TCP/IP 体系结构

### 2. 以太网 MAC 帧结构

在基于以太网的 TCP/IP 体系结构中的网络接口层包含以太网的 MAC 层和物理层。MAC 层的主要功能是实现帧定界、寻址、差错控制这些基本链路层功能和多点接入网络的接入控制功能。

（1）MAC 帧结构

数据通过传输网络进行传输时，必须先对数据进行封装，不同层的封装形式有不同的称呼，传输网络接口层的封装形式称为帧，而以太网的链路层为 MAC 层，因此，将以太网的链路层封装形式称为 MAC 帧。以太网 MAC 帧的结构如图 6-25 所示。以太网 MAC 帧包括先导码、帧开始分界符、目的地址、源地址、类型、数据和校验码 FCS。严格说来，先导码和帧开始分界符并不是 MAC 帧的一部分，它们的作用是帮助接收终端完成帧定界的功能。

| 7 | 1 | 6 | 6 | 2 | 46～1500 | 4 |
|---|---|---|---|---|---|---|
| 先导码 | 帧开始分界符 | 目的地址 | 源地址 | 类型 | 数据 | FCS |

图 6-25　以太网 MAC 帧结构

先导码是 7 字节二进制数位流模式为 10101010 的组编码，它的作用是让连接在总线上的终端进行位同步。

帧开始分界符为 1 字节二进制数流模式为 10101011 的编码，用于告知接收端该编码后面是 MAC 帧。

（2）MAC 地址

目的地址和源地址给出该 MAC 帧的接收端和发送端的地址，由于这些地址在以太网的 MAC 层识别和处理，因此被称为 MAC 地址，MAC 地址由 6 个字节组成。48 位 MAC 地址的最低位是 I/G 位，该位为 0，表示该 MAC 地址对应单个终端地址，该位为 1，表示该 MAC 地址是组地址，由于源地址表示发送 MAC 帧的终端地址，因此，源地址的 I/G 位为 0。48 位 MAC 地址的次低位是 G/L 位，该位为 0，表示该 MAC 地址是局部地址，该位为 1，表示该 MAC 地址是全局地址。

安装在终端中的每块以太网卡都有唯一的 48 位 MAC 地址。网卡 MAC 地址在出厂时已经设定，不可更改。当终端 A 发送 MAC 帧给终端 B 时，用终端 A 网卡的 MAC 地址作为 MAC 帧的源 MAC 地址，用终端 B 网卡的 MAC 地址作为目的 MAC 地址。

MAC 地址分为单播地址、广播地址和组播地址。广播地址是 48 位全 1 的地址，组播地址范围是 01：00：5e：00：00：00～01：00：5e：7f：ff：ff，单播地址是广播和组播地址以外且 I/G 位为 0 的 MAC 地址。

（3）MAC 帧的类型字段

类型字段用于标明数据类型。MAC 帧所封装的数据可以是 IP 分组，也可以是 ARP 请求及其他类型的数据。包含不同类型数据的 MAC 帧需要提交给不同的进程进行处理，类型字段就用于接收端选择和数据类型相对应的进程。

（4）数据字段

数据字段用于传输数据，数据字段传输的是高层协议要求传输的数据，在 MAC 帧传输 IP 数据时，IP 分组就包含在数据字段中。数据字段称作 MAC 帧的净荷字段，数据字段的长度是可变的。

（5）校验码 FCS

帧检验码（FCS）字段用于接收端检验 MAC 帧在传输过程中是否出错，以太网采用循环冗余检验 CRC 码对 MAC 帧进行检错。

### 3. 以太网的几种类型

（1）总线型以太网

早期的以太网采用的是总线型以太网，总线拓扑结构用一对传输线路作为骨干介质，所有的站点都通过相应的硬件接口直接连接到该总线上，这种类型的总线网缺点很多：一是不易布线；二是某个点连接不好，就可能导致整个网络瘫痪。

以后又采用集线器来连接终端，集线器就像一个多端口转发器，每个端口都具有发送和接收数据的能力。当某个端口收到某个终端发来的数据，就转发到所有其他端口。虽然采用集线器的网络从物理上看是一个星型拓扑结构，但从逻辑上看仍然是一个总线网。

总线型以太网是一种基于共享媒体竞争的网络。在总线型以太网中，只要网络介质空闲，任一终端均可发送数据，当两个以上的终端同时发现网络空闲而同时发出数据时，就会发生冲突，可能发生冲突的以太网范围（常称为网段）叫做一个"冲突域"。

总线型以太网采用 CSMA/CD 协议控制终端对传输介质的访问。在总线型以太网中，任何终端在发送数据前都要侦听网络是否有通信，只有检测到网络空闲时，终端才可以发送数据。如果出现冲突，数据传送会受到破坏，各终端都必须停止发送，然后在一定的时间间隔后再重发，何时重发由退避算法决定。

总线型以太网是一种基于广播的网络，在总线型以太网中，连接在总线上的任一计算机发送的 MAC 帧都发送给总线上的所有计算机，每一个计算机都将 MAC 帧中的目的 MAC 地址与本身的 MAC 地址比较，如果相同，就接收该 MAC 帧，如果不相同，就丢弃这个数据帧。

（2）交换式以太网

目前在局域网中占主导地位的网络是交换式以太网。交换式以太网的结构如图 6-26 所示。交换式以太网的核心设备是以太网交换机，在交换式以太网中，每个计算机终端都连接到以太网交换机的一个端口。

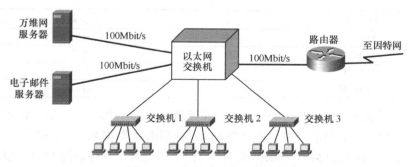

图 6-26　交换式以太网的结构

以太网交换机通常都有十几个接口。因此，以太网交换机实质上就是一个多接口的网桥，由于交换机工作在数据链路层，因此通常又将以太网交换机叫做二层交换机。

以太网交换机的特点如下。

① 以太网交换机的每个接口都直接与主机相连，并且一般都工作在全双工方式。

② 交换机能同时连通许多对接口，使每一对相互通信的主机都能像独占通信媒体那样，进行无碰撞地传输数据。

③ 以太网交换机由于使用了专用的交换结构芯片，因此其交换速率较高。

**4．以太网交换机的工作原理**

在交换式以太网中，每个计算机终端都连接到以太网交换机的一个端口。当以太网交换机从一个端口接收到一个 MAC 帧时，就检查以太网交换机所建立的站表，根据站表中的内容确定如何转发接收到的这个 MAC 帧。

（1）以太网交换机根据站表转发 MAC 帧示例

下面以一个两端口的以太网交换机为例来说明交换机如何建立站表并根据站表转发 MAC 帧的过程。

图 6-27 所示是一个两端口的以太网交换机与计算机连接的示意图，从图中可见，MAC 地址为"MAC A"和"MAC B"的计算机连接到交换机的端口 1，"MAC C"和 "MAC D"的计算机连接到交换机的端口 2。

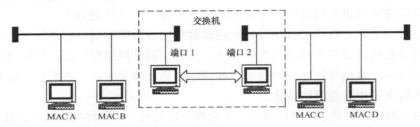

图 6-27　一个两端口的以太网交换机与计算机连接的示意图

表 6-4 所示是以太网交换机建立的站表。站表中给出的 MAC 地址是某个计算机安装的网卡上的 MAC 地址，对应的转发端口表明该 MAC 地址所对应的计算机连接在转发端口所连接的总线上。如站表中第一项的 MAC 地址是 MAC A，转发端口为端口 1，这表明和 MAC A 这个 MAC 地址关联的计算机（计算机 A）连接在端口 1 所连的总线上。

表 6-4　　　　　　　　　　　站表

| MAC 地址 | 转发端口 |
| --- | --- |
| MAC A | 端口 1 |
| MAC B | 端口 1 |
| MAC C | 端口 2 |
| MAC D | 端口 2 |

交换机中有了表 6-4 给出的站表后，就能够轻易解决从一个端口接收到 MAC 帧是否需要从另一个端口转发出去的问题，由于每一个 MAC 帧都携带源 MAC 地址和目的 MAC 地址，源 MAC 地址是发送终端的 MAC 地址，而目的 MAC 地址是接收终端的 MAC 地址，因此当以太网交换机从一个端口接收到 MAC 帧时，它会根据 MAC 帧携带的目的 MAC 地址去查找站表，假定在站表中找到一项，该项的 MAC 地址和 MAC 帧的目的 MAC 地址相同，该项的转发端口为 X，则如果端口 X 就是接收到该 MAC 帧的端口，那么意味着发送该 MAC 帧的计算机和接收该 MAC 帧的计算机位于同一条总线上，交换机无需对该 MAC 帧作任何处理；如果端口 X 不是交换机接收到该 MAC 帧的端口，则意味着接收计算机连接在端口 X 所连接的总线

上，并且和发送计算机不在同一条总线，交换机必须转发该 MAC 帧到端口 X。假设 MAC 地址=A 的计算机要给 MAC 地址=C 的计算机发送 MAC 帧，该帧的源 MAC 地址=A，目的地址=C，以太网交换机从端口 1 接收到该帧，根据该 MAC 帧的目的地址 MAC C 去检查站表，在站表中得到转发端口=端口 2，则将该 MAC 帧通过端口 2 转发给 MAC 地址=C 的计算机。

（2）以太网交换机工作流程

有了表 6-4 所示的站表，以太网交换机就可以正常工作，但站表是如何建立的呢？建立站表有两种方法：第一种是通过手工配置，由网络管理人员完成对每一个以太网交换机站表的配置工作，这不仅非常麻烦，而且几乎不可行；第二种是由以太网交换机通过学习自动建立站表。当以太网交换机从端口 X 接收到一个 MAC 帧，且该 MAC 帧携带源 MAC 地址和目的 MAC 地址，则说明既然可以从端口 X 接收到该 MAC 帧，那么意味着端口 X 和发送计算机位于同一条总线，以太网交换机就可以在站表中添加一项，该项的 MAC 地址为该 MAC 帧携带的源 MAC 地址，而转发端口为以太网交换机接收到该 MAC 帧的端口 X。只有当以太网交换机所连接的，两条总线上的所有终端均发送了 MAC 帧，以太网交换机才能完整建立表 6-4 所示的站表。如果网桥刚初始化，或者虽然站表中已有若干项，但在站表中还没有接收到 MAC 帧所携带的目的 MAC 地址所对应的项，则在这两种情况下，以太网交换机将从除接收到该 MAC 帧的端口以外的所有其他端口广播该 MAC 帧。图 6-28 给出了以太网交换机地址学习和 MAC 帧转发的过程。

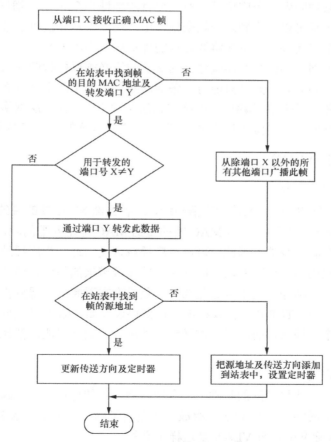

图 6-28　以太网交换机地址学习和 MAC 帧转发的过程

从图 6-28 中可以看出，以太网交换机从端口 X 接收到一个 MAC 帧时，就从该 MAC 帧的目的地址中找到目的 MAC 地址，然后在站表中查找该目的 MAC 地址，如果在站表中没有查找到该目的 MAC 地址及相应的转发端口，则说明站表中还没有登记此 MAC 地址及相应的转发端口，于是就从除接收端口 X 以外的所有端口转发此 MAC 帧；如果在站表中查找到该目的 MAC 地址及相应的转发端口 Y，则检查转发端口 Y 是否等于接收端口 X，如果 Y=X，则不需要转发此 MAC 帧，如果 Y≠X，则从端口 Y 转发出去。然后在站表中检查是否找到该 MAC 帧的源 MAC 地址，如果没有找到，就在站表中添加一项，该项的 MAC 地址为该 MAC 帧的源 MAC 地址，转发端口为 X 并设置定时器。站表中的每一项都设置了一个定时器，如果在规定时间内没有接收到以该 MAC 地址为源 MAC 地址的 MAC 帧，则将从站表中删除该项，这样做的原因是以太网的拓扑可能经常会发生变化，站点也可能会更换适配器（这就改变了站点的 MAC 地址）。另外，以太网上的计算机并非总是接通电源的，把每个帧到达交换机的时间登记下来，就可以在站表中只保留网络拓扑的最新状态信息。这样就使得交换机中的站表能反映当前网络的最新拓扑状态。

需要说明的是，如果以太网交换机接收到的 MAC 帧中的目的 MAC 地址是广播地址，则以太网交换机将向除接收端口以外的所有端口广播此帧（下面将要讨论的虚拟局域网除外）。由多个 2 层以太网交换机相互连接可以建立比较复杂的 2 层网络，由 2 层以太网交换机连接的多个节点经常被叫做一个广播域，对任何目的地址为全 1 的广播帧，2 层以太网交换机连接的所有计算机都可以接收到。一般来说，由 2 层以太网交换机连接的多条总线上的所有节点都处于同一个广播域中（下面将要讨论的虚拟局域网除外）。

由多个 2 层以太网交换机相互连接建立的 2 层网络必须以树状的形式设计，在 2 层网络中任意两个节点之间必须有一条且只能有一条活动路径，如果两个节点之间存在多条活动路径，则将形成"环路"，当存在环路时，网络将无法正常工作。在 2 层网络中能够保证网络的连通性又能消除环路的结构叫做"生成树"。有关生成树协议的内容请参考有关资料。

### 5. 虚拟局域网（VLAN）

#### （1）广播域和广播风暴

如果 MAC 帧的目的 MAC 地址为广播地址，或者虽然 MAC 帧的目的 MAC 地址为单播地址，但在交换机站表中找不到和该 MAC 帧的目的 MAC 地址匹配的项，则该 MAC 帧仍将广播到网络中的所有其他终端。因此，可以将广播域定义为地址为广播地址的广播帧在网络中的传播范围。虽然由网桥构建的以太网消除了冲突域带来的问题，但整个网络仍然是个广播域。在以太网中，广播操作是不可避免的，一是只有在不断的广播操作中，交换机才能建立起完整的站表，二是（TCP/IP）协议栈中的许多协议（如 ARP）是面向广播的协议。如果整个以太网就是一个广播域，而广播操作又频繁地进行，则会形成广播风暴，极大地影响网络带宽的利用率。

#### （2）VLAN 的定义

VLAN 是指在交换式局域网的基础上，利用网络管理软件构成的可跨越不同网段、不同网络的端到端的逻辑网络。一个 VLAN 组成一个逻辑子网，一个 VLAN 等价于一个广播域。

在 IEEE802.1Q 标准中，对 VLAN 是这样定义的：

虚拟局域网 VLAN 是由一些局域网网段构成的与物理位置无关的逻辑组，而这些网段具有某些共同的需求。每一个 VLAN 的帧中都有一个明确的标识符，指明发送这个帧的工作站属于哪一个 VLAN。

利用 VLAN 技术，可将一组物理上彼此分开的用户和服务器逻辑地分成工作组群，这样的划分与物理位置无关。另外，VLAN 技术能够把传统的广播域按照需要分割成多个独立的子广播域，将广播限制在虚拟工作组中，由于广播域的缩小，因此可大大降低广播包消耗的网络带宽。

（3）在同一个交换机中划分 VLAN

将一个拥有 9 个端口的交换机划分为 3 个 VLAN 的示例如图 6-29 所示。在图 6-28 中的以太网交换机具有 VLAN 功能，通过网络管理软件，将交换机中的 1、3、5 端口划分为 VLAN1，将交换机的 2、4、7 端口划分为 VLAN2，将交换机的 6、8、9 端口划分为 VLAN3。

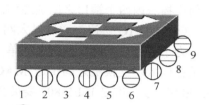

　　　○：属于 VLAN1 的端口

　　　◫：属于 VLAN2 的端口

　　　⊖：属于 VLAN3 的端口

图 6-29　在同一个交换机中划分 VLAN

经过划分后，每一个 VLAN 是一个广播域，一个 VLAN 中的节点发送的广播帧只能发送给该 VLAN 中的节点。例如，连接端口 1 的节点所发送的广播帧，只能从以太网交换机的端口 3、5 发送出去，其他端口并不转发该广播帧。当以太网交换机配置了一个广播域，则该广播域就拥有单独的站表，当从属于该广播域的某个端口输入一个 MAC 帧时，首先就判别该 MAC 帧的目的 MAC 地址是否是广播地址，若是，就从属于该广播域的其他端口发送出去，否则就用该 MAC 帧的目的 MAC 地址去查找该广播域的站表。如果找到对应项，则从该对应项指定的转发端口发送出去（转发端口肯定属于同一广播域）；如果在站表中找不到对应项，则从属于该广播域的其他端口发送出去，并在该广播域的站表中添加一个转发项。

（4）跨以太网交换机 VLAN 的划分及存在问题

跨以太网交换机划分 VLAN 如图 6-30 所示。在图 6-30 中，将交换机 1 中的端口 1 连接的节点 A 与交换机 2 中的端口 6 连接的节点 D 划分为 VLAN1，将交换机 1 中端口 2 连接的节点 B 与交换机 2 中的端口 4 连接的节点 C 划分为 VLAN2。

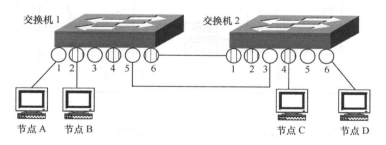

图 6-30　跨以太网交换机划分 VLAN

但跨以太网交换机划分 VLAN 还需要解决一些问题，由于以太网交换机内的每一个广播域都有独立的站表，因此，所有进入以太网交换机的 MAC 帧在进行转发操作前，必须先确定该 MAC 帧在哪个 VLAN 广播域内进行转发，即和哪一个站表有关联。对于跨以太网交换机的 VLAN，如何保证从以太网交换机 1 属于 VLAN 1 的端口接收到 MAC 帧，进入以太网交换机 2 后，只在以太网交换机 2 属于 VLAN 1 的端口间转发?为了解决上述问题，在图 6-30 中，将交换机 1 中的端口 5 和交换机 2 中的端口 3 也划分为 VLAN1，并将交换机 1 中的端口 5 和交换机 2 中的端口 3 互联，将交换机 1 中的端口 6 和交换机 2 中的端口 1 也划分为 VLAN2，并将交换机 1 中的端口 6 和交换机 2 中的端口 1 互联，为了实现两个 VLAN 的通信，两个以太网交换机之间用两条物理链路互联，两个交换机之间需要的物理链路数量是随着跨交换机之间定义的 VLAN 数量变化的，这将对网络的设计、实施带来困难。因此，实现跨以太网交换机 VLAN 划分必须解决的问题是通过以太网交换机之间单一的物理链路实现任何广播域内两个端口之间的通信。

（5）802.1Q 协议与通过以太网交换机之间单一的链路实现 VLAN 内两个端口的通信

为了通过以太网交换机之间单一的物理链路实现任何 VLAN 内两个端口之间的通信，就必须在以太网交换机之间传送 MAC 帧所属的 VLAN 标识，为此定义 IEEE802.1Q 标准。IEEE802.1Q 标准是 IEEE 802 委员会为实现跨以太网交换机的 VLAN 内的终端之间通信而制定的标准。IEEE802.1Q 标准定义的 MAC 帧的格式如图 6-31 所示。在 IEEE 802.1Q 标准定义的 MAC 帧格式中，在源 MAC 地址字段之后的 2 字节为 8 100H，用于指明该 MAC 帧携带了 VLAN 标记；在 8 100H 之后定义了 12 位的 VLAN ID，用于指明该 MAC 帧所属的 VLAN。为了与类型字段相区分，类型字段值中不允许出现 8 100H。

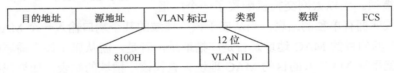

图 6-31 IEEE 802.1Q 标准定义的 MAC 帧格式

由于 IEEE 802.1Q 标准定义的 MAC 帧格式中增加了 VLAN 标记，因此就可以通过以太网交换机之间单一的物理链路实现任何 VLAN 内两个端口之间的通信。通过以太网交换机之间单一的物理链路实现 VLAN 内两个端口之间的通信的示例如图 6-32 所示。

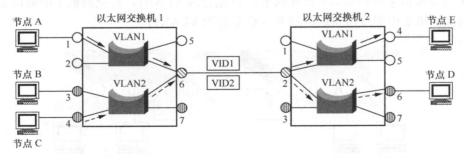

图 6-32 通过以太网交换机之间单一的物理链路实现 VLAN 内两个端口的通信

在图 6-32 中，将以太网交换机 1 中的节点 A 与以太网交换机 2 中的节点 E 定义为 VLAN1，将以太网交换机 1 中的节点 B、节点 C 与以太网交换机 2 中的节点 D 定义为 VLAN2，两个交换机通过单一的端口连接。以太网交换机 1 中的节点 A 给以太网交换机 2 中的节点 E 发送 MAC 帧，当以太网交换机 1 转发 MAC 帧时，在 MAC 帧中加上了 VLAN 标识符（VID=1.），当以太网交换机 2 通过端口 2 接收到该 MAC 帧时，通过该 MAC 帧所携带的 VLAN 标识符

（VID1）确定属于 VLAN1，就用该 MAC 帧携带的目的 MAC 地址查找与 VLAN1 关联的站表，如果在站表中找到对应项，则通过对应项给出的转发端口（端口 4）转发该 MAC 帧，将 MAC 帧发送给节点 E。

（6）VLAN 的划分方法

VLAN 是建立在物理网络基础上的一种逻辑子网，因此建立 VLAN 需要相应的支持 VLAN 技术的网络设备及其软件。一般有以下 3 种划分方法。

- 基于端口划分 VLAN。
- 基于 MAC 地址划分 VLAN。
- 基于网络层协议划分 VLAN。

一般用得比较多的是基于端口划分 VLAN 和基于 MAC 地址划分 VLAN 这两种方法。下面主要介绍这两种方法。

① 根据端口划分 VLAN。根据端口划分的 VLAN 又叫静态 VLAN。

把一个或多个交换机上的几个端口划分为一个 VLAN，这是最简单、最有效的划分方法。该方法只需网络管理员对网络设备的交换端口进行定义即可。例如，图 6-28 所示就是根据端口在一个以太网交换机中划分的 VLAN 示例，图 6-30 所示就是根据端口在两个以太网交换机中划分的 VLAN 示例。

根据交换机端口来划分的 VLAN，其配置过程简单明了。因此，目前仍然是最常用的一种划分方式。

采用这种方式的 VLAN 其不足之处是灵活性不好，例如，当一个计算机从一个端口移动到另外一个新的端口时，如果新端口与旧端口不属于同一个 VLAN，则用户必须对该计算机重新进行网络地址配置，否则，该站点将无法进行网络通信。这种方式一般不允许多个 VLAN 共享一个物理网段或交换机端口（两个交换机之间的中继线除外），也就是某一个交换机的某一个端口只能属于某一个 VLAN，而不能同属于多个 VLAN。而且，更麻烦的是，如果某一个用户从一个端口所在的虚拟网移动到另一个端口所在的虚拟网，网络管理员就需要重新进行设置。这对于拥有众多移动用户的网络来说是不可想象的。

② 根据 MAC 地址定义 VLAN。根据 MAC 地址划分 VLAN 又叫动态 VLAN。

MAC 地址是指网卡的标识符，每一块网卡的 MAC 地址都是唯一且固化在网卡上的。网络管理员可按 MAC 地址把某些计算机划分为一个逻辑子网。

在基于 MAC 地址划分的 VLAN 中，交换机对站点的 MAC 地址和交换机端口进行跟踪，在新站点入网时根据需要将其划归至某一个 VLAN，而无论该站点在网络中怎样移动，由于其 MAC 地址保持不变，因此用户不需要进行网络地址的重新配置。

按 MAC 地址定义的 VLAN 有其特有的优势，从某种意义上讲，利用 MAC 地址定义 VLAN 可以看成是一种基于用户的网络划分手段。

这种方法的缺点是所有的用户必须被明确地分配给某一个 VLAN，在站点入网时需要对交换机进行比较复杂的手工配置，以确定该站点属于哪一个 VLAN，在这种初始化工作完成之后，对用户的自动跟踪才成为可能。然而，在一个拥有成千上万用户的大型网络中，如果要求管理员根据每一个用户机器上网卡的 MAC 地址将每个用户都划分到某一个 VLAN，这其实是很难做到的。有些厂商便设计了网络管理工具来完成这项配置 MAC 地址的复杂劳动。

③ 根据网络层协议划分 VLAN

路由协议工作在网络层，相应的工作设备有路由器和 3 层交换机。根据网络层协议划分 VLAN 的方法只适用于一个网络采用多种网络层协议的情况，在 TCP/IP 已处于绝对优势的今天，根据网络层协议划分 VLAN 的方法已很少采用。

### 6. 不同 VLAN 成员之间的通信

不同 VLAN 之间的成员无论是否连接在同一个以太网交换机上，都不能直接在 MAC 层通信，因为同一个 VLAN 为一个广播域，不同 VLAN 中的节点处在不同的广播域中，即使通信双方同时连接在同一个以太网交换机上，只要它们位于不同的 VLAN 中，源节点发出的广播请求目的节点也不能收到，也就不可能应答，源节点也就不可能找到目的节点。

不同 VLAN 成员之间的通信必须通过路由器来实现。不同 VLAN 之间的成员需要通信时，源节点必须将数据发往它的默认网关（与其连接在同一 IP 子网的路由器端口），然后由路由器通过第 3 层转发，将数据发送给目的节点。不同 VLAN 成员之间的通信通过路由器来实现的具体过程见 6.4.3 的第 6 部分。

### 6.4.3　IP 网络层的交换功能

IP 网络是一个由多种传输网络互联而成的网络，IP 网络层的主要功能是将数据包封装成 Internet 数据报，并运行必要的路由算法，根据 IP 地址选择路由，将源计算机发送的 IP 数据报发送到经过不同物理网络连接的目的计算机中去。网络层的 4 个协议是：网际协议（IP）、地址解析协议（ARP）、网际控制报文协议（ICMP）和互联网组管理协议（IGMP）。

① IP 主要负责在主机和网络之间寻址和收发 IP 数据报。

② ARP 获得同一物理网络中的硬件主机地址。

③ ICMP 用来报告有关数据报的传送错误。

### 1. IP 数据报的格式

IP 网络层将数据包封装成 Internet 数据报，IPV4 版本的 IP 数据报的格式如图 6-33 所示。IP 数据报由数据报头部和数据部分组成，数据报头部传送 IP 网络层的控制信息，数据部分传送上层需要传送的信息。下面简要说明 IP 数据报头部各字段的主要作用。

| 版本 | 头部长度 | 服务类型 | | | | 总长度 | |
|---|---|---|---|---|---|---|---|
| 标识 | | | | D F | M F | 片段偏移值 | |
| 生存时间 | | 协议 | | | | 头部校验和 | |
| 源地址 | | | | | | | |
| 目的地址 | | | | | | | |
| 任选部分（0 或多个字） | | | | | | | |
| 数据 | | | | | | | |

图 6-33　IP 数据报的格式

① 版本（Version）：4bit，给出生成该数据报的 IP 版本号。IP 协议存在两个版本：IPv4 和 IPv6，目前的版本为 4。

② 头部长度：4bit，给出以 32bit 字长为单位的 IP 分组头的长度。

③ 服务类型（Type of Service）：用于说明所需要的服务类型，其结构如图 6-34 所示。

3bit 的优先级子字段指明数据报的重要程度，按升序排序，"0" 为正常优先级，"7" 为网络控制分组，可供网络拥塞控制使用。标志位 D、T、R 分别表示主机对时延、吞吐量和可靠性的要求，若相应位置 "1"，则表示

| 0 | 1 | 2 | 3 | 4 | 5 | 6 | 7 |
|---|---|---|---|---|---|---|---|
| 优先级 | | | D | T | R | 未用 | |

图 6-34 服务类型字段格式

希望低时延、高吞吐量和高可靠性。此信息可供路由器选路时参考。例如，语音通信可置 D=1，大块文件传送可置 T=1，路由器据此可选低时延的租用线或高吞吐量的卫星链路，还可根据要求确定路由算法中的成本函数。因为任何一种选择只能是各种性能的折衷，所以将 D、T、R 比特均置为 "1" 是没有什么意义的。另外，它们只是一种参考信息，并非强制要求，路由器找不到合适路由仍然要转发此数据报的，因为 IP 本身只提供尽力而为的无连接服务。

尽管目前网络中的路由器对此子字段均不予处理，但是在理论上，该字段具有重要的意义。目前正在研究中的 IP 网络中的区别性业务就要以此为基础划分不同业务类别，予以不同的处理。IPV6 除了保留此字段外，还新定义了 3 个字节的 "流标记"，意图进一步细化对数据流的类型划分。

④ 总长度：16bit，以字节为单位的 IP 分组的总长度，总长度=IP 头部长度+数据区长度，可表示的最大长度（即 IP 分组的最大长度）为 65 535 字节。

⑤ 标识：16bit。用于数据报分片操作。每个网络都对允许传送的分组最大长度有一定的限制，称之为 MTU。在传送中遇到 MTU 小于 IP 数据报长度的网络，就要求路由器将数据报分片。为了使目的主机能够正确地重装，要求每个片段具有相同的标识值，以识别它是属于哪个 IP 数据报的。

⑥ DF 比特：该位置 "1"，表示本数据报不能分片，因为目的主机不具备分片重装的能力，这样路由器可能不得不选择某个非最优的路由。如果路由器不能不分片，则丢弃该数据报，并向源主机回送一个错误信息。

⑦ MF 比特：该位置 "1"，表示还有后续分片，仅最后一个片段的 MF=0。

⑧ 片段偏移值：13bit，指示本片段数据部分的首字节在原始数据报数据部分中的位置。偏移值的长度单位为 8 个字节。

⑨ 生存时间 TTL：8bit，又称寿命。用来防止 IP 分组在网络中出现无限循环，分组产生时，TTL 被设置一个初值；每经过一个路由器时，TTL 值都将减少；当 TTL=0 时，该分组将被丢弃。

⑩ 协议：8bit，指出数据区中承载的数据所采用的高层协议。

协议类型的编码是预定义的，如 TCP = 6，UDP = 17，ICMP = 1，OSPF = 89。

⑪ 头部校验和：16bit，用以检测头部差错。其计算方法是：以 16bit 半字为计算单位。在发送端取该字段初值为零，对头部各个半字依次进行逐位异或运算，求得的值取反作为校验和发送。在接收端对各个半字，包括校验和，进行同样的运算，若无差错，其结果应为零。

⑫ 源地址和目的地址：各为 32bit，指示源主机和目的主机的 IP 地址。

**2. IP 地址**

IP 为了实现不同类型的传输网络的互连，为任何一个连接在不同类型的传输网络的终端分配一个统一的 IP 地址。从概念上来说，地址是系统中某个对象的标识符。在物理网络中，各站点都有一个机器可以识别的地址，该地址称为物理地址（也叫硬件地址或 MAC 地址）。在互联网中，统一通过上层软件（IP 层）提供一种通用的地址格式，在统一管理下进行分配，确保一个地址对应一台主机，这样，全网的物理地址差异就被 IP 层屏蔽，通称 IP 层所用的地址为互联网地址，或 IP 地址。它包含在 IP 数据报的头部。

需要说明的是，IP 地址不是终端或路由器的标识符，而是终端或路由器接口的标识符，终端或路由器允许有多个接口，这多个接口都有独立的标识符——IP 地址，以这些 IP 地址为目的地址的 IP 分组都到达该终端或路由器。

传统的 IP 网络使用的是分类的 IP 地址，由于分类的 IP 地址存在缺陷，所以现在使用的主要是无分类编址 CIDR。

（1）分类的 IP 地址

分类的 IP 地址包括 3 个部分：网络类型、网络地址和主机地址。分类的 IP 地址的格式如图 6-35 所示。

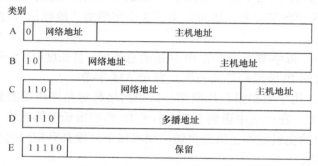

图 6-35　分类的 IP 地址的格式

① A 类地址：适用于大型网络，网络号占 7 位，主机号占 24 位，可容纳网络数为 $2^7$ 个，每个 A 类网络拥有主机数最多为 $2^{24}$ 台。

② B 类地址：适用于中型网络，网络号占 14 位，主机号占 16 位，可容纳网络数为 $2^{14}$ 个，每个 B 类网络拥有主机数最多为 $2^{16}$ 台。

③ 类地址：适用于小型网络，网络号占 21 位，主机号占 8 位，可容纳网络数为 $2^{21}$ 个，每个 B 类网络拥有主机数最多为 $2^8$ 台。

④ D 类地址：多播地址，支持多目传输技术，即与网络中多台主机同时通信。

⑤ E 类地址：将来扩展用。

为了易于理解，IP 地址的表示采用点分十进制表示法，即每 8 位二进制数值用十进制数表示，且每个量之间用一个点分开，如 202.114.208.240 是一个 C 类地址。

（2）无分类编址 CIDR

由于分类地址的地址分配不够灵活，A 类、B 类、C 类网络的规模不能平滑过渡；地址空间消耗速度快，分类地址中网络的总数量有限，随着网络的扩展，IP 地址将很快被分配完。因此，现在一般都使用无分类编址（CIDR-ClasslessInter-DomainRouting）。

　　无分类编址方式下，32 位 IP 地址中标识网络号和主机号的二进制位数是可变的，这样消除了 IP 地址的分类，解决了分类地址带来的问题。但必须提出一种用于指明 IP 地址中标识网络地址所占二进制位数的方法。无分类编址通过网络掩码（也称子网掩码）指明 IP 地址中标识网络地址所占的二进制位数。网络掩码是一个 32 位的二进制数，网络掩码中连续为"1"的位数表示网络地址所占的二进制位数，例如，网络掩码的值为 11111111 11111111 11111000 00000000 时，网络掩码中连续为"1"的位数为 21 位，表示网络地址所占的二进制位数是 21 位。因为标识一个 CIDR 块既需要地址也需要掩码，所以发明了一种简写的表示法来表示这两项。这种简写方法称为 CIDR 表示法，但非正式场合下可称为斜杠表示法，以十进制表示掩码的长度，并使用一个斜杠把它和地址隔开。这样，按照 CIDR 表示法，128.211.168.0/21 中的 128.211.168.0 表示 CIDR 块中最低地址，/21 表示网络地址占 21bit。

　　（3）最长前缀匹配

　　CIDR 用网络前缀表示网络号，那么如何判别某个 IP 地址属于该网络范围？假如网络前缀是 192.1.2.144/25，则意味着该网络的 IP 地址范围为 192.1.2.144—192.1.2.159。假定有个 IP 地址=192.1.2.150，则如何判别该 IP 地址是否属于该网络？判别操作分两步实现，第一步是保持该 IP 地址的前 25 位不变，最后 7 位清零；第二步是将第一步操作结果和 192.1.2.144 比较，如果相等，属于该网络，否则，不属于该网络。用网络掩码和该 IP 地址进行"与"操作来达到使该 IP 地址的前 25 位保持不变，最后 7 位清零的目的。

　　但是，采用以上方式判断某个 IP 地址是否属于一个网络时，可能出现多个结果。例如，在图 6-36 所示的网络中，路由器 R1 的路由项为两项，分别指向路由器 R1 和 6 组对应的网络。当路由器 R1 接收到目的 IP 地址为 192.1.2.150 的 IP 分组时，发现该 IP 地址和网络前缀 192.1.2.0/24 和 192.1.2.144/28 都匹配，则路由器 R1 应该如何转发该 IP 分组？显然，路由器 R1 应该直接将该 IP 分组转发给 6 组对应的网络，这也是 6 组对应的网络直接连接路由器 R1 的原因。但路由器 R1 如何确定两条传输路径的优先级呢？用最长前缀匹配来确定传输路径的优先级。最长前缀匹配是指如果有多个网络前缀和某个 IP 地址匹配，则选择最长网络前缀作为最终的匹配结果。在路由器 R1 的路由项中，网络前缀 192.1.2.0/24 的长度是 24 位，而网络前缀 192.1.2.144/28 的长度为 28 位，则选择网络前缀 1912.1.2.144/28 作为最终匹配结果。因此，将 IP 分组直接转发给 6 组对应的网络。

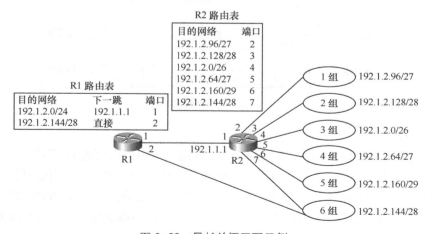

图 6-36　最长前缀匹配示例

### 3. 地址解析协议（ARP）

每个 32bit 的 IP 地址都是人为分配的逻辑地址，与物理上编码在每个主机网卡上的 48bit 硬件地址无关。如果同一网络上的两台主机想要通信，则它们还必须知道对方的硬件地址（MAC 或网卡地址），这样才能使用数据链路层协议将数据包放到帧里，在局部的物理介质上传输。

但是，TCP/IP 应用程序在指定目的主机时通常使用逻辑的 IP 地址，而不是物理的硬件地址。这样，为了让 TCP/IP 应用可以使用下层的数据链路层协议，必须有一个过程让发送主机能够获得与目的主机的 IP 地址相对应的硬件地址。

ARP 使主机能够动态地获得远端主机硬件地址与 IP 地址的映射。ARP 假设每台主机知道它自己的硬件地址和 IP 地址。这样，如果一台主机需要知道另一台主机的硬件地址，它简单地向网络上的所有主机广播一帧包含目的主机 IP 地址的 ARP 请求即可，目的主机接收到广播后，识别自己的 IP 地址，并且向源主机单点发送一帧 ARP 响应，将目的主机的硬件地址告诉源主机。

当发出请求的主机收到目的主机的 ARP 响应后，它便在自己的 ARP 缓存中存储这个硬件地址到 IP 地址的映射。ARP 缓存的使用避免了主机将来与该目的主机通信中另外的 ARP 请求。

### 4. 路由器结构

IP 网络层的主要功能是由路由器来完成的，路由器是实现不同类型的传输网络互连的关键设备，它一方面通过路由模块建立到达任何终端的传输路径；另一方面，在确定下一跳节点的 IP 地址后，完成下一跳节点 IP 地址到连接的传输网络所对应的链路层地址的转换，并将 IP 分组封装成传输网络要求的链路层帧格式，通过传输网络传输给下一跳节点。下面简要说明路由器的结构。图 6-37 所示是路由器功能结构，路由器主要由路由模块、交换模块和接口卡 3 部分组成。

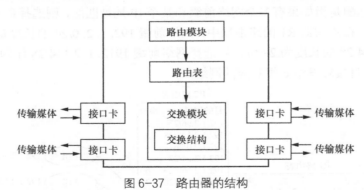

图 6-37 路由器的结构

（1）路由模块

路由模块负责运行路由协议，生成路由表，在路由表中给出到达 IP 网络中目的网络的传输路径。路由模块所需支持的主要路由协议包括路由信息协议 RIP、路由信息协议 RIP 版本 2 RIP v2 和开放的最短路径优先协议版本 2（OSPFv2）、边界网关协议 BGP4 等。由于 IP 分组是逐跳转发，因此路由器的路由表中只需给出下一跳路由器的地址。由于生成路由表的过程比较复杂，因此，路由模块的核心部件通常是计算机，大部分功能由软件实现。除了生成路由表，路由模块也承担一些其他的管理功能。

（2）接口卡

接口卡负责连接外部传输媒体，并通过传输媒体连接传输网络，连接不同的网络需要不同的接口卡，常见的接口有连接以太网的以太网接口卡、连接 ATM 网络的 ATM 接口卡、连接 SDH 网络的 POS 接口卡等。连接 ATM 网络的接口卡通过光纤与 SDH 中的分路复用器 ADM 相连，并通过 SDH 连接 ATM 交换机。连接以太网的接口卡通过双绞线或光纤连接以太网交换机。

接口卡除了实现和传输网络的物理连接，还需要按照所连接的传输网络的要求完成 IP 分组的封装和分离操作。封装操作将 IP 分组封装成适合通过传输网络传输的链路层帧格式，例如，连接 ATM 网络时，需将 IP 数据报作为数据封装到 AAL-5 的 CPCS-PDU 中，并将 CPCS-PDU 分割为 ATM 信元送到 ATM 网络中传输。连接以太网时，需将 IP 数据报作为数据封装到以太网的 MAC 帧中。分离操作和封装操作相反，需要从链路层帧中分离出 IP 分组。例如，连接 ATM 网络的接口卡进行接收操作时，从 STM-1 中分离出链路层帧（ATM 信元），将属于同一 CPCS-PDU 的 ATM 信元组装成 CPCS-PDU，并从 CPCS-PDU 中分离出 IP 分组。支持以太网接口的路由器必须支持 802.3 协议，支持 802.1Q 的路由器接口可以在同一物理接口上支持多个 VLAN 的连接。

（3）交换模块

交换模块的主要功能是用 IP 分组的目的 IP 地址检索路由表，找到输出端口，并把 IP 分组发送给输出端口所在的接口卡。当接口卡从某个端口接收到的物理层信号中分离出 IP 分组时，就将该 IP 分组发送给交换模块，交换模块用 IP 分组的目的 IP 地址检索路由表，找到输出端口，并把 IP 分组发送给输出端口所在的接口卡。为了提高交换模块的速度，通常用称为交换结构的专用硬件来完成 IP 分组从输入端口到输出端口的转发处理。由于从多个输入端口输入的 IP 分组可能需要从同一个输出端口输出的情况，因此输出端口需要设置缓冲队列，用缓冲队列来临时存储那些无法及时输出的 IP 分组。

### 5. IP 路由选择

IP 网络的路由选择是由路由器来完成的。路由器每收到一个 IP 数据报，就根据目的 IP 地址查询路由表，找到匹配网络号及下一跳路由器，完成数据转发。如果路由表指定至目的主机的路由的下一跳路由器，则按照此路由转发；如果找不到匹配网络，则发往默认路由器；如果目的主机在本网络，则转换成该主机的物理地址，从新封装数据报后将其发给主机。

（1）路由表

IP 路由器根据自己路由表中的信息决定是否转发数据包。路由表包括每个目的网络的 IP 地址，而不是每个目的主机的地址。这样就减小了路由表的大小，因为路由表中的信息数量直接与构成 Internet 的网络数量（而不是主机数量）成正比。当一个路由器接收到数据包时，它会检查该数据包的目的 IP 地址，在其路由表中搜索匹配。如果目标在远端网络，路由器则将该数据包发送到距最终目标更近的另一个路由器；如果目标在与路由器某个端口直接相连的网络上，则将数据包发送到这个端口。

在巨大的 Internet 上维护所有路由器上的路由表是很困难的。多数情况下，路由表是动态维护的，以反映目前 Internet 系统的拓扑结构，并且允许绕过失效的连接进行路由。路由器一般通过与其他路由器一起分担路由协议实现这样的功能。TCP/IP 环境下常用的路由协议包括：路由信息协议（Routing information Protocol，RIP）、开放式最短路径优先协议（Open Shortest Path First，OSPF）和边界网关协议（Border Gateway Protocol，BGP）。

图 6-38 列出了一个典型的用 RIP 创建的路由表。

路由表中的每一行是一个单独的条目，包括如下信息。

① Distination（目的地址）——目的网络的 IP 地址。路由器搜索数据包报头中的目的 IP 地址与这个域的匹配。

② Next Router（下一个路由器）——距离最终目标更近的邻接路由器的 IP 地址。要达到目的地址，本地路由器必须把数据包送给这个路由器。这个域中的"连接（connect）"值表示目的网络直接和本地路由器的某个端口直接相连。

```
- - - - IP Routing Table - - - - -
Total Routes = 9，Total Direct Networks =2，

Destination  Next Router Hops      Time  Source
128.2.0.0    Connected      0       - -    - -
128.3.0.0    Connected      0       - -    - -
129.1.0.0    128.2.0.2      1       160   RIP
129.2.0.0    128.2.0.2      3       160   RIP
140.2.0.0    128.2.0.2      2       160   RIP
152.6.0.0    128.3.0.2      4       145   RIP
161.7.0.0    128.3.0.2      1       145   RIP
164.1.0.0    128.3.0.2      3       145   RIP
190.1.0.0    128.3.0.2      2       145   RIP
```

图 6-38　一个典型的用 RIP 创建的路由表

③ Hops（跳步）——路由器和目的网络之间的跳步数。数据包必须经过的每一个中间路由器算做一个跳步。

④ Time（时间）——本条目从上次更新到现在的时间。路由器每次接收到某个路由的更新信息，都抛弃该路由旧的条目，然后重新初始化时间。

⑤ Source（源地址）——为本条目提供信息的路由协议名称。

（2）数据报转发示例

下面通过实例来说明 IP 数据包从一台主机通过因特网发送到另一台主机的过程。图 6-39 所示是该网络的拓扑结构，包括源主机（主机 A）、目的主机（主机 B）、3 个中间路由器和 4 个不同的物理网络。

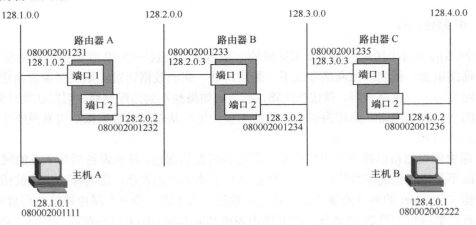

图 6-39　数据报转发示例的拓扑结构

假设在网络 128.1.0.0 上的主机 A 要给网络 128.4.0.0 上的主机 B 发送 IP 数据报，实现该 IP 数据报的转发分为 4 个步骤。

① 主机 A 将 IP 数据包发送给路由器 A。因为主机 A 和主机 B 在不同的网络上，网络 A

必须使用 IP 路由器的服务把数据包传输给主机 B。根据初始设置，主机 A 知道它的默认网关是路由器 A，IP 地址为 128.1.0.2。因此，主机 A 知道所有发送到其他网络的数据包都必须送到路由器 A。

　　如果主机 A 的 ARP 缓存中没有路由器 A 的硬件地址，则它发出 ARP 请求并等待路由器 A 响应。当地址映射完成后，主机 A 将送给主机 B 的数据包封装到目的 MAC 地址为 080002001231（路由器 A 的端口 1）、源 MAC 地址为 080002001111（主机 A）、类型域为 0800h（IP）的以太网帧中，如图 6-40 所示。

图 6-40　主机 A 发送的数据包

　　② 路由器 A 将数据包转发给路由器 B。当接收到来自主机 A 的数据包时，路由器 A 删除以太网报头，检查类型域，然后将数据包送给交换模块。交换模块检查 IP 包报头中的目的网络号，并且在其路由表（见图 6-41）中定位于 128.4.0.0 的路由上。

　　由图 6-41 可知，路由器 A 知道目标网络有两个跳步的距离，它必须将数据包转发给路由器 B，IP 地址为 128.2.0.3。如果路由器 A 的 ARP 缓存中没有路由器 B 的硬件地址，则它会发出一个 ARP 请求并且等待路由器 B 响应。得到地址之后，路由器 A 将数据包封装在以太网帧中，目的 MAC 地址为 080002001233（路由器 B 的端口 1），源 MAC 地址为 080002001232（路由器的 A 端口 2），类型域为 0800（IP），如图 6-42 所示。然后路由器 A 将帧发送到端口 2。

| 网络号 | 下一个跳步路由器 | 跳步 |
| --- | --- | --- |
| 128.1.0.0 | 直接端口 1 | 0 |
| 128.2.0.0 | 直接端口 2 | 0 |
| 128.3.0.0 | 128.2.0.3 | 1 |
| 128.4.0.0 | 128.2.0.3 | 2 |

图 6-41　路由器 A 的路由表

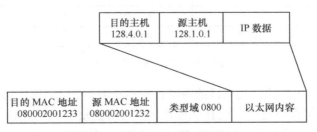

图 6-42　路由器 A 转发的数据包

③ 路由器 B 将数据包转发给路由器 C。接收到来自路由器 A 的数据包后，路由器 B 移掉以太网报头，查看类型域，并且把数据包送给它的交换模块。路由器的交换模块检查 IP 包报头中的目的网络号，并且在其路由表（见图 6-43）中定位于网络 128.4.0.0 的路由上。

| 网络号 | 下一个跳步路由器 | 跳步 |
|---|---|---|
| 128.1.0.0 | 128.2.0.2 | 1 |
| 128.2.0.0 | 直接端口 1 | 0 |
| 128.3.0.0 | 直接端口 2 | 0 |
| 128.4.0.0 | 128.3.0.3 | 1 |

图 6-43　路由器 B 的路由表

根据图 6-43 可知，路由器 B 知道到目的网络有 1 个跳步的距离，它必须将数据包转发给路由器 C，IP 地址为 128.3.0.3。如果路由器 B 的 ARP 缓存中没有路由器 C 的硬件地址，则它会发出一个 ARP 请求并且等待路由器 C 的响应。在得到硬件地址后，路由器 B 将数据包封装在以太网帧中，目的 MAC 地址为 080002001235（路由器 C 的端口 1），源 MAC 地址为 080002001234（路由器 B 的端口 2），类型域 0800（IP），然后路由器 B 将帧发送到端口 2。路由器 B 转发的数据包格式如图 6-44 所示。

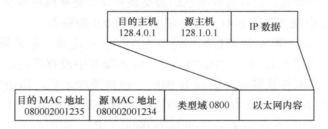

图 6-44　路由器 B 转发的数据包

④ 路由器 C 转发数据包到目的主机 B

收到来自路由器 B 的数据包后，路由器 C 删掉以太网报头，检查类型域，将数据包送给其交换模块。交换模块检查 IP 包报头中的目的网络号在它的路由表（见图 6-45）中，并定位于网络 128.4.0.0 的路由上。

| 网络号 | 下一个跳步路由器 | 跳步 |
|---|---|---|
| 128.1.0.0 | 128.3.0.2 | 2 |
| 128.2.0.0 | 128.3.0.2 | 1 |
| 128.3.0.0 | 直接端口 1 | 0 |
| 128.4.0.0 | 直接端口 2 | 1 |

图 6-45　路由器 C 的路由表

由图 6-45 可知，路由器 C 发现目的网络直接连在端口 2 上，它能够直接发送数据报。如果路由器 C 的 ARP 缓存中没有主机 B 的硬件地址，它会发出一个 ARP 请求，并且等待主机 B 的响应。在得到硬件地址后，路由器 C 将数据包封装在以太网帧中，目的 MAC 地址为

080002002222（主机 B），源 MAC 地址为 080002001236（路由器 C 的端口 2），类型域 0800（IP），数据包的格式如图 6-46 所示，然后路由器 C 将数据包发送到端口 2。

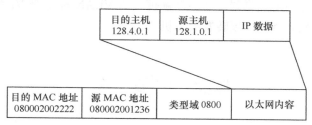

图 6-46 路由器 C 转发的数据包

网络 128.4.0.0 上的主机 B 收到数据帧后，删掉以太网报头，检查类型域，将数据包送给它的 IP 层，IP 层将数据报的内容发送给高层。

注意在本例中由主机 A 定义的目的主机的 IP 地址一直保持不变。当数据包向其最终目的主机传送的过程中，变化的地址仅仅是源和目的 MAC 地址。

最后，当主机 B 的 Telnet 程序做好响应主机 A 的准备之后，整个过程将反向进行。

**6. 利用路由器完成不同 VLAN 的连接**

在 6.4.2 的第 5 部分中讨论虚拟局域网 VLAN 时已经讲到，为了缩小广播域，提高网络的安全性，通过划分 VLAN 的方法可以将一个单位的交换式以太网划分成多个相互隔离的 VLAN，但这些 VLAN 之间的通信，必须经过路由器才能实现。下面就简要说明利用路由器实现不同 VLAN 连接的结构和过程。

在链路层，每一个 VLAN 是一个广播域，不同的 VLAN 端口之间在链路层是不能相互通信的，在网络层，对每一个 VLAN 也必须划分为一个网段。

（1）通过路由器实现 3 个 VLAN 之间相互通信的实例

图 6-47 所示就是一个通过路由器实现 3 个 VLAN 之间相互通信的网络结构图，由图可见，该单位的局域网划分为 3 个 VLAN，为 VLAN1 分配的网段是 192.1.1.0/24，路由器在该网段的网络地址是 192.1.1.254；为 VLAN2 分配的网段是 192.1.2.0/24，路由器在该网段的网络地址是 192.1.2.254；为 VLAN3 分配的网段是 192.1.3.0/24，路由器在该网段的网络地址是 192.1.3.254。路由器用单个物理端口连接不同的 VALN，但是该物理端口必须是一个 802.1Q 标记端口，从逻辑上可分为 3 个逻辑端口，分别连接 VLAN1、VLAN2 和 VLAN3。该物理端口通过从物理端口接收到的 MAC 帧中的 VLAN 标识来确定该 MAC 帧是从哪个 VLAN 发送来的。与 VLAN1 对应的网络 192.1.1.0/24 的默认网关地址是 192.1.1.254；与 VLAN2 对应的网络 192.1.2.0/24 的默认网关地址是 192.1.2.254；与 VLAN3 对应的网络 192.1.3.0/24 的默认网关地址是 192.1.3.254。

当图 6-47 中的 VLAN1 中的 IP 地址为 192.1.1.1 的主机 A 希望向 VLAN3 中的 IP 地址为 192.1.3.1 的主机 B 发送 IP 分组时，该 IP 分组中的目的 IP 地址是 192.1.3.1，为转发该 IP 分组，执行以下操作过程：

① 主机 A 确定和主机 B 不在同一子网，主机 A 先将 IP 分组发送给默认网关 192.1.1.254。为获取默认网关的 MAC 地址，源终端在 VLAN1 内广播 ARP 请求帧，该 MAC 帧通过 VLAN1 的所有端口发送出去，包括被多个 VLAN 共享的以太网交换机端口发送，通过该端口发送出

去的 MAC 帧被加上 VLAN 标识符 VLAN1。路由器收到该 ARP 请求帧，回送默认网关的 MAC 地址，同时也在 ARP 响应帧加上 VLAN 标识符 VLAN1，该 MAC 帧进入被多个 VLAN 共享的以太网交换机端口时，通过该 MAC 帧携带的 VLAN 标识符 VLAN1 获知用于转发该 MAC 帧的 VLAN1，将该 MAC 帧转发给主机 A。

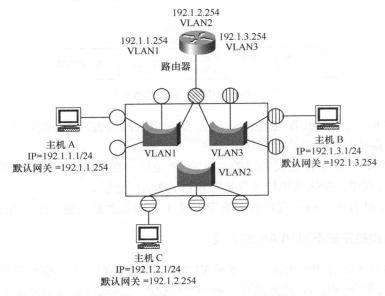

图 6-47　用路由器完成不同 VLAN 的连接

② 主机 A 发送目的 IP 地址为 192.1.3.1 的 IP 数据报，将该 IP 数据报封装到 MAC 帧中，该 MAC 帧的 MAC 地址为主机 A 的 MAC 地址，目的 MAC 地址为默认网关（路由器）的 MAC 地址，并将该 MAC 帧提交给以太网，同样，当该 MAC 帧从被 3 个 VLAN 共享的以太网交换机端口转发出去时，被加上 VLAN 标识符 VALN 1。

③ 路由器接收到该 MAC 帧，由于该 MAC 帧中的目的 MAC 地址为路由器的 MAC 地址，因此路由器从中分离出 IP 分组，根据 IP 分组的目的 IP 地址 192.1.3.1 去检索路由表，路由器中与 VLAN 有关的路由项如图 6-48 所示，找到对应的路由项"191.3.0/24　VLAN3 直接"。为了获取目的终端的 MAC 地址，路由器构建 ARP 请求帧，请求获得目的 IP 地址=192.1.3.1 的 MAC 地址，该 ARP 请求帧被加上 VLAN 标识符 VLAN3，当路由器发送的 ARP 请求帧进入被多个 VLAN 共享的以太网交换机端口时，通过其携带的 VLAN 标识符获悉它所属的 VLAN3。因此，该 MAC 帧在 VLAV3 中广播。主机 B 接收到该 ARP 请求帧，发现该 ARP 请求帧中的目的主机 IP 地址与本身的 IP 地址相同，就将自身的 MAC 地址通过 ARP 响应帧回送给路由器。

④ 路由器收到 ARP 响应帧，获得主机 B 的 MAC 地址，就转发主机 A 发送的 IP 数据报，主机 A 发送的 IP 数据报封装到 MAC 帧的数据部分，该 MAC 帧的源 MAC 地址=路由器的 MAC 地址，目的 MAC 地址=主机 B 的 MAC 地址，同时为 MAC 帧加上 VLAN 标识符 V LAN3，将该 MAC 帧发送给以太网，当该 MAC 帧通过被多个 VLAN 共享的以太网交换机端口进入以太网交换机时，通过其携带的 VLAN 标识符找到 VLAN3，并将该 MAC 帧转发给主机 B，从而完成不同 VLAN 中 IP 数据报的转发。

（2）三层以太网交换机

图 6-48 所示的网络结构解决了不同 VLAN 的主
机之间的通信，在一段时间内成为通过路由器实现不
同 VLAN 通信的典型方法，但这种方法的存在较多
问题。

| 191.1.0/24 | VLAN1 | 直接 |
| --- | --- | --- |
| 191.2.0/24 | VLAN2 | 直接 |
| 191.3.0/24 | VLAN3 | 直接 |

图 6-48　路由器中与 VLAN 有关的路由表

① 路由器和以太网互连的物理链路往往成为传输瓶颈。

② 仅仅为了实现 VLAN 间通信，在交换式以太网的基础上增加了一台路由器，提高了
网络的设备成本。

解决这个问题的比较好的方法是提高以太网交换机的性能，在原来的以太网交换机
上增加路由功能，将以太网交换机变成一个集交换、路由功能于一体的新设备——三层
交换机。

将一个集交换、路由功能于一体的新设备称作三层交换机的原因是路由功能是网络层的
功能，而在基于以太网的 TCP/IP 体系结构中，网络层位于第三层，因此，将具有路由功能的
设备称作三层设备，而将只有 MAC 层功能的设备称作二层交换机。

**7．网络地址翻译**

随着因特网的迅速发展，出现了 IP 地址短缺的问题，为了解决 IP 地址短缺的问题，出
现了私有网络（简称私网）。私网，就是采用私有的 IP 地址来连接各个网络设备组成的相对
独立和封闭的网络。这种组网方式在组建各种规模局域网时被大量应用。可以说，在当今的
网络世界里，使用私网 IP 地址的网络设备的数量，要远远大于拥有合法 Internet 网 IP 地址的
设备数量。分配给私有网络的本地 IP 地址和全球 IP 地址之间不应重叠，否则就有可能出现
私有网络终端希望通信的某个外部网络终端的全球 IP 地址恰巧和内部网络中的某个终端的
本地 IP 地址相同的情况，导致内部网络终端发送的、以该外部网络终端的全球 IP 地址为目
的 IP 地址的 IP 分组被错误地传输给内部网络中的终端。为此，IETF 推荐三组不在全球 IP
地址范围内的 IP 地址作为私网 IP 地址。私网 IP 地址如下。

① 10.0.0.0/8。

② 172.16.0. 0/12。

③ 192.168.0.0/16。

为了能够让这些设备可以访问私网外部的资源，NAT（网络地址转换）技术应运而生。
私网内部设备试图访问外部网络时，NAT 技术可以将其私有的 IP 地址转换成合法的 IP 地
址。在运用 NAT 的同时，一般还会运用动态的端口转换（PAT）技术，以解决合法 IP 地址
紧缺的问题。这种技术实现方法是，对于一个私网中的所有设备，共用一个或多个合法的 IP
地址作为出口地址，只有在设备请求连接外部网络时，才为这个请求分配一个合法的 IP 地址
和一个端口号，来进行外部连接；当这个请求结束时，端口号和 IP 地址也就随即被收回。
NAT 与 PAT 经常被同时使用，称为网络地址端口转换（NAPT）。

图 6-49 给出了利用网络地址端口转换（NAPT）完成 IP 地址和端口号码转换的示例。在图 6-49
中，采用私有地址的终端的私有 IP 地址为 192.168.1.1，希望访问因特网上具有全球 IP 地址的
HTTP 服务器（IP 地址为 192.1.2.5），私有 IP 地址为 192.168.1.1 的终端通过网络地址端口转换
（NAPT）接入因特网，为网络地址端口转换（NAPT）分配的全球 IP 地址为 192.1.1.1。私有 IP 地

址为 192.168.1.1 的终端发出的 IP 数据报的源 IP 地址为 192.168.1.1，目的 IP 地址为 192.1.2.5，源端口号为 5563，目的端口号为 80；网络地址端口转换（NAPT）接收到内部终端发送的数据报后，进行网络地址端口翻译，将源 IP 地址翻译为 192.1.1.1，源端口号翻译为 1234 后将替换后的数据报通过因特网发送给服务器，并在地址转换表中记录下这一转换；HTTP 服务器收到请求后，回复响应，响应报文的目的 IP 地址为 192.1.1.1，目的端口号为 1234，网络地址端口转换（NAPT）接收到此响应报文后，检查地址转换表，将目的 IP 地址翻译为 192.168.1.1，目的端口号翻译为 5563 后将替换后的数据报发送给私有地址为 192.168.1.1 的终端。

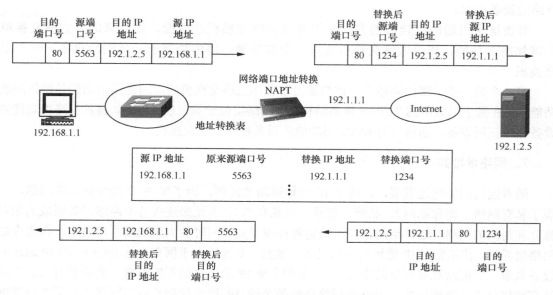

图 6-49　网络地址端口转换（NAPT）实例

NAPT 的运用缓解了 IPv4 构架下因特网的 IP 地址短缺问题，提高了私有网络内部的安全性和可管理性。由于具有这些优点，因此 NAPT 被大量运用到各种私网网关设备上，它是绝大多数网络路由器设备的一个基本功能，也是网络防火墙功能的重要组成部分。

### 6.4.4　传输层的交换功能

#### 1. 传输层地址

传输协议在计算机之间提供端到端的通信。Internet 传输层有 3 个传输协议，分别是传输控制协议（TCP）、用户数据报协议（UDP）和流控制传送协议（SCTP）。TCP 为应用程序提供可靠的通信连接，适合于一次传输大批数据的情况，并适用于要求得到响应的应用程序。UDP 提供了无连接通信，且不对传送包进行可靠保证，适合于一次传输少量数据或实时性较高的流媒体数据，数据的可靠传输由应用层负责。流控制传送协议 SCTP 主要用来在 IP 网络中传送电话网的信令。

传输层与网络层在功能上的最大区别是传输层提供进程通信能力，在进程通信的意义上，网络通信的最终地址就不不仅是主机地址，还包括描述进程的某种标识符。TCP/UDP 提出协议端口的概念，用于标识通信的进程。具体地说，端口标识了应用程序，应用程序能够通过系统调用获得某个端口，传输层传给该端口的数据都被这个应用程序接收。从网络上来看，端口号对信源端点和信宿端点进行了标识，也就是说对客户程序和服务器之间的会话实体即应用程序进行了标识。事实上，端口相当于 OSI 的传输层服务访问点（Transport Service Access Point，TSAP），可将端口看成是一种抽象的软件结构，包括一些数据结构和 I/O 缓冲区。在 IP 网络中，一个完整的进程通信地址由以下几个部分组成：协议、本机地址、本地端口、远端地址、远地端口。

在 TCP/UDP 中，端口号用 16 位二进制表示。TCP 和 UDP 均允许长达 16bit 的端口值，TCP 和 UDP 分别可以提供 $2^{16}$ 个不同的端口。

TCP/IP 将端口分为保留端口和自由端口两部分，每一个标准的服务器都有一个全局公认的保留端口号，自由端口号动态分配。

（1）保留端口

保留端口号从 0～1 024，只占很小的数目，全局统一进行分配。每一个标准的服务器进程都拥有一个全局公认的端口号，同一计算机上不同的服务器进程，其端口号不同；不同计算机上同样的服务器进程，其端口号相同。

（2）自由端口（大于 1 024）

自由端口占全部端口的绝大部分，由本地进行分配。当本地应用程序的进程要与远地应用程序的进程通信时，首先在本地申请一个自由端口号，然后根据自己所需的服务通过保留端口号与远地服务器建立联系后，才能传输数据。

这里总结一下 TCP/IP 每层的编址机制：应用层使用的一般是域名地址，在通信前首先要通过域名解析 DNS 得到与域名地址对应的 IP 地址。信息在传输时，需要为信源端和信宿端定义 3 种地址：端口号（16 位）标识应用程序，它包含在 TCP 段或 UDP 数据报的头部；IP 地址（32 位）标识应用程序所在的网络及计算机的地址，它包含在 IP 数据报的头部；物理地址（以太网地址为 48 位）唯一地标识程序在物理网络中计算机的地址，它包含在数据链路层数据帧的头部。

### 2．传输控制协议 TCP

（1）TCP 的主要功能

传输控制协议（TCP）可以向 IP 层及其上各层提供可靠的、基于流的连接。TCP 承载于 IP 之上，是 TCP/IP 中的重要组成部分。下面简要说明 TCP 的主要特点。

① 流：TCP 数据组织成字节流，操作流如同操作一个文件。

② 可靠分发：在收发数据时，TCP 为数据流提供序列号。这样 TCP 可以根据序列号的连续性确定数据包是否丢失。另外，TCP 提供重传机制，保证数据流的可靠传送。

③ 动态适应网络：TCP 动态学习网络时延特性，随时调整发送速率来保证吞吐量最大，并且网络不过载。

④ 流量控制：TCP 管理数据缓存及相关流量，使数据缓存不会溢出。

（2）TCP 段的头部结构

TCP 段的结构如图 6-50 所示。TCP 段由 TCP 头部和数据两部分组成，TCP 段是封装在 IP 数据包的数据部分的。TCP 头部的长度是 4 字节的整数倍，包括 20 字节的固定部分和长度不定的任选部分。

图 6-50　TCP 段的结构

TCP 头部各字段的意义如下。

① 源端口和目的端口：分别说明在源主机和目的主机上的端口号。源端口号和目的端口号和 IP 报头中的源 IP 地址和目的 IP 地址一起，构成连接标识。

② 序号和确认号：序号表示本段数据在 TCP 发送流中的位置，即本 TCP 段中的数据的第 1 个字节是数据流中的第几个字节。确认号是说明期望从对端收到的下一字节的序号，也说明已正确接收到由对端发来比确认号小 1 的连续的字节流。

③ TCP 头部长度：长度单位为 4 个字节，该字段占 4 个 bit。实际上指示的就是数据部分在段中的起始位置。

④ 标志码：共定义了 6 个标志比特。

·URC：紧急比特。该位置 1，表示头部的紧急指针启用。

·ACK：确认比特。该位置 1，表示头部的确认号有效；置 0，表示本段未捎带确认信息，因此接收方应忽略段中的确认号字段。

·PSH：推出比特。置 1，表示请求接收方收到本段数据后立即递交应用进程，不要缓存。

·RST：复位比特。该位置 1，表示连接复位，接收方收到此指示后立即退出连接，停止传输，释放缓冲区等资源。它用于由于主机崩溃或其他原因要求的连接异常中断。该比特也可用于拒绝连接建立，或拒绝不合法段。

·SYN：同步比特。该位和 ACK 位配合用于连接建立，当 SYN 置 1 时，表示序号字段为本端为该 TCP 连接分配的初始序号。

·FIN：结束比特。该位置 1，表示本端已无数据发送，请求释放连接。

⑤ 窗口大小：说明本端接收缓冲区的大小，指示对方从确认的字节开始还可发送多少字节。

⑥ 校验和：为段头部、数据部分和伪头部的校验和。校验和的计算方法和 IP 报相同。因为计算是对 16bit 半字进行的，所以如果数据部分的字节数为奇数，计算时需要填充一个全零字节。伪头部包括源 IP 地址和目的 IP 地址、TCP 编号（6）和 TCP 段的字节数（含头部）。将伪头部纳入校验和的目的是进一步提高 TCP 连接的可靠性。

⑦ 紧急指针：URG 比特置 1 时有效。指示紧急数据在报文段中的结束位置，其值为相对于当前序号的偏移字节数。

（3）TCP 连接和释放过程

① 连接建立。TCP 连接建立的 3 次握手过程如图 6-51 所示。A、B 分别为客户和服务

器，A 发出 TCP 段，要求建立连接。其中，目的端口号为服务器的保留端口号，源端口号是 A 端该连接分配的自由端口号，SYN=1，表示序列字段包含 A 端为该连接分配的初始序号，设初始序号为 X，ACK=0，表示确认号无效。

该段到达 B 后，B 的 TCP 实体查验是否有进程在该段指明的目的端口守听，如有，就将该段送交守听进程，该进程可决定接受还是拒绝该连接请求。如接受，则回送确认段，其中 SYN=1 表示序列号段包含 B 端为该连接分配的初始序号，设初始序号=Y，ACK=1，表示确认号有效，并置确认号=X+1。A 收到此段后，也返回一个确认段，其中 SYN=0，置序号=X+1，ACK=1，确认号=Y+1。至此，连接建立成功，A、B 双方已正确交换并确认了发送数据的初始序列号。

另外需要注意一点，连接请求中的初始序号不能取为 0。其原因是当主机崩溃后重新恢复时，如果以同样的初始序号重新进行连接建立，对方就会认为原有的连接依然存在，而不理会此次连接请求。一般采用基于时钟的方法随机选择初始序号。

② 连接释放。连接释放也采用 3 次握手过程，如图 6-52 所示。连接释放可由任一方发起，释放过程将连接视作两条独立的单工连接。如 A 方发出释放请求（FIN=1），并收到 B 方对该释放段的确认以后，则 A→B 的连接关闭，即 A→B 停止发送数据，但 B→A 仍可发送数据。要关闭 B→A 的连接，需反向执行同样的操作。在图 6-52 中，B 收到 A 发来的释放请求后，要经过一定时间才能发出至 A 的释放请求，因为 B 需通知应用进程并获得关闭连接的命令，其间可能涉及人机交互操作。为了防止超时重传，B 应立即向 A 返回释放确认，以先行关闭 A→B 的连接。

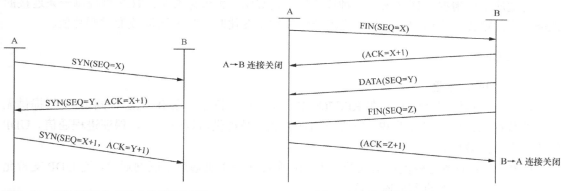

图 6-51　TCP 连接建立的 3 次握手过程　　　　图 6-52　连接释放过程

如果发出释放请求的一方在 2 倍分组最大生存时间内未收到确认，则自行释放该连接。其后，另一端将检测到对方进程已不在通信状态，于是也将超时释放连接。

（4）确认与超时重传

TCP 建立在不可靠的 IP 之上，IP 不能提供任何可靠性机制，TCP 的可靠性完全由自己本身实现。TCP 采用的可靠性技术主要是确认与超时重传。

TCP 流的特点是无结构的字节流，流中数据是一个个字节构成的序列，而无任何可供解释的结构，这一特点在 TCP 的基本传输单元（段）格式中体现为段不定长。

可变长 TCP 段给确认与超时重传机制带来的结果是所谓"累计确认"，TCP 确认针对流中的字节，而不是段。一般情况下，接收方确认已正确收到的连续的字节流，每个确认指出下一个希望接收的字节。

累计确认的优点之一是，在变长段传输方式下不会产生两义性，假如采用段确认，若发送方发出第 $n$ 段未收到确认，超时后又发一新的第 $n$ 段，但新的第 $n$ 段很可能包含不同于旧的第 $n$ 段的数据，之后收到对第 $n$ 段的确认，那么发送方如何判断这是对哪个第 $n$ 段的确认呢？即便是可以判断这是对哪个第 $n$ 段的确认，具体实现起来也相当困难。

累计确认还有一个优点是，确认丢失后不一定导致重传。假设收方当前正确收到第 10 号字节以前的数据，将发送一报文确认第 11 号字节，紧接着又收到第 11、12 号字节，又发送一个确认第 13 号字节的报文。确认第 11 号字节的报文丢失并不一定导致重传，因为假如确认第 13 号字节的报文在第 11 号字节确认超时之前传回发送方，发送方将不进行重传。

累计确认的缺点是，发送方不能获得关于所有成功的段传输的信息。假如前面尚有数据未得到确认，则后面的所有成功传输的段也得不到确认。比如，现在发送方发出两个段，第二个段传输成功，第一个段失败，则发送方将得不到任何确认，必须重传。重传时采取什么策略又是一个问题：是两个段一起重传还是逐段重传？两个段一起重传显然会造成浪费。逐段重传，传一段等待一个确认，再传下一段，又回到简单的停等协议方式。两者的效率都不高。

影响确认超时重传最关键的因素在于定时时间片的大小。在互联网环境中，要确定合适的定时时间片是一件相当困难的事情：一方面，互联网进程通信既可能就在一个局域网上进行，也可能要穿越许多各种各样的中间网络，传输延迟变化范围相当大；另一方面，不同进程对之间的通信延迟还取决于不同信道的负载情况。总之，从发出数据到收到确认所需的往返时间呈动态变化，很难把握。

为适应上述情况，TCP 采用一种适应性重传算法。大致思想是：TCP 监视每一条连接的性能，由此推算出合适的时间片，当连接性能发生变化时，TCP 随即改变时间片值。

### 3．UDP

（1）UDP 的功能

用户数据报协议（UDP）在 RFC768 中定义。该协议建立在 IP 之上，同 IP 一样提供无连接的数据包传输。相对于 IP，它唯一增加的能力是提供协议端口，以保证进程通信。UDP 的优点在于高效性。

UDP 在 IP 服务之外提供附加的能力。IP 允许两个主机通过互联网通信，而 UDP 支持允许两个主机中的多个进程同时通信。

UDP 端口号由一个正整数标识。目标主机中协议软件将每个端口上收到的数据顺序存储，直到应用程序取得上述数据。

源主机与另一主机通信时，源主机必须得到目标主机的 IP 地址及对端主机目标进程的端口号。源主机必须同时提供一端口号来收取应答。根据应用，目标主机可以发送或不发送应答。

（2）UDP 包头封装

UDP 消息包括消息头和数据，在穿过互联网时封装在 IP 数据包中。以太网层负责同一物理网上主机或路由器间传输数据，IP 层负责主机间通过路由器在互联网上传输数据，UDP 负责主机中不同源和目的进程的通信。UDP 消息的格式如图 6-53 所示。

| 源端口 | 目标端口 |
|--------|----------|
| 消息长度 | 校验和 |
| 数据 ||
| 数据 ||

图 6-53　UDP 消息的格式

① 源端口：表示发送进程的端口或应答端口，为可选字段。如果传输主机不提供源端口，则该域应填 0。

② 目标端口：目的计算机的端口，用于区分目标主机中的不同进程。

③ 长度：数据包的长度，包括包头和数据。

④ 校验和：UDP 的校验和是可选的，该值为 0 时，表示没有计算校验和。由于 IP 校验和不涵盖数据域，因此 UDP 校验和提供了一种途径验证到达的数据包是否包含错误的信息。

UDP 校验和对一个虚拟包头的域作计算，该虚拟包头包含 IP 包头和 UDP 数据段。虚拟包头包括 IP 包头中的源地址、目标地址、协议域，也包括 UDP 源端口号、目标端口号、长度和 UDP 数据域。为确保数据域是 16bit 的整数倍，如果有需要，数据域可能填充一个全 0 的 8 位组。

校验和可以对错误路由的数据包作防范。UDP 数据包只有分发到正确的主机，正确的端口才算到达正确目的地，而 UDP 消息中只包含端口号，不包含主机地址，为验证校验和，接收机必须将计算域扩展到 IP 包头，将它们假设成虚拟包头的一部分并计算校验和。如果校验和一致，该数据包到达正确主机的正确端口。

### 6.4.5　域名系统 DNS

应用层使用的一般是域名地址，在通信前首先要通过域名解析 DNS 得到与域名地址对应的 IP 地址。

由于 IP 地址和地理位置或组织关系等都没有关联，因此用户直接使用 IP 地址有诸多的不便。为向一般用户提供一种更为直观明了的主机标识符，在因特网中定义了域名系统，它用 ASCII 字符串给每台主机、邮箱和其他资源赋予一个唯一的名字。该系统采用层次结构，按组织关系命名，易于管理和记忆。

因特网提供的域名要求是全网唯一的，并便于管理和映射（域名与实际 IP 地址之间的映射）。因此域名系统采用了一种层次型命名机制，即将域名设计为能划分出不同层次的结构。最高的层次是网点名，各网点内部又分为若干管理组，每个管理组都有各自的组名。组名下面是主机的本地名。本地名. 组名. 网点名就组成了一个完整的域名。

在采用 TCP/IP 的因特网中，所实现的层次型名字管理机制叫做域名系统（Domain　Name System，DNS）。域名系统的命名机制叫做域名。域名中各子名分别标识网点、组等，叫做标号。比如域名 bupt.edu.cn 是北京邮电大学的域名。根据管理的组织结构划分的域称为组织型域名，根据地理位置划分的域名称为地理型域名。

为保证域名系统在全球的通用性，国际因特网规定了一组正式的通用标准标号，作为第一级域的域名，见表 6-5。

**表 6-5**　　　　　　　　　　　　　**第一级域的域名**

| 域名 | 域 |
| --- | --- |
| COM | 商业组织 |
| EDU | 教育机构 |
| GOV | 政府部门 |
| MIL | 军事部门 |
| NET | 主要网络支持中心 |

续表

| 域名 | 域 |
|---|---|
| ORG | 其他组织 |
| ARPA | 临时的 ARPANET 域 |
| INT | 国际组织 |
| Country code | 国家（地理模式） |

IP 域名的申请和批准采用分级管理的方式，NIC 将第一级域的管理特权赋予指定的管理机构，各管理机构再对其下管理的域名空间继续划分，并将各子部分管理特权赋予相应的下级机构。如此下去，形成层次型的域名和相应的域名管理机制。最终不同级别管理机构批准的域名都将得到 NIC 的承认。

# 小　结

数据通信的特点是突发性很强，对差错敏感，对时延不敏感。由于数据通信的这些特点，数据通信主要采用分组交换技术。由于分组交换技术的迅速发展，现在利用分组交换技术不仅可以用来完成数据通信业务，也可以用来完成语音和视频通信。在下一代网络中，主要采用分组交换技术。

分组交换有虚电路（面向连接）和数据报（无连接）这两种方式。

虚电路是指两个用户在进行通信之前要通过网络建立逻辑上的连接，在呼叫建立时各交换机中建立各条虚电路标示符 DLCI 之间的对应关系。在数据传输阶段，主、被叫之间可通过数据分组相互通信，在数据分组中不再包括主、被叫地址，而是用虚电路标识表示该分组所属的虚电路，网络中各节点根据虚电路标识将该分组送到在呼叫建立时选择的下一通路，直到将数据传送到对方。同一报文的不同分组沿着同一路径到达终点。数据传输结束后要释放连接。X.25、帧中继、ATM 和多协议标签 MPLS 采用的是虚电路方式。

数据报方式是独立地传送每一个数据分组，每一个数据分组都包含终点地址的信息，每一个节点都要为每一个分组独立地选择路由，因此一份报文包含的不同分组可能沿着不同的路径到达终点。IP 网络中交换采用的是数据报方式。

计算机网络要解决的问题纷繁复杂。为了对问题进行简化，人们利用"分而治之"的思想，将计算机通信的功能划分为若干个不同的层次，每个层次完成一定的功能，各个层次相互配合来完成不同类型的计算机及其网络之间的通信。按照层次结构思想，对计算机网络的模块化结果是一组从上到下单向依赖的协议栈。

在采用层次结构的计算机通信系统中的通信包含同层通信和层间接口这样两个方面。同层通信是不同节点的对等层之间的通信，同层通信必须严格遵循该层的通信协议。层间接口是同一节点的相邻层之间的通信，相邻层的通信采用通信原语。

开放系统互联参考模型 OSI 采用分层结构技术，将整个网络的通信功能分为 7 个层次，由低层至高层分别是：物理层、数据链路层、网络层、传输层、会话层、表示层和应用层。

以太网的 TCP/IP 协议栈采用简化的结构，获得了极大的成功。TCP/IP 协议栈由应用层、传输层、网络层和网络接入层 4 个层次组成，网络接入层不能算作是一个协议层，应将它进一步划分为数据链路层和物理层。由此得到改进的 5 层混合模型是讨论计算机网络一般基于的模型。

异步转送方式 ATM 是在电路交换和分组交换的基础上发展起来的,它同时具备了电路交换的简单性和分组交换的灵活性,使交换节点能具有很高的工作速度,能适应各种速率要求的业务。

在 ATM 中,信息被组织成固定长度的信元在网络中传输和交换,属于同一条虚电路的信元不需要在线路上周期性地出现。每个信元都包括 5 字节长的信头和 48 字节长的信息段。在信头中包含这个信元的路径信息、优先度、一些维护信息和信头的纠错码。信息段中包含用户需传送的信息内容,这些信息透明地穿过网络。

由于 ATM 采用的是统计时分复用方式,因此可以按照需要动态地分配各个虚电路的带宽,能够适应不同速率的业务。

ATM 网中取消了逐段的差错控制和流量控制,从而减少了网络中交换节点处理的复杂性,提高了交换节点的工作速度。

ATM 采用面向连接的方式,在传送信息前必须建立虚电路。ATM 中的虚电路可分为永久虚电路、半永久虚电路和交换虚电路。永久虚电路是不可能加以改变的固定连接,半永久虚电路是由网络管理人员在网络管理中心控制完成的准静态连接,交换虚电路是由用户在传输信息前通过信令建立的动态连接。

ATM 的协议参数模型中包含有物理层、ATM 层、ATM 适配层 AAL 和高层。

物理层的主要功能是完成信息(比特/信元)的传输,物理层又可分为物理媒体子层 PM 和传输会聚子层 TC。

物理媒体子层的主要功能是线路编码、光电转换和比特定时,在物理媒体上正确地发送和接收数据比特。

传输会聚子层的主要功能是传输帧自适应、信头差错检测、信元定界和扰码、信元速率偶合。

信元在物理媒体上的传送方式主要有基于信元的形式和基于 SDH 的形式。基于信元的方式在接口上传送的是连续的信元流,基于 SDH 的方式是将信元装入 SDH 的帧内传输。

ATM 层的基本功能是根据信头中的虚通道标志 VPI 和虚信道标志 VCI 完成信元的复用/分路、交换和相关的控制工作。

在 ATM 网络中,在两个端点之间传输的信元属于哪一条虚电路需要由信头中的两个标识符 VPI 和 VCI 来共同识别,相应的,在网络中的交换也可分为 VP 交换和 VC 交换这两个层次。虚通道 VP 是一束具有相同端点的 VC 链路的集合。虚通道 VP 可以单独进行交换,VP 交换是将一条 VP 上所有的 VC 链路全部交换到另一条 VP 链路上去,而属于这个 VP 中的多个 VC 链路的 VCI 值都不改变。而虚信道 VC 的交换则必须根据 VPI 和 VCI 这两个值来完成交换。

在虚信道连接 VCC 和虚通道连接 VPC 上都能提供一定等级的服务质量 QoS。服务质量指标主要说明了对带宽、信元丢失率、时延及时延抖动等方面的要求。

ATM 流量控制的主要作用是保证网络和用户可以实现预先规定的网络性能,以满足应用在业务流量和 QoS 方面的需求。ATM 流量控制主要有连接接纳控制(CAC)和用法参数控制及网络参数控制(UPC/NPC)。

连接接纳控制(CAC)是在呼叫建立阶段网络所执行的一组操作,用以接受或拒绝一个 ATM 连接。只有 ATM 网络中有足够资源时才会接纳一个呼叫,并为该呼叫分配必要的资源。

用法参数控制和网络参数控制(UPC/NPC)分别在用户—网络接口(UN1)和网络—网络接

口（NNI）上进行，它们是网络执行的一系列操作，在信元流量大小和信元选路的有效性等方面监视和控制 ATM 连接的流量。其主要目的是监视每一个 ATM 连接是否符合已协商好的流量协议。

AAL 层的基本功能是将高层信息适配成 ATM 信元。AAL 层又可分为拆装子层 SAR 和会聚子层 CS。拆装子层 SAR 的基本功能是在发送侧将高层信息切割成 ATM 信元，在接收侧将信元的信息段重新组装成高层信息单元。会聚子层又可进一步分为一个业务特有的会聚子层的 SSCS 和一个通用部分会聚子层 CPCS。

根据不同的业务类型，有 AAL-1、AAL-2、AAL-3/4 和 AAL-5 这几类 AAL 协议。

AAL-1 用来支持在源点和目的地点之间需要定时关系的、具有恒定比特率的面向连接业务。

AAL-2 用来支持在源点和目的地点之间需要定时关系的、具有可变比特率的面向连接业务。

AAL-3/4 可用来支持不需要定时关系的、具有可变位速率的面向连接和无连接业务。AAL-3/4 的主要缺点是协议开销较大，协议复杂。

AAL-5 的功能和 AAL-3/4 基本相同，也能支持源点和目的地点之间不需要定时关系的面向连接或无连接的可变位速率业务。与 AAL-3/4 相比，AAL-5 的主要优点是开销较小，对用户数据有较好的检错性能且协议简单，AAL-5 协议是目前使用最广泛的适配层协议。

由于因特网的迅速发展，使 IP 成为当前计算机网络应用环境中的"既成事实"标准，基于 IP 的网络应用日益广泛。IP 网络是目前最重要的计算机通信网络。

IP 网络是一个由多种传输网络互联而成的网络，IP 网络中的交换功能需要实现不同终端之间不同进程跨越不同网络之间的远程通信。IP 网络采用的是 TCP/IP 结构，IP 网络中的交换功能也由多个不同的协议层来完成。

根据 MAC 地址将 MAC 帧从用户浏览器传输到网络互联设备，然后再由网络互联设备传输到 Web 服务器是由以太网的数据链路层完成的，一般来说，数据链路层的交换功能是根据所在的传输网络的数据链路层地址，将分组发送给下一节点。

IP 的主要功能是根据 IP 数据报的目的 IP 地址选择路由，将 IP 数据报发送到目的 IP 地址指定的网络终端。

TCP 和 UDP 的功能是根据端口号码将分组发送给指定的应用进程。

向域名服务器查询得到 Web 服务器的 IP 地址的功能是由应用层的 DNS（域名服务）程序完成的。

基于以太网的 TCP/IP 体系结构的网络接口层包含以太网的 MAC 层和物理层。网络接口层的交换功能主要体现在 MAC 层。

早期的以太网采用的是总线型以太网，总线型以太网是一种基于广播的网络，在总线型以太网中，连接在总线上的任一计算机发送的 MAC 帧都发送给总线上的所有计算机，每一个计算机都将 MAC 帧中的目的 MAC 地址与本身的 MAC 地址比较，如果相同，就接收该 MAC 帧，如果不相同，就丢弃这个数据帧。

目前在局域网中占主导地位的网络是交换式以太网。交换式以太网的核心设备是以太网交换机，在交换式以太网中，每个计算机终端都连接到以太网交换机的一个端口。当以太网交换机从一个端口接收到一个 MAC 帧时，就检查以太网交换机所建立的站表，根据站表中的内容确定如何转发接收到的这个 MAC 帧。

虚拟局域网 VLAN 是由一些局域网网段构成的与物理位置无关的逻辑组，而这些网段具有某些共同的需求。每一个 VLAN 的帧中都有一个明确的标识符，指明发送这个帧的工作站属于哪一个 VLAN。

利用 VLAN 技术，可将一组物理上彼此分开的用户和服务器逻辑地分成工作组群，这样的划分与物理位置无关。另外，VLAN 技术能够把传统的广播域按照需要分割成多个独立的子广播域，将广播限制在虚拟工作组中，由于广播域的缩小，因此可大大降低广播包消耗的网络带宽。

VLAN 的划分方法有基于端口地址划分 VLAN、基于 MAC 地址划分 VLAN 和基于网络层协议划分 VLAN3 种方法，用得比较多的是基于端口划分 VLAN 和基于 MAC 地址划分 VLAN 这两种方法。

不同 VLAN 成员之间的通信必须通过路由器来实现。不同 VLAN 之间的成员需要通信时，源节点必须将数据发往它的默认网关（与其连接在同一 IP 子网的路由器端口），然后由路由器通过第 3 层转发，将数据发送给目的节点。

IP 网络层的主要功能是将数据包封装成 Internet 数据报，并运行必要的路由算法，根据 IP 地址选择路由，将源计算机发送的 IP 数据报发送到经过不同物理网络连接的目的计算机中去。

传统的 IP 网络使用的是分类的 IP 地址，由于分类的 IP 地址存在缺陷，因此现在使用的主要是无分类编址 CIDR。

地址解析协议使主机能够动态地获得远端主机硬件地址与 IP 地址的映射。如果一台主机需要知道另一台主机的硬件地址，则它简单地向网络上的所有主机广播一帧包含目的主机 IP 地址的 ARP 请求即可。目的主机接收到广播后，识别自己的 IP 地址，并且向源主机单点发送一帧 ARP 响应，将目的主机的硬件地址告诉源主机。

IP 网络层的主要功能由路由器来完成，路由器是实现不同类型的传输网络互连的关键设备，路由器主要由路由模块、交换模块和接口卡 3 部分组成。

随着因特网的迅速发展，出现了 IP 地址短缺的问题，为了解决 IP 地址短缺的问题，出现了私有网络（简称私网）。私网，就是采用私有的 IP 地址来连接各个网络设备组成的相对独立和封闭的网络。为了能够让这些设备可以访问私网外部的资源，利用 NAT（网络地址转换）可以将其私有的 IP 地址转换成合法的 IP 地址。

传输协议在计算机之间提供端到端的通信。Internet 传输层有 3 个传输协议，分别是传输控制协议 TCP、用户数据报协议 UDP 和流控制传送协议 SCTP。TCP 为应用程序提供可靠的通信连接，适合于一次传输大批数据并要求得到响应的应用程序。UDP 提供了无连接通信，且不对传送包进行可靠保证，适合于一次传输少量数据或实时性较高的流媒体数据，数据的可靠传输由应用层负责。流控制传送协议 SCTP 主要用来在 IP 网络中传送电话网的信令。

传输层与网络层在功能上的最大区别是传输层提供进程通信能力，在进程通信的意义上，网络通信的最终地址就不仅是主机地址，还包括描述进程的某种标识符。TCP/UDP 提出协议端口的概念，用于标识通信的进程。在 IP 网络中，一个完整的进程通信地址由以下几个部分组成：协议、本机地址、本地端口、远端地址、远地端口。

信息在因特网中传输时需要为信源端和信宿端定义 3 种地址：端口号（16 位）标识应用程序，它包含在 TCP 段或 UDP 数据报的头部；IP 地址（32 位）标识应用程序所在的网络及计算机，它包含在 IP 数据报的头部；物理地址（以太网地址为 48 位）唯一地标识物理网络中计算机的网卡地址，它包含在数据链路层数据帧的头部。

传输控制协议（TCP）可以向 IP 层及其上各层提供可靠的、基于流的连接。TCP 连接建立采用 3 次握手过程来完成，在连接建立过程中，双方正确交换并确认对端发送数据的初始序列号。

　　用户数据报协议（UDP）建立在 IP 之上，在端到端之间提供无连接的数据包传输。相对于 IP，它唯一增加的能力是提供协议端口，以保证进程通信。UDP 的优点在于高效性。

　　应用层使用的一般是域名地址，在通信前首先要通过域名解析 DNS 得到与域名地址对应的 IP 地址。

# 思考题与练习题

　　1．简要说明数据通信的特点，为什么电路交换方式不适合数据通信？

　　2．按照图 6-2 中 A 到 D 的连接，画出分组交换机 1、5、2、3 中为完成该连接建立的连接表，并说明 A 发送到 D 的分组的交换过程。

　　3．简要说明数据报方式。

　　4．简要说明计算机通信网络的 5 层混合模型。

　　5．简要说明 TCP/IP 协议栈的结构。

　　6．简要说明 ATM 的基本原理。

　　7．简要说明 ATM 信元的结构。

　　8．简要说明 ATM 的基本特点。

　　9．简述 ATM 协议的层次结构。

　　10．简要说明 VP 交换和 VC 交换。

　　11．简要说明 ATM 网络流量控制的主要方法。

　　12．ATM 对业务进行分类时主要考虑的参数有哪些？

　　13．简要说明 AAL-5 协议的功能及结构。

　　14．说明在图 6-24 所示一个用户用浏览器访问某个 Web 服务器的过程中 IP 网络中不同的协议层完成的交换功能。

　　15．说明交换功能在 IP 网络不同协议层的分布。

　　16．说明基于以太网的 TCP/IP 体系结构。

　　17．说明以太网交换机的工作流程。

　　18．说明虚拟局域网 VLAN 的定义。

　　19．说明 VLAN 的两种主要划分方法。

　　20．说明 IP 数据报头部的结构。

　　21．简要说明地址解析协议 ARP 的功能。

　　22．简要说明路由器的功能结构。

　　23．说明图 6-39 所示主机 A 通过网络给主机 B 发送 IP 数据报的转发过程。

　　24．说明图 6-47 中 VLAN1 中主机 A 给 VLAN3 中的主机 B 通过路由器发送 IP 分组的过程。

　　25．说明图 6-49 中网络地址端口转换（NAPT）设备完成 IP 地址和端口号码转换的过程。

　　26．因特网传输层有哪 3 个传输协议？分别说明这几个传输协议的适用范围。

　　27．一个完整的进程通信地址由哪几个部分组成？

　　28．说明 TCP 连接建立的 3 次握手过程。

　　29．说明用户数据报协议（UDP）的主要功能。

# 第7章 NGN 与软交换

本章首先说明了下一代网络产生的背景，推动电信网向下一代网络发展的主要因素，下一代网络的定义，然后介绍了软交换的概念和特点，最后详细介绍了以软交换为中心的下一代网络结构，下一代网络中使用的协议，固定电话网和移动电话网向 NGN 的演进方式。

通过本章的学习，应掌握 NEN 的定义，以软交换为中心的下一代网络结构和下一代网络中各设备之间使用的协议，了解固定电话网和移动电话网向 NGN 的演进方式。

## 7.1 下一代网络概述

### 7.1.1 下一代网络产生的背景

要了解下一代网络的产生背景，首先需要回顾一下现代电信网络的发展历程。

现代电信是从 1876 年贝尔发明电话开始的，在之后的 100 多年的时间里，"电信"与"电话"是相同的含义，真正意义上的电信网络也就是电话网。传统的电话网络是一个基于电路交换技术的网络，提供的业务只有语音业务。传统的电话网经过 100 多年的发展，在经历人工交换、半自动交换、自动交换、空分交换等过程后，自 20 世纪 70 年代步入数字程控交换时代。数字程控交换技术使电话网在全世界迅速普及，到 20 世纪 90 年代发展到技术顶峰，成为当之无愧的第一大电信网络。随着移动通信技术的发展，程控交换技术与无线接入技术的结合使这种主要提供语音业务的电路交换网络的应用得到了进一步扩展。

但是，电路交换网络存在电路利用率低、无法提供多媒体业务以及新业务扩展困难等缺点。进入 20 世纪 80 年代后，这些缺点在用户对于多媒体业务需求日益增加的情况下变得越来越突出。随着电信垄断经营局面变为历史，电信经营的市场竞争日益加剧，传统电路交换网络无法快速提供新的增值业务的缺点使运营商处于不利地位。

20 世纪 70 年代，产生了分组交换技术，并且很快得到了大规模的应用。分组交换技术主要是用来满足数据业务的传输，因为它具有电路利用率高、可靠性强、适应于突发性业务的优势。在各种分组交换技术中，X.25、帧中继技术在相当长一段时间内承担起了分组数据电信业务的服务，但是先天不足以及 ATM 技术的提出使它们很快退出了历史舞台或仅在某些局部范围应用。在 20 世纪 90 年代中期，人们对 ATM 技术寄予厚望，并赋予它承担多媒体电信业务的责任。但是 ATM 技术由于被赋予过多的责任及业务质量保证要求，使得技术变得非常复杂，商用化的缓慢进程与建设使用成本问题使 ATM 逐步退出了历史舞台。导致 ATM 技术失败的另外一个重要因素是 IP 路由在技术上的突破，随着半导体技术和计算机技术的发展，路由器转发 IP 数据报的速率得到了极大的提高，以往制约 IP 路由器处理能力的问题得到了解决。在网络不出现拥塞的情况下，采用 IP 路由的方式同样可以提供需要一定服务质量保证的电信业务，IP 电话的规模商用也证明了这一点。

在 20 世纪 90 年代末期，IP 技术得到飞速发展，出现了爆炸性增长。由于 IP 网络具有天然的开放性，因此 IP 网络上的新业务层出不穷，"IP over Every thing"及"Every thing over IP"的提出进一步刺激了 IP 网络的发展。但是，IP 网络的服务质量问题、安全问题、维护管理，以及赢利模式问题仍然一直困扰着 IP 网络的发展。人们意识到，要承载电信业务，传统的 IP 网络还有很多问题需要解决。

电信业务在 20 世纪 80 年代后期的一个发展趋势就是新业务的需求加快了，业务的生存周期缩短。而传统的电话网络由于是业务、控制及承载紧密耦合的体系结构，使新业务，尤其是增值业务的提供非常困难，这一点使运营商在日益激烈的市场环境中处于被动地位。为了解决这个问题，人们提出了智能网的概念。智能网是在传统的语音网络上增加一套附加的设施，达到快速提供新的增值业务的能力。智能网是一个增值业务的开发、生成、驻留、执行的环境，业务逻辑的执行环境是业务控制点（SCP），SCP 通过标准的 No.7 信令与传统的电路交换网络互通，达到部分参与呼叫控制过程的目的。传统智能网的最大问题在于它仍然是构建在电路交换网络之上的，无法提供多媒体增值业务；此外，由于它不能更改传统网络中交换设备的呼叫控制过程，而只表现在"暂停"呼叫进程及"增加"一些新的业务逻辑上，所以传统的智能网提供增值业务的智能程度是有限的。

由于以上原因，进入 20 世纪 80 年代末期，电信运营商面临这样的尴尬局面：业务分离及运营维护分离导致运营商每提供一种新的业务，就需要建设一个新的网络，从而造成了大量的重复建设和巨大的投资浪费，而且在运营过程中需要投入大量的人力、物力来维护多个网络。另一方面，用户对于多媒体特性的综合业务需求越来越多，业务的需求不但发生变化，而且对于这些新的需求，运营商必须采用新的技术。

以 IP 技术为核心的互联网在 20 世纪 90 年代末期得到了飞速发展，其增长趋势是爆炸性的。基于 H.323 的 IP 电话系统的大规模商用有力地证明了 IP 网络承载电信业务的可行性，也让人们看到了利用同一个网络承载综合电信业务的希望，下一代网络的概念就是在这样的一种背景下提出来的。

### 7.1.2　推动网络向下一代网络发展的主要因素

目前电信业务发展迅猛，以互联网为代表的新技术革命正在深刻地改变着传统电信的概念和体系，电信网正面临着一场百年未遇的巨变。推动网络向下一代网络发展的主要因素如下。

从基础技术层面看，微电子技术将继续按摩尔定律发展，CPU 的性能价格比每 18 个月翻一番，估计还可以持续 10～15 年；光传输容量的增长速度以超摩尔定律发展，每 14 个月翻一番，估计至少还可持续 5～10 年，密集波分复用（DWDM）技术使光纤的通信容量大大增加，也提高了核心路由器的传输能力。移动通信技术和业务的巨大成功正在改变世界电信的基本格局，全球移动用户数已超过有线用户数；IP 的迅速扩张和 IPv6 技术的基本成熟，正将 IP 带进一个新的时代。革命性技术的突破，已经为下一代网络的诞生准备了坚实的基础。

从业务量组成来看，也开始发生了根本性变化。100 多年来，电信网的业务量一直以电话业务量为主，因而以电路交换网为中心的传统网络在支撑这种业务时是基本胜任的。然而，近几年来，以 IP 为主的数据业务的飞速发展打破了这种传统格局，数据业务已经成为电信网的主导业务量。为了有效支撑这种突发型的数据业务，需要有新的下一代网络结构。

同时，用户通过 IP 接入网络，通过同一种方式的接入可以支持多种不同的业务（语音、数据、视频等）。

### 7.1.3 下一代网络的定义

下一代网络的定义可分为广义和狭义两种。

**1. 下一代网络广义的定义**

从广义来讲，下一代网络泛指一个不同于现有网络，大量采用当前业界公认的新技术，可以提供语音、数据及多媒体业务，能够实现各网络终端用户之间的业务互通及共享的融合网络。下一代网络包含下一代传送网、下一接入网、下一代交换网、下一代互联网和下一代移动网。

下一代传送网以自动交换光网络 ASON 为基础。目前波分复用系统发展迅猛，使光纤的通信容量大大增加，但是普通点到点波分复用系统只提供原始传输带宽，还需要有灵活的网络结点才能实现高效的灵活组网能力。随着网络业务量继续向动态的 IP 业务量的加速汇聚，一个灵活动态的光网络基础设施是必要的，而 ASON 技术将使得光连网从静态光连网走向自动交换光网络，这将满足下一代传送网的要求，因此 ASON 将成为以后传送网发展的重要方向。

下一代接入网是指多元化的宽带接入网。当前，接入网已经成为全网宽带化的最后瓶颈，接入网的宽带化已成为接入网发展的主要趋势。接入网的宽带化主要有以下几种解决方案：一是采用不断改进的 ADSL 技术及其他 DSL 技术；二是采用无线局域网 WLAN 技术和 WiMAX 技术等无线宽带接入手段；三是采用光纤接入，特别是采用无源光网络（PON）用于宽带接入。

下一代交换网指网络的控制层面采用软交换或 IP 多媒体系统 IMS 作为核心架构。

下一代的互联网将是以 IPv6 为基础的。现有的互联网是以 IPv4 为基础的，IPv4 所面临的最严重问题就是地址资源不足，此外，在服务质量、管理灵活性和安全方面都存在着内在缺陷，因此，互联网正逐渐演变成以 IPv6 为基础的下一代互联网（NGI）。

下一代移动网是指以 3G 和 4G 为代表的移动网络。总的来看，移动通信技术的发展思路是比较清晰的。下一代移动网将开拓新的频谱资源，最大限度实现全球统一频段、统一制式和无缝漫游，满足中高速数据和多媒体业务的市场需求以及进一步提高频谱效率，增加容量，降低成本，扭转 ARPU 下降的趋势。

由以上 5 个方面可以看出，NGN 实际上是一把大伞，涉及的内容十分广泛，实际包含了从用户驻地网、接入网、城域网及干线网到各种业务网的所有层面。一句话，广义的 NGN 实际包含了几乎所有新一代网络技术，是端到端的、演进的、融合的整体解决方案，而不是局部的改进更新和单项技术的引入。NGN 不是对网络的革命，而是演进，是在现有网络基础上的平滑过渡。

**2．下一代网络狭义的概念**

从狭义来讲，下一代网络特指以软交换设备为控制核心，能够实现语音、数据和多媒体业务的开放的分层体系架构。在这种分层体系架构下，能够实现业务控制与呼叫控制分离，呼叫控制与接入和承载彼此分离，各功能部件之间采用标准的协议进行互通，能够兼容各业务网（PSTN、IP 网、移动网等）技术，提供丰富的用户接入手段，支持标准的业务开发接口，并采用统一的分组网络进行传送。若无特殊说明，本书后面所提及的"NGN"均作狭义的软交换网络理解。ITU-T 对 NGN 的定义如下：NGN 是基于分组的网络，能够提供电信业务；是利用多种宽带能力和 QoS 保证的传送技术；其业务相关功能与其传送技术相独立。NGN 使用户可以自由接入到不同的业务提供商；NGN 支持通用移动性。

下一代网络中最基本的技术主要包含两个主要的技术。

① 所有的业务都通过统一的 IP 网络传输。

② 呼叫控制与传输网络分离，业务控制与呼叫控制分离。

### 7.1.4　下一代网络的特点

从下一代网络的定义可以看出，下一代网络是可以提供包括语音、数据、多媒体等各种业务的综合开放的网络构架，有三大特征，其特点如下。

① 将传统交换机的功能模块分离成为独立的网络部件，各个部件可以按相应的功能划分，各自独立发展，部件间的协议接口基于相应的标准。部件化使得原有的电信网络逐步走向开放，运营商可以根据业务的需要自由组合各部分的功能产品来组建网络。部件间协议接口的标准化可以实现各种异构网的互通。

② 下一代网络是业务驱动的网络，应实现业务控制与呼叫控制分离、呼叫与承载分离。分离的目标是使业务真正独立于网络，以便灵活有效的实现各种业务。用户可以自行配置和定义自己的业务特征和接入方式，不必关心承载业务的网络形式以及终端类型。同时能够支持固定用户和移动用户，使得业务和应用的提供有较大的灵活性。

③下一代网络是基于统一 TCP/IP 的分组网络，能利用多种宽带能力和有 QoS 保证的传送技术，使 NGN 能够提供通信的安全性、可靠性和保证服务质量。

## 7.2　以软交换为中心的下一代网络结构

### 7.2.1　下一代网络的一般结构

下一代网络在功能上可分为媒体/接入层、核心媒体层、呼叫控制层和业务/应用层 4 层，其结构如图 7-1 所示。

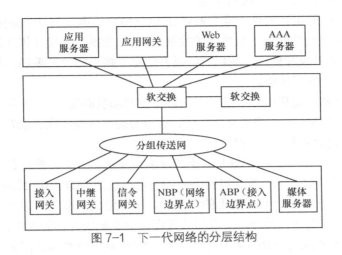

图 7-1　下一代网络的分层结构

## 1. 接入层

接入层的主要作用是利用各种接入设备实现不同用户的接入，并实现不同信息格式之间的转换。接入层的设备没有呼叫控制的功能，它必须和控制层设备相配合，才能完成所需要的操作。接入层的设备主要有中继网关、信令网关、综合接入媒体网关、网络边界点 NBP、用户接入边界点 ABP 和媒体服务器。

① 信令网关（SG）：No.7 信令网关的功能是完成 No.7 信令消息与 IP 网中信令消息的互通，信令网关通过其适配功能完成 No.7 信令网络层与 IP 网中信令传输协议（SIGTRAN）的互通，从而透明传送 No.7 信令高层消息（TUP/ISUP 或 SCCP/TCAP），并提供给软交换（媒体网关控制器）。

为了实现与 No.7 信令网呼叫连接控制的互通，信令网关 SG 首先需要终接 No.7 信令链路，然后利用信令传输协议（SIGTRAN）将 No.7 信令的呼叫连接控制消息的内容传递给软交换（媒体网关控制器）进行处理。

信令传输协议（SIGTRAN）是实现用 IP 网络传送电路交换网信令消息的协议栈，它利用标准的 IP 传送协议作为底层传输，通过增加自身功能来满足信令传送的要求。

需要指出的是，SG 只进行 PSTN/ISDN 信令的底层转换，即将 7 号信令系统的应用部分的传送由从 7 号信令系统的消息传递部分 MTP 承载转换成由 IP 传送方式，并不改变其应用层消息。因此，从应用层角度看，SG 对于信令内容仍是透明的。

② 媒体网关：Media Gate Way，简称 MG 或 MGW，实际上是一个广义概念，类别上可分为中继网关和接入网关。

中继网关（TGW）负责桥接 PSTN 和 IP 网络，完成多媒体信息（语音或图像）TDM 格式和 RTP 数据包的相互转换，中继网关（TGW）没有呼叫控制功能，由软交换（媒体网关控制器）通过 MGCP 或 H.248 协议控制，完成连接的建立和释放。

与中继网关一样，接入网关（AG）主要也是为了在分组网上传送多媒体信息而设计的，所不同的是，接入网关的电路侧提供了比中继网关更为丰富的接口。这些接口包括直接连接模拟电话用户的 POTS 接口、连接传统接入模块的 V5.2 接口、连接 PBX 小交换机的 PRI 接口等，从而实现铜线方式的综合接入功能。

接入网关与住宅 IP 电话相连，负责采集 IP 电话用户的事件信息（如摘机、挂机等），且将这些事件经 IP 网传给软交换（媒体网关控制器），并根据软交换（媒体网关控制器）的命令，完成媒体消息的转换和桥接，将用户的语音信息变换为相关的编码，封装为 IP 数据包，以完成端到端 IP 语音数据传送。

③ 媒体服务器是软交换网络中提供专用媒体资源功能的设备，为各种业务提供媒体资源和资源处理，包括 DTMF 信号的采集与解码、信号音的产生与传送、录音通知的发送、不同编解码算法间的转换等各种资源功能。

④ 用户接入边界点（ABP）：ABP 属于软交换网络的接入层汇聚设备，位于软交换核心网的边缘，负责用户终端接入。软交换网络中的终端（包括 IAD、SIP 终端、H.323 终端和软终端（软终端指采用 SIP 运行在 PC 上的终端）），不可信任的接入网关可以通过二层接入网络通过 ABP 接入到软交换；另外，可以将放置在企业或集团内部的大端口 IAD 或接入网关采用 Internet 隧道方式通过 ABP 接入到软交换。ABP 到用户终端之间属于二层网络，ABP 是用户终端接入到软交换网络时所经过的第一个三层设备。ABP 到用户终端之间的二层网络提供对 Internet 业务和软交换业务的区分服务，即"一条物理线两条逻辑线"的概念。所接入的用户终端和 ABP 以及软交换核心设备共享一个地址空间（软交换专网地址）。通过 ABP 接入软交换网络中的用户，可以享受服务质量保证。

⑤ 网络边界点（NBP）：NBP 用于和其他基于 IP 的网络之间的互通，NBP 位于软交换核心网的边缘。NBP 的软交换网络侧具有软交换专网地址，和 Internet 互连侧具有公网地址，如果和其他运营商基于 IP 的网络进行互连，则需要一个互连 IP 地址。通过 Internet 网络接入的终端设备，通过 NBP 接入到软交换网络。由于目前 Internet 网络不能提供业务区分服务，因此经过 Internet 接入到 NBP 进而接入到软交换网络中的用户不能享受到服务质量保证。

ABP 和 NBP 为逻辑实体，可以对应到多个物理实体。

⑥ SIP 终端：基于 SIP 的终端。可包括 SIP 硬终端和 SIP 软终端，SIP 软终端是基于 SIP 的多媒体软件，运行在计算机平台上。

⑦ 综合接入设备（IAD）：IAD 是 Integrated Access Device 的简称。综合接入设备是一个小型的接入层设备，它向用户同时提供模拟端口和数据端口，实现用户的综合接入（实现语音和数据业务）。

## 2. 传送层

传送层主要完成数据流（媒体流和信令流）的传送，一般为 IP 网络或 ATM 网络。IP 网络采用的是无连接控制方式，ATM 网络采用的是面向连接控制方式。下一代网络的传送层主要采用 IP 网络。

## 3. 控制层

控制层是下一代网络的核心控制设备，该层设备一般被称为软交换机（呼叫代理）或媒体网关控制器（MGC）。软交换设备是软交换网络的核心控制设备，它独立于底层承载协议，主要完成呼叫控制、媒体网关接入控制、资源分配、协议处理、路由、认证、计费等主要功能，并可以向用户提供各种基本业务和补充业务。软交换（呼叫代理）的主要功能如下。

（1）呼叫控制功能：软交换设备可以为基本呼叫的建立、维持和释放提供控制功能，包括呼叫处理、连接控制、智能呼叫触发检测和资源控制等。软交换设备应支持基本的两方呼叫控制功能和多方呼叫控制功能，其中多方呼叫控制功能，包括多方呼叫的特殊逻辑关系、呼叫成员的加入/退出/隔离旁听以及回声过程的控制等。软交换设备应能够识别媒体网关报告的用户摘机、拨号和挂机等事件；控制媒体网关向用户发送各种信号音，如拨号音、振铃音、回铃音等；提供满足运营商需求的拨号计划。当软交换设备内不包含信令网关时，软交换应能够采用 SS7/IP 与单独设置的信令网关互通，完成整个呼叫的建立与释放功能，其主要承载协议采用流传送控制协议（SCTP）。软交换设备可以控制媒体网关发送交互式语音应答（IVR），以完成诸如二次拨号等多种业务。软交换可以同时直接与 H.248 终端、媒体网关控制协议（MGCP）终端和会话启动协议（SIP）客户端终端进行连接，提供相应业务。

（2）业务提供功能：软交换应能够提供 PSTN/ISDN 交换机提供的业务，包括语音业务、补充业务和多媒体业务等基本业务和补充业务；可以与现有智能网配合，提供现有智能网提供的业务；可以与第三方合作，提供多种增值业务和智能业务。

（3）业务交换功能：软交换应能提供智能网中业务交换点 SSP 的功能，SSP 包括业务交换功能与呼叫控制功能。业务交换功能主要包括：业务控制触发的识别以及与 SCF 间的通信；管理呼叫控制和 SCF 之间的信令；按要求修改呼叫/连接处理功能；在 SCF 控制下处理 IN 业务请求；业务交互作用管理等。

（4）协议转换功能：软交换是一个开放的、多协议的实体，因此必须采用标准协议与各种媒体网关、终端和网络进行通信，这些协议包括 H.248、SCTP、ISUP、TUP、INAP、H.323、Radius、SNMP、SIP、MTP3 用户适配协议（M3UA）、MGCP、与承载无关的呼叫控制（BICC）、ISDN 用户—网络接口控制协议等。

（5）互连互通功能：软交换通过信令网关实现分组网与现有 7 号信令网的互通；软交换可以通过信令网关与现有智能网互通，为用户提供多种智能业务；允许 SCF 控制 VoIP 呼叫，且对呼叫信息进行操作（如号码显示等）；软交换可以通过软交换中的互通模块，采用 H.323 协议实现与现有 H.323 体系的 IP 电话网的互通；采用 SIP 实现与未来 SIP 网络体系的互通；软交换可以与其他软交换设备互通互连，它们之间的协议可以采用 SIP 或 BICC；软交换提供 IP 网内 H.248 终端、SIP 终端和 MGCP 终端之间的互通。

（6）资源管理功能：软交换应提供资源管理功能，对系统中的各种资源进行集中的管理，如资源的分配、释放和控制等。

（7）计费功能：软交换应具有采集详细话单及复式计次功能，并能够按照运营商的需求将话单传送到相应的计费中心。当使用计账卡业务时，软交换应具备实时断线功能。

（8）认证与授权功能：软交换应能够与认证中心连接，并可以将所管辖区域内的用户、媒体网关信息送往认证中心进行认证与授权，以防止非法用户/设备的接入。

（9）地址解析功能：软交换设备可以完成 E.164 地址至 IP 地址、别名地址至 IP 地址的转换功能，同时也可以完成重定向功能。

（10）语音处理控制功能：软交换可以控制媒体网关采用语音压缩，并提供可选择的语音压缩算法，算法至少应包括 G.729、G.723 等。软交换可以控制媒体网关采用回波抵消技术，以减少回声。软交换还可以向媒体网关指示包缓存区的大小，以减少抖动对语音质量的影响。

### 4. 业务层

在下一代网络中，业务与控制分离，业务部分单独组成应用层。应用层的作用就是利用各种设备为整个下一代网络体系提供业务能力上的支持。主要设备如下。

（1）应用服务器是在软交换网络中向用户提供各类增值业务的设备，负责增值业务逻辑的执行、业务数据和用户数据的访问、业务的计费和管理等，它应能够通过 SIP 控制软交换设备完成业务请求，通过 SIP/H.248（可选）/MGCP（可选）协议控制媒体服务器设备提供各种媒体资源。

（2）用户数据库：存储网络配置和用户数据。

（3）SCP：原有智能网的业务控制点。控制层的软交换设备可利用原有智能网平台为用户提供智能业务，此时软交换设备需具备 SSP 功能。

（4）应用网关。向应用服务器提供开放的、标准的接口，以方便第三方业务的引入，并应提供统一的业务执行平台。软交换可以通过应用网关访问应用服务器。

## 7.2.2 软交换技术的特点

软交换是一种功能实体，为下一代网络（NGN）提供具有实时性要求的业务的呼叫控制和连接控制功能，是下一代网络呼叫与控制的核心。

传统的电路交换机将传送交换硬件、呼叫控制和交换以及业务和应用功能结合进单个昂贵的交换机设备内，是一种垂直集成的、封闭和单厂家专用的系统结构，新业务的开发也是以专用设备和专用软件为载体，导致开发成本高、时间长、无法适应今天快速变化的市场环境和多样化的用户需求。而软交换打破了传统的封闭交换结构，采用完全不同的横向组合的模式，将传输、呼叫控制和业务控制三大功能间的接口打开，采用开放的接口和通用的协议，构成一个开放的、分布的和多厂家应用的系统结构，可以使业务提供者灵活选择最佳和最经济的组合来构建网络，加速新业务和新应用的开发、生成和部署，快速实现低成本广域业务覆盖，推进语音和数据的融合。

软交换的关键特点是采用开放式体系结构，实现分布式通信和管理，具有良好的结构扩展性。其应用层和媒体控制层已经与媒体层硬件分离并纳入开放的标准的计算环境，允许充分利用商用的标准计算平台、操作系统和开发环境。其次，采用软交换后，实现了多个业务网的融合，简化了网络层次和结构以及跨越不同网络（电路交换网、分组网、固定网和移动网等）的业务配置，避免了建设维护多个分离业务网所带来的高成本和运行维护的复杂性。另外，采用分组交换技术后，提高了网络资源利用率，减少了交换机互连的复杂性和业务网的承载成本。由于软交换的价格可以遵循软件许可证方式，投资大小随用户数而增长，因此有利于新的电信运营商或传统运营商开发新市场。最后，软交换设备占地很小，不仅明显提高了机房空间利用率，而且也便于节点的灵活部署。

简而言之，软交换是实现传统程控交换机的呼叫控制功能的实体，但传统的呼叫控制功能是和业务结合在一起的，不同的业务所需要的呼叫控制功能不同，而软交换则是与业务无关的，这要求软交换提供的呼叫控制功能是各种业务的基本呼叫控制。相信未来的软交换应该是尽可能简单的，智能则尽可能地移至外部的业务和/或业务层。软交换作为一种开放的体系，必须采用标准的协议，并通过 API 接口提供对第三方应用的支持。

软交换技术的产品已逐步进入实用化阶段，软交换正逐渐成为下一代网络中最活跃和热门的技术。

### 7.2.3 下一代网络的协议

#### 1. 下一代网络的协议架构

下一代网络的目标是建设一个能够提供语音、数据、多媒体等多种业务的，集通信、信息、电子商务、娱乐于一体，满足自由通信的分组融合网络。在下一代网络中，各个功能模块分离成为独立的网络部件，各个部件之间通过标准的协议通信，共同配合完成各种业务。为了实现这一目标，IETF、ITU-T 制定并完善了一系列标准协议：媒体网关控制协议 H.248、会话启动协议 SIP、信令传输协议（SIGTRAN）、与承载无关的呼叫控制协议 BICC 等。下一代网络中各部分设备之间采用的协议如图 7-2 所示。

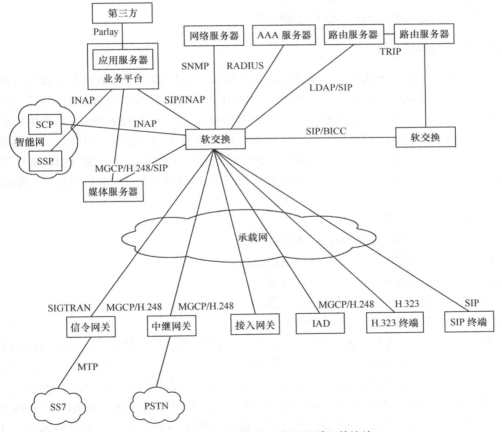

图 7-2　下一代网络中各设备之间采用的协议

由图 7-2 可见，下一代网络中各设备间采用的协议如下。

① 软交换与信令网关（SG）间的接口使用 SIGTRAN 协议，信令网关（SG）与 7 号信令网络之间采用 7 号信令系统的消息传递部分 MTP 的信令协议。信令网关完成软交换和信令网关间的 SIGTRAN 协议到 7 号信令网络之间消息传递部分 MTP 的转换。

② 软交换与中继网关（TG）间采用 MGCP 或 H.248/Megaco 协议，用于软交换对中继网关进行承载控制、资源控制和管理。

③ 软交换与接入网关（AG）和 IAD 之间采用 MGCP 或 H.248 协议。

④ 软交换与 H.323 终端之间采用 H.323 协议。

⑤ 软交换与 SIP 终端之间采用 SIP。

⑥ 软交换与媒体服务器（MS）之间接口采用 MGCP、H.248 协议或 SIP。

⑦ 软交换与智能网 SCP 之间采用 INAP（CAP）。

⑧ 软交换设备与应用服务器间采用 SIP/INAP，业务平台与第三方应用服务器之间的接口可使用 Parlay 协议。

⑨ 软交换设备之间的接口主要实现不同软交换设备间的交互，可使用 SIP-T 和 ITU-T 定义的 BICC 协议。

⑩ 媒体网关之间传送采用 RTP/RTCP。

⑪ 软交换与 AAA 服务器之间采用 RADIUS 协议。

⑫ 软交换与网关服务器之间采用 SNMP。

### 2. SIP 和 SDP

SIP（Session Initiation Protocal）称为会话启动协议，是由 Internet 工程任务组 IETF（Internet Engineering Task Force）于 1999 年提出的一个在 IP 网络中，特别是在 Internet 这样一种结构的网络环境中，实现多媒体实时通信应用的一种信令协议。会话（Session）是指用户之间的实时数据交换。在 SIP 的应用中，每一个会话可以是各种不同的数据，可以包括普通的文本数据，经过数字化处理的音频、视频数据，其应用具有很大的灵活性。SIP 是 IETF 标准进程的一部分，它是在诸如 SMTP（简单邮件传送协议）和 HTTP（超文本传送协议）基础之上建立起来的。

SIP 的主要功能如下。

用户定位：确定用于通信的终端系统的位置。

用户能力：确定通信媒体和媒体的使用参数。

用户可达性：确定被叫加入通信的意愿。

呼叫建立：建立主叫和被叫的呼叫参数。

呼叫处理：包括呼叫转移和呼叫终止。

SIP 是一个正在发展和不断研究中的协议。一方面，它借鉴了其他 Internet 标准和协议的设计思想，在风格上遵循互联网一贯坚持的简练、开放、兼容和可扩展等原则，并充分注意到互联网在开放而复杂的网络环境下的安全问题。另一方面，它也充分考虑了对传统公共电话网的各种业务（包括 IN 业务和 ISDN 业务）的支持。由于软交换网络需要做到与 PSTN 的融合，因此为了业务的需要，对 SIP 进行了扩展，以便在 SIP 消息中能够正确地传送 ISUP 消息，这就是 SIP-T（SIP-I）协议。

在下一代网络体系中，SIP 主要应用于软交换设备与应用服务器之间、不同的软交换设备之间、SIP 智能终端与 SIP 服务器之间、不同的 SIP 服务器之间。

在下一代网络体系中，SIP 智能终端与 SIP 服务器之间、SIP 服务器之间的呼叫控制信令用会话启动协议 SIP 传送，媒体描述由会话描述协议 SDP 定义。会话启动协议 SIP 和会话描述协议 SDP 都是基于文本的协议。SIP 的设计思想和互联网的其他常用协议（超文本传输协议（HTTP）、多用途 Internet 邮件扩展 MIME 等）类似，这种相似性的一个好处就是：为解析 HTTP 所设计的程序可以相对容易地进行改造，用来解析 SIP。另外，SIP 会话请求过程和媒体协商过程是一起进行的，即会话描述协议（SDP 或 ISUP）消息的内容是包含在会话启动协议（SIP）消息的消息体中传送的，因此呼叫建立时间短。

在 SIP 消息的消息体中包含了与所交换的媒体有关的信息，比如 RTP 负载类型、IP 地址和端口。消息体大多数以会话描述协议（SDP）为依据。SDP 提供了描述从会话信息到可能的会话参加者的格式。一个会话可以由一个或多个媒体流组成，因此，会话描述包括一个或多个媒体流相关的参数说明，此外还包括与会话整体相关的通用信息。所以，SDP 中既包含有会话级参数，又包括媒体级参数。会话级参数包括如下信息，如会话的名称、会话的发起者以及连接信息（接收媒体数据的网络类型和 IP 地址）。媒体级信息包括媒体类型、端口号、传输协议、媒体格式等。

### 3. H.248 协议

下一代网络的一个重要特点是呼叫控制与承载分离，软交换设备完成呼叫控制功能，媒体网关完成媒体信息的处理。H.248/Megaco 协议是软交换设备与媒体网关之间的一种媒体网关控制协议。

H.248/Megaco 是在 MGCP（RFC2705 定义）的基础上，结合其他媒体网关控制协议特点发展而成的一种协议，它提供控制媒体的建立、修改和释放机制，同时也可携带某些随路呼叫信令，支持传统网络终端的呼叫。该协议在下一代网络中发挥着重要作用。我国原信息产业部推荐在软交换设备与媒体网关、软交换设备与各种接入网关之间采用 H.248 协议，可参考图 7-3。在 R4 移动软交换系统中（G）MSC Server 和 MGW 的 Mc 接口采用 H.248 协议，如图 7-4 所示。

图 7-3　H.248 协议在固网软交换中的位置

H.248 协议的目的是对媒体网关的承载连接行为进行控制和监视，因此，一个首要的问题是如何对媒体网关内部对象进行抽象和描述？为此，H.248 提出了网关的连接模型概念，模型的基本构件有终端（Termination）和关联域（Context）。

终端是 MG 上的一个逻辑实体，它可以发送和/或接收一个或者多个数据流。在一个多媒体会议中，一个终端可以发送或者接收多个媒体流。

关联域代表一组终端之间的相互关系，实际上对应为呼叫，在同一个关联域中的终端之间可相互通信（不包括空关联）。

H.248 协议使用命令对连接模型中的逻辑实体进行管理，命令提供了对关联域和终端特性进行控制的机制。H.248 协议使用的命令主要有 Add 命令、Modify 命令、Subtract 命令、Move 命令、Notify 命令和 Service Change 命令。

Add 命令用来向一个关联中添加终端；Modify 命令用来修改终端的特性、事件和信号；Subtract 命令用来解除一个终端与它所处的关联之间的联系，同时返回有关这个终端的统计信息；Move 命令用来将一个终端从它当前所在的关联转移到另一个关联；MG 可以使用 Notify 命令向软交换设备报告 MG 内发生的事件，MG 可以用 Service Change 命令通知软交换设备：终端或终端组将要退出业务或返回业务，软交换设备也可以用该命令指示 MG 应退出业务或返回业务的终端，MG 可以用此命令通知软交换设备：终端的能力已经发生改变，也允许软交换设备用此命令通知 MG：已将对 MG 的控制转移给另一个软交换设备。

大部分命令都是由软交换设备作为命令起始者发起，MG 作为命令响应者接收，从而实现软交换设备对 MG 的控制。只有 Notify 和 Service Change 命令例外，Notify 命令是由 MG 发送给软交换设备的，而 ServiceChange 既可以由 MG 发起，也可以由软交换设备发起。

#### 4. BICC 协议

BICC 协议是由 ITU-T SG11 小组制定的，是一种在骨干网中实现使用与业务承载无关的呼叫控制协议。其主要目的是解决呼叫控制和承载控制分离的问题，使呼叫控制信令可以在各种网络上承载。BICC 协议主要应用在移动通信系统 3G 的 R4 核心网中，与 BICC 协议有关的网络接口及相关的协议如图 7-4 所示。

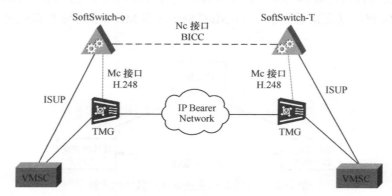

图 7-4　BICC 协议和 H.248 协议在移动核心网中的位置

图中 Nc 接口是移动通信系统 3G 的 R4 核心网中 MSC Server（或 GMSC Server）间的呼叫控制信令接口，采用与承载无关的呼叫控制协议 BICC，BICC 提供在宽带传输网上等同 ISUP 的信令功能。

Mc 接口是 MSC Server 与媒体网关 MGW 之间的接口，Mc 接口采用 ITU_T 及 IETF 联合制定的 H.248 协议，并增加了针对 3GPP 特殊需求的 H.248 扩展事务（Transaction）及扩展包（Package）定义。

BICC 信令是在 ISUP 信令的基础上发展起来的，在对基本呼叫流程及补充业务特性的支持方面基本和 ISUP 类似；BICC 新增的"应用信息传输"（APM）机制使得 Nc 接口两端的呼叫控制节点间可以交互承载相关的信息：包括承载地址、连接参考、承载特性、承载建立方式及支持的 Codec 列表等；BICC 还可为 MGW 间的承载控制信令在 Nc 接口上提供隧道传输功能。

BICC 协议采用呼叫信令和承载信令功能分离的思路，重新定义一个骨干网络中使用的呼叫控制信令协议，可以控制包括 ATM 网络和 IP 网络在内的各种网络。呼叫控制协议基于 N-ISUP 信令，沿用 ISUP 中的相关消息，并利用 APM（Application Transport Mechanism）机制传送 BICC 特定的承载控制信息，因此可以承载全方位的 PSTN/ISDN 业务。呼叫与承载的分离，使得异种承载的网络之间的业务互通变得十分简单，只需要完成承载级的互通，业务不用进行任何修改，各种端到端的窄带业务特性（包括各种增值业务和附加业务特性）可以继续保持。

### 5. 信令传输协议（SIGTRAN）

现有的通信网络可分为传统的电路交换网和以 IP 为基础的分组数据网。电路交换网包括固定电话网和移动网，它主要提供传统的语音业务。另外，以 IP 为基础的分组数据网发展迅速。不同的网将按各自的最佳方向独立演进，融合发展。最终形成一个统一的、融合的、主要是以 IP 为基础的分组化网。然而，从传统的电路交换网到分组化网将是一个长期的渐进过程。

在电路交换网和 NGN 的融合过程中，以电路交换为基础的网络和以分组交换为基础的 NGN 网络之间的通信势必要求信令能够互通，两个全球最大的网络将长期共存，信令互通的潜力将是巨大的。更重要的是，下一代网络是以 IP 为基础的，无论是软交换体系结构还是第三代移动通信系统，都采用基于 IP 的分组交换网络，因此信令网关是必不可少的。

信令网关的作用就是完成两个不同网络之间控制信息的相互转换，以实现一个网络中的控制信息能够在另一个网络中延续传输。信令网关是在两个网络的边界接收和发送信令的代理，是两个网络间的信令关口，对信令消息进行翻译、中继或终结处理。信令网关可以独立设置，也可以与其他网关综合设置，以便处理与接入线路或中继线路有关的信令。

（1）SIGTRAN 协议栈结构

信令传输协议（SIGTRAN）是实现用 IP 网络传送电路交换网信令消息的协议栈，它利用标准的 IP 传送协议作为底层传输，通过增加自身功能来满足信令传送的要求。

图 7-5 所示为 SIGTRAN 协议栈结构，SIGTRAN 协议栈的组成包括 3 个部分：信令适配层、信令传输层和 IP 协议层。信令适配层用于支持特定的原语和通用的信令传输协议，包括针对 No.7 信令的 M3UA、M2UA、M2PA、SUA 和 IUA 等协议，还包括针对 V5 协议的 V5UA 等。信令传输层支持信令

| ISUP | TUP | | | Q.931 | V5.2 |
|---|---|---|---|---|---|
| MTP3 | M3UA | | SUA | IUA | V5UA |
| M2UA/M2PA | | | | | |
| SCTP | | | | | |
| IP | | | | | |

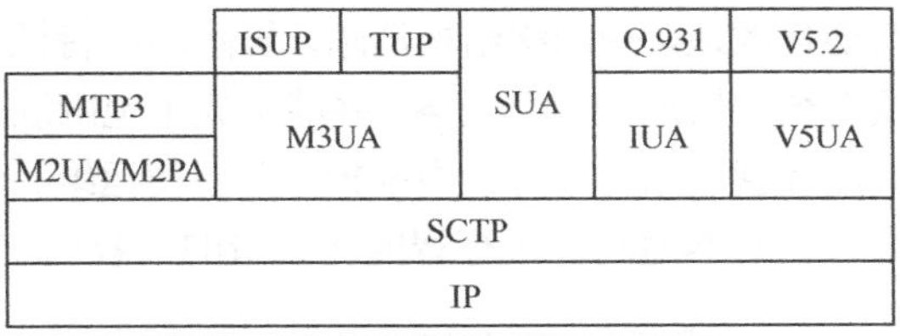

图 7-5　SIGTRAN 协议栈结构

传送所需的一组通用的可靠传送功能，主要指 SCTP。IP 层实现标准的 IP 传送协议。

因此，就信令网关而言，需要转换的是公共的底层传送协议栈。需要指出的是，SG 只进行 PSTN/ISDN 信令的底层转换，即将 7 号信令系统的应用部分的传送由从 7 号信令系统的消息传递部分 MTP 承载转换成由 IP 传送方式，并不改变其应用层消息。因此，从应用层

角度看，SGW 对于信令内容仍是透明的。

（2）信令网关实现 No.7 信令网节点与 IP 网软交换互通的典型结构

信令网关使用 M3UA 实现 No.7 信令网节点与 IP 网的 MGC（软交换）的互通的结构如图 7-6 所示，在这种结构中，信令网关使用 M3UA 协议来完成 No.7 信令系统 MTP 与基于 IP 的信令传送的适配。信令网关接收到来自 No.7 信令网的消息后，信令网关对消息中的 No.7 信令地址（DPC、OPC 等）和信令网关所设置的选路关键字进行比较，确定 IP 网中的应用服务器（AS）和应用服务器进程（ASP），从而找到目的地的用户。

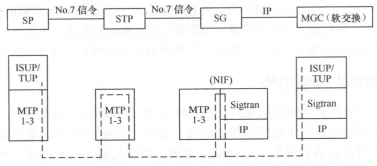

图 7-6 信令网关实现 No.7 信令点与 IP 网的软交换互通的典型结构

在这种结构中，信令网关 SG 既可以作为一个信令转接点 STP，分配单独的信令点编码，也可与 MGC 共享同一个信令点编码。

## 7.3 固定电话网向下一代网络的演进

### 7.3.1 固定电话网向下一代网络的演进步骤

宽带化、多媒体化、移动性是未来通信发展的主要方向，固定电话网向下一代网络的演进可分为以下步骤。

#### 1. 对网络进行智能化改造

第一个步骤是对本地网络进行智能化改造，在固定电话本地网建立业务交换中心、用户数据中心和智能业务中心，通过 3 个中心快速实现网络低成本快速化、移动化和综合化。通过固网智能化改造，使网络结构清晰，屏蔽端局特性的差异，使新业务的开发不依赖于端局，可根据需要在全网快速推出新业务，并能实施本地网联机实时计费，市话详单、解决欠费，支持客户细分，灵活经营策略，支持集中维护管理，使运维、建设成本降低，提升网络综合效益，为三网融合做准备。对本地网络进行智能化改造的内容已在"5.6 固网的智能化改造"中介绍。

#### 2. 对固网进行分组化改造

固网演进的第二个步骤是对固网进行宽带化的改造。对固网进行宽带化的改造包含两个方面的内容，即软交换和分组交换。软交换是指对固定电话网中的交换机的控制功能进行改造，实现呼叫控制功能和承载功能的分离，分组交换是指逐步将固定电话网的电路交换方式改为分组交换方式，将电话网的承载网络改为 IP/ATM 网络。分组化改造可首先在核心网络的汇接局进行，用软交换机+媒体网关来取代传统的汇接局。在端局需要改造时，用接入网关 AG 和 IAD 来取代端局，呼叫控制功能由软交换完成。

#### 3．固网终端智能化和接入宽带化

固网演进的第三个步骤是固网终端智能化和接入宽带化。网络智能化为终端智能化创造了使用平台，终端智能化可以提供更丰富的业务，提供个性化的服务，易于操作使用，使固网终端拥有与手机一样的智能，甚至有比手机终端更为友好的显示界面，图像更清晰，从而吸引用户使用固定网络的业务。接入宽带化是指对用户线的传输能力进行改造，使用户获得实现多媒体通信所需的带宽，接入宽带化可通过 ADSL 接入、以太网接入或光纤接入来实现，在固网终端智能化和接入宽带化的基础上实现多媒体通信（包含语音、数据和视频）。

### 7.3.2　软交换技术在固网智能化改造中的应用

#### 1．利用软交换汇接局完成固网智能化改造的网络结构

对本地网络进行智能化改造的内容已在"5.6 固网的智能化改造"中介绍。如果对固网智能化的概念进行扩展，不局限于用 TDM 的方式实现，而是可以采用分组交换技术，那么在智能化汇接局的选择上，也可以采用软交换，这时具有 SSP 功能的汇接局本身就是软交换节点，从而不仅可以利用智能平台资源（SCP 和应用服务器）来提供传统的智能业务，还可以依靠 NGN 技术在全网开展丰富多彩的多媒体业务。利用软交换汇接局实现固网智能化改造的结构如图 7-7 所示。图中 TG 是媒体网关，Softswitd/SSP 是软交换/业务交换点，AS 是应用服务器，SDB 是用户数据中心，SCP 是业务控制点。软交换与 SDB 之间采用扩展的 MAP，与 SCP 之间采用 INAP，与应用服务器 AS 之间采用 SIP。软交换与 TG 之间采用 H.248 协议。软交换网络与 PSTN 网络信令互通时，一般采用准直联为主、直联为辅的原则组织。信令网关 SG 与所覆盖本地网的 LSTP 设置信令链路，信令网关 SG 的功能是完成 No.7 信令消息与 IP 网中信令消息的互通，信令网关通过其适配功能完成 No.7 信令网络层与 IP 网中信令传输协议 SIGTRAN 的互通，从而透明传送 No.7 信令的高层消息（TUP/ISUP 或 SCCP/TCAP），并提供给软交换。

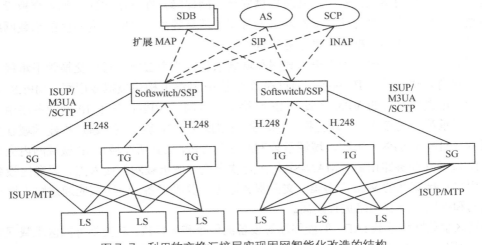

图 7-7　利用软交换汇接局实现固网智能化改造的结构

"软交换汇接局完全访问 SDB"模式的实现方案是：首先由软交换与中继网关（TG）结合替代 PSTN 中的汇接局，负责呼叫控制、路由控制、计费和维护等功能，同时要求软交换具备 SSP 功能，负责网络智能化业务的触发、业务实现的控制等。由于用户的号码信息以及用户签约的智能业务信息集中存放在 SDB 中，因此，软交换必须具备通过标准协议访问 SDB 的能力。在由软交换和 TG 构成本地网汇接层面后，原有的 PSTN 端局全部通过 TG 接入到软交换网络中。在系统运行时，端局将所有呼叫信令接入到软交换处理，软交换利用访问协议查询 SDB 得到用户的具体业务属性，实现业务的触发。TG 和每个本地交换机采用分区汇接的形式，实现话务的接续。每个本地交换机均至少与归属于不同软交换的两个 TG 进行连接，保证在单个 TG 或软交换发生故障时话务仍然能正常接续。

**2. 软交换的承载网结构**

软交换的承载网是 IP 网，可分为内网区承载网络、外网区承载网络和隔离区承载网络。软交换承载网网络组织如图 7-8 所示。

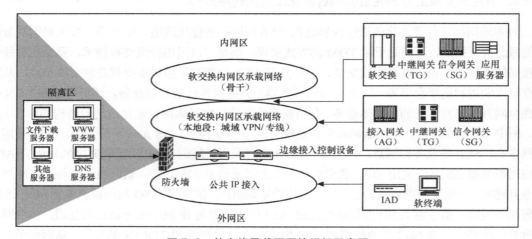

图 7-8　软交换承载网网络组织示意图

内网区的承载网络应为软交换网络提供安全组网保障，在网络层面实现软交换设备之间的相互通信、软交换网络与非软交换网络设备间的消息隔离。同时，内网区的承载网络还应为软交换信令、媒体等数据流提供服务质量保证。

内网区承载网络一般分为骨干承载网和城域承载网两个层面。对于交换骨干承载网，应依托于运营商自建的骨干 IP 网络，通过在该骨干 IP 网络上构建虚拟专用网（MPLS VPN）形成，骨干承载网对应的 VPN 在骨干 IP 网络中应为同一 VPN；骨干 IP 网业务路由器作为软交换骨干承载网的接入点。软交换城域承载网则依托于 IP 城域网，通过构建城域软交换虚拟专用网（MPLS VPN）形成，城域承载网对应的 VPN 在其所在城市 IP 城域网内应为同一 VPN；IP 城域网业务路由器（MAN-SR）作为软交换城域承载网的接入点。隔离区设备包括需要与用户直接交互的 Web 服务器、文件服务器等计算机设备，该区域应通过防火墙与内区承载网和外网区承载网络进行隔离。

外网区承载网络承载 IAD、智能终端等设备的信令和媒体流。软交换外网区承载网络主要指城域网和用户内部网络。外网区设备必须通过边缘接入控制设备实现与内网区设备的通信。

### 7.3.3 软交换作为端局时的应用

固定电话网中，也可采用软交换设备提供各种方式的用户接入，替代现有的端局。

软交换网络能够提供多种方式的用户接入，包括：通过大型的接入网络替代现有市话局提供的 POTS 接入和 ISDN 接入、ADSL 接入；通过布放在家中或者楼道的小型 IAD 设备提供的用户接入；通过 LAN 提供特殊用户的接入（SIP 用户、H.323、H.248＼MGCP 终端的接入）。

在选择软交换设备作为端局的应用时，软交换设备必须具有能提供传统的各种电信业务（PSTN、ISDN、CENTREX 和各种智能业务、增强业务）和基本的数据业务，并能够提供灵活多样的接入方式，以便于网络的灵活部署。

实现软交换端局常见的有 AG（IAD）方案和基于以太网方式的无源光网络（EPON）方案，前者常用于对已有端局的软交换改造，后者则应用于新端局的建设。

#### 1．利用 AG（IAD）完成端局的软交换改造

目前传统固网运营商的部分交换机的使用年限已到，需要改造和替换。利用综合接入媒体网关 AG 来进行传统交换机的替换和改造，既可以保持网络的延续性，又可以使网络具有可扩展性。

（1）利用 AG（IAD）完成端局的软交换改造的总体结构

图 7-9 所示为完成对固网中一个端局软交换改造的示意图。从图中可以看到，改造后端局的功能主要由软交换设备 SS 和综合接入媒体网关 AG 来完成。

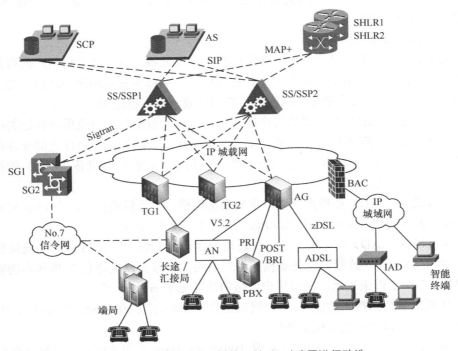

图 7-9　利用综合接入媒体网关 AG 对端局进行改造

在用户密集区域部署 AG，在用户侧提供直接连接模拟电话用户的 POTS 接口、连接传统接入模块的 V5.2 接口、连接 PBX 小交换机的 PRI 接口以及连接 ADSL 用户的 xDSL 接口，同时接入传统接入网、小交换机、个人电话机、PC 和 ADSL 用户，因而可以满足端局综合接入用户的功能要求。

在用户分散区域部署 IAD 系列或者智能终端，为用户提供语音和数据的综合接入。IAD 的网络侧也可以有多种接口和传输方式，例如，以太网接口、XDSL 接口等。

通过部署 SG 实现端局与 No.7 信令网的互通；部署中继网关 TG，由中继网关完成 PSTN 的 TDM 媒体流和 IP 数据包之间的转换，从而使端局用户获得 PSTN 的业务和性能。另外，在网络传送层引入了边缘接入控制设备（BAC），在一定程度上保证了网络安全和软交换业务的服务质量 QoS。

本方案中，软交换设备与中继网关 TG、接入网关（AG）以及 IAD 之间都使用 H.248 协议，软交换设备与信令网关之间使用 ISUP/SIGTRAN 协议，软交换设备与智能终端之间使用 SIP/H.248/H.323 等协议，软交换设备与应用服务器 AS 之间使用 SIP，软交换设备与传统智能网的 SCP 之间使用 INAP/SIGTRAN 协议。

在固网端局改造中，应用的媒体网关设备主要是 AG 和 IAD。

（2）接入网关（AG）

AG 的功能与 TG 非常相似，也是提供媒体映射和代码转换功能，即终止 TDM 电路，将媒体流分组化并在分组网上传送。它们主要的区别在于，接入网关在电路交换网侧可以提供丰富的接口类型，例如，POTS 接口、V5.2 接口、PRI 接口以及 xDSL 接口等，而中继网关在电路交换网侧的接口类型较为单一，主要提供 E1 接口或者是 STM-1 接口。此外，中继媒体网关不处理用户信令，而接入网关需要处理 Q.931、V5.2 等用户信令，即通过 SIGTRAN 协议改变用户信令的承载方式。

（3）综合接入设备（IAD）

综合接入设备（IAD）是下一代网络的用户接入层设备，其功能是将用户的数据、语音及视频等应用需求接入到分组交换网络中，在分组交换网络中完成相应的功能。综合接入设备 IAD 是小型的用户接入层设备，IAD 的用户端口数一般不超过 48 个。

综合接入设备（IAD）是小型的用户接入层设备，一般安装在距离用户较近的位置，如家庭、办公室、小区或商业楼宇的楼道，无需专门的机房。软交换与 IAD 之间处理的协议及控制的媒体流一般基于 IP 承载方式，通过 IP 网络传输。综合接入设备（IAD）的接口包括用户侧接口和网络侧接口。

综合接入设备（IAD）在用户侧接口主要是接入模拟电话机的接口，在 IAD 有数据接入功能时，用户侧应提供 10Mbit/s 或 100Mbit/s Base-T 以太网接口。

综合接入设备（IAD）中与模拟电话机连接的接口是 FXS 口。FXS 口用于连接普通电话机，IAD 中与 FXS 口相连接的设备是模拟用户电路。模拟用户电路有 7 项基本功能，常用 BORSCHT 这 7 个字母来表示。模拟用户电路的功能见本书 3.3.1 节。

当 IAD 要求有数据接入功能时，用户侧应提供 10Mbit/s 或 100Mbit/s Base-T 以太网接口，要求 IAD 具有二层以太网交换机的特性。

IAD 网络侧至少应有一个 10Mbit/s 或 100Mbit/s Base-T 以太网接口。网络侧接口遵守 IEEE802.3 规范定义的以太网相关标准，支持动态主机配置协议 DHCP 实现动态 IP 地址分配，同时支持静态配置 IP 地址。

软交换与 IAD 之间的媒体控制协议可采用 H.248 或 MGCP，推荐采用 H.248 协议。

对于 IAD 的 IP 地址分配，可以采用动态配置，也可以采用静态配置。IAD 可以通过 DHCP 服务器动态获得 IP 地址。

### 2．采用 EPON 构建软交换端局的方案

（1）EPON 系统的结构

接入网是最靠近用户的基础网络，现在开展的语音、数据、视频业务都有自身接入网，如果业务类型再增加，不仅运营商在接入网侧要产生新的投资，用户家里也要有相应投入，包括线路和设备的改造。长期以来，用户接入网的分离和接入带宽限制一直阻碍了新业务的发展，如果统一接入网，即采用综合接入技术，接入网将成为网络与用户的桥梁，用户通过有限的接入，就可获得各种不同类型的服务。同时，光纤接入使得用户接入侧带宽不再成为瓶颈，新业务的发展不会因接入的问题而受到影响，有利于快速开展新的业务，因此必须大力发展采用以太网技术为核心的综合接入。

随着各种光纤接入技术的成熟和发展，实现 FTTB（光纤到楼）或 FTTH（光纤到用户）已逐步进入到了大规模发展阶段，其中应用的最多的是采用 EPON 方式实现光纤综合接入。

EPON 接入可实现语音、宽带、视频等业务的综合接入。由于基于 IP 的各种业务的高速发展，以及下一代网络将以 IP 网络为核心传输网的发展趋势，要求接入网演进成以以太网技术为核心的全业务综合接入网，以适应未来网络的发展方向。

无源光网络（PON）技术是为了支持点到多点应用发展起来的光接入技术，EPON 是基于以太网的无源光网络。EPON 系统的结构如图 7-10 所示，EPON 系统一般由局端的光线路终端（Optical Line Terminal，OLT）、用户端的光网络单元（Optical Network Unit，ONU）和光配线网（ODN）组成。ODN 全部由无源器件组成。EPON 采用单纤波分复用技术（下行 1 490nm，上行 1 310nm），下行数据流采用广播技术，上行数据流采用 TDMA 技术。OLT 至 ONU 间只需一根光纤，局端至用户端传输距离可达 20km。

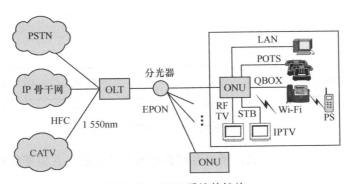

图 7-10　EPON 系统的结构

EPON 具有同时传输语音、IP 数据和视频广播的能力，其中语音和 IP 数据采用 IEEE 802.3 以太网帧格式进行传输，数据业务给用户提供最大带宽为 1 000 Mbit/s，通过扩展第三个波长（通常为 1 550nm）还可实现视频广播传输业务。

OLT 位于局端，是整个 EPON 系统的核心部件之一。其作用是为光接入网提供网络侧与电话网、IP 骨干网和有线电视网的接口，并经过一个或多个 ODN 与用户侧的 ONU 通信。

ODN 是由无源光元件（诸如光纤光缆、光连接器和光分路器等）组成的光配线网，为 OLT 与 ONU 之间提供光传输手段。其主要功能是完成分光器进行光信号功率的分配，分发下行数据并集中上行数据。EPON 系统采用 WDM 技术，下行数据采用 1 490nm 波长，上行数据采用 1 310nm 波长，实现单纤双向传输。一般其下行采用广播方式，下行方向的光信号被广播到所有 ONU，通过过滤的机制，ONU 仅接收属于自己的数据帧。上行采用 TDMA（时分多址接入）方式，上行方向每个 ONU 根据 OLT 发送的带宽授权发送上行业务。

EPON 系统对传统以太网协议栈中的 MAC 控制层功能进行了扩展，EPON 系统中的多点 MAC 控制协议（MPCP）增加了对点到多点（P2MP）网络中多个 MAC 客户层实体的支持，并提供对额外的 MAC 控制功能的支持。MPCP 主要处理 ONU 的发现和注册、多个 ONU 之间上行传输资源的分配、用于动态带宽分配和统计复用的 ONU 本地拥塞状态的汇报等。

在 EPON 的点到多点网络中，每个 ONU 都包含一个 MPCP 实体，它和 OLT 中的 MPCP 实体按照 MPCP 进行消息交互。MPCP 规定了 ONU 和 OLT 之间的控制机制以协调数据的发送和接收。PON 网络在任何一个时刻都只允许一个 ONU 在上行方向发送数据，OLT 中的 MPCP 负责对各 ONU 的传输进行准确定时、各 ONU 报告的拥塞报告可以优化 PON 网络内的带宽资源分配。此外，MPCP 还要实现 ONU 的发现和注册处理。

MPCP 的一个重要功能就是在一个点到多点的 EPON 系统中实现点到点的仿真。EPON 系统通过将每个以太网帧的前导码（Preamble）中的第 6、第 7 字节（原来的保留字节）用于逻辑链路标识（LLID），特定的 LLID 表示特定的 ONU 与 OLT 之间的点到点链路。其具体帧格式如图 7-11 所示。

另外，EPON 系统利用其下行广播的传输方式，定义了广播 LLID（LLID=OxFF）作为单复制广播（SCB）信道，以用于高效传输下行视频广播/组播业务。

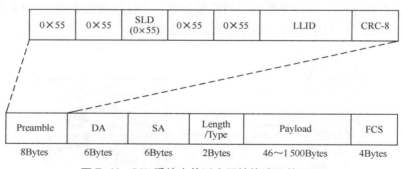

图 7-11 PON 系统中的以太网帧格式及其 LLID

EPON 系统下行采用广播方式，所以存在数据安全性问题，在需要的时候应对下行方向的信息进行加密处理。

ONU 位于用户端，为接入网提供直接的或远端的用户侧接口。ONU 的主要功能是终结光纤链路，并提供对用户业务的各种适配功能，负责综合业务接入。由于 ONU 用户侧是电接口，而网络侧是光接口，因此，ONU 具有光/电和电/光转换功能；还要完成对信号的数字化处理、复用、信令处理以及维护管理功能。当需要提供不同的业务时，在 ONU 中要配置不同的接口电路。在 EPON 系统中，语音和 IP 数据采用扩展的 IEEE 802.3 以太网帧格式进行传输，因而在通信的过程中，就不再需要协议转换就可以承载 IP 业务，从而实现高速的数据转发。

（2）EPON 系统的语音解决方案

当采用 EPON 完成语音业务时，主要采用 VoIP 方式，相应的结构图如图 7-12 所示。EPON 语音的承载采用 VOIP 方式，将语音信息转换为 IP 语音包，通过接入 NGN 网络实现语音业务。可由 ONU 配置电话接口直接实现电话接入，ONU 支持 H.248/MGCP，完成 VOIP 语音的转换，此时，ONU 实际上就是一个有光接口的 IAD。也可在 ONU 的 FE 接口下挂 IAD 设备，由 IAD 实现语音业务的接入。

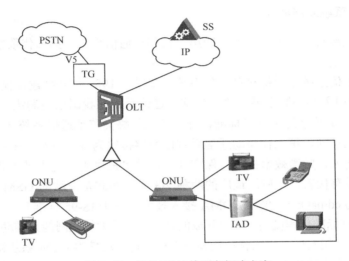

图 7-12　EPON 系统的语音解决方案

对于语音业务，ONU 将 TDM 语音信号转换为 IP 语音包，通过分组方式传送到 OLT，经 OLT 直接上联到 TG，实现与 PSTN 的互通。ONU（或 IAD）通过 H.248/MGCP 接受软交换设备的控制，完成呼叫处理。

（3）业务处理过程和原理

为了对不同的业务提供不同的服务质量，EPON 网络通过为不同的业务分配不同的 VLAN ID 来实现不同业务的路由选择，例如，语音业务被分配同一个 VLAN ID，数据业务则是一个端口分配一个 VLAN ID。

上行的语音业务与数据业务通过不同的接口接入 ONU，ONU 将 TDM 语音信号转换为 IP 语音包并打上内层 VLAN 标签，同时也给数据业务打上内层 VLAN 标签，然后把两种业务信号转换为光信号，以时分多址接入（TDMA）方式发射出去。业务信号经 ODN 到达 OLT，OLT 把光信号还原为电信号，打上外层 VLAN 标签，然后通过上联接口把业务信号流发送到上联业务网络。由于语音业务与数据业务有各自的 VLAN ID 和 IP 地址，所以上联网络根据不同的 VLAN ID 和 IP 地址选择路由，语音业务被送往软交换网络进行处理，数据业务则被送往 IP 城域网进行处理。

下行业务实现原理与上行业务基本类似，是一个相反方向的动作。从软交换网络和 IP 城域网来的信号流，由上联业务网络根据其 IP 地址和外层 VALN 号下发到 OLT 上，OLT

对信号流进行处理和分析，根据各个 ONU 不同的标识（LLID）以广播的形式进行下发。各个 ONU 监测到达帧的 LLID，如果该帧与自己的 LLID 号相同，则接收下来，否则给予丢弃。ONU 对收到的帧进行分析，最终找到下行的目的地端口，从而完成业务下行侧的处理工作。

## 7.4　软交换技术在移动电话网的应用

### 7.4.1　移动电话网向下一代网络的演进

**1. 移动通信系统发展概述**

移动通信的发展阶段可分为三代，即第一代移动通信系统，第二代数字移动通信系统和第三代移动通信系统。

第一代移动通信系统是模拟移动通信系统，我国在 1987 年曾经建设模拟移动通信系统。随着 GSM 系统的引入和不断发展，第一代移动通信系统在我国已被淘汰。

1982 年开始制定数字蜂窝系统标准，开发第二代蜂窝移动通信系统（2G）。与第一代的模拟移动通信系统不同，第二代移动通信系统以数字传输为基本特征。采用数字技术的优点包括：系统容量增大、频谱效率提高、保密性好，并可提供更多更先进的业务。

目前世界上最有代表性、应用最广的两种 2G 系统制式是泛欧的 GSM（采用 TDMA 接入技术）和北美的 cdmaOne（采用 CDMA 接入技术，基于 IS-95 标准）。

GSM 系统具有标准化程度高、接口开放的特点，其强大的联网能力推动了国际漫游业务，用户识别卡的应用真正实现了个人移动性和终端移动性。这使得 GSM 系统得到了广泛应用，占据了全球移动通信系统的大部分份额。现在已有 200 多个国家，600 个以上的运营者采用 GSM 系统。截至 2005 年年底，在全球 21.37 亿移动通信用户中，GSM 用户数已突破 16.7 亿户。

GSM 系统提供的主要是移动语音业务，为了发展移动分组数据业务，在 GSM 网络的基础上引入了 GPRS 系统。GPRS 系统涵盖了从终端、基站到网络子系统的各个方面。它利用现有 GSM 网络和无线资源提供分组数据业务，其最高数据速率的理论值为 171kbit/s，但其实际速率比理论值低得多，一般在 40～50kbit/s 之间，在繁忙的网络中，其实际速率更低。为了提高数据通信速率，在 GPRS 系统中引入了增强数据速率的 EDGE 技术。它主要是一种空中接口技术，涉及终端和基站子系统。它引入了新的调制方式、空中接口编码策略和信道类型，使得其最高数据速率的理论值达到了 384kbit/s。

码分多址系列主要是以高通公司为首研制的基于 IS-95 的 N-CDMA（窄带 CDMA）。与 GSM 相比，采用 CDMA 技术的 cdmaOne 系统有其技术上的优势。但由于技术成熟较晚，因此，cdmaOne 在全球的市场规模远不如 GSM 系统。

为了发展移动分组数据业务，在 cdmaOne 系统基础上发展了 cdma20001x 技术。cdma20001x 技术是一种基于 IS-95 演进的空中接口技术。它通过反向导频、前向快速功控、Turbo 码和传输分集发射等新技术，可提供 153.6kbit/s 的峰值数据速率；其更新版本 Release A 通过灵活的帧格式、可变速率的补充信道等技术，将数据业务峰值速率提高到 307.2kbit/s。

一般将 GPRS 系统和 cdma20001x 称为 2.5 代移动通信系统（2.5G）。

目前，我国的移动电话网主要是采用 2G、2.5G 技术的 GSM/GPRS 和 CDMA 系统。截至 2012 年 4 月，我国的移动电话用户合计超过 10.3 亿户，其中 3G 用户用户达到 1.59 亿户，成为全球最大的移动网络运营商。

下一代移动网是指以 3G 和 B3G 为代表的移动网络。随着移动通信量的不断增加，现有的频段和技术将很难满足我国移动市场发展的需求。随着 3G 技术的日益成熟，3G 网络的建设已开始。

第三代移动通信系统最早于 1985 年由国际电信联盟（ITU）提出并开始研究，当时称为"未来公共陆地移动通信系统"。

IMT-2000 正式接纳的无线接口技术规范的主流技术包含以下 3 种 CDMA 技术。

① 宽带 CDMA（WCDMA），它是在一个宽达 5MHz 的频带内直接对信号进行扩频。

② cdma2000，是 IS-95 的演进版本。是由多个 1.25MHz 的窄带直接扩频系统组成的一个宽带系统。

③ TD-SCDMA，TD-SCDMA 是我国提出的技术。

在核心网络部分，则是基于现有的两大 2G 网络类型——GSM 系统和 IS-41 系统核心网络进行演进，并最终过渡到核心网络的全 IP 化。

由于本书主要讨论 IP 电话和软交换技术及应用，在移动通信系统中软交换技术的应用主要涉及移动通信系统的核心网络部分，所以下面主要说明移动通信系统核心网络部分的结构和核心网向下一代网络的演进。

### 2．第三代移动通信系统核心网的结构

目前，软交换技术在我国移动通信网的应用主要采用基于 R4 的核心网的结构，基于 R4 的核心网的结构如图 7-13 所示。

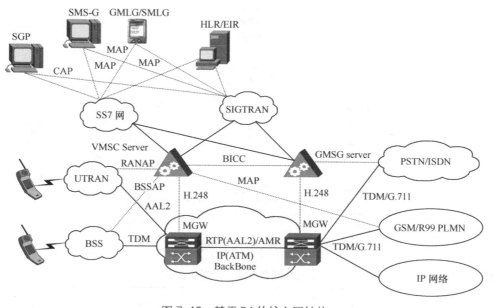

图 7-13　基于 R4 的核心网结构

基于 R4 的核心网部分，对电路域 CS 域进行了较大改造，将 MSC 分为 MSC 服务器

（MSCServer）和媒体网关（MediaGateWay，MGW），实现了 CS 域中呼叫与承载的分离，支持信令的 IP 承载。

MSC Server 完成电路域控制面功能，集成 VLR 功能和 SSP 功能，以处理移动用户业务数据及 CAMEL 相关数据；对外提供标准的信令接口；对电路域基本业务及补充业务涉及的 MGW 中承载终端及媒体流的控制，是通过 3G 扩展的 H.248 协议来实现的。与其他 MSC server 间通过 BICC 信令实现承载无关的局间呼叫控制。

GMSC Server 完成 GMSC 的信令处理功能，具有查询位置信息的功能。当 MS 被呼时，需要通过 GMSC server 查询该用户所属的 HLR，然后将呼叫转接到 MS 目前所登记的 MSC server 中。通过 H.248 协议控制 MGW 中媒体通道的接续，并支持 BICC 与 TUP/ISUP 的协议互通。

媒体网关 MGW 是 R4 核心网承载面的网关设备，位于 CS 核心网通往无线接入网（UTRAN/BSS）及传统固定网（PSTN/ISDN）的边界处。MGW 不负责任何移动用户相关的业务逻辑处理，而是通过 H.248 信令，接受来自（G）MSC server 的控制命令。MGW 可以支持媒体转换、承载控制等功能，如 GSM/UMTS 各类语音编解码器、回音消除器、IWF、接入网与核心网侧终端媒体流的交换、会议桥、放音、收号资源等。支持电路域业务在多种传输媒介（基于 AAL2/ATM、TDM 或基于 RTP/UDP/IP）上的实现，提供必要的承载控制功能。

信令网关 SGW 在基于 TDM 的窄带 SS7 信令网络与基于 IP 的宽带信令网络之间，完成 MTP 的传输层信令协议栈的双向转换（SIGTRAN M3UA /SCTP/IP <=> SS7 MTP3/2/1）。SGW 在物理实现上可与（G）MSC server 或 MGW 合一。

R4 核心网接口如图 7-14 所示，各接口采用的协议见表 7-1。

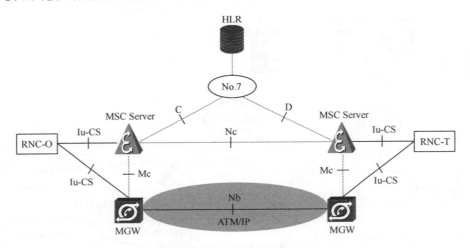

图 7-14　R4 核心网接口

表 7-1　　　　　　　　　　　　　R4 核心网各个接口采用的协议

| Iu-CS | | Mc | Nc | Nb | | C | D |
| 控制面 | 媒体面 | | | 承载 | 承载控制 | | |
|---|---|---|---|---|---|---|---|
| RANAP | ATM/AAL2 和 ALCAP | H.248 | BICC 或 TUP/ISUP | AAL2/ATM 或 RTP/IP | ALCAP 或 IPBCP | MAP | MAP |

Mc 接口是 MSC Server 与媒体网关 MGW 之间的接口，Mc 接口采用 ITU_T 及 IETF 联合制定的 H.248 协议，并增加了针对 3GPP 特殊需求的 H.248 扩展事务（Transaction）及包（Package）定义。

Nc 接口是 MSC Server 之间的呼叫控制信令接口，Nc 接口采用与承载无关的呼叫控制协议 BICC。BICC 提供在宽带传输网上等同 ISUP 的信令功能。

Nb 接口是 MGW 之间的接口，相当于 R99 中 MSC 之间的中继电路部分，用来在 R4 核心网内承载用户的语音媒体流，有 IP 与 ATM 承载两种方式。并可以承载控制信令管理媒体流连接的建立、释放与维护，在采用 ATM 承载和 IP 承载时，媒体流建立过程及使用的信令完全不同。

Nb 接口协议可分为用户面（Nb-UP）和控制平面。TS 29.415 定义了用户面（Nb-UP）的协议；Nb-UP 在承载面 MGW 之间提供业务数据流的组帧、差错校验、速率匹配及定时控制等功能，与 Iu-UP 基本相同，支持压缩语音、数据流的传输。

承载控制平面，有 IP 与 ATM 承载两种方式。ATM 承载和 IP 承载，媒体流建立过程及使用的信令完全不同。

Nb 控制面——ATM 承载控制信令采用 Q.2630.1，完成 MGW 之间的用户面 AAL2 连接建立、释放等功能。

IP 承载控制信令的控制面协议为 IPBCP，IPBCP 在对等实体之间交互媒体流特性、端口号、IP 地址等信息，用于建立、修改媒体流连接。IPBCP 使用隧道方式从 Mc、Nc 接口传输。

### 7.4.2　软交换技术在中国移动长途网的应用

中国移动的长途电话网原来采用 TDM 交换机完成长途话务汇接，虽然该设备已运行多年，较为稳定，但在商务方面存在较大问题，单个设备最大容量为 2 000 个 E1，单 E1 造价居高不下，且现有版本能够支持的最大容量在部分省已不能满足需求。为此，中国移动开始建设采用软交换技术的第二长途网，用于疏通长途话务，经过多次扩容，现已建成全球迄今最大的软交换网络。长途软交换网均采用华为公司生产的软交换设备，并采用软交换的体系架构和协议，设备综合造价远低于 TDM 汇接网，服务质量与 TDM 汇接网基本没有差别。中国移动长途软交换网的结构框架如图 7-15 所示。

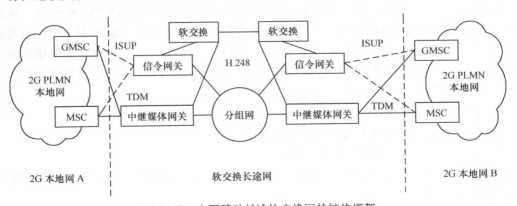

图 7-15　中国移动长途软交换网的结构框架

### 1．中国移动长途软交换网的层次结构

由图 7-15 可见，中国移动长途软交换网的层次结构可分为边缘接入层、核心传送层和控制层。

① 边缘接入层的功能是将用户/业务连接入软交换网络。边缘接入层中的物理实体是一系列媒体网关设备（Media Gateway，MG），各网关设备完成数据格式和协议的转换，将接入的所有媒体信息流均转换为采用 IP 的数据包在软交换网络中传送。汇接网中需设置的网关主要有如下两个。

信令网关（SG）：用于与电路型交换网中的 7 号信令网相连，将窄带 7 号信令转换为适于在 IP 网中传送的信令。

中继媒体网关（TMG）：用于与电路交换网相连，负责将电路交换网中的业务转换为软交换网中传送的 IP 媒体流。

② 控制层的功能是完成各种呼叫控制，并负责相应业务处理信息的传送。控制层中的物理实体是软交换机（SS），软交换机的主要功能如下。

对接入层的各种媒体网关的控制，指示媒体网关应与哪个媒体网关建立连接关系、信息压缩编码方式的控制、回声抑制功能控制、业务流量控制。

基本语音业务的呼叫处理和连接控制。

数据业务的处理和连接控制。

提供与更高层应用的接口。

计费功能。

③ 核心传送层的任务是将接入层的各种媒体网关、控制层中的软交换机、业务层中的各种服务器平台等各软交换网网元连接起来。软交换网中各网元之间均是采用 IP 数据包来传送各种控制信息和业务数据信息的，因此传送层实际上就是 IP 承载网络。

### 2．在中国移动长途软交换网中采用的协议

（1）软交换机之间

软交换机之间采用与承载无关的呼叫控制信令协议 BICC。

BICC 协议是在骨干网中使用的与承载无关的呼叫控制信令协议。包括 ATM 网络和 IP 网络在内的各种数据网络，利用该信令协议就可以承载全方位的 PSTN/ISDN 业务。因此，BICC 被认为是传统电信网向多业务综合平台演进的重要支撑工具。BICC 是一个控制与承载分离的信令协议，它不直接对媒体资源（ATM、IP）进行控制，而是通过标准的承载控制协议（H.248 协议）对这些资源进行控制。BICC 协议是在窄带 ISUP 的基础上发展来的，可以认为是将窄带 ISUP 去掉具体的电路控制部分改编而成。

（2）软交换机与中继媒体网关之间

软交换机与中继媒体网关之间采用 H.248 协议。

（3）信令网关 SG 与软交换机 SS 之间

信令网关 SG 与软交换机 SS 之间采用 SIGTRAN 协议，低层采用 SCTP，高层采用用户适配层协议 M3UA。

（4）中继媒体网关之间

中继媒体网关之间采用 RTP/RTCP 承载媒体流。TMG 设备间首选 G.729 语音编码的方式，但对于特殊业务，根据其承载类型，可以选择 G.711 语音编码方式。

### 7.4.3 软交换技术在中国移动本地网的应用

利用软交换技术改造或新建移动端局后的组网结构如图 7-16 所示。改造或新建的移动软交换端局均采用 3GPP 的 R4 核心网架构，因此原来的（G）MSC 功能都被分离成为（G）MSC Server 和媒体网关 MGW（信令网关 SG），实现控制与承载的分离。

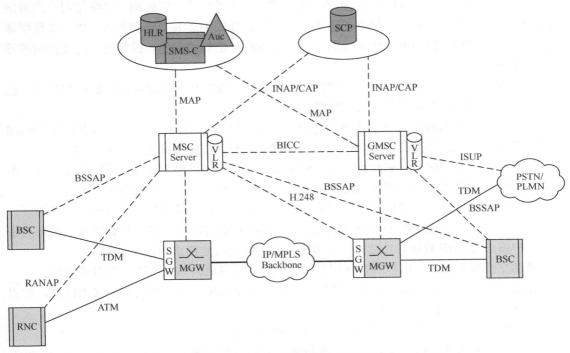

图 7-16　移动软交换端局的组网结构

MSC Server 与 MGW 之间采用 H.248 协议，MSC Server 之间、GMSC Server 与 MSC Server 之间采用 BICC 协议，MGW 之间、MGW 与 GMGW 之间的接口用于传送媒体（如语音）信息，语音的传送可采用 ATM/IP 分组承载或者 TDM 电路承载。该接口上的语音编码与采用的承载方式直接相关。当采用 TDM 承载时，语音采用 G.711 编码。当采用 IP 承载时，语音编解码采用 AMR2 12.2k，承载协议栈为 RTP/UDP/IP。当 MGW 之间采用 ATM/IP 分组承载时，BSC 中的 TC 单元（TRAU Transcoder）转移到 MGW 中，在移动网内部支持 TrFO（Transcoder Free Operation）特性，即从 UE 到 UE 呼叫整个路径均采用 AMR 语音，而无经过两次 TC 编解码，即从 AMR 语音到 G.711 PCM 语音再到 AMR 语音的转换。

MSC Server 是移动通信系统中电路交换向分组交换方式演进的核心设备。当 MSC Server 处于端局时，应具有 UMTS/GSM（可选）系统中 MSC 的呼叫控制功能和移动性管理功能。移动软交换 MSC Server 和固定网软交换系统的功能基本类似，主要包括呼叫控制功能，多媒体业务的处理和控制功能，业务提供功能，业务交换功能，互通功能，SIP 代理功能，计费功能，路由、地址解析和认证功能，No.7 信令系统应用部分的处理功能，过负荷控制能力等功能。主要的区别是在移动软交换系统中包含移动性管理功能，同时在移动软交换系统中包括拜访位置寄存器 VLR，用来保存当前在其管辖范围内活动的移动用户的签约数据以及 CAMEL 相关数据。

MSC Server 继承了（G）MSC 所有的业务控制层业务处理能力及信令接口功能，在无线接入侧，MSC Server 应支持 A 接口的 BSSAP 和 Iu-CS 接口的 RANAP，用于处理用户与网络之间的信令消息交换；而在核心网侧，MSC Server 除了支持原有的 MAP、ISUP、CAP 等协议外，还要支持 Mc 接口的 H.248 和 Nc 接口的 BICC 协议。

MSC Server 主要负责移动始发和移动终接的 CS 域呼叫的呼叫控制。它终结用户到网络的信令，并将其转换成网络到网络的信令。并利用扩展的 H.248 协议控制 MGW，实现媒体流的汇聚、映射和交换功能。MSC Server 能针对 MGW 的媒体信道，控制适合连接控制的呼叫状态部分。

移动交换服务器可以为基本呼叫的建立、维持和释放提供控制功能，包括呼叫处理、连接控制、智能呼叫触发检出和资源控制等。

移动交换服务器应可以接受来自业务交换功能（SSF）的监视请求，并对其中与呼叫相关的事件进行处理：接受来自 SSF 的呼叫控制相关信息，支持呼叫的建立和监视。

支持基本的两方呼叫控制功能和多方呼叫控制功能，提供对多方呼叫控制功能，包括多方呼叫的特殊逻辑关系，呼叫成员的加入/退出/隔离/旁听以及混音过程的控制等。

移动交换服务器应能够控制媒体网关向用户发送录音通知或者各种音信号，如振铃音、回铃音等，接收用户发送的 DTMF 数字音，控制媒体网关播放该 DTMF 数字音，或者在带外信号中将该 DTMF 数字音传送给下一节点，提供满足特定需求的拨号计划。

移动交换服务器应可以控制媒体网关发送 IVR，以完成诸如二次拨号等多种业务。

移动软交换服务器还要完成移动性管理功能、安全保密功能和查询被叫移动位置，完成对被叫移动用户呼叫控制的功能。

移动性管理功能主要包括位置登记、切换和呼叫重建。

位置登记是指移动用户进入一个新的位置区后应向其注册的归属位置寄存器 HLR 报告其当前所在的位置，管辖移动用户当前位置的拜访归属位置寄存器 VLR 应从用户注册的归属位置寄存器 HLR 获得该移动用户的用户数据。在 VLR 中存储当前活动在 MSC Server/VLR 区域中的移动用户的有关数据。存储数据的内容目前应有以下内容：IMSI、MSISDN、类别、用户状态、基本业务信息、补充业务信息、ODB 信息、漫游限制信息和 CAMEL 签约信息。

当移动用户在通话过程中从一个小区移动到另一个小区时要进行切换，以便移动用户能够使用其新进入的小区分配的语音信道进行通话。MSC Server 应能支持同一 MSC Server 下不同 RNC 之间的切换、同一 MSC Server 下不同 MGW 之间的切换以及不同 MSC Server 之间的切换。对于双模手机用户，MSC Server 应能支持同一 MSC Server 下 BSC 与 RNC 之间的信道切换（可能连接在相同或不同的 MGW 上），以及不同 MSC Server 之间的切换。

呼叫重建是指在一次呼叫中由于信道切换等原因失去一个业务信道时重新建立呼叫，MSC Server 应能支持呼叫重建功能。

安全保密功能包括鉴权、使用临时移动用户识别码 TMSI 和对用户信息加密。

MSC Server 应支持用户鉴权功能，按照从 HLR/AuC 获取的鉴权 5 元组（必选）或 3 元组（可选），对用户进行认证与授权，以防止非法用户的接入。鉴权 5 元组分别是随机数 RAND、期望响应（XRES）、加密密钥（CK）、完整性密钥（IK）、鉴权令牌（AUTN）。与 GSM 相比，增加了 IK 和 AUTN 两个参数，其中完整性密钥提供了接入链路信令数据的完整性保护，鉴权令牌增强了用户对网络侧合法性的鉴权。

TMSI 用于在无线路径上保护用户的识别号，以便对 IMSI 保密。MSC Server 应能支持此功能。

MSC Server 应能支持在 UTRAN/BSS 中对语音信息及数据信息进行加密，应能支持在 UTRAN/BSS 中采用不同的加密算法。

由于移动用户的位置随时可能发生变化，当移动用户为被叫时，关口 MSC（GMSC）Server 应能够根据被叫移动用户的 MSISDN 号码查询移动用户的实际位置，获取漫游号码 MSRN 后将呼叫接续至被叫移动用户当前所在的拜访 MSC Server，拜访 MSC Server 应具有对被叫移动用户进行寻呼所必需的呼叫处理功能。

MGW 在移动端局位置时，位于无线子系统和核心网之间，负责把 3GPP R4 或 3GPP R99 的 UTRAN 系统和 2G GSM 的无线接入侧设备 BSC 接入到核心网。MGW 负责完成 Iu 接口用户平面功能和 Nb 接口功能，即支持语音的 ATM/IP 承载与 TDM 承载之间的双向转换。如果 MGW 的两侧均为分组承载（ATM 或 IP），则 MGW 应当支持 AMR 语音的透明传递。

MGW 应能根据移动 MSC Server 的命令对它所连接的呼叫资源进行控制，配合 MSC Server 实现呼叫无关的媒体网关控制过程、前向承载建立过程、后向承载建立过程以及漫游切换等业务过程。MGW 负责接入网与核心网之间媒体的转换和承载的转换。按"大容量、少局所"的原则，MSC Server 独立于本地网之外集中设置，MGW 按需要分散设置在各个本地网，一个 MSC Serve 可控制多个 MGW。MSC Server/MGW 同时支持 2G/3G 用户接入，因此 2G/3G 在本地网实现了融合。原 GSM 交换网络中的 HLR、SCP、SMS 等网元设备则被重用。

在移动软交换网中，信令网关 SGW 实现以下的信令消息的承载转换功能。

① RNC 与 MSC Server 之间的 RANAP 消息。

② BSC 与 MSC Server 之间的 BSSAP 消息。

③ TDM MSC/GMSC 与 MSC Server 之间的 ISUP 消息。SGW 在物理实现上一般与 MGW 合设。

## 小　　结

传统的电话网络是一个基于电路交换技术的网络，提供的业务主要是语音业务。但是，电路交换网络存在电路利用率低、无法提供多媒体业务以及新业务扩展困难等缺点。电信业务在 20 世纪 80 年代后期的一个发展趋势就是新业务的需求加快了，业务的生存周期缩短了。而传统的电话网络由于是业务、控制及承载紧密耦合的体系结构，因此使新业务，尤其是增值业务的提供非常困难，这一点使运营商在日益激烈的市场环境中处于被动地位。

以 IP 技术为核心的互联网在 20 世纪 90 年代末期得到了飞速发展，其增长趋势是爆炸性的。基于 H.323 的 IP 电话系统的大规模商用有力地证明了 IP 网络承载电信业务的可行性，也让人们看到了利用同一个网络承载综合电信业务的希望，下一代网络的概念就是在这样的一种背景下提出来的。

目前电信业务发展迅猛，以互联网为代表的新技术革命正在深刻地改变着传统电信的概念和体系，推动网络向下一代网络发展的主要因素——革命性技术的突破和网络业务量的组成发生了根本性变化，为了适应这些变化，需要有新的下一代网络结构。

从广义来讲，下一代网络泛指一个不同于现有网络，大量采用当前业界公认的新技术，可以提供语音、数据及多媒体业务，能够实现各网络终端用户之间的业务互通及共享的融合网络。从狭义来讲，下一代网络特指以软交换设备为控制核心，能够实现语音、数据和多媒体业务的开放的分层体系架构。

ITU-T 对 NGN 的定义：NGN 是基于分组的网络，能够提供电信业务；是利用多种宽带能力和 QoS 保证的传送技术；其业务相关功能与其传送技术相独立；NGN 使用户可以自由接入到不同的业务提供商；NGN 支持通用移动性。

下一代网络中最基本的技术主要体现在所有的业务都通过统一的 IP 网络传输；呼叫控制与传输网络分离，业务控制与呼叫控制分离这两个方面。

下一代网络在功能上可分为媒体/接入层、核心媒体层、呼叫控制层和业务/应用层 4 层。

接入层的主要作用是利用各种接入设备实现不同用户的接入，并实现不同信息格式之间的转换。

传送层主要完成数据流（媒体流和信令流）的传送，一般为 IP 网络或 ATM 网络。

呼叫控制层的主要设备是软交换机，主要完成呼叫控制功能、业务提供功能、业务交换功能、协议转换功能、互联互通功能、资源管理功能、计费功能、认证与授权功能、地址解析功能和语音处理控制功能。

应用层的作用就是利用各种设备为整个下一代网络体系提供业务能力上的支持。

下一代网络中软交换与信令网关（SG）间的接口使用 SIGTRAN 协议，软交换与中继网关（TG）、接入网关（AG）和 IAD 间采用 MGCP 或 H.248/Megaco 协议，软交换与 SIP 终端之间采用 SIP，软交换与媒体服务器（MS）之间接口采用 MGCP、H.248 协议或 SIP，软交换与智能网 SCP 之间采用 INAP（CAP），软交换设备与应用服务器间采用 SIP/INAP，业务平台与第三方应用服务器之间的接口可使用 Parlay 协议，软交换设备之间可使用 SIP-T 和 ITU-T 定义的 BICC 协议，媒体网关之间传送采用 RTP/RTCP。

宽带化、多媒体化、移动性是未来通信发展的主要方向，固定电话网向下一代网络的演进可分为以下步骤：对网络进行智能化改造，对固网进行宽带化改造，对固网终端进行智能化和接入宽带化的改造。

本章介绍了软交换技术在固网智能化改造中的应用和软交换作为端局时的应用方案。

固网智能化改造中的应用主要是由软交换与中继网关（TG）结合替代 PSTN 中的汇接局，负责呼叫控制、路由控制、计费和维护等功能，同时要求软交换具备 SSP 功能，负责网络智能化业务的触发、业务实现的控制等。

实现软交换端局常见的有 AG（IAD）方案和基于以太网方式的无源光网络（EPON）方案，前者常用于对已有端局的软交换改造，后者则应用于新端局的建设。

移动通信系统在核心网络部分向下一代网络的演进，是基于现有的两大 2G 网络类型——GSM 系统和 IS-41 系统核心网络进行演进，并最终过渡到核心网络的全 IP 化。

软交换技术在我国移动通信网的应用主要采用基于 R4 的核心网的结构，基于 R4 的核心网部分，对电路域 CS 域进行了较大改造，将 MSC 分为 MSC 服务器（MSCServer）和媒体网关（MediaGateWay，MGW），实现了 CS 域中呼叫与承载的分离，支持信令的 IP 承载。

　　本章介绍了软交换技术在中国移动长途网和移动本地网的应用方案。

# 思考题与练习题

1. 简要说明推动网络向下一代网络发展的主要因素。
2. 简要说明 NGN 的定义。
3. 简要说明以软交换为中心的下一代网络的分层结构。
4. 简要说明媒体网关的类型和主要功能。
5. 简要说明 No.7 信令网关的功能。
6. 简要说明软交换的主要功能。
7. 下一代网络的部件之间采用标准协议有哪些？
8. 说明固定电话网智能化改造时基于 NGN 技术的改造方案。
9. 说明移动通信系统基于 R4 的核心网的结构。

# 第 **8** 章　多媒体信息在 IP 网络中的传输

在下一代网络中，多媒体信息是在采用统一协议的 IP 网络中传输的，本章介绍了 IP 网络中传输媒体信息的协议栈结构，说明了影响 IP 电话服务质量的主要因素和 IP 网络为提高 IP 电话服务质量采用的主要措施，详细介绍了多协议标记交换 MPLS 和 MPLS VPN 的基本原理。

## 8.1　IP 网络中传输媒体信息的协议栈

在下一代网络中，媒体信息是在使用无连接控制技术的 IP 网络中传输的，IP 网络中传输媒体信息的协议栈如图 8-1 所示。其中，媒体编码是传输的多媒体信息（音频、视频）本身的编码；RTP 用来说明所传输的媒体信息采用的编码类型、顺序号和各数据包之间的时间关系等信息；UDP 的控制信息主要包含目的端口号和源端口号，目的端口号用来标识目的主机中的接收进程，源端口号用来标识发送主机中的进程，媒体网关利用此信息来确定该数据包传送的是哪一个呼叫的媒体流；IP 数据报的包头中主要包含源主机 IP 地址和目的主机 IP 地址，IP 网络中的路由器利用目的主机 IP 地址来寻址选路，将多媒体数据送到接收端的媒体网关。下面简要说明各层的功能。

| 媒体编码 |
|---|
| RTP |
| UDP |
| IP |

图 8-1　IP 网络中传输媒体信息的协议栈

### 8.1.1　语音编码

在 IP 网络中传输媒体信息的协议栈的最高层传送的信息是媒体编码。在我国下一代网络中采用的语音编码是 PCM 编码（G.711）和采用参数语音编解码技术的 G.729、G.729A 和 G.723.1 编码等。

#### 1. G.711 编码

G.711（PCM）编码是固定比特率编码，比特率为 64kbit/s，在传统电话中得到了广泛使用，在我国下一代网络中也得到了使用。有关 G.711（PCM）编码的内容请参考本书的 3.2.1 节。

## 2. G.729 编码

G.729 编码的比特率为 8kbit/s，最初由 ITU-R 提出此项研究，其目的是用于第三代移动通信系统。G.729A 是 G.729 的 DSVD（语音和数据同时传送数字系统）形式，与 G.729 比特流兼容，即它们的编码都能被对方的解码器接收重建信号。但 G.729A 的复杂度降低了 50%，代价是在某些运行条件下性能稍有下降。

G.729 编码的主要性能指标如下。

① 编码比特率：编码比特率是 8kbit/s，另外，最近的 G.729 附件还包含了静音抑制处理。

② 算法时延：帧长为 10ms，由两个子帧组成，前视 5ms，即算法时延为 15ms。

③ 处理复杂度：G.729 为 20MIPS，所需 RAM 的容量为 3k，G.729A 的处理复杂度为 10．5MIPS，所需 RAM 的容量为 2k。

④ 语音质量：G.729 的 MOS 评分为 3.92 分，G.729A 的 MOS 评分为 3.7 分。

由于 G.729 有较高的综合性能指标，所以 G.729 编码在我国通信行业标准中被推荐为优选的压缩编码算法，在我国 IP 电话系统中得到了广泛应用。

## 3. G.723.1 编码

G.723.1 编码是 PSTN 上可视电话标准系列中的语音编码标准，为双速率语音编码标准。其中，6．3kbit/s 比特率采用多脉冲 LPC 编码，对于一般的语音信号，其语音质量相当于 G.721，但对于童声、音乐和具有噪声背景的语音输入，其质量不如 ADPCM。5.3kbit/s 比特率采用多脉冲算术码本激励，定义该速率的目的是增加系统设计的灵活性。如用于低速率通道时，可为视频编码器留出一些比特空间，为复用系统提供 1kbit/s 的"虚信道"，以传送附加信息。

其主要的性能指标如下。

① 编码比特率：低速率的编码比特率为 5.3kbit/s，高速率的为 6.3kbit/s。

② 算法时延：帧长为 30ms，分为 4 个子帧，每个子帧含 60 个抽样信号，前视 7.5ms，即算法时延为 37.5ms。

③ 处理复杂度：G.723.1 的处理复杂度为 16MIPS，所需 RAM 的容量为 2.2k。

④ 语音质量：G.723.1 的 MOS 评分在编码比特率为 6.3kbit/s 时是 3.9 分，编码比特率为 5.3kbit/s 时的 MOS 评分为 3.65 分。

### 8.1.2　RTP

在 IP 网络中传输媒体信息的协议栈的次高层采用实时传输协议（RTP）。IP 电话的语音流是基于 UDP 传送的，但 UDP 没有考虑多媒体信息（如语音包）顺序传送和提供时戳等实时业务传送需解决的一系列问题，因而无法保证语音质量。为解决实时业务传送需解决的一系列问题，IETF 提出了用于传输实时业务的协议——实时传输协议（RTP）。

RTP 不仅用于 IP 电话语音流的传送，还能够为语音、图像、数据等多种需实时传输的数据提供端到端的传输功能。向接收端点传送用于恢复实时信号的定时和包序列号等信息，并为整个网络管理提供检测通信质量的手段。

RTP 实际上包含两个相关的协议：RTP 和 RTCP。

RTP 用于传送实时数据，如语音和图像数据。RTP 本身不提供任何保证实时传送数据和服务质量的能力，而是通过提供负荷类型指示、序列号、时戳、数据源标识等信息，使接收端能根据这些信息来重新恢复正确的数据流。RTCP 用来传送监视实时数据传送质量的统计数据，同时可以在会议业务中传送与会者的信息。

一般 RTP 文件不作为一个单独的协议层处理，而是由应用层负责。RTP 允许在实际应用中修改和/或增加头部信息以满足需求。因此，RTP 在封装数据时除了遵从本身的规定外，还需要应用文档和负荷格式规范配合。其中应用文档定义了负荷的类型码和到负荷格式的映射关系，负荷格式规范定义了每一种负荷如何在 RTP 中传送。

RTP 和 UDP 一同完成传输层的功能。RTP 数据包由 RTP 头和负荷两部分共同组成，一个或多个 RTP 包可放在一个 UDP 包中传送。RTCP 数据包也是由头部和若干规定的数据单元组成，数据单元的内容和格式根据不同需要而不同，一般一个 UDP 包中可以放多个 RTCP 包，以节省传输资源。RTP 的数据通过偶数的 UDP 端口传送，而对应的控制信号——RTCP 数据使用相邻的奇数 UDP 端口传送。收、发双方均使用相邻的一对 UDP 端口来分别传送 RTP 数据和 RTCP 数据。

RTP 数据包由 RTP 头部和负载组成。RTP 头部主要包含了传输媒体的类型、格式、序列号和时间戳等信息，RTP 数据包负载可以包括音频抽样信号、压缩视频数据等。

### 1. RTP 包头格式

RTP 头部格式如图 8-2 所示。

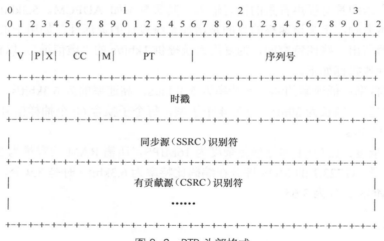

图 8-2　RTP 头部格式

在标准的 RTP 包中，包含前 12 个字节的内容，仅仅在被混合器插入时，才出现 CSRC 识别符列表。各个字段的意义如下：

① 版本（V）：此域定义了 RTP 的版本。现在用的协议版本是 2。

② 填充（P）：1bit，若填充比特被设置为 1，则此包中包含一到多个附加在末端的填充比特，填充的最后一个字节用来说明填充比特的长度。填充可能用于某些具有固定长度的加密算法，或者在底层数据单元中传输多个 RTP 包。

③ 扩展（X）：1bit，若扩展比特设置为 1，则固定头后面跟随一个头扩展。

④ CSRC 计数（CC）：4bit，CSRC 计数包含了跟在固定头后面 CSRC 识别符的数目。

⑤ 标志（M）：1bit，标志的解释由具体协议规定。在 IP 电话中规定在发送静音后的第一个语音包时，该标志设置为 1。

⑥ 负载类型（PT）：7bit，此域定义了负载格式的类型，由具体应用决定其解释。协议可以规定负载类型码和负载格式之间一个默认的匹配。

表 8-1 给出了标准语音和图像编码的类型值。

表 8-1　　　　　　　　　　　　标准语音和图像编码的类型值

| PT | 编码 | 语音/图像（A/V） | 时钟速率（Hz） | 通道（语音） |
|---|---|---|---|---|
| 0 | PCMU | A | 8 000 | 1 |
| 8 | PCMA | A | 8 000 | 1 |
| 9 | G722 | A | 8 000 | 1 |
| 4 | G723 | A | 8 000 | 1 |
| 15 | G728 | A | 8 000 | 1 |
| 18 | G729 | A | 8 000 | 1 |
| 31 | H261 | V | 90 000 | |
| 34 | H263 | V | 90 000 | |
| 96～127 | 动态 | | | |

注：负载类型 1～7、10～14、16～30 保留。

● 序列号：16bit，表示该 RTP 数据包的序列号码，每发送一个 RTP 数据包，序列号加 1，接收机可以根据序列号的值检测包丢失和对接收到的 RTP 数据包按照顺序排序。序列号的初始值是随机选择的（不可预测）。

● 时间标志：32bit，时间标志反映了 RTP 数据包中第一个比特的抽样瞬间。抽样瞬间必须由随时间单调和线形增长的时钟得到，以进行同步和抖动计算。时钟的分辨率必须满足要求的同步准确度，以便完成包到达抖动测量。若 RTP 包周期性生成，时间标志可以使用由抽样时钟确定的额定抽样表示。例如，对于固定速率语音，时间标志的值可以每个抽样周期加 1。若每个 RTP 数据包包含 160 个抽样周期的语音数据块，则每个 RTP 数据块的时间标志增加 160，无论此块被发送还是被静音压缩。

和序列号一样，时间标志的起始值是随机的。若多个连续的 RTP 数据包在逻辑上同时产生，则这多个包可能有样的时间标志，比如属于同一个图像帧。若数据没有按照抽样的顺序发送，则连续的 RTP 包可以包含不单调的时间标志，如 MPEG 交织图像帧。

● SSRC：32bit，SSRC 域用以标识同步源。标识符是随机生成的，以保证在同一个 RTP 会话期中没有任何两个同步源有相同的 SSRC 识别符。尽管多个源选择同一个 SSRC 标识符的概率很低，但是所有 RTP 实现工具还是要准备检测和解决冲突。若一个源改变本身的源传输地址，则必须选择新的 SSRC 识别符，以避免被当作一个环路源。

● CSRC：每项 32bit。CSRC 字段用于标识该数据包中所含负载的发送端（有贡献源）。标识符的数目在 CC 域中给定。若贡献源多于 15 个，则仅识别前 15 个。在语音会议中，如语音包在混合器进行了混合处理，则 CSRC 标识符由混合器负责插入，用于标识对产生混合新包的所有源的 SSRC 标识符，以便接收端能正确识别交谈双方的身份。

### 2. RTP 的功能

RTP 数据包用来传送媒体数据。由 RTP 数据包的格式可以看出，在 RTP 数据包的包头中，主要包含了传输媒体的类型、格式、序列号和时间戳等重要信息，使接收端能根据这些信息正确地重组媒体流，并为 RTCP 进行相应监测和控制提供了基础。

### 3. RTP 控制协议 ——RTCP

RTP 控制协议（RTCP）利用与数据包相同的传输机制向会议中所有成员周期性发送控制包，从而对 RTP 的传送质量进行监测并了解会议成员的身份。RTCP 的下层协议必须有用不同的 UDP 端口来对数据包和控制包提供复用的能力。一般用偶数的 UDP 端口来传送 RTP 数据包，用比 RTP 端口号大 1 的奇数端口号来传送相应的 RTCP 控制包。

RTCP 的基本功能是提供数据传输质量的反馈。这是 RTP 作为一种传输协议的主要作用，它与其他协议的流量和阻塞控制相关。反馈可能对自适应编码有直接作用，由 IP 组播的实验表明，它对于从接收机得到反馈信息以诊断传输故障也有决定性作用。向所有成员发送接收反馈可以使"观察员"评估这些问题是局部的还是全局的。利用类似多点广播的传输机制，可以使某些实体（诸如没有加入会议的网络业务观察员）接收到反馈信息并作为第三类监视员来诊断网络故障。反馈功能通过 RTCP 发射报告和接收报告来实现。

## 8.1.3 UDP

在 IP 网络中传输媒体信息的协议栈 RTP 的下层是 UDP，UDP 是 IP 栈中的传输层协议。传输协议在计算机之间提供端到端的通信。Internet 传输层有 3 个传输协议，分别是传输控制协议 TCP、用户数据报协议 UDP 和流控制传送协议 SCTP。UDP 提供的是端到端的无连接通信，且不对传送包进行可靠保证，适合于一次传输少量数据或实时性较高的流媒体数据，数据的可靠传输由应用层负责。流控制传送协议 SCTP 主要用来在 IP 网络中传送电话网的信令。

传输层与网络层在功能上的最大区别是传输层提供进程通信能力，在进程通信的意义上，网络通信的最终地址就不仅是主机地址，还包括描述进程的某种标识符。TCP/UDP 提出协议端口的概念，用于标识通信的进程。具体地说，端口标识了应用程序，应用程序能够通过系统调用获得某个端口，传输层传给该端口的数据都被这个应用程序接收。从网络上来看，端口号对信源端点和信宿端点进行了标识，也就是说，对客户程序和服务器之间的会话实体即应用程序进行了标识。

用户数据报协议（UDP）建立在 IP 之上，同 IP 一样提供无连接的数据包传输。相对于IP，它唯一增加的能力是提供协议端口号码，以保证进程通信。UDP 的优点在于高效性。UDP 数据包的包头的格式如图 6-51 所示，UDP 数据包的包头中包含目的端口号和源端口号。目的端口号用来标识目的主机中的接收进程，源端口号用来标识发送主机中的进程。在 IP 电话中，利用目的端口号和源端口号来识别同一媒体网关中的不同呼叫。

TCP/IP 中将端口分为保留端口和自由端口两部分，每一个标准的服务器都有一个全局公认的保留端口号，自由端口号则动态分配。由于在 IP 网络中传送媒体信息的端口号码都是动态分配的，所以在下一代网络中传送多媒体信息前，必须通过信令协议将接收端分配的接收媒体信息的端口号码通知对端主机。

## 8.1.4 IP

在 IP 网络中传输媒体信息的协议栈 UDP 的下层是 IP。IP 负责 IP 网络中各节点之间的连接，它将两个终端系统经过网络中的节点用数据链路连接起来，实现两个终端系统之间数据帧的透明传输。IP 的主要功能是寻址和路由选择。它将数据包封装成 IP 数据报，并运行必要的路由算法完成网络寻址，根据目的 IP 地址，将 IP 数据报发送到目的媒体网关。

IP 采用的地址是 IP 地址，IP 地址包含网络地址和主机地址两部分。现在采用的 IPV4 地址包含 32 位二进制数，IP 地址一般都采用无类别域间选路 CIDR 格式。CIDR 地址要求每个网络包含的主机地址数目是 2 的幂，并用一个比特掩码标识网络地址所占的二进制数的位数。CIDR 要求用两个值来说明一个网络的地址的范围：用 32bit 来表示该网络中的最低地址，32bit 的掩码中包含的连续的 1 的位数来说明地址中网络地址所占的位数。例如，128.211.168.0/21 表示该网络中的最低地址是 128.211.168.0，该网络的网络地址占 21 位二进制数，该网络的主机地址占 11 位二进制数（32-21=11），该网络所能包含的最大主机数目= $(2^{11}-2)$。

IP 数据报的格式如图 6-32 所示，在 IP 数据报的包头中包含源主机 IP 地址和目的主机 IP 地址，IP 网络中的路由器利用目的主机 IP 地址来寻址选路，路由器每收到一个 IP 数据报，就根据目的 IP 地址查询路由表，找到匹配网络号及下一跳路由器，完成数据转发。如果路由表指定至目的主机的下一跳路由器，则将数据报转发给下一跳路由器；如果找不到匹配网络，则发往默认路由器，最终将 IP 数据报发送到目的媒体网关。

## 8.1.5 多媒体数据在 IP 网络中传送时所占的带宽计算

多媒体编码数据在 IP 网络中传送时的封装结构如图 8-3 所示。其中，媒体编码是传输的多媒体信息（音频、视频）本身的编码；RTP 头部用来说明所传输的媒体信息采用的编码类型、顺序号和各数据包之间的时间关系等信息；UDP 数据包的包头中包含目的端口号和源端口号，目的端口号用来标识目的主机中的接收进程，源端口号用来标识发送主机中的进程；IP 数据报的包头中主要包含源主机 IP 地址和目的主机 IP 地址，IP 网络中的路由器利用目的主机 IP 地址来寻址选路，将多媒体数据送到目的主机。

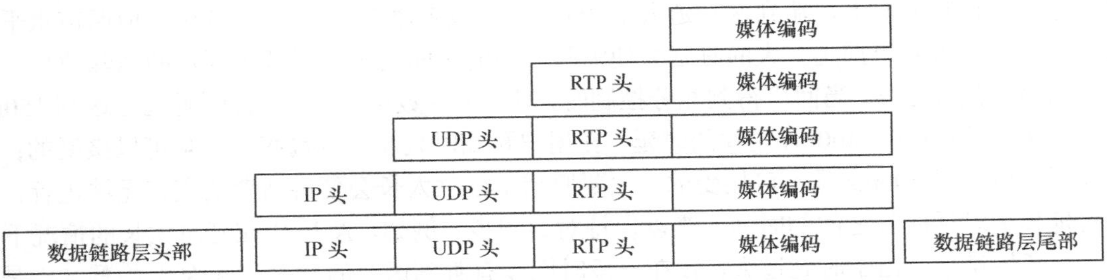

图 8-3 多媒体编码数据在 IP 网络中传送时的封装结构

多媒体编码数据在 IP 网络中传送时所占的带宽不仅包含多媒体编码所占的带宽，还包含 RTP 头部、UDP 头部、IP 头部和数据链路层头部所占的带宽。

下面在不考虑静音压缩和数据链路层头部所占的带宽的情况下，估算在 IP 网络中传送一路 G.729 语音所占的带宽。

设 G.729 编码数据每 20ms 传送一次，则每秒需传送 50 个语音包，每个语音包都包含 12 字节的 RTP 头部、8 字节的 UDP 头部和 20 字节的 IP 头部，则每一路 G.729 语音所占的带宽为

$$（20+8+12）×8×50+8\ 000 =24\ 000bit/s=24kbit/s$$

如果考虑 Ethernet 头部所占带宽，由于包长度 ＝RTP 头＋UDP 头＋IP 头＋Ethernet 头＋有效载荷，Ethernet 头部为 304bit（38byte）。则每一路 G.729 语音所占的带宽为

$$（20+8+12+38）×8×50+8\ 000 =39\ 200bit/s=39.2kbit/s$$

如果考虑静音压缩的因素，则所占带宽可减少一部分。从以上计算可看出，各级报头所占的带宽的开销是比较大的，各级报头所占的带宽的开销远大于语音编码本身所占的带宽。在计算传输多媒体信息的 IP 网络所需的带宽时，必须考虑各级报头所占的带宽。

## 8.2 IP 承载网的服务质量

### 8.2.1 影响 IP 电话服务质量的主要因素

IP 网络是为传输数据而建立的，在传统的 IP 网络中传送 IP 数据包采用的机制是"尽力而为（best effort）"，因此没有服务质量保证，存在分组丢失、失序到达和时延抖动等情况。对于分组丢失或传输错误，数据业务可采用重发来解决。在数据通信的情况下，当数据包由于各种原因被丢失或破坏时，可要求发送端重新发送被丢失或破坏的数据包来解决。但是，对 IP 电话这样的实时性要求很高的数据传送，就不能用重发的方法来解决。当 IP 电话这样的实时性要求很高的数据分组在 IP 网络中传输时，由于网络的传输差错和网络的拥塞等原因造成的分组丢失、传输时延和时延抖动，会使得用户听到的语音出现不连贯甚至中断的现象，无法为实时通信等对服务质量要求很高的业务提供质量保证。影响 IP 电话服务质量的主要因素是时延、时延抖动和数据包的丢失。

#### 1. 时延

时延是指从说话人开始说话到受话人听到所说内容的时间，时延对语音通信的影响主要在于引入回声和交互性的丧失。ITU-T 的建议 G.114 和 G.131 描述了时延参数对普通电话呼叫的影响：正常情况下，端到端时延大于 25ms 时，或者虽然时延小于 25ms，但回声水平非常大时，要加入回声抑制。大的时延会使消除回声的时间变长，降低了回声的消除效果，增加了回声的处理难度。当回声得到充分控制时，对于大多数用户来说，说到听延迟达到 150ms 是可以接受的；150～400ms 之间的时延，在用户预知时延状况的前提下，是可以接受的；但说到听延迟高于 400ms 是不可接受的，主要原因是延时太长会使讲话者的交谈无法进行，因为它延长了对话应答之间的时间，难以保持对话同步。例如，A 与 B 在延时太长的情况下通话，A 开始说话，由于时延过大，B 在一段时间没有听到语音的情况下认为 A 静默，于是 B 开始说话，经过一段时间的时延后，B 听到了 A 的语音，于是 B 停止说话，当 B 的语音经过一段时延到达 A 端时，A 认为 B 要说话，于是 A 也停止说话。这样过大的时延就会导致交互性的丧失，所以说到听延迟高于 400ms 是不可接受的。

造成语音传输时延的因素如下。

（1）发端 IP 网关语音编码时延。

（2）IP 网络传输时延。

（3）收端 IP 网关语音解码时延。

（4）为防止时延抖动设定缓冲区引起的时延。

其中，IP 网络的时延是造成时延的最主要因素，因此可把时延分为网关处理时延和 IP 网络传输时延两部分。

网关处理时延包括算法时延、处理时延（编码器分析时间和解码器重建时间）、打包时延和抖动缓冲时延，这主要取决于网关所采用的语音编解码方法，以及为防止抖动设置的缓冲区的大小。目前两侧网关处理时延一般在 120ms 左右。

IP 网络传输时延主要来自 IP 包所经过的各路由器的处理时延、包排队时间。IP 网络传输时延与经过的路由器个数和路由器的忙闲程度有关（在 Internet 中，经过的路由器可以有 2～30 个甚至更多），因而是可变的。而且与 IP 电话的承载网络的设计也有很大关系。

ITU-T G.114 建议提出对于语音通信，单向的时延门限为 400ms。因此在我国的通信行业标准中，要求端到端的时延必须在 400ms 以内。其中，当采用 G.723 算法时，IP 网络传输时延在 200ms 以内，两侧网关处理时延之和在 200ms 以内；当采用 G.729 算法时，IP 网络传输时延在 250ms 以内，两侧网关处理时延之和在 150ms 以内。

### 2．时延抖动

固定的延迟将干扰人们的谈话和回答的节奏，变动的延迟（简称抖动）也会严重影响实时 IP 电话业务的质量。抖动是指由于各种延时的变化导致网络中数据分组到达速率的变化。IP 网络不提供一致的性能，常常引起分组到达速率产生很大的变化。这是由于几个因素引起的，包括排队延时、可变的分组大小、中间链路和路由器上的相对负载。源端以近似等间隔发出语音分组，但由于以上原因不再是等时间间隔到达目标端点，而语音编解码器通常需要接近恒速率的输入码流，因此时延抖动的存在会影响其正常工作。为了补偿这个抖动，语音设备在接收设备上加入了缓冲区，该缓冲区保存数据分组足够长的时间，在接收到一定数量的语音分组后，再以恒定的速率读出，从而消除抖动的影响。对语音分组在处理之前进行缓冲的做法与使延时最小的目标相悖，然而，这是必要的。因为抖动必须被消除，所以必须小心调整抖动缓冲区，在消除时延抖动的情况下尽量使延时最小。维护缓冲区的过程在一个最小和最大缓冲区之间变化（以毫秒计量）。在操作过程中，它不断地监视分组的到达速率，并动态调整缓冲区的大小，支持变化的网络条件。在低延时的环境中，缓冲区被减小到最小值。当延时增加时，缓冲区增加，通过维持一个足够大的缓冲区保证分组的丢失最少。同时，通过维持最大排队延时保证绝对延时得到控制。

从统计意义上讲，总是有某个分组的传输十分顺利，其传输的时间接近网络线路的固定传输时间。因此可以假设在一次连接中，所有分组中传输时间最短的那个时延值等于固定传输时间，即 $T_{\min}=\min\{T_n\}$，式中 $T_n$ 是每一个分组的时延。

所以，每一个分组的时延抖动为

$$X_n= \mid T_n - T_{\min} \mid$$

一段时间内的平均时延抖动为

$$M=E（X_n）$$

平均时延抖动可用来确定消除抖动的缓冲区的大小。缓冲区的大小可采用下面的公式估算为

$$缓冲区大小=M×f×F$$

其中，$F$ 为某种语音编码方式的帧长（字节/帧，在 IP 电话中语音一般都采用帧编码方式），$M$ 为最近一段时间内的平均抖动值（秒），$f$ 为帧速（帧/秒）。

### 3. 数据包的丢失

采用尽力而为规则的 IP 网络并不能保证将数据报正确地传送到目的端，语音分组在 IP 网络的传输过程中有可能丢失。网关采用不保证可靠传输的 UDP 来传送语音数据分组，以提高传输的实时性。当语音数据分组出现丢失情况时，如果是偶然一个数据丢失，网关可以根据一定的机制恢复该数据分组，以保证语音质量。当出现连续分组丢失的情况时，就会影响语音质量。一般来说，在语音传输中分组丢失率为 3%～5% 是允许的。影响网络分组丢失的原因如下。

① 传输损伤。网络中由于传输设备出现损伤（如线路断裂等），会导致大量数据分组丢失。

② 分组超时丢失。IP 数据报在 IP 网络中的路由是随机选择的，为避免数据报进入死循环，需要进行数据报的生存时间控制。在一个新的数据报产生时，就在其头部的 TTL（Time To Live）位设定其在网络中存在的最大时间，超时便丢弃。如果网络状况很差，则会造成许多分组由于超时而丢失。除了由于中间网络部件引起的分组丢失外，语音网络中由于分组的时延超出抖动缓冲区的规定的最大到达延时也会引起分组丢失。

③ 网络拥塞。IP 网中的分组是经过中间设备一跳一跳传输的。由于 IP 采用无连接传输机制，因此拥塞是不可避免的。造成拥塞的主要原因在于网络中的设备没有足够的缓冲区接收数据，使得通向某一路由的队列排队过长，当队列出现溢出时，便会造成分组丢失。

在单个分组被丢失的情况下，解码器采用插值技术，通过参考前面的分组可以近似地再生丢失的分组，这个技术能在一定程度上掩盖一些分组的丢失，但不能用于多个丢失分组。在多个连续丢失分组的情况下，解码器简单插入静音时间段。

典型的语音编解码可以允许包丢失率为 3%，采取一些特殊措施后，包丢失率达到 8%～10% 时，语音质量也还可容忍。

### 8.2.2 IP 网络为提高 IP 电话服务质量采用的主要措施

在 IP 网络中解决分组时延、时延抖动和分组丢失的主要措施是改善网络的环境，目前采用的主要措施是资源预留技术、业务区分技术、多协议标签交换 MPLS 和超量工程法。

### 1. 资源预留协议

资源预留协议（RSVP）类似于电路交换系统的信令协议，RSVP 为每一个数据流向其所经过的每个节点（IP 路由器）发出请求，要求路由器根据用户的需要和网络资源可用性为每个呼叫保留所需的带宽，藉此保证服务质量。其主要的协议就是资源预留协议（Resource Reservation Protocol，RSVP）。但是在采用资源预留协议时，要求网络中的每一个路由器都必

须支持资源预留协议，同时路由器要为每一个数据流保留相应信息，这种方法应用于大型网络较为困难，目前一般用于专用网或较小的网络，如 LAN 和企业网等。

RSVP 的一般原理如图 8-4 所示。使用 RSVP 信令建立数据发送路径以及为业务流预留资源的过程如下。

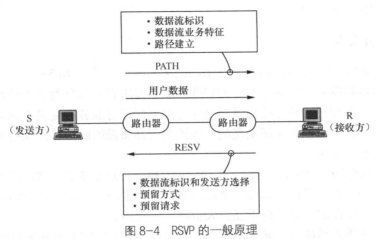

图 8-4  RSVP 的一般原理

① 发送端向接收端发送一个包含业务流规格说明（TSpec）的 PATH 消息，其中包含了业务流标识（即目的地址）及其业务特征，包括所需要的带宽的上下限、延迟以及延迟抖动等。

② 该消息被沿着该路径所经过的路由器逐跳传送，并且每个路由器都被告知准备预留资源，从而建立一个"路径状态"，该状态信息包含 PATH 消息中的前一跳源地址。

③ 接收方收到此消息后，根据业务特征和所要求的 QoS 计算出所需要的资源，向其上游节点发送一个资源预留请求 RESV 消息，该消息中包含了流规格说明（TSpec）、资源预留规格说明（RSpec）和过滤器规格说明（Filter Spec），其主要包含的参数就是要求预留的带宽。

④ RESV 沿着 PATH 的发送路径原路返回，沿途的路由器收到 RESV 消息后，调用自己的接入控制程序以决定是否接受该业务流，如果接受，则按要求为业务流分配带宽和缓存空间，并记录该流状态信息，然后将 RESV 消息继续向上游转发；如果拒绝，则向接收端返回一个错误信息，接收端终止呼叫。

⑤ 当发送端收到 RESV 消息并且接受该请求时，开始发送用户数据流。由于发送端和接收端所经过的每一个路由器都已经为该数据流分配了可用资源，且可用资源有保证，因此该数据流的传送能够达到接收方要求的服务质量。

从前面所描述的资源预留的基本原理可知，RSVP 是沿着从用户数据接收者到发送者的通路来保留资源的。其原因是 RSVP 在设想中是为组播设计的。使用了组播后，可能会有有限数目的发送者和多个接收者。在只有一个发送者和多个接收者的情况下，从发送者到接收者的数据通路在某些节点被分路；在相反的方向上，通路聚合起来。在多点到多点通信的一般情况下，在 RESV 消息中还可指定预留请求对应的发送方以及多个预留请求在某路由器会聚后聚合数据流的预留方式（style）。

RSVP 处理的是一个方向的资源预留。在 IP 电话的双向对话中，由于双方都要说话。因此资源预留必须在两个方向进行。

需要说明的是，RSVP预留资源采用的是软状态，需要定期刷新。端点应周期性发送PATH和RSVP消息，以保证传送路径上的各路由器维持其预留状态。如果超时未收到RSVP消息，则路由器中预留的资源就将释放。这样设计的原因一是简化出错处理，因为许多出错情况都可以通过超时机制予以克服；二是当路由发生变化时，不再使用的老路由上的路由器将由于超时而自动释放预留的资源。

### 2. 业务区分技术

业务区分（differentiated Services）技术，或称为区分服务（DiffServ）。业务区分技术的原理是边界路由器根据业务数据流的行为特性和服务要求将其划分为若干类别，并为每一个数据包加上业务类型标记，核心路由器根据业务类型标记对业务流提供不同等级的服务，执行不同的处理策略，以保证优先级别高的业务流得到高质量的服务。此项技术能支持大型网络，受到人们的普遍重视。

区分服务（DiffServ）俗称差分法，DiffServ的最大特点是简单有效、扩展性强。在采用资源预留协议RSVP时，网络中的每一个路由器都要确定每一个数据流的用户预留资源的权限，保留每一个数据流的状态，而不能在大型网络中使用。

而在区分服务体系结构中，其实施特点是采用聚合的机制将具有相同特性的若干业务流聚合起来，为整个聚合流提供服务，而不再面向单个业务流。

也就是说，在区分服务网络中，在边界路由器上保持每个数据流状态，核心路由器只按照不同的优先级完成数据包的转发而不保持状态信息。这种结构有很强的扩展性。

区分服务区域的主要成员有边界路由器和核心路由器。

（1）边界路由器的功能

在区分服务中，网络的边缘设备（边界路由器）对每个分组进行分类、标记DS码点（Code Point），用DS码点来携带IP分组对服务的需求信息。边界路由器对数据流的处理包括流分类、流量监管、流标记和流量整形等。

① 流分类。流是一组具有相同特性的数据报文，业务的区分可以基于数据报文流进行。进行流分类的目的是区分服务类型，以便对不同的数据报文进行区别对待。分类器根据数据包头部的某些域（如DSCP或MF 5元组）对数据包进行分类。目前定义了两种类型的分类器。

• 行为聚集分类器：根据包头的DSCP来对包进行分类。

• 多域分类器：根据包头部中多个域内容的组合来进行分类，如源地址、目标地址、DS域、协议标识、源端口号以及目标端口号等。

② 流量监管。流量监管就是流分类后采取某种动作限制用户进入网络的流量速率，主要根据服务协定限制用户接入速率。对每个流可依据服务等级合约单独配置承诺速率、峰值速率、承诺突发尺寸、峰值突发尺寸等流量参数，将违约报文配置为Pass（通过）、Drop（丢弃）、Mark down（降级）等处理。此处所指的降级是指降低其丢弃级别。降级报文在网络拥塞时被优先丢弃，从而保护流量约定范围内的报文正常转发。

③ 流标记。流标记就是对分类后的业务流打上类别标记，以便在网络转发中能对报文流区别对待。

在DiffServ体系中标记是在IP包的DSCP域。目前主要定义了EF、AF、BF 3种标准业务，并对 AF 进行了 4 个类别 3 种丢弃级别的定义。EF 流要求低时延、低抖动和低丢包率，可以对应于 Video、语音、会议电视等实时业务；AF 流要求较低延迟、低丢包率和高可靠性，可以对应于数据可靠性要求高的业务，如电子商务、VPN 等；对 BF 流，则不保证最低信息速率，网络不保证所有的性能参数，可以对应于传统的 Internet 业务。

④ 流量整形。流量监管可以限制进入网络的流量，而流量整形可以限制流量的突发，使报文流能以均匀的速率发送。这有助于保持网络流量保持平稳。

边界路由器采用通用流量整形技术对不规则或不符合预定流量特性的报文流进行整形，以利于网络上下游之间的带宽匹配。通用流量整形技术使用报文缓冲区和令牌桶来完成，当报文流发送速度过快时，首先在缓冲区进行缓存，在令牌桶的控制下，再均匀地发送这些被缓冲的报文。

（2）核心路由器的功能

核心路由器的主要功能是根据包头标记 DSCP 值对数据包进行不同优先级的转发，这主要是通过提供不同优先级的队列调度来实现的。例如，在某个高性能路由器服务质量处理模型提供的区分服务类型如表 8-2 所示，其中低延时持续带宽（LLSS）可以对应 DiffServ 的加速转发（EF），正常延迟持续服务（NLSS）对应 DiffServ 的保证转发（AF），另外两种服务则对应"尽力而为"服务。这些服务类型也用于作为流队列参数的定义，由网络处理器实现。

表 8-2 区分服务类型

| 支持的服务 | 说　明 |
| --- | --- |
| 低延时持续带宽（LLSS） | 提供低延迟的持续带宽服务 |
| 正常延时持续服务（NLSS） | 提供正常延迟的持续带宽服务 |
| 峰值带宽服务（PBS） | 在"尽力而为"服务的基础上提供额外的带宽 |
| 加权队列服务（QWS） | 调度器可以将剩余的（除 LLSS 和 NLSS）带宽分配给使用"尽力而为"服务或峰值带宽服务的流队列。剩余带宽的分配通过给对应于同一个目标端口的流队列指定不同权值而完成 |

该高性能路由器服务质量处理模型的流队列调度负责保证实现流队列的预约带宽，并完成剩余带宽在各条流之间的加权平均分配。它采用两级调度模式，对于不同的队列参数配置，采用以下调度算法。

① 按照配置的时间要求，采用时间片轮循的方式，对 LLSS 队列的报文进行服务，实现低延迟服务。

② 按照配置的时间要求，采用时间片轮循的方式，对 NLSS 队列的报文进行服务，实现持续带宽服务。

③ 按照配置的时间要求，采用时间片轮循的方式，对 LLSS 队列的报文进行服务，实现低延迟服务。

④ 按照配置的时间要求，采用时间片轮循的方式，对 PBS 队列的报文进行服务，实现峰值带宽服务。

⑤ 按照配置的时间要求，采用时间片轮循的方式，对 LLSS 队列的报文进行服务，实现低延迟服务。

⑥ 对于剩余带宽，采用加权算法，基于 Weight（加权）值对其他队列进行调度 QWS 服务，再转到①执行。

这些算法按从上到下的优先级排列。由于①、③、⑤都是执行 LLSS 的调度，从而保证了 LLSS 队列的低延迟。而其他服务由于按照配置的时间要求进行调度，因此保证峰值带宽的实现。

### 3．多协议标签交换技术 MPLS

多协议标签交换技术 MPLS 是下一代最具竞争力的通信网络技术，是一种在开放的通信网上，利用标签引导数据高速、高效传输的技术。它在一个无连接的网络中引入了连接模式的特性，减少了网络的复杂性，兼容现有的各种主流网络技术，在提供 IP 业务时能够确保 QoS 和安全性，并具有流量工程能力。

多协议标签交换技术 MPLS 是传输多媒体信息的 IP 网络采用的主流技术，关于多协议标签交换技术 MPLS 将在 8.3 中详细介绍。

### 4．超量工程法

超量工程法是指在网络规划时预留足够的带宽，并限制进入网络的流量，使得任何时候都能获得可接受的 QoS。这种方法十分简单，不需要对 IP 网络进行改造就能在较大范围内支持实时业务，提供可接受的服务质量。

在开展 IP 电话业务的早期，有些运营商就采用这种方法组建 IP 电话网络，将 VoIP 业务网与 Internet 业务公用网分开，为 IP 电话网提供了较为充分的带宽，并对 IP 电话网络的带宽进行管理，当进入 IP 电话网络的呼叫数达到一定数量时，就不再允许新的呼叫进入，从而保证进入该网络的呼叫都有足够的带宽，获得可接受的服务质量。这种方法的缺点是在 IP 电话网络中呼叫较少时，数据通信业务不能利用空闲的带宽。另外，也不利于支持多媒体业务，不利于向下一代网络的发展。

## 8.3　多协议标签交换技术

### 8.3.1　多协议标记交换的基本概念

多协议标签交换（MPLS）技术是将第二层交换功能和第三层路由功能结合起来的一种数据传输技术。MPLS 之所以称为"多协议"，是因为 MPLS 不但支持多种网络层协议，如 IPV4、IPV6 等，同时还支持多种链路层（第二层）协议，如 ATM、FR、PPP、POS、LAN 等。

MPLS 起源于 IP 交换和标记交换技术。MPLS 规定了一种把三层流量映射到面向连接的二层传输技术（如 ATM，帧中继）上的方法，它给每个 IP 包增加一个特定的选路信息，允许路由器为不同类型的流量指派不同的显式路由，根据数据流的 QoS 要求来选择一条优化的边缘到边缘的路径，提供与 QoS 有直接联系的路由能力。MPLS 流量工程可以根据流的服务质量需求选择优化的路由，也能够在 MPLS 域内进行负载均衡，因而从宏观上为保障服务质量提供了基础。

IP 是无连接的网络，每台路由器根据所收到的每个包的地址查找匹配的下一跳，并做相应的转发。但路由器使用的是最长前缀匹配地址搜索（即搜索匹配前缀最长的一个作为入口），处理比较复杂。MPLS 在网络的入口边缘路由器为每个包加上一个固定长度的标签，核心路由器根据标签值进行转发，在出口边缘路由器再恢复成原来的 IP 包。因为根据固定长度的标签搜索目的地址，所以 MPLS 能够实现高速转发。根据标签确定的转发路径称为标签交换路径（LSP）。

提出 MPLS 的初始动机是实现更高速的路由转发，但随着路由器性能的不断提高，这种理由已不复存在，但在 IP 网上建立连接、实施流量工程以及组建 VPN 越来越流行。

### 8.3.2　MPLS 中的常用术语

#### 1. 转发等价类（FEC）

FEC 是一组具有相同特性的数据包，在 MPLS 网络的转发过程中被以相同的方式处理。FEC 归类的方法可以各不相同，粒度也可有差别，例如，目的地址前缀相同的数据包，或具有相同目的地址前缀且具有相同服务质量要求的数据包。

#### 2. 标签

标签是一个包含在每个数据包中的短的具有固定长度的标识，标签交换路由器利用标签在 MPLS 网络中转发数据包。一个标签只在一对正在通信的 LSR 之间起作用，并用来表示属于一个从上行 LSR 流向下行 LSR 的特定 FEC 的数据流。MPLS 可以支持添加到现有的帧或分组结构（如以太网、PPP）的标签，也可以利用包含在数据链路层（如帧中继和 ATM）中的标签结构。

标签的格式取决于分组封装所在的介质。例如，ATM 封装的分组（信元）采用 VPI 和/或 VCI 数值作为标签，而帧中继 PDU 采用 DLCI 作为标签。对于那些没有内在标签结构的介质封装，则采用一个特殊的数值填充。图 8-5 所示为 MPLS 标签的格式，它包含一个 20bit 的标签值、一个 3bit 的业务等级 CoS 值、一个 1bit 的堆栈标识符和一个 8bit 的寿命 TTL 值。当堆栈标识符=1 时，表示该标签为栈中的最后一个标签。

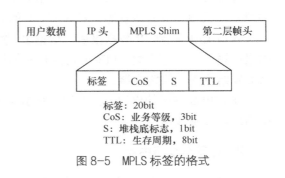

标签：20bit
CoS：业务等级，3bit
S：堆栈底标志，1bit
TTL：生存周期，8bit

图 8-5　MPLS 标签的格式

#### 3. 标签交换路径（LSP）

MPLS 实际上是一个面向连接的系统，标签交换路径（LSP）是 MPLS 网络中从一个入节点到一个出节点之间的一条路径。

#### 4. 标签分配协议（LDP）

标签分配协议（LDP）提供一套标准的信令机制用于有效地实现标签的分配与转发功能。LDP 基于原有的网络层路由协议 OSPF、IS-IS、RIP、EIGRP 或 BGP 等构建标签信息库，并根据网络拓扑结构，在 MPLS 域边缘节点（即入节点与出节点）之间建立 LSP。

### 8.3.3  MPLS 网络的结构

MPLS 网络的结构如图 8-6 所示。MPLS 网络由标签边缘路由器 LER 和标签交换路由器（LSR）组成。

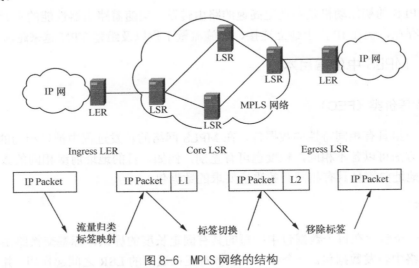

图 8-6  MPLS 网络的结构

**1. 标签边缘路由器**

标签边缘路由器（LER）将具有相同特性的数据分组划分为一定的转发等价类（FEC），并建立标签和相应的转发等价类（FEC）的关系，建立转发信息库（FIB）。

入口 LER 收到 IP 数据报后，根据 IP 数据报的特性检查转发信息库（FIB），根据 IP 数据报所属的转发等价类（FEC）得到相应的标签，并给 IP 数据报加上标签构成（MPLS）分组后发给标签交换路由器。

在 MPLS 网络的出口，标签边缘路由器（LER）剥离 MPLS 分组的标签，按照 IP 数据包中的地址转发数据包。

**2. 标签交换路由器**

标签交换路由器（LSR）位于 MPLS 网络的核心，标签交换路由器内建标签转发信息库（TFIB），TFIB 存储 MPLS 分组的输入标签和输出标签的对应关系，包括输出端口及其链路之间的关系。

标签交换路由器收到 MPLS 分组时，根据 MPLS 分组的标签检查标签转发信息库（TFIB），剥离现有的标签，将一个新的标签应用于该 MPLS 分组，将 MPLS 分组发送给下一个标签交换路由器，控制完成标签交换。

### 8.3.4  多协议标签交换的工作过程

多协议标签交换（MPLS）的工作过程如下。

① 利用标签分配协议（LDP）和传统的路由协议（如最短路径优先协议 OSPF），在 MPLS 网络的各个节点（包括标签边缘路由器（LER）和标签交换路由器（LSR））中为有业务需求的转发等价类 FEC 建立路由表和标记转发表。

② 标签边缘路由器（LER）接收 IP 数据报，判定 IP 数据报所属的转发等价类，给 IP 数据报加上标签形成 MPLS 分组，然后发送给标签交换路由器 LSR。

③ 标签交换路由器（LSR）对 MPLS 分组不再进行任何第三层处理，只是依据 MPLS 分组的标签查询标记转发表后完成转发。

④ 在出口标签边缘路由器（LER）上，将 MPLS 分组的标签去掉后根据第三层地址完成转发。

### 8.3.5 MPLS VPN

#### 1. MPLS VPN 的基本概念

虚拟专用网（VIRTUAL PRIVATE NETWORK，VPN）利用开放的公共网络资源为客户组建专用网络，它通过对网络数据的封装和加密传输或通过多协议标签技术，在公网上传输私有数据，达到专用网络的安全级别。虚拟专用网综合了专用和公用网络的优点，允许有多个站点的公司拥有一个虚拟的完全专有的网络，而使用公用网络作为其站点之间的物理连接。

利用公用网络构建 VPN，给服务供应商（ISP）和 VPN 用户（企业）都将带来不少的益处。

对于服务供应商来说，为企业提供 VPN 这种增值业务，ISP 可以与企业建立更加紧密的合作关系，同时充分利用现有网络资源，提高业务量。

对于 VPN 用户（企业）来说，可以降低 VPN 用户对网络设备的投入和线路的投资，缩减用户每月的通信开支，同时也使网络的使用与维护变得简单，便于管理和扩展，降低了网络运维与管理的人力、物力成本。

MPLS VPN 是一种基于 MPLS 技术的 IP-VPN，是在网络路由和交换设备上应用 MPLS 技术，简化核心路由器的路由选择方式，利用结合传统路由技术的标记交换实现的 IP 虚拟专用网络（IP VPN）。可用来构造宽带的 Intranet、Extranet，满足多种灵活的业务需求。采用 MPLS VPN 技术，可以把现有的 IP 网络分解成逻辑上隔离的网络，这种逻辑上隔离的网络应用可以是千变万化的，既可以用来解决企业互连、政府相同/不同部门的互连，组建企业虚拟专用网，也可以用来提供新的业务（例如，为 IP 电话业务专门开辟一个 VPN、用来传送 IP 电话业务，解决网络地址不足和 QoS 的问题）。实际组网中，由于控制信令（包括 H.248 与 SIGTRAN）与语音需要在同一 IP 网络上传输，因此为保证安全，控制信令、语音也可分开在两个 MPLS VPN 上传送。正是由于 MPLS 技术在解决 IP 的虚拟专用网 VPN、服务质量 QoS、流量工程 TE 等方面的强大潜力，因此使得 MPLS 日益成为 IP 骨干网络的主流技术。MPLS 与 VPN 结合具有很强的增值特性，极大地满足了下一代网络对承载网络要求的各种特性。

#### 2. MPLS VPN 的结构

采用 MPLS 技术实现的 VPN 的结构如图 8-7 所示，MPLS VPN 由用户边缘路由器 CE、提供者边缘路由器 PE 和骨干路由器 P 组成。

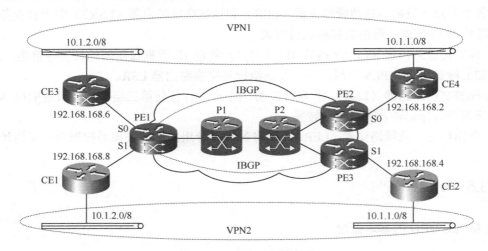

图 8-7　MPLS VPN 的结构

（1）用户边缘路由器（CE）

CE 设备是客户边界路由器，位于客户处，由客户负责维护，提供到服务提供商 MPLS 网络的接入，CE/PE 连接可使用任何接入技术或路由协议。

（2）提供商边界路由器（PE）

PE 设备是提供商边界路由器，位于提供商 MPLS 网络的边缘，它跟客户设备相连，存放着 VPN 路由和转发表 VRF 和全局路由表，VRF 中存放着 VPN 路由，一个 VRF 定义了同 PE 路由器相连的客户站点的 VPN 成员资格，同时定义了数据路由/转发的路径。全局路由表中存放着运营商的域内路由，PE 设备使用 BGP 与其他 PE 路由器交换 VPN 路由信息。

（3）骨干路由器（P）

骨干路由器位于 MPLS VPN 网络的内部，其功能是根据 MPLS 标签完成高速的数据转发。

### 3. MPLS VPN 实例

图 8-7 中给出了两个 VPN 实例，VPN1 分别通过 CE3 接入 PE1、CE4 接入 PE2；VPN2 分别通过 CE1 接入 PE1、CE2 接入 PE3。PE1、PE2、PE3 之间通过骨干路由器 P1、P2 连接。PE1 上分别连接了 CE1 和 CE3，在 CE1 和 CE3 上分配了相同的 IP 地址网段 10.1.2.0/8，为区分不同的 VPN，在 PE1 上需要为 VPN1 和 VPN2 分别建立 VPN 路由和转发表 VRF，当从 CE1 和 CE3 上接收到 IP 数据报时，PE1 根据不同的接口检索不同的 VPN 路由和转发表 VRF，并打上不同的标签完成数据转发。

### 4. MPLS VPN 的工作原理

当 CE 路由器将一个 VPN 分组转发给入口 PE 路由器后，PE 路由器查找该 VPN 对应的 VRF，从 VRF 中得到一个 VPN 标签和下一跳出口 PE 路由器的地址，VPN 标签作为内层标签打在 VPN 分组上，根据下一跳出口 PE 路由器的地址可以在全局路由表中查出到达该 PE 路由器应打上的域内路由的标签，即外层标签，于是 VPN 分组被打上了两层标签，主干网的

P 路由器根据外层标签转发 VPN 分组，交换外层标签，直到最后一个 P 路由器处，外层标签弹出，VPN 分组只剩下内层标签（此过程被称作次末级弹出机制），接着 VPN 分组被发往出口 PE 路由器。出口 PE 路由器根据内层标签查找到相应的出口后，将 VPN 分组上的内层标签删除，将不含标签的 VPN 分组转发给正确的 CE 路由器，CE 路由器根据自己的路由表将分组转发到正确的目的地。

# 小　　结

IP 网络中媒体信息传输的协议栈自上而下是媒体编码、实时传输协议（RTP）、UDP、IP 和数据链路层协议。

在我国下一代网络中采用的主要的语音编码是 PCM（G.711 编码），采用参数语音编解码技术的 G.729、G.729A 和 G.723.1 编码等。

RTP 实际上包含两个相关的协议：RTP 和 RTCP。RTP 用于传送实时数据，如语音和图像数据。RTP 本身不提供任何保证实时传送数据和服务质量的能力，而是通过提供负荷类型指示、序列号、时戳、数据源标识等信息，使接收端能根据这些信息来重新恢复正确的数据流。RTCP 用来传送监视实时数据传送质量的统计数据，同时可以在会议业务中传送与会者的信息。

用户数据报协议（UDP）的主要功能是确定接收媒体信息的端口号码，以便区分不同的媒体流。

IP 的主要功能是确定接收媒体信息的计算机，完成 IP 网络中的路由选择，将媒体信息发送到接收媒体信息的计算机上。

多媒体编码数据在 IP 网络中传送时，所占的带宽不仅包含多媒体编码所占的带宽，还包含 RTP 头部、UDP 头部、IP 头部和数据链路层头部所占的带宽。

影响 IP 电话服务质量的主要因素是时延、时延抖动和数据包的丢失。

时延是指从说话人开始说话到受话人听到所说内容的时间，时延对语音通信的影响主要在于引入回声和交互性的丧失。

时延主要包括网关处理时延和 IP 网络传输时延两部分。网关处理时延包括算法时延、处理时延（编码器分析时间和解码器重建时间）、打包时延和抖动缓冲时延，这主要取决于网关所采用的语音编解码方法，以及为防止抖动设置的缓冲区的大小。IP 网络传输时延主要来自 IP 包所经过的各路由器的处理时延、包排队时间。

在我国的通信行业标准中，要求端到端的时延必须在 400ms 以内。其中，当采用 G.723 算法时，IP 网络传输时延在 200ms 以内，两侧网关处理时延之和在 200ms 以内；当采用 G.729 算法时，IP 网络传输时延在 250ms 以内，两侧网关处理时延之和在 150ms 以内。

时延抖动是指由于各种延时的变化导致网络中数据分组到达速率的变化。为了补偿时延抖动的影响，语音设备在接收设备上加入了缓冲区，该缓冲区保存数据分组足够长的时间，在接收到一定数量的语音分组后再以恒定的速率读出，从而消除抖动的影响。

影响网络分组丢失的原因有传输损伤、分组超时丢失和网络拥塞。典型的语音编解码可以允许包丢失率为 3%，采取一些特殊措施后，包丢失率达到 8%～10% 时，语音质量也还可容忍。

在 IP 网络中解决分组时延、时延抖动和分组丢失的主要措施是改善网络的环境，目前采用的主要措施是：资源预留技术、业务区分技术、多协议标签交换 MPLS 和超量工程法。

资源预留协议 RSVP 类似于电路交换系统的信令协议，RSVP 为每一个数据流向其所经过的每个节点（IP 路由器）发出请求，要求路由器根据用户的需要和网络资源可用性为每个呼叫保留所需的带宽，藉此保证服务质量。但是在采用资源预留协议时，要求网络中的每一个路由器都必须支持资源预留协议，同时路由器要为每一个数据流保留相应信息，这种方法应用于大型网络较为困难，目前一般用于专用网或较小的网络，如 LAN 和企业网等。

业务区分技术的原理是边界路由器根据业务数据流的行为特性和服务要求将其划分为若干类别，并为每一个数据包加上业务类型标记，核心路由器根据类别业务类型标记对业务流提供不同等级的服务，执行不同的处理策略，以保证优先级别高的业务流得到高质量的服务。此项技术能支持大型网络，受到人们的普遍重视。

超量工程法是指在网络规划时预留足够的带宽，并限制进入网络的流量，使得任何时候都能获得可接受的 QoS。这种方法十分简单，不需要对 IP 网络进行改造就能在较大范围内支持实时业务，提供可接受的服务质量。这种方法的缺点是在 IP 电话网络中呼叫较少时，数据通信业务不能利用空闲的带宽。另外，也不利于支持多媒体业务，不利于向下一代网络的发展。

多协议标签交换技术（MPLS）是下一代最具竞争力的通信网络技术，是一种在开放的通信网上，利用标签引导数据高速、高效传输的技术。它在一个无连接的网络中引入了连接模式的特性，减少了网络的复杂性，兼容现有的各种主流网络技术，在提供 IP 业务时，能够确保 QoS 和安全性，并具有流量工程能力。

MPLS 网络由标签边缘路由器（LER）和标签交换路由器（LSR）组成。标签边缘路由器（LER）将具有相同特性的数据分组划分为一定的转发等价类（FEC），并建立标签和相应的转发等价类（FEC）的关系，建立转发信息库（FIB）。入口 LER 收到 IP 数据报后，根据 IP 数据报的特性检查转发信息库（FIB），根据 IP 数据报所属的转发等价类（FEC）得到相应的标签，并给 IP 数据报加上标签构成 MPLS 分组后发给标签交换路由器。标签交换路由器收到 MPLS 分组时，根据 MPLS 分组的标签检查标签转发信息库（TFIB），剥离现有的标签，将一个新的标签应用于该 MPLS 分组，将 MPLS 分组发送给下一个标签交换路由器，控制完成标签交换。在 MPLS 网络的出口，标签边缘路由器（LER）剥离 MPLS 分组的标签，按照 IP 数据包中的地址转发数据包。

MPLS VPN 是一种基于 MPLS 技术的 IP-VPN，是在网络路由和交换设备上应用 MPLS 技术，简化核心路由器的路由选择方式，利用结合传统路由技术的标记交换实现的 IP 虚拟专用网络（IP VPN）。

MPLS VPN 由用户边缘路由器（CE）、提供者边缘路由器（PE）和骨干路由器（P）组成。用户边缘路由器（CE）位于客户处，由客户负责维护，主要功能是提供到服务提供商（MPLS）网络的接入，CE/PE 连接可使用任何接入技术或路由协议。边界路由器（PE）位于提供商（MPLS）网络的边缘，它跟客户设备相连，存放着 VPN 路由、转发表 VRF 和全局路由表，VRF 中存放着 VPN 路由，一个 VRF 定义了同 PE 路由器相连的客户站点的 VPN 成员资格，同时定义了数据路由/转发的路径。全局路由表中存放着运营商的域内路由。骨干路由器 P 位于 MPLS VPN 网络的内部，其功能是根据 MPLS 标签完成高速的数据转发。

当 CE 将一个 VPN 分组转发给入口 PE 后，PE 查找该 VPN 对应的 VRF，从 VRF 中得到一个 VPN 标签和下一跳出口 PE 的地址，VPN 标签作为内层标签打在 VPN 分组上，根据下一跳出口 PE 的地址可以在全局路由表中查出到达该 PE 应打上的域内路由的标签，即外层标签，于是 VPN 分组被打上了两层标签，主干网的路由器根据外层标签转发（VPN）分组，交换外层标签，直到最后一个 P 路由器处，外层标签弹出，VPN 分组只剩下内层标签，接着 VPN 分组被发往出口 PE。出口 PE 根据内层标签查找到相应的出口后，将 VPN 分组上的内层标签删除，将不含标签的 VPN 分组转发给正确的 CE，CE 根据自己的路由表将分组转发到正确的目的地。

# 思考题与练习题

1. 简要说明 RTP 的功能。

2. 简要说明 RTP 数据的封装结构。

3. G.723.1 编码数据的比特率为 6.3kbit/s（或比特率为 5.3kbit/s）时，每 30ms 传送一个语音包，在不考虑静音压缩和数据链路层头部所占的带宽的情况下，计算在 IP 网络中传送一路 G.723.1 语音所占的带宽。

4. G.729 编码数据的比特率为 8kbit/s，每 20ms 传送一次，在不考虑静音压缩和数据链路层头部所占的带宽的情况下，简单估算一下在 IP 网络中传送一路 G.729 语音所占的带宽。

5. 简要说明影响 IP 电话服务质量的主要因素。

6. 怎样确定消除抖动的缓冲区的大小？

7. 简要说明 IP 网络为提高 IP 电话服务质量采用的主要措施。

8. 说明资源预留 RSVP 的一般原理。

9. 简要说明区分服务网络中边界路由器的功能。

10. 简要说明区分服务网络中核心路由器对数据流的处理。

11. 简要说明多协议标记交换 MPLS 的工作过程。

12. 简要说明 MPLS VPN 的结构和 CE 路由器、PE 路由器、P 路由器的功能。

# 参 考 文 献

[1] 叶敏. 程控数字交换与现代通信网 [M]. 北京：北京邮电大学出版社，1998.

[2] 桂海源. 程控交换与宽带交换 [M]. 北京：中国人民大学出版社，2000.

[3] 杨进儒，吴立贞，等. No.7 信令系统技术手册 [M]. 北京：人民邮电出版社，1997.

[4] 原邮电部软件中心. No.7 信令系统的原理、测试与维护 [M]. 北京：人民邮电出版社，1995.

[5] 糜正琨，陈锡生. 七号共路信令系统 [M]. 北京：人民邮电出版社，1995.

[6] 龚双瑾，王鸿生. 智能网 [M]. 北京：人民邮电出版社，1995.

[7] 桂海源，骆亚国. No.7 信令系统 [M]. 北京：北京邮电大学出版社，1999.

[8] 糜正琨，等. 软交换技术与协议 [M]. 北京：人民邮电出版社，2002.

[9] 桂海源，张碧玲. 软交换与 NGN [M]. 北京：人民邮电出版社，2009.

[10] 桂海源. IP 电话技术与软交换（第 2 版）[M]. 北京：北京邮电大学出版社，2010.

[11] 沈鑫剡. 计算机网络 [M]. 北京：清华大学出版社，2008.

[12] 谢希仁. 计算机网络（第 5 版）[M]. 北京：电子工业出版社，2008.

[13] 赵慧玲，等. 以软交换为核心的下一代网络技术 [M]. 北京：人民邮电出版社，2002.

[14] 陈建亚，等. 软交换与下一代网络 [M]. 北京：北京邮电大学出版社，2000.

[15] 唐雄燕，等. 软交换网络 [M]. 北京：电子工业出版社，2005.

[16] 郑少仁，等. 现代交换原理与技术 [M]. 北京：电子工业出版社，2006.

[17] 张威，等. GSM 交换网络维护与优化 [M]. 北京：人民邮电出版社，2005.